Python 資料分析 第三版

使用 pandas、NumPy 和 Jupyter 進行資料整理

Python for Data Analysis

Data Wrangling with pandas, NumPy, and Jupyter

Wes McKinney 著

賴屹民 譯

O'REILLY®

目錄

前言

本書的第一版於 2012 年出版，當時 Python 的開源資料分析程式庫還很新，並且還在迅速發展，特別是 pandas。當我在 2016 年和 2017 年撰寫第二版時，不僅要將本書改成使用 Python 3.6（第一版使用 Python 2.7），也要針對過去五年中 pandas 的許多變動進行更新。到了 2022 年，雖然 Python 語言的變化較少（目前的版本是 Python 3.10，在 2022 年底將推出 3.11），但 pandas 還在持續發展。

在第三版，我的目標是讓內容與當前的 Python、NumPy、pandas 和其他專案的版本保持同步，同時以相對保守的態度來看待過去幾年來出現的新 Python 專案。由於本書已經成為許多大學課程和在職專業人士的重要資源，我盡量避免可能會在一兩年之後過時的主題，以免實體書在 2023 年或 2024 年或更久之後顯得落伍。

擁有印刷版與電子版的讀者可以在我的網站（*https://wesmckinney.com/book*）的網路版本取得第三版的新功能，這是一個方便的資源。我打算在那裡持續更新內容，所以如果你有實體書，而且遇到一些無法正常執行的情況，你可以在那裡查看最新的內容。

本書編排慣例

本書使用以下的字體規則：

斜體字（*Italic*）

代表新術語、URL、電子郵件地址、檔案名稱及副檔名。中文以楷體表示。

定寬字（`Constant width`）

代表程式，在內文中亦代表程式元素，例如變數或函式名稱、資料庫、資料型態、環境變數、敘述句、關鍵字。

定寬粗體字（**`Constant width bold`**）

代表指令，或其他應由使用者逐字輸入的文字。

定寬斜體字（*`Constant width italic`*）

代表該文字應換成由使用者提供的值，或依上下文決定的值。

這個圖示代表提示或建議。

這個圖示代表一般注意事項。

這個圖示代表警告或小心。

範例程式碼

你可以在本書的 GitHub 版本庫（*https://github.com/wesm/pydata-book*）找到每一章的相關素材，Gitee 也有 GitHub 的鏡像檔案（*https://gitee.com/wesmckinn/pydata-book*），以供無法使用 GitHub 的讀者使用。

本書旨在協助你完成工作。一般來說，你可以在你的程式與文件中使用本書的範例程式碼。除非你要改寫程式碼的重要部分，否則你不需要聯繫我們以取得許可。例如，用本書的幾段程式碼來編寫一個程式不需要取得許可。銷售或傳播 O'Reilly 書籍的範例需要取得許可。引用本書的內容和範例程式碼來回答問題不需要取得許可。在你的產品文件中使用本書的大量程式碼需要取得許可。

如果你願意註明出處，我們將非常感謝你，但不強迫你這樣做。註明出處的寫法通常包括書名、作者、出版社與 ISBN。例如：「*Python for Data Analysis* by Wes McKinney (O'Reilly). Copyright 2022 Wes McKinney, 978-1-098-10403-0」。

如果你覺得你使用範例程式的方式超出合理使用範圍，或上述許可範圍，歡迎隨時透過 *permissions@oreilly.com* 聯繫我們。

致謝

本書是來自世界各地的許多人多年來共同討論、合作和協助的成果。我想感謝其中的一些人。

紀念：John D. Hunter（1968-2012）

致親愛的朋友與同事 John D. Hunter，他在 2012 年 8 月 28 日不敵大腸癌辭世，當時是我完成本書第一版手稿不久之後。

John 深深地影響 Python 科學和資料社群，也留下豐富的遺產。他不僅在 2000 年代初期開發了 matplotlib（當時 Python 尚未如此普及），也為一群重要的開源開發者奠定了現在被視為理所當然的文化，後來那群人成為 Python 生態圈的支柱。

在 2010 年 1 月 pandas 0.1 版發表後，我很幸運地能在開源旅途上認識 John，我的願景是讓 pandas 和 Python 成為一流的資料分析語言，他一直透過其靈感和指導來幫助我朝著理想邁進，即使在我最低潮的時候。

John 與 Fernando Pérez 和 Brian Granger 的關係非常密切，他們是 IPython、Jupyter 和 Python 社群裡的許多其他專案的先驅者。我們四個人曾經打算合著一本書，但最終只有我的時間最多。我相信他一定會為我們在九年來為個人和社群完成的成就感到驕傲。

第三版致謝（2022 年）

我寫本書的第一版已經是十多年前的事了，以 Python 程式設計師的身分開始這趟旅程已經超過 15 年了。這些年來發生了很多變化！ Python 已經從一種相對小眾的資料分析語言，發展成最流行和最普遍的語言，為大多數（極可能是大多數！）的資料科學、機器學習和人工智慧工作提供動力。

我從 2013 年起就不是 pandas 開源專案的積極貢獻者了，但它的開發者社群持續在全球蓬勃發展，使得 pandas 成為以社群為中心的開源開發典範。許多處理表格資料的「次世代」Python 專案都直接以 pandas 為典範來設計其用戶界面，因此這個專案已證實將深遠地影響 Python 資料科學生態系統的發展軌跡。

我希望本書能夠持續成為想用 Python 來處理資料的學生和個人的寶貴資源。

特別感謝 O'Reilly 公司允許我在個人網站 *https://wesmckinney.com/book* 發表本書的「公開」版本，我希望它能接觸更多人，以協助擴展資料分析領域。J.J. Allaire 是幫我實現這個理想的救星，他協助將本書從 Docbook XML「移植」到 Quarto（*https://quarto.org*）。Quarto 是一種奇妙的新科技出版系統，可用來出版印刷品，以及在網路上發表。

特別感謝技術校閱 Paul Barry、Jean-Christophe Leyder、Abdullah Karasan 和 William Jamir，他們詳細的回饋大大提升了內容的可讀性、清晰度和易理解性。

第二版致謝（2017 年）

我在 2012 年 7 月完成本書第一版，迄今已經快五年了，許多人事已非，Python 社群已迅速成長，相關的開源軟體生態圈也興盛繁榮。

如果沒有 pandas 核心開發人員不懈的努力，這本書就不會存在，那些開發者使 pandas 的使用者社群成為 Python 資料科學研究生態圈的基石之一。那群人至少包括了 Tom Augspurger、Joris van den Bossche、Chris Bartak、Phillip Cloud、gfyoung、Andy Hayden、Masaaki Horikoshi、Stephan Hoyer、Adam Klein、Wouter Overmeire、Jeff Reback、Chang She、Skipper Seabold、Jeff Tratner 以及 y-p。

感謝 O'Reilly 的工作人員在實際寫作第二版的過程中耐心地協助我，包括 Marie Beaugureau、Ben Lorica 以及 Colleen Toporek。再次感謝優秀的技術校閱 Tom Augspurger、Paul Barry、Hugh Brown、Jonathan Coe 以及 Andreas Müller 等人的貢獻。

本書的第一版已被翻譯成多種語言，包括中文、法文、德文、日文、韓文以及俄文。翻譯這本書來讓更多讀者閱讀是吃力不討好的工作，感謝你們的幫助，讓世界上更多人能夠學習利用資料分析工具來編寫程式。

很幸運地，在過去幾年裡，Cloudera 和 Two Sigma Investments 持續支持我開發開源軟體。相較於龐大的使用者規模，開源專案獲得的資源比以往任何時候都要稀缺，關鍵的開源專案特別需要企業支持開發，他們的支持是正確的決定。

第一版致謝（2012 年）

這本書需要很多人支持才能完成。

在 O'Reilly 的工作人員中，我非常感謝編輯 Meghan Blanchette 和 Julie Steele 在整個過程中指導我。Mike Loukides 也在提案階段與我合作，並讓這本書的出版成真。

很多人給我大量的技術評論，特別是 Martin Blais 和 Hugh Brown 為本書的範例、清晰度和全書結構提供很大的幫忙。James Long、Drew Conway、Fernando Pérez、Brian Granger、Thomas Kluyver、Adam Klein、Josh Klein、Chang She 以及 Stéfan van der Walt 分別從不同的角度，針對一個或多個章節提出許多實際的建議。

我也從朋友和資料社群的夥伴那裡獲得關於範例和資料組的意見，包括：Mike Dewar、Jeff Hammerbacher、James Johndrow、Kristian Lum、Adam Klein、Hilary Mason、Chang She 與 Ashley Williams。

我要感謝 Python 開源科學研究社群的領導者，他們打造的基礎讓我得以進行開發工作，他們也在我寫作的過程中鼓勵我，包括：Ipython 核心團隊（Fernando Pérez、Brian Granger、Min Ragan-Kelly、Thomas Kluyver 以及其他人）、John Hunter、Skipper Seabold、Travis Oliphant、Peter Wang、Eric Jones、Robert Kern、Josef Perktold、Francesc Alted、Chris Fonnesbeck 以及諸多無法一一唱名的朋友。此外還有許多提供大力協助、建議，並且在一路上提供許多鼓勵的朋友：Drew Conway、Sean Taylor、Giuseppe Paleologo、Jared Lander、David Epstein、John Krowas、Joshua Bloom、Den Pilsworth、John Myles-White，以及諸多無法一一感謝的朋友。

我也想感謝一些過去幾年認識的朋友，首先是 AQR 的前同事，他們在我設計 pandas 時的那幾年不斷鼓勵我，包括：Alex Reyfman、Michael Wong、Tim Sargen、Oktay Kurbanov、Matthew Tschantz、Roni Israelov、Michael Katz、Chris Uga、Prasad Ramanan、Ted Square 以及 Hoon Kim。感謝我的學術顧問 Haynes Miller（麻省理工學院）和 Mike West（杜克大學）。

在 2014 年，我從 Phillip Cloud 和 Joris van den Bossche 獲得重要的幫助，更新了書中的範例程式，並修正因為 pandas 改版而導致的錯誤。

在個人方面，Casey 在寫書的過程中提供寶貴的日常支援，在最終期限將屆，匆忙完成草稿之際忍受我的情緒高低潮。最後感謝我的父母 Bill 和 Kim，他們教導我忠於夢想，永不妥協。

第一章

開場白

1.1 這本書在談什麼？

這本書談的是在 Python 中操作、處理、清理和處理資料的各種細節。我打算為 Python 程式語言、和相關的資料導向程式庫生態系統及工具提供一份指南，藉此幫助你成為一位高效率的資料分析專家。雖然本書的名字裡有「資料分析」，但本書的重點仍然是 Python 程式設計、程式庫以及工具，而不是資料分析方法論，它介紹的是**用來**分析資料的 Python 程式。

自從本書在 2012 年出版以來，有些人開始使用**資料科學**（*data science*）來稱呼各種不同的領域，從簡單的描述性統計到進階的統計分析和機器學習。從那時起，用來進行資料分析（或資料科學）的 Python 開源生態系統也大幅度地擴展。現在已經有許多其他的書籍專門關注這些更進階的方法論。我希望這本書能夠幫你做好充分的準備，幫助你繼續學習特定領域的其他資源。

有些人可能會把這本書的大部分內容稱為「資料處理（data manipulation）」，而不是「資料分析（data analysis）」。我們也使用 *wrangling* 或 *munging* 等術語來稱呼資料處理。

用哪種資料？

我說的「資料」到底是指什麼？我指的是**結構化資料**，結構化資料是一種統稱，它包含許多不同的形式，例如：

- 表格或試算表資料，其中每一條直欄[譯註]都可以儲存不同的資料型態（字串、數值、日期或其他）。在關聯資料庫裡面的資料，或是在「以 Tab 或逗號分隔的文字檔案」裡面的資料，大多屬於這一類。
- 多維陣列（矩陣）。
- 用鍵欄（key columns）（對 SQL 使用者而言，它就是主鍵或外鍵）來建立關係的多個資料表。
- 具有相同或不同時間間隔的時間序列。

以上僅列出部分的資料種類，多資料組乍看之下不屬於結構化資料，但它們都可以轉換成適合用來分析和建立模型的結構，如果資料組無法轉換，我們也可以試著從中提取特徵，並轉換成結構化的型式。舉例來說，你可以將一堆新聞報導處理成一個單字頻率表格，然後用它來進行情緒分析。

Microsoft Excel 應該是世界上最普及的資料分析工具。Microsoft Excel 等試算表程式的使用者應該很熟悉上述的資料型式。

1.2 為什麼要使用 Python 來分析資料？

對很多人而言，使用 Python 來設計程式有很強的吸引力。自 1991 年問世以來，Python、Perl、Ruby 及其他直譯語言已經成為最受歡迎的直譯語言，自 2005 年起，人們喜歡使用 Python 與 Ruby 的大量 web 框架（Rails (Ruby) 與 Django (Python)）來建構網站。因為我們可以使用這些語言來快速地撰寫小程式，或編寫**腳本**來將其他任務自動化，所以它們通常被稱為**腳本**語言（*scripting* language）。我不喜歡「腳本語言」這種說法，因為它暗示這種語言不能用來建構正經的軟體。由於各種歷史和文化原因，Python 在直譯語言中已經形成一個龐大且活躍的科學計算和資料分析社群了。在過去的 20 年裡，Python 已經從一種邊緣的、「風險自負」的科學計算語言變成資料科學界、機器學習界、學術界、業界的重要軟體開發語言。

在資料分析和互動式計算及資料視覺化方面，大眾難免拿 Python 與其他常見的開源和商業程式語言及工具來做比較，例如 R、MATLAB、SAS、Stata…等。近年來，改進後的 Python 開源程式庫（例如 pandas 和 scikit-learn）使得 Python 成為資料分析任務的熱門選擇。結合 Python 在通用軟體工程領域的優勢，Python 非常適合當成資料應用程式的主要建構語言。

譯註 在本書中，「column」皆譯為「欄」或「直欄」（有的書籍譯為「行」），「field」皆譯為「欄位」。

將 Python 當成膠水

Python 在科學計算領域獲得成功的部分原因是，它很容易整合 C、C++ 以及 FORTRAN 程式。多數的計算環境都支援相似的舊 FORTRAN 和 C 程式庫，可用來計算線性代數、積分、快速傅立葉轉換、執行最佳化以及其他的演算法。許多面臨相同情況的公司和國家實驗室都使用 Python 來將經年累月的舊有軟體結合在一起。

它們有很多程序是由小塊的程式碼組成的，程式的執行時間大都花在這些小塊的程式碼上，不會經常執行大量的「膠水程式碼」。大部分情況下，膠水程式碼的執行時間可忽略不計，若要優化計算時間，最有效的方法是處理計算瓶頸，有時這些計算瓶頸可以用 C 之類的低階程式語言來執行。

處理「雙語言」問題

很多組織經常使用比較專門的程式語言（例如 SAR 或 R）來進行研究、製作雛型、測試新想法，再將這些想法移植到更大型的生產系統裡，那個更大型的系統可能是用 Java、C# 或 C++ 寫成的。人們逐漸發現，Python 不僅適合用來進行研究與建立雛型，也適合用來建構生產系統。既然維護一個開發環境就夠了，那又何必費心維護兩個？我相信以後會有越來越多公司採取這種做法，因為對組織而言，讓研究人員和軟體工程師使用同一套程式工具通常有更多好處。

過去十年來出現了一些處理「雙語言」問題的新方法，例如 Julia 程式語言。為了充分利用 Python 的功能，我們有時*必須*使用 C 或 C++ 等低階語言來編寫程式，然後將那些程式與 Python 結合。話雖如此，諸如 Numba 等程式庫提供的「just-in-time（JIT）」編譯技術，可讓許多演算法產生傑出的性能，而不需要離開 Python 程式設計環境。

何時不適合使用 Python？

雖然 Python 環境非常適合用來建構分析應用程式和一般系統，但有一些情況不適合使用 Python。

由於 Python 是一種直譯語言，一般來說，大多數的 Python 程式碼跑得比 Java 或 C++ 等編譯語言寫成的程式碼慢很多。由於*程式設計師的時間往往比 CPU 的時間更寶貴*，很多人樂於接受這個缺點。然而，在要求極低延遲，或資源使用條件嚴苛（例如高頻交易系統）的應用程式中，花時間使用 C++ 這類的低階（但生產率也低）語言來設計程式以獲得最高性能可能是值得的。

Python 可能不適合用來設計高並行性、多執行緒的應用程式，尤其使用許多 CPU 密集型執行緒的應用程式。原因是 Python 使用所謂的**全域直譯器鎖**（GIL）來防止直譯器一次執行多條 Python 命令。為何使用 GIL 的技術原因不在本書的討論範圍之內。雖然許多處理大數據的應用需要使用計算機叢集（cluster）在合理的時間內處理資料組，但仍然有一些情況適合使用單程序、多執行緒系統。

Python 並非不能執行真正的多執行緒平行程式，Python C 擴展程式可以使用（C 或 C++ 的）原生多執行緒，平行地執行程式碼而不受 GIL 影響，只要它們不需要經常與 Python 物件互動即可。

1.3 重要的 Python 程式庫

接下來要為不熟悉 Python 資料生態系統和本書所使用的程式庫的讀者，簡單地介紹一些程式庫。

NumPy

NumPy（*http://numpy.org*），是 Numerical Python 的簡稱，它一直都是在 Python 環境中執行數值計算的重要基石。它為多數的科學應用提供資料結構、演算法以及程式庫黏合。NumPy 的重要功能有：

- 快速且高效的多維陣列物件 *ndarray*
- 提供函式來執行陣列的逐元素計算或陣列間的數學運算
- 將陣列資料組讀出或寫入磁碟
- 線性代數運算、傅立葉轉換、亂數產生器
- 提供成熟的 C API，可讓 Python extension 與原生的 C 或 C++ 程式碼操作 NumPy 的資料結構及使用其計算功能

NumPy 除了為 Python 加入快速的陣列處理功能之外，在分析資料時，它也可以當成資料的容器，在演算法與程式庫之間傳遞。使用 NumPy 陣列來儲存及操作數值資料比使用其他的 Python 資料結構更高效。此外，以低階語言（例如 C 或 FORTRAN）寫出來的程式庫可以操作 NumPy 資料結構裡的資料，而不需要將資料複製到其他記憶體表示法中。因此，許多 Python 數值計算工具都預設以 NumPy 陣列作為主要的資料結構，或能夠和 NumPy 無縫接軌。

pandas

pandas（*https://pandas.pydata.org*）提供許多高階資料結構和函式，可用來快速、簡便、有效地處理結構化資料或表格資料。自 pandas 於 2010 年問世以來，它已幫助 Python 成為強大、高效的資料分析環境了。本書使用的 pandas 物件主要是 DataFrame，它是一種以直欄為主的表格式資料結構，裡面有橫列、直欄標籤，本書使用的另一種物件是 Series，它是一種一維的帶標籤陣列物件。

pandas 結合了 NumPy 的陣列計算概念以及試算表和關聯資料庫（例如 SQL）的資料處理功能。它提供方便的檢索功能，可讓你重塑及切割資料、執行彙總，以及選擇資料的子集合。由於在分析資料時，資料操作、準備和清理是很重要的技巧，所以 pandas 是本書的主題之一。

我在 2008 年初開始建構 pandas，當時我在量化投資管理公司 AQR Capital Management 任職，我有一些獨特的需求，無法用手邊的任何工具來設計，包括：

- 帶標記軸（labeled axes）的資料結構，可自動或明確對齊資料，以預防資料未對齊導致的錯誤結果，並能夠處理來自不同的來源、使用不同索引系統的資料
- 整合時間序列功能
- 用同一個資料結構來處理時間序列與非時間序列資料
- 能夠保留詮釋資料（metadata）的數學運算與歸約
- 靈活地處理缺失資料
- 流行的資料庫（例如 SQL 資料庫）提供的合併功能或其他相關操作

我想要在同一處完成所有功能，最好能夠以適合開發通用軟體的語言來設計。Python 是很好的候選者，但當時還沒有充分整合的資料結構和工具提供以上的功能。由於 pandas 最初是為了解決財務和商業分析問題而設計的，所以它具備特別有深度的時間序列功能及工具，非常適合用來處理商務流程產生的時間索引資料。

我花了 2011 年和 2012 年的大部分時間，和 AQR 同事 Adam Klein 與 Chang She 一起擴展 pandas 的功能。我在 2013 年起停止參與日常的專案開發，pandas 從那時起變成一個完全由社群負責和維護的專案，在全世界有超過兩千位貢獻者。

DataFrame 這個名稱對使用 R 語言來進行統計的使用者來說並不陌生，因為這個物件名稱來自 R 語言中功能相仿的 `data.frame` 物件。與 Python 不同的是，data frame 是 R 語言本身及其標準函式庫內建的物件，因此，pandas 的許多功能通常是 R 語言的核心部分，或可由附加（add-on）程式包提供。

pandas 這個名稱來自 *panel data*，它在經濟學中，代表多維結構資料組，pandas 也代表 *Python data analysis*。

matplotlib

matplotlib（*https://matplotlib.org*）是經常用來繪製圖表和進行二維資料視覺化的 Python 程式庫。它最初是 John D. Hunter 開發的，目前由一個大型的開發團隊維護。它最初是為了製作出版用的圖表而設計的。雖然 Python 程式設計師還有很多視覺化程式庫可選擇，但 matplotlib 是最常用的一種，而且它能夠與其餘的生態系統整合，我認為將它當成預設的視覺化工具很安全。

IPython 與 Jupyter

IPython 專案（*https://ipython.org*）始於 2001 年，它是 Fernando Pérez 改良 Python 直譯器互動介面時的旁系專案。在接下來的 20 年裡，它已成為現代 Python 資料技術層裡最重要的工具之一。IPython 本身沒有提供任何計算或資料分析工具，它是為了進行互動式計算，以及協助開發軟體而設計的。它鼓勵**執行→探索**流程，而不是在其他程式語言中典型的**編輯→編譯→執行**流程。它也可以讓你操作作業系統的 shell 與檔案系統，進而減少在終端機視窗和 Python 執行期之間切換的次數。由於許多資料分析設計工作涉及探索、試誤及迭代，IPython 可以幫助你快速完成工作。

Fernando 與 IPython 團隊在 2014 年發表 Jupyter 專案（*https://jupyter.org*），這個更廣泛的倡議旨在設計一種獨立於各種語言的互動式計算工具。它將 IPython web notebook 變成 Jupyter notebook，目前已支援超過 40 種程式語言。現在 IPython 系統可以當成 *kernel*（一種程式語言模式），以使用 Python 及 Jupyter。

IPython 本身已經變成 Jupyter 開源專案的一個元件，為互動式和探索性計算提供良好的環境。它最古老且最簡單的「模式」是當成一種增強的 Python shell，旨在加速 Python 碼的編寫、測試和偵錯。你也可以透過 Jupyter notebook 來使用 IPython 系統。

Jupyter notebook 系統也可以讓你使用 Markdown 和 HTML 來撰寫內容，以建立包含程式碼和文字的豐富文件。

我個人在 Python 工作中經常使用 IPython 和 Jupyter，無論是在執行程式、偵錯，還是測試程式碼時。

你可以在本書的 GitHub 網站（*https://github.com/wesm/pydatabook*）裡找到各章範例程式的 Jupyter notebook。如果你的所在地無法造訪 GitHub，你可以試試 Gitee 上的鏡像資源（*https://gitee.com/wesmckinn/pydata-book*）。

SciPy

SciPy（*https://scipy.org*）是一系列的程式包，可用來處理科學計算的各種標準問題。以下節錄它的各種模組內的工具：

`scipy.integrate`
: 數值積分程式與解微分方程的程式

`scipy.linalg`
: `numpy.linalg` 未提供的線性代數程式和矩陣分解程式

`scipy.optimize`
: 函數優化程式（最小化程式）與尋根演算法

`scipy.signal`
: 訊號處理工具

`scipy.sparse`
: 稀疏矩陣和稀疏線性系統求解程式

`scipy.special`
: 包著 SPECFUN 的程式庫，SPECFUN 是一種 FORTRAN 程式庫，它實作了許多常見的數學函數，例如 `gamma` 函數

`scipy.stats`
: 標準連續和離散機率分布（密度函數、取樣程式、連續分布函數），各種統計檢驗，和更多描述性統計功能

NumPy 和 SciPy 構成相當完整且成熟的計算基礎，可用來處理許多傳統的科學計算應用。

scikit-learn

scikit-learn（*https://scikit-learn.org*）專案自 2007 年啟動以來，已成為 Python 程式設計師首選的通用機器學習工具包。截至目前為止，這個專案已經有兩千多個人貢獻了程式碼。它包括諸如以下模型的子模組：

- 分類：SVM、最近鄰點、隨機森林、logistic 回歸…等
- 回歸：Lasso、ridge 回歸…等
- 分群：*k*-means、譜系（spectral）分群…等
- 降維：PCA、特徵選擇、矩陣分解…等
- 模型選擇：網格搜尋、交叉驗證、衡量指標
- 預先處理：特徵提取、正規化

和 pandas、statsmodels 和 IPython 一樣，scikit-learn 也大力促成 Python 成為富生產力的資料科學程式語言。雖然本書無法詳細地介紹 scikit-learn，但我會簡要地介紹它的一些模型，以及如何搭配書中的其他工具一起使用。

statsmodels

statsmodels（*https://statsmodels.org*）是史丹佛大學統計學教授 Jonathan Taylor 製作的統計分析程式包，Taylor 曾經製作數種 R 語言常用的回歸分析模型。Skipper Seabold 和 Josef Perktold 在 2010 年正式創作新的 statsmodels 專案，並發展該專案，吸引一群忠實使用者和貢獻者。Nathaniel Smith 受 R 語言公式系統的啟發，開發了 Patsy 專案，以提供 statsmodels 的公式或模型規範框架。

與 scikit-learn 相比，statsmodels 包含了古典統計（主要是頻率學派）和計量經濟學的演算法。這個程式包包含以下子模組：

- 回歸模型：線性回歸、廣義線性模型、穩健線性模型、線性混和效果模型…等
- 變異數分析（ANOVA）
- 時間序列分析：AR、ARMA、ARIMA、VAR 與其他模型
- 非參數方法：核密度估計、核回歸
- 統計模型結果視覺化

statsmodels 比較偏重統計推斷，它接收不確定的估計值和 *p*-value 作為參數。scikit-learn 則偏重預測。

和 scikit-learn 一樣，我會簡單介紹 statsmodels，並說明如何搭配 NumPy 及 pandas 一起使用。

其他的程式包

在 2022 年，探討資料科學的書籍可能也會討論許多其他的 Python 程式庫，其中一些較新的專案已經成為機器學習或人工智慧工作的熱門選擇，例如 TensorFlow 或 PyTorch。目前市面上有其他書籍更具體地關注這些專案，建議讀者先利用這本書來奠定通用 Python 資料整頓的基礎，做好充分的準備之後，就可以繼續學習需要具備一定的專業知識的進階資源了。

1.4 安裝與設定

由於每個人都用 Python 來處理不同的事情，所以沒有一體適用的方法適合讓所有人設定 Python 和取得必要的附加程式包。許多讀者無法取得適合跟隨本書一起操作的完整 Python 開發環境，所以接下來，我要詳細說明如何在各種作業系統上進行設置。我將使用 Miniconda，它是 conda 程式包管理器的最精簡版本，並使用 conda-forge（*https://conda-forge.org*），它是一種基於 conda 軟體發行機制，由社群負責維護。本書自始至終皆使用 Python 3.10，但如果你在一段時間之後才閱讀本書，歡迎你安裝較新的 Python 版本。

如果接下來的說明在你閱讀時已經過時，你可以檢查本書的網站（*https://wesmckinney.com/book*），我會盡量放上最新的安裝說明。

在 Windows 安裝 Miniconda

若要在 Windows 上開始工作，請從 *https://conda.io* 下載最新的 Python 版本（目前是 3.9）。建議你按照 conda 網站提供的 Windows 系統安裝說明來進行安裝，因為那些安裝說明在本書出版後可能會改變。大多數人都要安裝 64 位元版本，但如果你的 Windows 機器無法運行它，你也可以改成安裝 32 位元版本。

當電腦詢問你只想安裝在自己的帳號，還是為系統的所有使用者安裝時，選擇適合你的選項。只安裝在自己的帳號就足以跟隨本書操作了。它也會問你要不要將 Miniconda 加入系統 PATH 環境變數，如果你勾選它（我通常會這樣做），那麼這一次的 Miniconda

安裝將覆寫你安裝過的其他 Python 版本。如果你不勾選它，以後你要透過 Window Start 選單捷徑才能夠使用這個 Miniconda。這個 Start 選單項目應該會是「Anaconda3 (64-bit)」。

接下來，我們假設你沒有將 Miniconda 加入系統 PATH。為了確定一切都被正確設置，打開 Start 選單裡的「Anaconda3 (64-bit)」裡的「Anaconda Prompt (Miniconda3)」項目。然後輸入 **python** 來啟動 Python 直譯器。你應該會看到這段訊息：

```
(base) C:\Users\Wes>python
Python 3.9 [MSC v.1916 64 bit (AMD64)] :: Anaconda, Inc. on win32
Type "help", "copyright", "credits" or "license" for more information.
>>>
```

輸入 **exit()** 並按下 Enter 即可退出 Python shell。

GNU/Linux

Linux 的細節因你的 Linux 版本而有一些差異，接下來列出 Debian、Ubuntu、CentOS 和 Fedora 等版本的細節。在 Linux 上的設定過程類似 macOS，唯一的差異在於安裝 Miniconda 的方法。大多數的讀者都要下載預設的 64-bit 安裝檔，它是供 x86 架構使用的（但以後可能有更多使用者使用基於 aarch64 的 Linux 系統）。安裝程式是一個 shell 腳本，必須在終端機執行。然後，你會有一個名稱類似 *Miniconda3-latest-Linux-x86_64.sh* 的檔案，請用 bash 來執行這個腳本來安裝它：

```
$ bash Miniconda3-latest-Linux-x86_64.sh
```

有些 Linux 版本的程式包管理器裡面有我們需要的 Python 程式包（儘管在一些情況下是過時的版本），你可以使用 apt 之類的工具來安裝。本書介紹的設定方法使用 Miniconda，因為它不但可幫助我們在不同的版本中做同樣的操作，也更容易將程式包升級到最新版本。

你可以選擇 Miniconda 檔案的放置位置，我建議將檔案安裝在主目錄的預設位置，例如 */home/$USER/ miniconda*（當然是使用你的使用者名稱）。

安裝程式會問你是否想要修改 shell 腳本以自動啟動 Miniconda，為了方便起見，我建議選擇「yes」。

在完成安裝後，啟動一個新的終端機程序，以確定你安裝了新的 Miniconda：

```
(base) $ python
Python 3.9 | (main) [GCC 10.3.0] on linux
Type "help", "copyright", "credits" or "license" for more information.
>>>
```

你可以輸入 **exit()** 並按下 Enter 或按下 Ctrl-D 來退出 Python shell。

在 macOS 安裝 Miniconda

下載 macOS Miniconda 安裝程式，它的名稱在 2020 年以後出廠的 Apple Silicon macOS 電腦上類似 *Miniconda3-latest-MacOSX-arm64.sh*，在 2020 年之前出廠的 Intel Mac 上則類似 *Miniconda3-latest-MacOSX-x86_64.sh*。在 macOS 裡打開 Terminal 應用程式，並使用 `bash` 來執行安裝程式（很可能在你的 `Downloads` 目錄裡）以進行安裝：

```
$ bash $HOME/Downloads/Miniconda3-latest-MacOSX-arm64.sh
```

在預設情況下，安裝程式會在你的預設 shell profile 裡的預設 shell 環境中自動設置 Miniconda，它應該位於 */Users/$USER/.zshrc*。建議你讓它這樣做。如果你不想讓安裝程式修改預設的 shell 環境，請參考 Miniconda 文件來繼續進行。

為了驗證一切是否正常，試著在系統 shell 中啟動 Python（打開 Terminal 應用程式以顯示命令提示符號）：

```
$ python
Python 3.9 (main) [Clang 12.0.1 ] on darwin
Type "help", "copyright", "credits" or "license" for more information.
>>>
```

你可以按下 Ctrl-D 或輸入 **exit()** 並按下 Enter 來退出 shell。

安裝必要的程式包

設定 Miniconda 後，接下來要安裝本書將使用的主要程式包。第一步是將 conda-forge 設為預設程式包 channel，請在 shell 裡執行以下的命令：

```
(base) $ conda config --add channels conda-forge
(base) $ conda config --set channel_priority strict
```

接下來，使用 `conda create` 命令與 Python 3.10 來建立一個新的 conda「環境」：

```
(base) $ conda create -y -n pydata-book python=3.10
```

完成安裝後，使用 conda activate 來啟動環境：

```
(base) $ conda activate pydata-book
(pydata-book) $
```

每次開啟新的終端機時，都必須使用 conda activate 來啟動環境。你可以隨時執行 conda info，從終端機看到關於運行中的 conda 環境的資訊。

將下來要使用 conda install 來安裝本書使用的重要程式包（及其依賴項目）：

```
(pydata-book) $ conda install -y pandas jupyter matplotlib
```

我們還會使用其他的程式包，但它們可以在需要時再安裝。安裝程式包的方法有兩種：使用 conda install 與使用 pip install。conda install 是使用 Miniconda 時的首選，但有些程式包無法用 conda 來取得，所以如果執行 conda install $package_name 無效，可改試 pip install $package_name。

如果你想要安裝本書使用的所有程式包，可執行：

```
conda install lxml beautifulsoup4 html5lib openpyxl \
               requests sqlalchemy seaborn scipy statsmodels \
               patsy scikit-learn pyarrow pytables numba
```

在 Windows 上，請將在 Linux 與 macOS 使用的 \ 換成 ^。

你可以使用 conda update 命令來更新程式包：

```
conda update package_name
```

pip 也用 --upgrade 旗標來支援升級：

```
pip install --upgrade package_name
```

這本書裡，你將有很多機會嘗試這些命令。

雖然你可以使用 conda 與 pip 來安裝程式包，但請避免使用 pip 來更新當初使用 conda 來安裝的程式包（反之亦然），因為這樣做可能導致環境問題。可以的話，建議你維持使用 conda，等到無法使用 conda install 來取得的程式包時，才改用 pip。

整合開發環境與文字編輯器

每當有人問我使用哪一種標準開發環境時，我的回答幾乎都是：「IPython 加一個文字編輯器」。我通常會寫一段程式，在 IPython 或 Jupyter notebook 中反覆測試和偵錯每一段程式碼。我也會用互動的方式來理解資料，並用視覺化來確定某些資料操作做了正確的事情。pandas 與 NumPy 等程式庫就是為了讓你在 shell 中使用，並且發揮你的生產力而設計的。

然而，在組建軟體時，有些使用者可能比較喜歡使用功能更豐富的整合式開發環境（IDE），而不是像 Emacs 或 Vim 等提供現成的極簡環境的編輯器。你可以考慮以下幾個選項：

- PyDev（免費），用 Eclipse 平台來建構的 IDE。
- JetBrains 的 PyCharm（商業使用者必須訂閱，開源開發者免費）
- Python Tools for Visual Studio（Windows 使用者）
- Spyder（免費），目前伴隨 Anaconda 一起提供的 IDE
- Komodo IDE（商業）

由於 Python 的流行性，大多數的文字編輯器都提供很棒的 Python 支援，例如 VS Code 與 Sublime Text 2。

1.5 社群與會議

除了搜尋網際網路之外，參加一些與科學和資料有關的 Python 郵件討論群也很有幫助，它們可回答你的問題。其中值得瞭解的有：

- pydata：這是回答 Python 的資料分析與 pandas 相關問題的 Google Group 討論群
- pystatsmodels：可回答統計模型與 pandas 相關問題
- scikit-learn 與 Python 機器學習有關的郵件討論群（*scikit-learn@python.org*）
- numpy-discussion：可回答 NumPy 相關問題
- scipy-user：可回答一般的 SciPy 或科學 Python 問題

我故意不寫出它們的 URL，以防 URL 發生變化，你只要搜尋網路就可以輕鬆地找到它們。

每年在世界各地都有許多專為 Python 程式設計師舉行的會議。如果你想認識有共同興趣的 Python 程式設計師，我鼓勵你在可能的情況下參加一個會議。很多會議都為無力支付入場費或差旅費的人提供財務支持。以下是可考慮的對象：

- PyCon 與 EuroPython：分別是北美與歐洲的主要一般性 Python 研討會
- SciPy 與 EuroSciPy：分別是北美與歐洲偏向科學計算的研討會
- PyData：探討資料科學和資料分析使用案例的全球系列區域研討會
- 國際與地區性的 PyCon 研討會（*https://pycon.org* 有完整的清單）

1.6 瀏覽本書

如果你沒有寫過 Python 程式，你應該花一些時間閱讀第 2 章與第 3 章，裡面有關於 Python 語言功能、IPython shell 及 Jupyter notebook 的精華，它們是瞭解本書其餘部分的必要知識。如果你已經有 Python 設計經驗，你可以略讀或跳過這些章節。

接下來，我會簡單地介紹 NumPy 的重要功能，把比較進階的 NumPy 用法放在附錄 A。然後，我會介紹 pandas，並用本書其餘的篇幅來介紹如何使用 pandas、NumPy 與 matplotlib（視覺化）來進行資料分析。我以漸進的方式安排內容，但各章之間可能有一些小重複，也可能在少數幾個地方運用尚未介紹的概念。

雖然讀者可能有不同的工作目標，但你們的任務通常屬於以下幾大類之一：

和外界互動
: 使用各種檔案格式來對資料儲存體進行讀取和寫入

預備工作
: 為了進行分析，而清理、處理、合併、正規化、重塑、切段、轉換資料

轉換
: 用數學與統計運算來處理一群資料組，以產生新資料組（例如，用群組變數來彙總大型資料表的數據）

模擬與計算
: 將資料送至統計模型、機器學習演算法或其他計算工具

展示
: 建立互動式或靜態視覺化圖表或文字總結

範例程式

本書大多數的範例程式都是它們在 IPyhton 或 Jupyter notebook 裡執行時的輸入和輸出：

```
In [5]:CODE EXAMPLE
Out[5]:OUTPUT
```

這段範例程式的意思是，請你在程式設計環境中的 `In` 區塊裡輸入範例程式碼，並且按下 Enter 鍵（在 Jupyter 中是 Shift-Enter）來執行它，然後你應該會看到和上面的 `Out` 區塊一樣的輸出。

為了幫助閱讀並讓本書更簡潔，我改變了 NumPy 與 pandas 裡的預設主控台輸出設定。例如，你可能會看到數值資料印出較多精度位數。為了讓你的輸出與書中一致，你可以先執行以下的 Python 程式碼，再執行範例程式：

```
import numpy as np
import pandas as pd
pd.options.display.max_columns = 20
pd.options.display.max_rows = 20
pd.options.display.max_colwidth = 80
np.set_printoptions(precision=4, suppress=True)
```

書中範例使用的資料

我將各章的範例所使用的資料組都放在 GitHub 版本庫裡（*https://github.com/wesm/pydata-book*）（或是如果你無法進入 GitHub，其鏡像位於 Gitee（*https://gitee.com/wesmckinn/pydata-book*））。你可以在命令列使用 Git 版本控制系統來下載這些資料，或從網站下載版本庫的 zip 檔案。如果你遇到困難，可參考本書網站（*https://wesmckinney.com/book*），裡面有取得書籍教材的最新說明。

如果你決定下載包含範例資料組的 zip 檔，你要將 zip 檔的內容完全解壓縮至一個目錄內，然後先在終端機內前往該目錄，才能執行本書的範例程式：

```
$ pwd
/home/wesm/book-materials

$ ls
appa.ipynb  ch05.ipynb  ch09.ipynb  ch13.ipynb  README.md
ch02.ipynb  ch06.ipynb  ch10.ipynb  COPYING     requirements.txt
ch03.ipynb  ch07.ipynb  ch11.ipynb  datasets
ch04.ipynb  ch08.ipynb  ch12.ipynb  examples
```

雖然我盡量讓 GitHub 版本庫裡面有重現範例所需的一切程式，但仍然有出錯或遺漏的可能，若是如此，請用 email 告訴我：*book@wesmckinney.com*。回報本書錯誤的最佳手段是使用 O'Reilly 網站的勘誤網頁（*https://oreil.ly/kmhmQ*）。

重要的規範

Python 社群用一些約定俗成的簡稱來稱呼常用的模組：

```
import numpy as np
import matplotlib.pyplot as plt
import pandas as pd
import seaborn as sns
import statsmodels as sm
```

也就是說，當你看到 `np.arange` 時，它是指 NumPy 的 `arange` 函式。之所以如此是因為在 Python 軟體開發中，將 NumPy 這種龐大的程式包裡面的所有東西匯入（`from numpy import *`）是一種壞習慣。

第二章

Python 語言基本知識、IPython 與 Jupyter Notebooks

我在 2011 年和 2012 年撰寫本書第一版時，關於 Python 資料分析的學習資源還很少，這其實類似雞生蛋、蛋生雞，在當時，許多現在已經很普遍的程式庫還不成熟，像是 pandas、scikit-learn 和 statsmodels。到了 2022 年的今日，關於資料科學、資料分析和機器學習的文獻越來越多，改進了之前專為計算科學家、物理學家和其他研究領域的專家而開發的科學計算工具。此外，現在也有一些關於學習 Python 語言本身，以及如何成為一位高效率的軟體工程師的優秀書籍可供參考。

由於本書是介紹在 Python 中處理資料的入門書籍，我認為應該從資料處理的角度，針對 Python 的內建資料結構和程式庫的一些重要功能，進行自成體系的介紹。因此，我只在這一章和第 3 章介紹足夠的資訊，讓你能夠跟上本書的其餘部分。

本書的大部分內容側重於表格分析和資料準備工具，以處理小到可以放入個人電腦的資料組。為了使用這些工具，有時你必須做一些整理，將混亂的資料做成更漂亮的表格（或**結構化**）形式。幸運的是，Python 語言很適合做這件事。如果你對 Python 語言及其內建資料型態的掌握度越高，你就越容易準備新的資料組以進行分析。

要瞭解本書介紹的工具，最好的方法是在 IPython 或 Jupyter 環境裡面探索。當你知道如何啟動 IPython 和 Jupyter 後，建議你跟著範例一起操作，以實驗和嘗試不同的東西。熟悉常用的命令也是學習的一部分，就像熟悉以鍵盤來操作的主控台環境一樣。

本章並未介紹一些 Python 的入門概念，例如類別和物件導向程式設計，但那些概念在使用 Python 來分析資料時可能很有幫助。

若要提升你的 Python 語言知識，建議你閱讀 Python 官方課程（*http://docs.python.org*），以及關於一般性的 Python 程式設計的書籍，來補充本章的內容，我認為可以幫助你起步的書籍有：

- 《*Python Cookbook* 第三版》，David Beazley 與 Brian K. Jones 合著（O'Reilly）（繁體中文版是《*Python* 錦囊妙計 第三版》，黃銘偉譯，碁峰資訊出版）
- 《*Fluent Python*》，Luciano Ramalho 著（O'Reilly）（繁體中文版是《流暢的 *Python*》，賴屹民譯，碁峰資訊出版
- 《*Effective Python* 第二版》，Brett Slatkin 著（Addison-Wesley）（繁體中文版是《*Effective Python* 中文版》，黃銘偉譯，碁峰資訊出版）

2.1 Python 直譯器

Python 是一種直譯語言。Python 直譯器的執行程式方法是每次執行一個敘述句。你可以在命令列使用 python 命令來執行標準互動式 Python 直譯器：

```
$ python
Python 3.10.4 | packaged by conda-forge | (main, Mar 24 2022, 17:38:57)
[GCC 10.3.0] on linux
Type "help", "copyright", "credits" or "license" for more information.
>>> a = 5
>>> print(a)
5
```

畫面中的 >>> 是提示你輸入程式碼的提示符號（*prompt*）。你可以輸入 **exit()** 或按下 Ctrl-D（僅適用於 Linux 和 macOS）來退出 Python 直譯器。

執行 Python 程式很簡單，你只要呼叫 python，並在它的第一個引數傳入一個 *.py* 檔即可。假設我們建立了一個 *hello_world.py* 檔案，裡面有以下內容：

```
print("Hello world")
```

你可以用以下的命令來執行它（*hello_world.py* 檔必須位於當前的終端機目錄裡）：

```
$ python hello_world.py
Hello world
```

雖然有一些 Python 程式設計師用這種方式來執行他的所有 Python 程式碼，但從事資料分析或科學計算的設計師通常使用 IPython（加強版的 Python 直譯器）或 Jupyter notebook（一種網頁式程式碼筆記本，最初屬於 IPython 專案）。我會在本章介紹如何使用 IPython 和 Jupyter，並在附錄 A 更深入地介紹 IPython 的功能。當你使用 %run 命令時，IPython 會在同一個程序中執行指定檔案裡的程式碼，讓你能夠在完成後，以互動的方式探索結果：

```
$ ipython
Python 3.10.4 | packaged by conda-forge | (main, Mar 24 2022, 17:38:57)
Type 'copyright', 'credits' or 'license' for more information
IPython 7.31.1 -- An enhanced Interactive Python. Type '?' for help.

In [1]: %run hello_world.py
Hello world

In [2]:
```

相較於標準的 >>> 提示符號，預設的 IPython 提示符號採用 `In [2]:` 格式的編號。

2.2 IPython 基本知識

在本節，我將帶著你開始使用 IPython shell 和 Jupyter notebook，並介紹一些基本概念。

執行 IPython shell

你可以在命令列裡，像啟動一般的 Python 直譯器一樣啟動 IPython shell，不過此時要使用 ipython 命令：

```
$ ipython
Python 3.10.4 | packaged by conda-forge | (main, Mar 24 2022, 17:38:57)
Type 'copyright', 'credits' or 'license' for more information
IPython 7.31.1 -- An enhanced Interactive Python. Type '?' for help.

In [1]: a = 5

In [2]: a
Out[2]: 5
```

你可以輸入任意的 Python 敘述句並按下 Return（或 Enter）來執行它們。如果你只在 IPython 裡輸入一個變數，它會顯示物件的字串表示法：

```
In [5]: import numpy as np

In [6]: data = [np.random.standard_normal() for i in range(7)]

In [7]: data
Out[7]:
```

```
[-0.20470765948471295,
 0.47894333805754824,
 -0.5194387150567381,
 -0.55573030434749,
 1.9657805725027142,
 1.3934058329729904,
 0.09290787674371767]
```

前兩行是 Python 敘述句，第二條敘述句建立一個名為 `data` 的變數，指向一個新建立的 Python 字典（dictionary）。最後一行在主控台印出 `data` 的值。

IPython 會將很多 Python 物件格式化（整齊列印）以方便閱讀，這顯示出來的結果和使用 `print` 印出來的結果不同。在標準 Python 直譯器裡列印上述的 `data` 變數比較不容易閱讀：

```
>>> import numpy as np
>>> data = [np.random.standard_normal() for i in range(7)]
>>> print(data)
>>> data
[-0.5767699931966723, -0.1010317773535111, -1.7841005313329152,
-1.524392126408841, 0.22191374220117385, -1.9835710588082562,
-1.6081963964963528]
```

IPython 也提供執行整個 Python 腳本及任何程式碼區塊的工具（透過一種美化的複製貼上方法）。你也可以使用 Jupyter notebook 來處理更大的程式區塊，見稍後的說明。

執行 Jupyter Notebook

notebook 是 Jupyter 專案的主要元素之一，它是一種互動式的文件，可容納程式碼、文字（包括 Markdown）、資料視覺化及其他輸出。Jupyter notebook 與 *kernel* 互動，kernel 是為各種不同的程式語言製作的 Jupyter 互動計算協定。Python Jupyter kernel 使用 IPython 系統來執行底層行為。

你可以在終端機執行 `jupyter notebook` 命令來啟動 Jupyter：

```
$ jupyter notebook
[I 15:20:52.739 NotebookApp] Serving notebooks from local directory:
/home/wesm/code/pydata-book
[I 15:20:52.739 NotebookApp] 0 active kernels
[I 15:20:52.739 NotebookApp] The Jupyter Notebook is running at:
http://localhost:8888/?token=0a77b52fefe52ab83e3c35dff8de121e4bb443a63f2d...
[I 15:20:52.740 NotebookApp] Use Control-C to stop this server and shut down
all kernels (twice to skip confirmation).
Created new window in existing browser session.
```

```
To access the notebook, open this file in a browser:
    file:///home/wesm/.local/share/jupyter/runtime/nbserver-185259-open.html
Or copy and paste one of these URLs:
    http://localhost:8888/?token=0a77b52fefe52ab83e3c35dff8de121e4...
 or http://127.0.0.1:8888/?token=0a77b52fefe52ab83e3c35dff8de121e4...
```

在許多平台上，Jupyter 會自動打開你的預設網頁瀏覽器（除非你在啟動它時指定 `--no-browser`）。如果沒有，你可以前往啟動 notebook 時顯示的 HTTP 位址，在此是 `http://localhost:8888/?token=0a77b52fefe52ab83e3c35dff8de121e4bb443a63f2d3055`。圖 2-1 是它在 Google Chrome 裡的樣子。

很多人將 Jupyter 當成本地計算環境來使用，但它也可以部署在伺服器上，以遠端操作。在此不說明這些細節，如果你需要這個功能，鼓勵你上網探索這個主題。

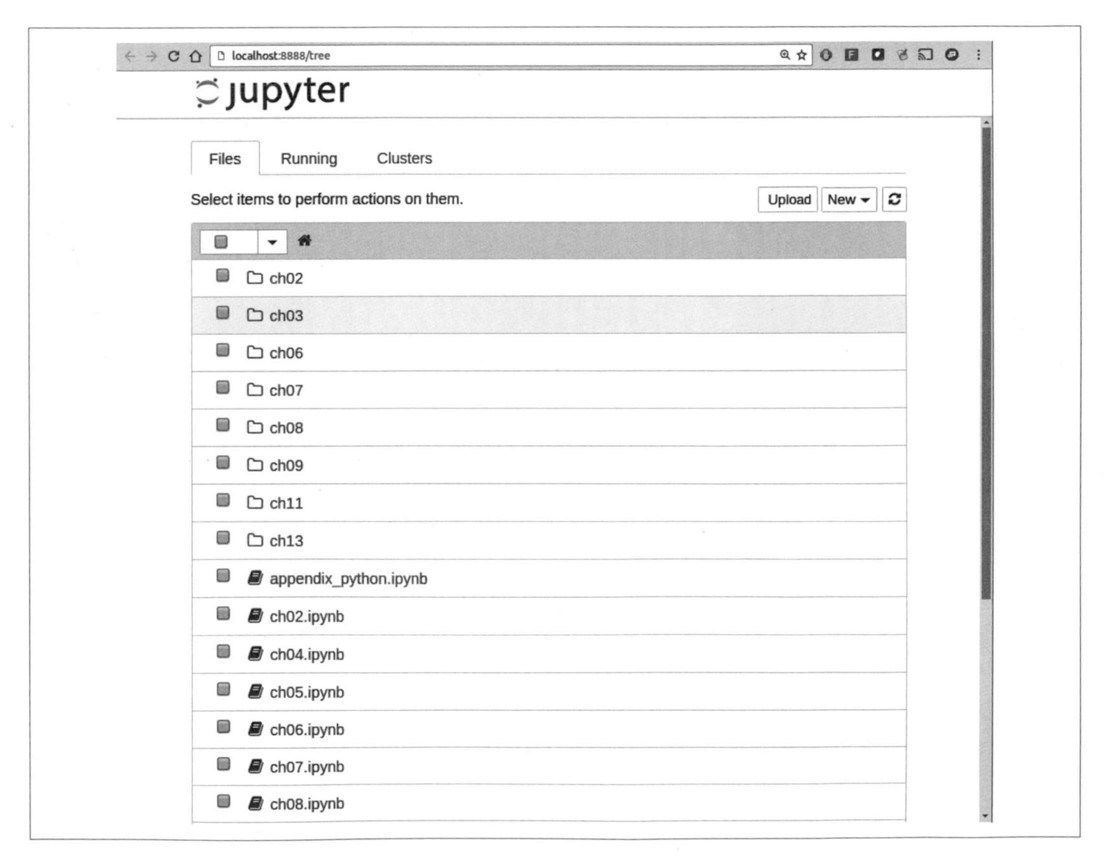

圖 2-1　Jupyter notebook 著陸頁

按下 New 按鈕並選擇「Python 3」即可建立新 notebook。你可以看到類似圖 2-2 的畫面。如果你第一次使用 notebook，試著按下空的程式碼「cell（輸入格）」，並輸入一行 Python 程式碼，然後按下 Shift-Enter 來執行它。

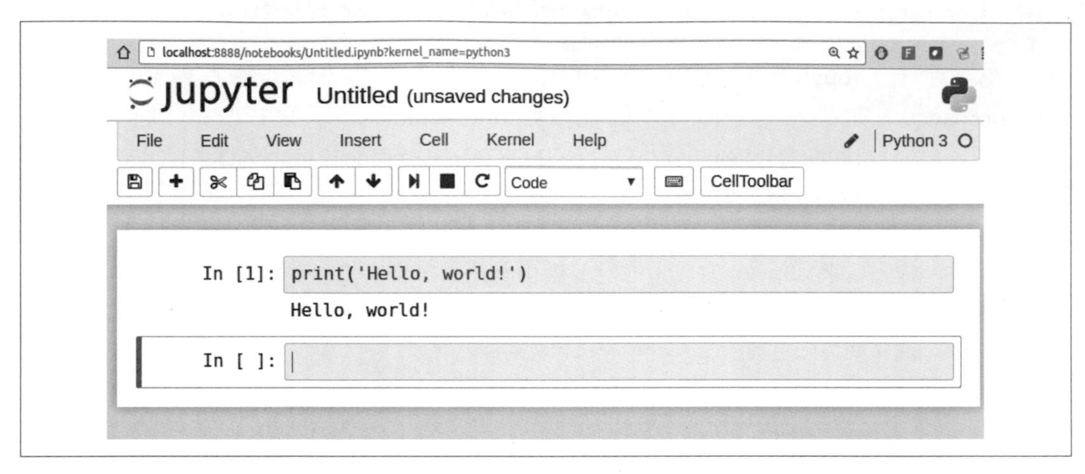

圖 2-2　新的 Jupyter notebook

當你儲存 notebook 時（在 notebook 的 File 選單之下選擇「Save and Checkpoint」），它會建立一個副檔名為 *.ipynb* 的檔案。這是一種自成一體的檔案格式，裡面有當前 notebook 裡的所有內容（包括任何算出來的程式輸出），別的 Jupyter 使用者可以載入與編輯它。

若要重新命名已開啟的 notebook，可按下網頁頂部的 notebook 標題，輸入新標題，並在完成時按下 Enter。

若要載入既有的 notebook，你可以將檔案放入當初啟動 notebook 程序的同一個目錄裡（或它的子目錄裡），然後在著陸頁按下它的名稱。你可以在我的 GitHub 上的 *wesm/pydata-book* 版本庫裡的 notebook 嘗試它，如圖 2-3 所示。

若要關閉 notebook，可按下 File 選單，並選擇「Close and Halt」。如果你直接關閉瀏覽器標籤，那個 notebook 的 Python 程序會在背景繼續運行。

雖然 Jupyter notebook 的使用體驗與 IPython shell 不一樣，但本章的命令與工具幾乎都可以在這兩個環境裡使用。

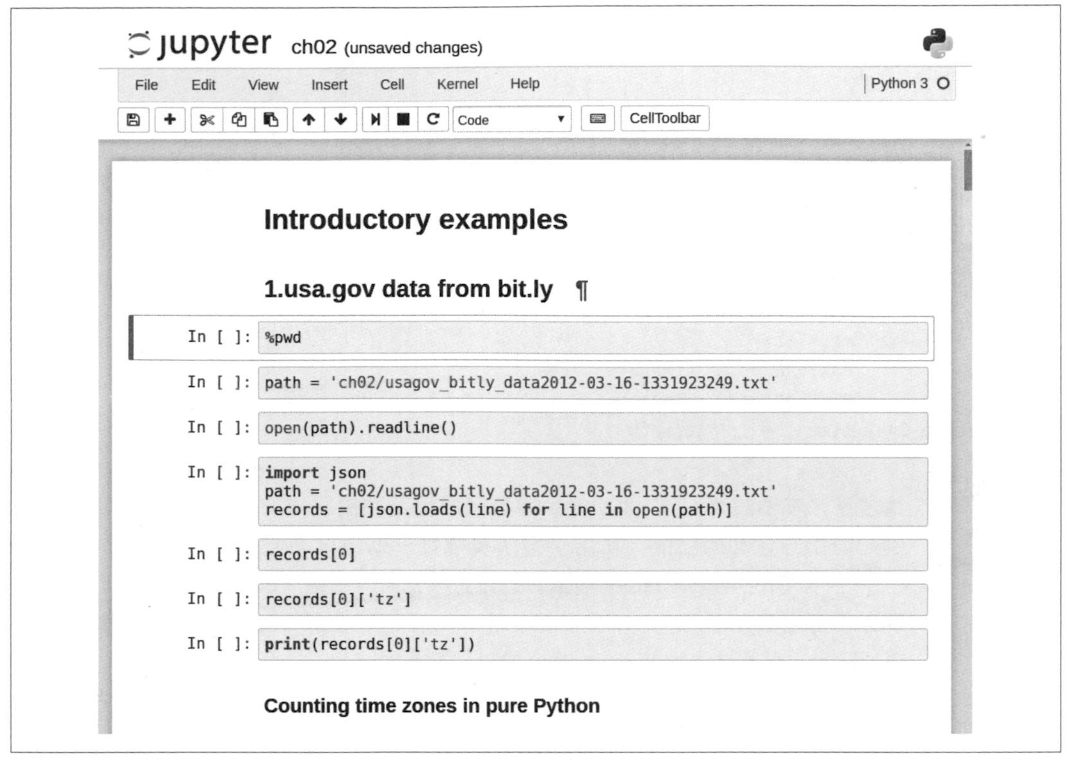

圖 2-3　在 Jupyter 打開現有 notebook 時的畫面

Tab 補全

IPython shell 表面上是標準 Python 終端直譯器（用 python 來執行）的不同外觀版本。與標準 Python shell 相較之下，IPython shell 的主要改進之一，就是 *Tab* 補全，許多 IDE 或其他互動式計算分析環境都有這個功能。在 shell 裡輸入運算式再按下 Tab 鍵後，IPython shell 會在名稱空間裡尋找和你已經輸入的字元相符的所有變數（物件、函式…等），並用一個方便的下拉式選單來顯示結果：

```
In [1]: an_apple = 27

In [2]: an_example = 42

In [3]: an<Tab>
an_apple    an_example   any
```

注意，在這個例子裡，IPython 顯示我定義的兩個變數，以及內建函式 any。此外，你也可以在輸入物件的句點之後，補上它的方法與屬性：

```
In [3]: b = [1, 2, 3]

In [4]: b.<Tab>
append()  count()   insert()  reverse()
clear()   extend()  pop()     sort()
copy()    index()   remove()
```

在模組後使用 tab 也一樣：

```
In [1]: import datetime

In [2]: datetime.<Tab>
date          MAXYEAR       timedelta
datetime      MINYEAR       timezone
datetime_CAPI time          tzinfo
```

請注意，在預設情況下，IPython 會隱藏名稱開頭是底線的方法和屬性，例如魔術方法和內部的「私用」方法及屬性，以免畫面混亂（和干擾新手！）。它們也可以用 Tab 來補全，但你必須先輸入底線才能看到它們。如果你希望它們在使用 Tab 補全時顯示出來，你可以在 IPython 組態裡改變這項設定，具體做法請參考 IPython 文件（*https://ipython.readthedocs.io*）。

除了搜尋互動名稱空間和補全物件或模組屬性之外，Tab 補全也可以在許多情況下使用。輸入看似檔案路徑的東西之後（即使是在 Python 字串裡），按下 Tab 鍵即可以補全電腦檔案系統裡和輸入的字元相符的任何東西。

一起使用 Tab 與 `%run` 命令（見第 536 頁的「%run 命令」）可以省下很多打字次數。

用 Tab 補全來節省時間的另一個情況是補全函式關鍵字引數（包括 = 符號！），如圖 2-4 所示。

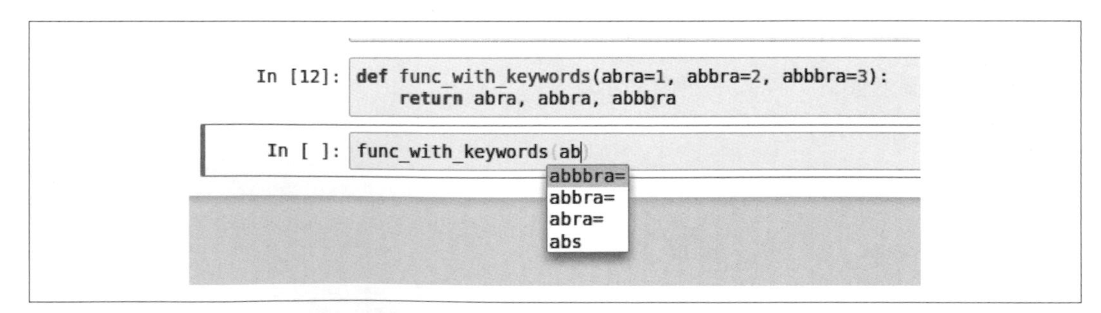

圖 2-4 在 Jupyter notebook 裡自動補全函式關鍵字

我們等一下會仔細研究函式。

自檢（introspection）

在變數的前面或後面加上一個問號（?）可顯示關於該物件的資訊：

```
In [1]: b = [1, 2, 3]

In [2]: b?
Type:        list
String form: [1, 2, 3]
Length:      3
Docstring:
Built-in mutable sequence.

If no argument is given, the constructor creates a new empty list.
The argument must be an iterable if specified.

In [3]: print?
Docstring:
print(value, ..., sep=' ', end='\n', file=sys.stdout, flush=False)

Prints the values to a stream, or to sys.stdout by default.
Optional keyword arguments:
file:  a file-like object (stream); defaults to the current sys.stdout.
sep:   string inserted between values, default a space.
end:   string appended after the last value, default a newline.
flush: whether to forcibly flush the stream.
Type:      builtin_function_or_method
```

這個功能稱為**物件自檢**（*object introspection*）。如果物件是函式或實例方法，它也會顯示 docstring，如果有定義 docstring 的話。假設我們寫了以下函式（你可以在 IPython 或 Jupyter 裡重現）：

```
def add_numbers(a, b):
    """
    Add two numbers together

    Returns
    -------
    the_sum : type of arguments
    """
    return a + b
```

那麼使用 ? 將顯示 docstring：

```
In [6]: add_numbers?
Signature: add_numbers(a, b)
Docstring:
Add two numbers together
Returns
-------
the_sum : type of arguments
File:      <ipython-input-9-6a548a216e27>
Type:      function
```

? 的最後一種用途是以類似標準 Unix 或 Windows 命令列的方式來搜尋 IPython 名稱空間，當你輸入幾個字元和萬用字元（*）之後，它會顯示符合萬用字元表示法的所有名稱。例如，我們可以顯示在 NumPy 頂層名稱空間裡包含 `load` 的所有函式：

```
In [9]: import numpy as np

In [10]: np.*load*?
np.__loader__
np.load
np.loads
np.loadtxt
```

2.3 語言基本知識

在這一節，我將介紹基本的 Python 程式設計概念和語言機制。在下一章，我將更詳細地介紹 Python 資料結構、函式和其他內建工具。

語法

Python 語言的特點在於它的設計強調可讀性、簡單性和明確性。有些人甚至稱之為「可執行的虛擬碼」。

使用縮排，而非大括號

Python 使用空白（tab 與空格）來架構程式碼，而不是像 R、C++、Java、Perl 等語言使用大括號。我們來看一個排序演算法的 `for` 迴圈：

```
for x in array:
    if x < pivot:
        less.append(x)
    else:
        greater.append(x)
```

冒號代表一個縮排區塊的起點，接下來的所有程式都必須後縮相同的深度，直到該區塊結束為止。

無論你喜不喜歡，對 Python 程式設計師來說，大量的空白是司空見慣的事情，雖然這種做法最初令人不習慣，但久而久之，你會逐漸習以為常。

強烈建議你將**四個空格**設成預設的縮排深度，並將 tab 換成四個空格。許多文字編輯器都有設定選項，可將 tab stop 自動換成空格（設定它！）。IPython 和 Jupyter notebook 會在冒號後的下一行自動插入四個空格，並將 tab 換成四個空格。

如你所見，Python 敘述句不需要使用分號來結束。然而，你可以用分號來分隔一行程式裡的多個敘述句：

```
a = 5; b = 6; c = 7
```

Python 通常不鼓勵將多個敘述句寫在同一行，因為這樣會讓程式碼難以閱讀。

所有東西都是物件

一致的**物件模型**是 Python 語言的重要特徵之一。在 Python 直譯器裡，每一個數字、字串、資料結構、函式、類別、模組…等都被放在它自己的「盒子」裡，那些盒子稱為 *Python* **物件**。每個物件都有一種**型態**（例如**整數**、**字串**、**函式**）與內部資料。在實務上，這讓語言非常靈活，就連函式也可以當成任何其他物件。

註解

在 # 後面的任何文字都會被 Python 直譯器忽略，我們通常用它來加入註解。有時你想要排除幾段程式，但不想刪除它們，有一種方法是將程式碼改成註解：

```
results = []
for line in file_handle:
    # 先保留空行
    # if len(line) == 0:
    #   continue
    results.append(line.replace("foo", "bar"))
```

註解也可以寫在一行可執行的程式碼後面。雖然有些程式設計師比較喜歡把註解放在程式碼的上面，但這種寫法有時很有幫助：

```
print("Reached this line") # 回報簡單的狀態
```

呼叫函式與物件方法

你可以使用括號並傳遞零個或一個以上的引數來呼叫函式，並將回傳值指派給一個變數：

```
result = f(x, y, z)
g()
```

在 Python 裡，幾乎每一個物件都附有函式，它們稱為*方法*（*method*），可用來存取該物件的內部內容。你可以使用以下的語法來呼叫它們：

```
obj.some_method(x, y, z)
```

函式可接收*位置*（*positional*）引數與*關鍵字*（*keyword*）引數：

```
result = f(a, b, c, d=5, e="foo")
```

等一下會更詳細地介紹它。

變數與傳遞引數

在 Python 裡，對一個變數（或*名稱*）賦值，就是幫等號右邊的物件建立一個指向它的參考。考慮一個整數串列（list）：

```
In [8]: a = [1, 2, 3]
```

假設我們將 `a` 指派給新變數 `b`：

```
In [9]: b = a

In [10]: b
Out[10]: [1, 2, 3]
```

在一些語言裡，對 `b` 賦值會複製資料 `[1, 2, 3]`。在 Python 裡，`a` 與 `b` 會指向同一個物件，也就是原始的串列 `[1, 2, 3]`（見圖 2-5）。你可以為 `a` 附加一個元素，然後檢查 `b` 來證明：

```
In [11]: a.append(4)

In [12]: b
Out[12]: [1, 2, 3, 4]
```

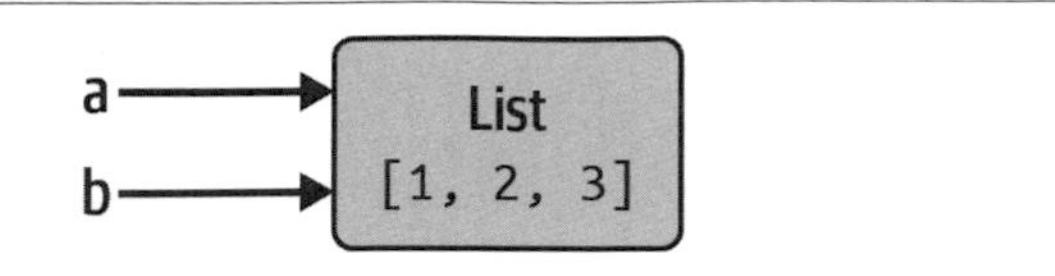

圖 2-5 同一個物件的兩個參考

當你在 Python 裡處理更大型的資料組時，你一定要瞭解 Python 的參考語義，以及何時、如何、為何複製資料。

賦值（assignment）也稱為綁定（*binding*），因為它會將一個名稱綁到一個物件。已被賦值的變數名稱有時稱為已綁定變數（bound variable）。

當你將物件當成引數傳給函式時，Python 會建立新的區域變數，並用那個變數來參考原始物件，而不進行任何複製。在函式內將一個新物件指派給一個變數，不會改寫函式外的「作用域」（「父作用域」）裡的同名變數。因此，我們可以修改可變引數的內容。假設我們有以下函式：

```
In [13]: def append_element(some_list, element):
   ....:     some_list.append(element)
```

那麼我們可以得到：

```
In [14]: data = [1, 2, 3]

In [15]: append_element(data, 4)

In [16]: data
Out[16]: [1, 2, 3, 4]
```

動態參考，強型態

Python 的變數沒有綁定固有型態，只要進行賦值就可以讓變數參考不同型態的物件，這樣寫沒有錯：

```
In [17]: a = 5

In [18]: type(a)
Out[18]: int

In [19]: a = "foo"
```

```
In [20]: type(a)
Out[20]: str
```

變數是在特定名稱空間內的物件的名稱，型態資訊被儲存在物件本身裡。有些人武斷地認定 Python 不是「定型語言（typed language）」，但事實不然，例如：

```
In [21]: "5" + 5
---------------------------------------------------------------------------
TypeError                                 Traceback (most recent call last)
<ipython-input-21-7fe5aa79f268> in <module>
----> 1 "5" + 5
TypeError: can only concatenate str (not "int") to str
```

有些語言會將字串 `'5'` 私下轉換（或**強制轉型**）成整數，因而產生 10。有些語言則會將整數 5 強制轉型成字串，產生串接的字串 `'55'`。Python 不允許這種隱性的強制轉型。就這個意義上而言，Python 是一種**強定型**語言，意思是每一個物件都有特定的型態（或類別），而且隱性轉換只會在某些允許的情況下發生，例如：

```
In [22]: a = 4.5

In [23]: b = 2

# 字串格式化，稍後介紹
In [24]: print(f"a is {type(a)}, b is {type(b)}")
a is <class 'float'>, b is <class 'int'>

In [25]: a / b
Out[25]: 2.25
```

在這裡，即使 `b` 是整數，它也被隱性轉換成浮點數，以執行除法。

知道物件的型態很重要，你也必須知道如何寫出能夠處理各種輸入型態的函式。你可以使用 `isinstance` 函式來檢查一個物件是不是特定型態的實例：

```
In [26]: a = 5

In [27]: isinstance(a, int)
Out[27]:True
```

如果你想要檢查一個物件的型態是不是 tuple 裡面的型態之一，`isinstance` 可以接收包含多個型態的 tuple：

```
In [28]: a = 5; b = 4.5

In [29]: isinstance(a, (int, float))
Out[29]: True
```

```
In [30]: isinstance(b, (int, float))
Out[30]: True
```

屬性與方法

在 Python 裡的物件通常有屬性（被儲存在一個物件「裡面」的其他 Python 物件）與方法（物件的函式，可存取物件的內部資料）。它們都可以透過 *obj.attribute_name*（*物件．屬性名稱*）語法來使用：

```
In [1]: a = "foo"

In [2]: a.<Press Tab>
capitalize() index()        isspace()      removesuffix()  startswith()
casefold()   isprintable()  istitle()      replace()       strip()
center()     isalnum()      isupper()      rfind()         swapcase()
count()      isalpha()      join()         rindex()        title()
encode()     isascii()      ljust()        rjust()         translate()
endswith()   isdecimal()    lower()        rpartition()
expandtabs() isdigit()      lstrip()       rsplit()
find()       isidentifier() maketrans()    rstrip()
format()     islower()      partition()    split()
format_map() isnumeric()    removeprefix() splitlines()
```

你也可以用 `getattr` 名稱來存取函式和屬性：

```
In [32]: getattr(a, "split")
Out[32]: <function str.split(sep=None, maxsplit=-1)>
```

雖然本書不常使用函式 `getattr` 和相關函式 `hasattr` 和 `setattr`，但它們可以方便你編寫通用的、可重用的程式碼。

鴨子定型

有時你不在乎物件的型態，只在乎它有沒有特定的方法或行為，這種情況有時稱為**鴨子定型**，因為有句話說：「如果牠走路像鴨子，叫聲也像鴨子，那麼牠就是鴨子」。例如，為了確定物件是不是 iterable，你可以檢查它是否實作了 *iterator* 協定。對許多物件而言，這意味著它有 `__iter__`「魔術方法」，雖然更好的檢查方式是試著使用 `iter` 函式：

```
In [33]: def isiterable(obj):
   ....:     try:
   ....:         iter(obj)
   ....:         return True
   ....:     except TypeError: # 非 iterable
   ....:         return False
```

這個函式在接收字串與大多數的 Python 集合型態之後都會回傳 `True`：

```
In [34]: isiterable("a string")
Out[34]: True

In [35]: isiterable([1, 2, 3])
Out[35]: True

In [36]: isiterable(5)
Out[36]: False
```

匯入（import）

在 Python 裡，**模組**（*module*）其實就是一個儲存 Python 程式碼的檔案，其副檔名為 *.py*。假設我們有以下的模組：

```
# some_module.py
PI = 3.14159

def f(x):
    return x + 2

def g(a, b):
    return a + b
```

如果你想要使用 *some_module.py* 定義的變數與函式，你可以在同一個目錄的另一個檔案裡這樣寫：

```
import some_module
result = some_module.f(5)
pi = some_module.PI
```

或是：

```
from some_module import g, PI
result = g(5, PI)
```

你可以使用 `as` 關鍵字來將匯入的東西設為不同的變數名稱：

```
import some_module as sm
from some_module import PI as pi, g as gf

r1 = sm.f(pi)
r2 = gf(6, pi)
```

二元運算子與比較

大多數的二元數學運算和比較都使用其他程式語言所使用的數學語法：

```
In [37]: 5 - 7
Out[37]: -2

In [38]: 12 + 21.5
Out[38]: 33.5

In [39]: 5 <= 2
Out[39]: False
```

表 2-1 是所有的二元運算子。

表 2-1　二元運算子

運算	說明
`a + b`	將 a 與 b 相加
`a - b`	a 減 b
`a * b`	a 乘以 b
`a / b`	a 除以 b
`a // b`	a 除以 b 並向下取整，捨棄分數餘數
`a ** b`	a 的 b 次方
`a & b`	若 a 與 b 皆為 `True` 則為 `True`；對於整數則取逐位元 AND
`a | b`	若 a 或 b 為 `True` 則為 `True`；對於整數則取逐位元 OR
`a ^ b`	對於布林，若 a 或 b 為 `True` 但兩者之一非 `True`，則為 `True`；對於整數，取逐位元 EXCLUSIVE-OR
`a == b`	若 a 等於 b 則為 `True`
`a != b`	若 a 不等於 b 則為 `True`
`a < b, a <= b`	若 a 小於（小於或等於）b 則為 `True`
`a > b, a >= b`	若 a 大於（大於或等於）b 則為 `True`
`a is b`	若 a 和 b 參考同一個 Python 物件則為 `True`
`a is not b`	若 a 和 b 參考不同的 Python 物件則為 `True`

你可以使用 is 關鍵字來檢查兩個變數是否參考同一個物件，使用 is not 來檢查兩個物件是否不相同：

```
In [40]: a = [1, 2, 3]

In [41]: b = a

In [42]: c = list(a)

In [43]: a is b
Out[43]: True

In [44]: a is not c
Out[44]: True
```

因為 list 函式始終建立新的 Python 串列（也就是建立一個副本），我們可以確定 c 與 a 不同。使用 is 來做比較與使用 == 運算子的效果不同，因為：

```
In [45]: a == c
Out[45]: True
```

is 和 is not 常見的用法是檢查變數是不是 None，因為 None 的實例只有一個：

```
In [46]: a = None

In [47]: a is None
Out[47]: True
```

可變與不可變物件

在 Python 裡的許多物件都是**可變的**（*mutable*），例如串列、字典、NumPy 陣列，以及大多數使用者定義型態（類別）。可變的意思是，在它們裡面的物件或值是可以修改的：

```
In [48]: a_list = ["foo", 2, [4, 5]]

In [49]: a_list[2] = (3, 4)

In [50]: a_list
Out[50]: ['foo', 2, (3, 4)]
```

其他的物件是不可變的（immutable），例如字串與 tuple，意思是它們的內部資料不能改變：

```
In [51]: a_tuple = (3, 5, (4, 5))

In [52]: a_tuple[1] = "four"
---------------------------------------------------------------------------
TypeError                                 Traceback (most recent call last)
<ipython-input-52-cd2a018a7529> in <module>
----> 1 a_tuple[1] = "four"
TypeError: 'tuple' object does not support item assignment
```

切記，物件**可以**改變不代表你一定要改變它，改變它稱為**副作用**（*side effect*）。在撰寫函式時，你要用文件或註解來讓函式的使用者知道任何副作用。可以的話，建議你試著避免副作用，**選擇不可變**，即使可能牽涉可變物件。

純量型態

Python 有幾個用來處理數值資料、字串、布林（`True` 與 `False`）值、日期與時間的內建型態。這些「單值」型態有時稱為**純量型態**，本書將它們稱為**純量**（*scalar*）。表 2-2 是主要的純量型態。我們將單獨討論日期與時間的處理，因為它們是由標準程式庫的 `datetime` 模組提供的。

表 2-2　標準 Python 純量型態

型態	說明
`None`	Python 的「null」值（`None` 物件只有一個實例）
`str`	字串型態，保存 Unicode 字串
`bytes`	原始二進制資料
`float`	雙精度浮點數（沒有另外的 `double` 型態）
`bool`	布林 `True` 或 `False` 值
`int`	任意精度整數

數值型態

`int` 與 `float` 是 Python 主要的數字型態。`int` 可儲存任意大的數字：

```
In [53]: ival = 17239871

In [54]: ival ** 6
Out[54]: 26254519291092456596965462913230729701102721
```

在 Python 裡，浮點數是以 float 型態來表示的。在底層，每一個 float 都是一個雙精度值。它們也可以用科學記數法來表示：

```
In [55]: fval = 7.243

In [56]: fval2 = 6.78e-5
```

如果整數除法的結果不是整數，它一定會產生浮點數：

```
In [57]: 3 / 2
Out[57]: 1.5
```

若要使用 C 風格的整數除法（當結果不是整數時移除分數部分），你可以使用向下取整除法（floor division）運算子 //：

```
In [58]: 3 // 2
Out[58]: 1
```

字串

很多人選擇 Python 是為了使用它的內建字串處理功能。你可以使用單引號 ' 或雙引號 " 來編寫**字串常值**（一般使用雙引號）：

```
a = 'one way of writing a string'
b = "another way"
```

Python 的字串型態是 str。

包含換行符號的多行字串可以放在「三引號」之間，也就是 ''' 或 """：

```
c = """
This is a longer string that
spans multiple lines
"""
```

另人意外的是，這個字串 c 其實有四行文字，在 """ 之後的換行與在 lines 之後的換行都屬於這個字串。我們可以使用 c 的 count 方法來計算換行字元數目：

```
In [60]: c.count("\n")
Out[60]: 3
```

Python 字串是不可變的，你不能修改字串：

```
In [61]: a = "this is a string"

In [62]: a[10] = "f"
---------------------------------------------------------------------------
```

```
TypeError                                 Traceback (most recent call last)
<ipython-input-62-3b2d95f10db4> in <module>
----> 1 a[10] = "f"
TypeError: 'str' object does not support item assignment
```

在解讀這條錯誤訊息時，你要從最下面往上閱讀。我們試著將第 10 個位置的字元（訊息中的「item」）換成字母 "f"，但字串物件不允許這樣做。如果需要修改字串，我們必須使用可建立新字串的函式或方法，例如字串 replace 方法：

```
In [63]: b = a.replace("string", "longer string")

In [64]: b
Out[64]: 'this is a longer string'
```

在這次操作之後，變數 a 未被修改：

```
In [65]: a
Out[65]: 'this is a string'
```

str 函式可將許多 Python 物件轉換成字串：

```
In [66]: a = 5.6

In [67]: s = str(a)

In [68]: print(s)
5.6
```

字串是一系列的 Unicode 字元，因此可以視為其他序列，例如串列與 tuple：

```
In [69]: s = "python"

In [70]: list(s)
Out[70]: ['p', 'y', 't', 'h', 'o', 'n']

In [71]: s[:3]
Out[71]: 'pyt'
```

s[:3] 這個語法稱為 *slicing*（*切段*），很多種 Python 序列都有這種功能，因為本書將大量使用它，等一下會詳細地介紹它。

反斜線字元 \ 是 *escape character*（*跳脫字元*），這個名稱的意思是它的用途是指定特殊字元，例如換行 \n 或 Unicode 字元。若要編寫帶有反斜線的字串常值，我們必須 escape 反斜線：

```
In [72]: s = "12\\34"

In [73]: print(s)
12\34
```

如果字串有很多反斜線且沒有特殊字元，這種做法可能會很麻煩，但你可以在字串的第一個引號前面加上 `r`，代表接下來的字元都是按字面解讀的：

```
In [74]: s = r"this\has\no\special\characters"

In [75]: s
Out[75]: 'this\\has\\no\\special\\characters'
```

`r` 是 *raw* 的簡寫。

將兩個字串相加會將它們串接起來，並產生新字串：

```
In [76]: a = "this is the first half "

In [77]: b = "and this is the second half"

In [78]: a + b
Out[78]: 'this is the first half and this is the second half'
```

字串模板化或格式化是另一個重要的主題。隨著 Python 3 的出現，做這件事的方法也變多了，我們來簡單地介紹其中一個主要介面的機制。字串物件有一個 `format` 方法，可將引數格式化並代入字串，以產生新字串：

```
In [79]: template = "{0:.2f} {1:s} are worth US${2:d}"
```

在這個字串裡：

- `{0:.2f}` 代表將第一個引數設成兩位小數的浮點數。
- `{1:s}` 代表將第二個引數設成字串。
- `{2:d}` 代表將第三個引數設成整數。

我們可以將一系列的引數傳給 `format` 方法，將引數代入格式化參數：

```
In [80]: template.format(88.46, "Argentine Pesos", 1)
Out[80]: '88.46 Argentine Pesos are worth US$1'
```

Python 3.6 加入一種稱為 *f-strings* 的新功能（*formatted string literals* 的簡寫），可以用更方便的方式建立格式化字串。若要建立 f-string，你要在字串常值的前面加上字元 `f`，然後將字串裡的 Python 運算式包在大括號之間，代表你要將運算式的值代入格式化的字串裡：

```
In [81]: amount = 10

In [82]: rate = 88.46

In [83]: currency = "Pesos"

In [84]: result = f"{amount} {currency} is worth US${amount / rate}"
```

你可以在每一個運算式的後面加上格式符號，語法與上述的字串模板相同：

```
In [85]: f"{amount} {currency} is worth US${amount / rate:.2f}"
Out[85]: '10 Pesos is worth US$0.11'
```

字串格式化是有深度的主題，Python 有很多方法、選項及手段，可以控制值在最終字串裡的格式。若要更深入瞭解，可參考 Python 官方文件（*https://docs.python.org/3/library/string.html*）。

bytes 與 Unicode

在現代 Python 裡（Python 3.0 以上），Unicode 已成為一級字串型態，可讓我們更一致地處理 ASCII 和非 ASCII 文字。在舊版的 Python 裡，字串全都是 bytes，沒有任何明確的 Unicode 編碼。如果你知道字元的編碼，你可以將字串轉換成 Unicode，下面是採用非 ASCII 字元的 Unicode 字串：

```
In [86]: val = "español"

In [87]: val
Out[87]: 'español'
```

我們可以使用 `encode` 方法來將這個 Unicode 字串轉換成 UTF-8 bytes 表示法：

```
In [88]: val_utf8 = val.encode("utf-8")

In [89]: val_utf8
Out[89]: b'espa\xc3\xb1ol'

In [90]: type(val_utf8)
Out[90]: bytes
```

如果你知道 bytes 物件的 Unicode 編碼，你可以使用 decode 方法來轉換回去：

```
In [91]: val_utf8.decode("utf-8")
Out[91]: 'español'
```

雖然現在使用 UTF-8 來進行任何編碼是很理想的做法，但由於歷史因素，你可能會遇到包含各種編碼的資料：

```
In [92]: val.encode("latin1")
Out[92]: b'espa\xf1ol'

In [93]: val.encode("utf-16")
Out[93]: b'\xff\xfee\x00s\x00p\x00a\x00\xf1\x00o\x00l\x00'

In [94]: val.encode("utf-16le")
Out[94]: b'e\x00s\x00p\x00a\x00\xf1\x00o\x00l\x00'
```

在處理檔案時，我們經常遇到 bytes 物件，可能不適合私下將所有資料都解碼成 Unicode 字串。

布林

Python 的布林值是 True 與 False。比較式和其他條件運算式的計算結果非 True 即 False。布林值可以使用 and 與 or 關鍵字來結合：

```
In [95]: True and True
Out[95]: True

In [96]: False or True
Out[96]: True
```

將布林轉換成數字時，False 會變成 0，True 會變成 1：

```
In [97]: int(False)
Out[97]: 0

In [98]: int(True)
Out[98]: 1
```

關鍵字 not 會將布林值從 True 變成 False，反之亦然：

```
In [99]: a = True

In [100]: b = False

In [101]: not a
```

```
Out[101]: False

In [102]: not b
Out[102]: True
```

強制轉型

str、bool、int 與 float 型態也是函式，可以用來將值強制轉換成該型態：

```
In [103]: s = "3.14159"

In [104]: fval = float(s)

In [105]: type(fval)
Out[105]: float

In [106]: int(fval)
Out[106]: 3

In [107]: bool(fval)
Out[107]: True

In [108]: bool(0)
Out[108]: False
```

注意，將大多數的非零值強制轉型成 bool 都會得到 True。

None

None 是 Python 的 null 值型態：

```
In [109]: a = None

In [110]: a is None
Out[110]: True

In [111]: b = 5

In [112]: b is not None
Out[112]: True
```

None 也是所有函式引數的預設值：

```
def add_and_maybe_multiply(a, b, c=None):
    result = a + b

    if c is not None:
        result = result * c

    return result
```

日期與時間

Python 內建的 datetime 模組提供了 datetime、date 與 time 型態。datetime 是最常用的一種型態，它結合了 date 與 time 的資訊：

```
In [113]: from datetime import datetime, date, time

In [114]: dt = datetime(2011, 10, 29, 20, 30, 21)

In [115]: dt.day
Out[115]: 29

In [116]: dt.minute
Out[116]: 30
```

有了 datetime 實例後，你可以呼叫 datetime 的 date 與 time 方法，來提取等效的 date 與 time 物件：

```
In [117]: dt.date()
Out[117]: datetime.date(2011, 10, 29)

In [118]: dt.time()
Out[118]: datetime.time(20, 30, 21)
```

strftime 方法可將 datetime 格式化成字串：

```
In [119]: dt.strftime("%Y-%m-%d %H:%M")
Out[119]: '2011-10-29 20:30'
```

字串可以用 strptime 函式來轉換（解析）成 datetime 物件：

```
In [120]: datetime.strptime("20091031", "%Y%m%d")
Out[120]: datetime.datetime(2009, 10, 31, 0, 0)
```

表 11-2 是所有的格式指定符號。

當你執行彙總，或是用其他方法來將時間序列資料分組時，有時需要將 datetime 序列的時間欄位換成其他值，例如，將 minute 與 second 欄位換成零：

```
In [121]: dt_hour = dt.replace(minute=0, second=0)

In [122]: dt_hour
Out[122]: datetime.datetime(2011, 10, 29, 20, 0)
```

因為 datetime.datetime 是不可變型態，所以這類的方法必然產生新物件，因此，在上面的例子裡，dt 不會被 replace 修改：

```
In [123]: dt
Out[123]: datetime.datetime(2011, 10, 29, 20, 30, 21)
```

兩個 datetime 物件相減會產生 datetime.timedelta 型態：

```
In [124]: dt2 = datetime(2011, 11, 15, 22, 30)

In [125]: delta = dt2 - dt

In [126]: delta
Out[126]: datetime.timedelta(days=17, seconds=7179)

In [127]: type(delta)
Out[127]: datetime.timedelta
```

程式的輸出 timedelta(17, 7179) 代表 timedelta 編碼了 17 天 7,179 秒的偏移量。

將 datetime 加上 timedelta 會產生新的移位 datetime：

```
In [128]: dt
Out[128]: datetime.datetime(2011, 10, 29, 20, 30, 21)

In [129]: dt + delta
Out[129]: datetime.datetime(2011, 11, 15, 22, 30)
```

控制流程

Python 有幾個內建關鍵字代表其他程式語言也有的條件邏輯、迴圈，與其他標準控制流程概念。

if、elif 與 else

if 是最著名的控制流程類型之一，它會檢查一個條件，若結果為 True，則執行接下來的區塊內的程式碼：

```
x = -5
if x < 0:
    print("It's negative")
```

在 if 之後可以加上 elif 區塊，與一個處理之前的條件都是 False 的情況的 else 區塊。

```
if x < 0:
    print("It's negative")
elif x == 0:
    print("Equal to zero")
elif 0 < x < 5:
    print("Positive but smaller than 5")
else:
    print("Positive and larger than or equal to 5")
```

如果其中的任何條件是 True，接下來的 elif 或 else 區塊都不會執行。在包含 and 或 or 的複合條件裡，條件是由左至右計算的，而且會短路（short-circuit）：

```
In [130]: a = 5; b = 7

In [131]: c = 8; d = 4

In [132]: if a < b or c > d:
   .....:     print("Made it")
Made it
```

在這個例子裡，c > d 不會被執行，因為第一個比較式為 True。

你也可以串接比較式：

```
In [133]: 4 > 3 > 2 > 1
Out[133]: True
```

for 迴圈

for 迴圈的功能是迭代一個集合（例如串列或 tuple）或 iterator。for 迴圈的標準語法是：

```
for value in collection:
    # 使用 value 來做一些事情
```

你可以使用 continue 關鍵字來讓 for 迴圈跳過區塊的其餘部分，並執行下一次迭代。這段程式將串列裡的整數相加並跳過 None 值：

```
sequence = [1, 2, None, 4, None, 5]
total = 0
for value in sequence:
    if value is None:
        continue
    total += value
```

你可以用 break 關鍵字來完全跳出 for 迴圈。這段程式將串列的元素相加，直到結果是 5 為止：

```
sequence = [1, 2, 0, 4, 6, 5, 2, 1]
total_until_5 = 0
for value in sequence:
    if value == 5:
        break
    total_until_5 += value
```

break 關鍵字只會終止最裡面的 for 迴圈，在它外面的任何 for 迴圈都會繼續執行：

```
In [134]: for i in range(4):
   .....:     for j in range(4):
   .....:         if j > i:
   .....:             break
   .....:         print((i, j))
   .....:
(0, 0)
(1, 0)
(1, 1)
(2, 0)
(2, 1)
(2, 2)
(3, 0)
(3, 1)
(3, 2)
(3, 3)
```

如果集合或 iterator 的元素是序列（例如 tuple 或串列），你可以在 for 迴圈敘述句裡將它們開箱並指派給變數：

```
for a, b, c in iterator:
    # 做些事情
```

while 迴圈

while 迴圈指定一個條件式與一段程式，那一段程式會一直執行，直到條件為 False，或迴圈以 break 明確地結束為止：

```
x = 256
total = 0
while x > 0:
    if total > 500:
        break
    total += x
    x = x // 2
```

pass

pass 是 Python 的「no-op」(「不做事」) 敘述句。你可以在不執行任何動作的區塊裡使用它（或用它來代表那個位置有尚未完成的程式碼），設計它的原因僅僅是 Python 用空格來劃分區塊：

```
if x < 0:
    print("negative!")
elif x == 0:
    # 待辦事項：在這裡做一些巧妙的事情
    pass
else:
    print("positive!")
```

range

range 函式可產生一個等差整數序列：

```
In [135]: range(10)
Out[135]: range(0, 10)

In [136]: list(range(10))
Out[136]: [0, 1, 2, 3, 4, 5, 6, 7, 8, 9]
```

你也可以指定開始、結束與差（可為負）：

```
In [137]: list(range(0, 20, 2))
Out[137]: [0, 2, 4, 6, 8, 10, 12, 14, 16, 18]

In [138]: list(range(5, 0, -1))
Out[138]: [5, 4, 3, 2, 1]
```

如你所見，range 產生的整數在終點之前，不包括終點。當我們用索引來迭代序列時，經常使用 range：

```
In [139]: seq = [1, 2, 3, 4]

In [140]: for i in range(len(seq)):
   .....:     print(f"element {i}: {seq[i]}")
element 0: 1
element 1: 2
element 2: 3
element 3: 4
```

雖然你可以使用 list 之類的函式來將 range 產生的所有整數存入另一個資料結構，但預設的 iterator 形式通常可以滿足你的需求。下面這段程式將 0 至 99,999 之間的 3 或 5 的倍數的數字相加：

```
In [141]: total = 0

In [142]: for i in range(100_000):
   .....:     # % 是模數（modulo）運算子
   .....:     if i % 3 == 0 or i % 5 == 0:
   .....:         total += i

In [143]: print(total)
2333316668
```

雖然這段程式產生的範圍可能是任意大小，但是在任何時候，它使用的記憶體可能非常少。

2.4 總結

本章簡單地介紹一些基本的 Python 語言概念，以及 IPython 和 Jupyter 程式設計環境。在下一章，我們將討論許多內建的資料型態、函式和輸入 / 輸出工具，本書的其餘部分將持續使用它們。

第三章

內建的資料結構、函式與檔案

本章討論 Python 語言的內建功能，這些功能將在本書中到處使用。雖然 pandas 和 NumPy 等附加程式庫為大型的資料組加入高級的計算功能，但它們在設計上是為了與 Python 的內建資料處理工具一起使用的。

我們將從 Python 的主要資料結構開始看起，也就是 tuple、串列、字典和集合。接下來會討論如何建立自己的 Python 函式，以便重複使用。最後，我們要瞭解 Python 檔案物件的機制，以及如何與本地硬碟互動。

3.1 資料結構與序列

Python 的資料結構雖然很簡單，卻有強大的功能。掌握它們才能成為熟練的 Python 程式設計師。我們從 tuple、串列與字典看起，它們都是最常用的*序列*型態。

tuple

tuple 是固定長度、不可變的 Python 物件序列，它一旦被賦值就不能改變。建立 tuple 最簡單的方法是在小括號裡使用逗號來分隔一系列的值：

```
In [2]: tup = (4, 5, 6)

In [3]: tup
Out[3]: (4, 5, 6)
```

在很多情況下可以省略括號，所以寫成這樣也可以：

```
In [4]: tup = 4, 5, 6

In [5]: tup
Out[5]: (4, 5, 6)
```

你可以呼叫 tuple 來將任何序列或 iterator 轉換成 tuple：

```
In [6]: tuple([4, 0, 2])
Out[6]: (4, 0, 2)

In [7]: tup = tuple('string')

In [8]: tup
Out[8]: ('s', 't', 'r', 'i', 'n', 'g')
```

如同大多數的其他序列型態，你可以用中括號 [] 來讀取它的元素。與 C、C++、Java 和許多其他語言一樣，Python 序列的第一個元素的索引是 0：

```
In [9]: tup[0]
Out[9]: 's'
```

當你用比較複雜的運算式來定義 tuple 時，通常要用小括號來包住值，例如這段建立 tuple 的 tuple 的程式：

```
In [10]: nested_tup = (4, 5, 6), (7, 8)

In [11]: nested_tup
Out[11]: ((4, 5, 6), (7, 8))

In [12]: nested_tup[0]
Out[12]: (4, 5, 6)

In [13]: nested_tup[1]
Out[13]: (7, 8)
```

雖然 tuple 裡面的物件可能是可變的，但是一旦 tuple 被建立出來，在它的每一個位置裡儲存的物件就不能改變型態：

```
In [14]: tup = tuple(['foo', [1, 2], True])

In [15]: tup[2] = False
---------------------------------------------------------------------------
TypeError                                 Traceback (most recent call last)
<ipython-input-15-b89d0c4ae599> in <module>
----> 1 tup[2] = False
TypeError: 'tuple' object does not support item assignment
```

如果在 tuple 裡面的物件是可變的，例如串列，你可以就地修改它的值：

```
In [16]: tup[1].append(3)

In [17]: tup
Out[17]: ('foo', [1, 2, 3], True)
```

你可以使用 + 運算子來串接 tuple，以產生更長的 tuple：

```
In [18]: (4, None, 'foo') + (6, 0) + ('bar',)
Out[18]: (4, None, 'foo', 6, 0, 'bar')
```

將 tuple 乘以一個整數會串接那個整數數量的 tuple 複本，這個行為與串列一樣：

```
In [19]: ('foo', 'bar') * 4
Out[19]: ('foo', 'bar', 'foo', 'bar', 'foo', 'bar', 'foo', 'bar')
```

注意，Python 不複製物件本身，只複製它們的參考。

開箱 tuple

如果你對一些長得像 tuple 運算式的變數進行賦值，Python 會試著將等號右邊的值開箱（*unpack*）：

```
In [20]: tup = (4, 5, 6)

In [21]: a, b, c = tup

In [22]: b
Out[22]: 5
```

即使是內含 tuple 的序列也可以開箱：

```
In [23]: tup = 4, 5, (6, 7)

In [24]: a, b, (c, d) = tup

In [25]: d
Out[25]: 7
```

這個功能可以輕鬆地對調變數名稱，在許多語言裡，對調變數名稱的寫法類似：

```
tmp = a
a = b
b = tmp
```

但是在 Python 裡，對調變數可以這樣寫：

```
In [26]: a, b = 1, 2

In [27]: a
Out[27]: 1

In [28]: b
Out[28]: 2

In [29]: b, a = a, b

In [30]: a
Out[30]: 2

In [31]: b
Out[31]: 1
```

變數開箱經常被用來迭代一連串的 tuple 或串列：

```
In [32]: seq = [(1, 2, 3), (4, 5, 6), (7, 8, 9)]

In [33]: for a, b, c in seq:
   ....:     print(f'a={a}, b={b}, c={c}')
a=1, b=2, c=3
a=4, b=5, c=6
a=7, b=8, c=9
```

另一種常見的用法是從函式回傳多個值，等一下會詳細說明。

有時你只想「摘除」tuple 開頭的幾個元素，有一種特殊的語法可以做這件事：`*rest`，你也可以在函式簽章裡用它來提取任意長的位置引數：

```
In [34]: values = 1, 2, 3, 4, 5

In [35]: a, b, *rest = values

In [36]: a
Out[36]: 1

In [37]: b
Out[37]: 2

In [38]: rest
Out[38]: [3, 4, 5]
```

這個 rest 有時是你想捨棄的東西，取 rest 這個名稱沒有特別的意思。很多 Python 程式設計師習慣使用底線（_）來表示不想要的變數：

```
In [39]: a, b, *_ = values
```

tuple 方法

因為 tuple 的大小和內容不能修改，所以它的實例方法很少，其中 count 是特別有用的一種（串列也有這個方法），可用來計算一個值出現幾次：

```
In [40]: a = (1, 2, 2, 2, 3, 4, 2)

In [41]: a.count(2)
Out[41]: 4
```

串列（list）

與 tuple 相比，串列的長度可變，而且內容可就地修改。串列是可變的。你可以使用中括號 [] 或 list 型態函式來定義它們：

```
In [42]: a_list = [2, 3, 7, None]

In [43]: tup = ("foo", "bar", "baz")

In [44]: b_list = list(tup)

In [45]: b_list
Out[45]: ['foo', 'bar', 'baz']

In [46]: b_list[1] = "peekaboo"

In [47]: b_list
Out[47]: ['foo', 'peekaboo', 'baz']
```

串列與 tuple 在語義上相似（但 tuple 不能修改），而且在很多函式裡可交換使用。

在處理資料時，list 內建函式經常用來將 iterator（迭代器）或產生器（generator）運算式具體化：

```
In [48]: gen = range(10)

In [49]: gen
Out[49]: range(0, 10)

In [50]: list(gen)
Out[50]: [0, 1, 2, 3, 4, 5, 6, 7, 8, 9]
```

加入與移除元素

append 方法可將元素附加到串列的結尾：

```
In [51]: b_list.append("dwarf")

In [52]: b_list
Out[52]: ['foo', 'peekaboo', 'baz', 'dwarf']
```

insert 可將元素插入串列的指定位置：

```
In [53]: b_list.insert(1, "red")

In [54]: b_list
Out[54]: ['foo', 'red', 'peekaboo', 'baz', 'dwarf']
```

插入的索引必須介於 0 和串列長度之間，含兩者。

insert 的計算成本比 append 高，因為 Python 必須移動子序列元素的參考，來為新元素騰出空間。如果你需要在序列的開頭與結尾插入元素，可考慮 collections.deque，它是為了做這項工作而優化的雙端佇列，可在 Python Standard Library 裡找到。

insert 的反向操作是 pop，它會將指定索引的元素移除並回傳：

```
In [55]: b_list.pop(2)
Out[55]: 'peekaboo'

In [56]: b_list
Out[56]: ['foo', 'red', 'baz', 'dwarf']
```

你可以用 remove 和值來移除元素，它會找到符合特定值的第一個元素，並將它從串列移除：

```
In [57]: b_list.append("foo")

In [58]: b_list
Out[58]: ['foo', 'red', 'baz', 'dwarf', 'foo']

In [59]: b_list.remove("foo")

In [60]: b_list
Out[60]: ['red', 'baz', 'dwarf', 'foo']
```

如果性能不是問題，append 與 remove 可以讓你像使用類集合（set）資料結構一樣使用 Python 串列（但 Python 有真正的集合物件，稍後介紹）。

in 關鍵字可以用來檢查串列有沒有某個值：

```
In [61]: "dwarf" in b_list
Out[61]: True
```

not 關鍵字可用來取得 in 的邏輯否（negate）：

```
In [62]: "dwarf" not in b_list
Out[62]: False
```

檢查串列有沒有某個值的速度比檢查字典和集合（稍後介紹）的值還要慢很多，因為 Python 會線性掃描串列的值，但它可以用常數時間來檢查其他結構（利用雜湊表）。

串接與結合串列

類似 tuple，使用 + 來將兩個串列相加會將它們串接起來：

```
In [63]: [4, None, "foo"] + [7, 8, (2, 3)]
Out[63]: [4, None, 'foo', 7, 8, (2, 3)]
```

如果你已經定義了一個串列，你可以使用 extend 方法來將多個元素附加上去：

```
In [64]: x = [4, None, "foo"]

In [65]: x.extend([7, 8, (2, 3)])

In [66]: x
Out[66]: [4, None, 'foo', 7, 8, (2, 3)]
```

注意，使用加法來串接串列的操作成本相對較高，因為 Python 必須建立新串列與複製物件。使用 extend 來將元素附加至既有串列通常比較好，尤其是當你已經建立一個大型的串列時。所以：

```
everything = []
for chunk in list_of_lists:
    everything.extend(chunk)
```

比串接更快：

```
everything = []
for chunk in list_of_lists:
    everything = everything + chunk
```

排序

你可以呼叫串列的 `sort` 函式來就地排序它（不需要建立新物件）：

```
In [67]: a = [7, 2, 5, 1, 3]

In [68]: a.sort()

In [69]: a
Out[69]: [1, 2, 3, 5, 7]
```

`sort` 有一些很好用的選項，你可以傳入一個二級的**排序鍵**（*sort key*），也就是產生值的函式（function），然後用它產生的值來排序物件。例如，我們可以根據字串的長度來排序一個字串集合：

```
In [70]: b = ["saw", "small", "He", "foxes", "six"]

In [71]: b.sort(key=len)

In [72]: b
Out[72]: ['He', 'saw', 'six', 'small', 'foxes']
```

等一下會介紹 `sorted` 函式，它可以為一般的序列產生一個已排序的複本。

slicing（切段）

你可以使用 slice 表示法來選擇大多數的序列型態的一部分，slice 的基本形式是將 `start:stop` 傳給索引運算子 `[]`：

```
In [73]: seq = [7, 2, 3, 7, 5, 6, 0, 1]

In [74]: seq[1:5]
Out[74]: [2, 3, 7, 5]
```

你也可以將序列指派給 slice：

```
In [75]: seq[3:5] = [6, 3]

In [76]: seq
Out[76]: [7, 2, 3, 6, 3, 6, 0, 1]
```

slice 包含 `start` 索引，但**不包含** `stop` 索引，所以在結果裡的元素數量是 `stop - start`。

`start` 或 `stop` 都可以省略，如果你省略它們，那就是分別指定序列的開頭與結尾：

```
In [77]: seq[:5]
Out[77]: [7, 2, 3, 6, 3]
```

```
In [78]: seq[3:]
Out[78]: [6, 3, 6, 0, 1]
```

使用負索引會在結尾算回來的位置進行切段：

```
In [79]: seq[-4:]
Out[79]: [3, 6, 0, 1]

In [80]: seq[-6:-2]
Out[80]: [3, 6, 3, 6]
```

slice 語法需要花一點時間熟悉，尤其是來自 R 或 MATLAB 的讀者。圖 3-1 是使用正整數與負整數來 slice 的情況。這張圖將索引標在「格子的一邊」，以說明在使用正索引與負索引時，從哪裡開始選擇 slice，以及在哪裡結束。

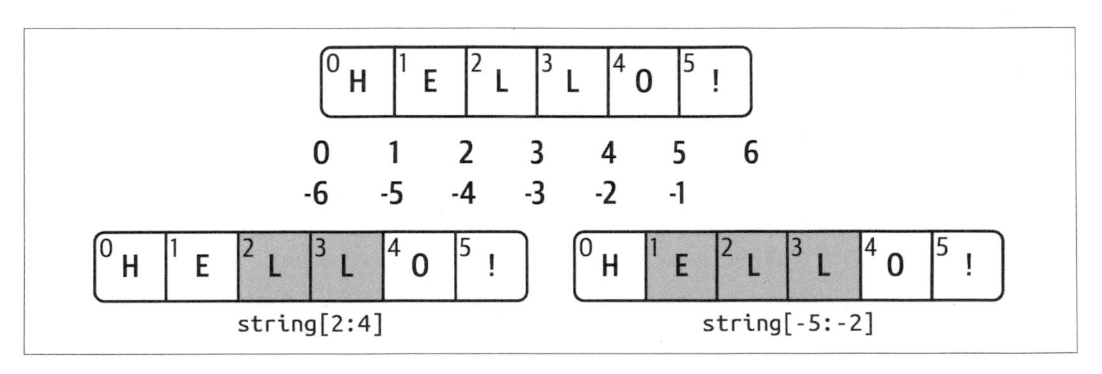

圖 3-1　Python slice 規範

你也可以在第二個冒號後面使用 `step` 來指出（舉例）每隔一個位置選取元素：

```
In [81]: seq[::2]
Out[81]: [7, 3, 3, 0]
```

我們可以巧妙地傳入 `-1` 來將串列或 tuple 反向排列：

```
In [82]: seq[::-1]
Out[82]: [1, 0, 6, 3, 6, 3, 2, 7]
```

字典（dictionary）

字典，即 `dict`，應該是 Python 最重要的內建資料結構。在其他程式語言裡，字典有時稱為 *hash map*（雜湊對映）或 *associative array*（關聯陣列）。字典儲存許多成對的**索引鍵**（*key*）/ **值**（*value*），其中的**索引鍵**與**值**都是 Python 物件。每一個索引鍵都有一個值，所以使用索引鍵就可以取得、插入、修改或刪除它對映的值。字典使用大括號 {} 和分隔索引鍵及值的冒號來建立：

```
In [83]: empty_dict = {}

In [84]: d1 = {"a": "some value", "b": [1, 2, 3, 4]}

In [85]: d1
Out[85]: {'a': 'some value', 'b': [1, 2, 3, 4]}
```

你可以用存取串列元素或 tuple 元素的同一種語法來讀取、插入或設定字典的元素：

```
In [86]: d1[7] = "an integer"

In [87]: d1
Out[87]: {'a': 'some value', 'b': [1, 2, 3, 4], 7: 'an integer'}

In [88]: d1["b"]
Out[88]: [1, 2, 3, 4]
```

若要檢查字典裡有沒有某個索引鍵，你可以使用檢查串列或 tuple 內有沒有某個值的語法：

```
In [89]: "b" in d1
Out[89]: True
```

你可以使用 del 關鍵字或 pop 方法來刪除值（它會立刻回傳值並刪除索引鍵）：

```
In [90]: d1[5] = "some value"

In [91]: d1
Out[91]:
{'a': 'some value',
 'b': [1, 2, 3, 4],
 7: 'an integer',
 5: 'some value'}

In [92]: d1["dummy"] = "another value"

In [93]: d1
Out[93]:
{'a': 'some value',
 'b': [1, 2, 3, 4],
 7: 'an integer',
 5: 'some value',
 'dummy': 'another value'}

In [94]: del d1[5]
```

```
In [95]: d1
Out[95]:
{'a': 'some value',
 'b': [1, 2, 3, 4],
 7: 'an integer',
 'dummy': 'another value'}

In [96]: ret = d1.pop("dummy")

In [97]: ret
Out[97]: 'another value'

In [98]: d1
Out[98]: {'a': 'some value', 'b': [1, 2, 3, 4], 7: 'an integer'}
```

keys 與 values 方法分別可回傳字典的索引鍵及值的 iterator。索引鍵的順序取決於它們被插入的順序，這些函式會以相同的各自順序來輸出索引鍵與值：

```
In [99]: list(d1.keys())
Out[99]: ['a', 'b', 7]

In [100]: list(d1.values())
Out[100]: ['some value', [1, 2, 3, 4], 'an integer']
```

若要同時迭代索引鍵與值，你可以使用 items 方法，以 2-tuple 來迭代索引鍵與值：

```
In [101]: list(d1.items())
Out[101]: [('a', 'some value'), ('b', [1, 2, 3, 4]), (7, 'an integer')]
```

update 方法可以將一個字典併入另一個字典：

```
In [102]: d1.update({"b": "foo", "c": 12})

In [103]: d1
Out[103]: {'a': 'some value', 'b': 'foo', 7: 'an integer', 'c': 12}
```

update 方法會就地改變字典，所以如果被傳給 update 的資料裡面有已經存在的鍵，它的舊值將被捨棄。

用序列來建立字典

有時你想要將兩個序列裡的元素一一配對並放入字典，你可能會這樣寫：

```
mapping = {}
for key, value in zip(key_list, value_list):
    mapping[key] = value
```

因為字典實質上是 2-tuples 的集合，所以 `dict` 函式接收 2-tuples 的串列：

```
In [104]: tuples = zip(range(5), reversed(range(5)))

In [105]: tuples
Out[105]: <zip at 0x7fefe4553a00>

In [106]: mapping = dict(tuples)

In [107]: mapping
Out[107]: {0: 4, 1: 3, 2: 2, 3: 1, 4: 0}
```

等一下會介紹**字典生成式**（*dictionary comprehension*），它是建構字典的另一種方法。

預設值

我們經常會寫這種邏輯：

```
if key in some_dict:
    value = some_dict[key]
else:
    value = default_value
```

字典方法 get 與 pop 可以接收預設回傳值，所以上面的 `if-else` 區塊可以直接寫成：

```
value = some_dict.get(key, default_value)
```

當索引鍵不存在時，get 預設回傳 None，pop 則會發出例外。在**設定**（*set*）值時，字典的值可能是另一種集合，例如串列。舉例來說，我們可以根據單字的第一個字母來將單字串列分類，製作一個串列字典：

```
In [108]: words = ["apple", "bat", "bar", "atom", "book"]

In [109]: by_letter = {}

In [110]: for word in words:
   .....:     letter = word[0]
   .....:     if letter not in by_letter:
   .....:         by_letter[letter] = [word]
   .....:     else:
   .....:         by_letter[letter].append(word)
   .....:

In [111]: by_letter
Out[111]: {'a': ['apple', 'atom'], 'b': ['bat', 'bar', 'book']}
```

setdefault 字典方法可以簡化這個流程，上述的 for 迴圈可以改寫成：

```
In [112]: by_letter = {}

In [113]: for word in words:
   .....:     letter = word[0]
   .....:     by_letter.setdefault(letter, []).append(word)
   .....:

In [114]: by_letter
Out[114]: {'a': ['apple', 'atom'], 'b': ['bat', 'bar', 'book']}
```

內建的 collections 模組有個好用的 defaultdict 類別，可以進一步簡化這個工作，在建立字典時，你可以傳入一個型態，或傳入一個為字典的每一個位置產生預設值的函式：

```
In [115]: from collections import defaultdict

In [116]: by_letter = defaultdict(list)

In [117]: for word in words:
   .....:     by_letter[word[0]].append(word)
```

有效的字典索引鍵型態

雖然字典的值可以是任何 Python 物件，但索引鍵必須是不可變物件，例如純量型態（int、float、string）或 tuple（在 tuple 裡面的所有物件也必須是不可變的）。描述這個條件的術語是 *hashability*（**可雜湊性**）。你可以使用 hash 函式來檢查一個物件能否雜湊化（hashable，可在字典裡當成索引鍵）：

```
In [118]: hash("string")
Out[118]: 3634226001988967898

In [119]: hash((1, 2, (2, 3)))
Out[119]: -9209053662355515447

In [120]: hash((1, 2, [2, 3])) # 因為串列是可變的，所以失敗
---------------------------------------------------------------------------
TypeError                                 Traceback (most recent call last)
<ipython-input-120-473c35a62c0b> in <module>
----> 1 hash((1, 2, [2, 3])) # 因為串列是可變的，所以失敗
TypeError: unhashable type: 'list'
```

hash 函式回傳的雜湊值通常取決於你的 Python 版本。

若要將串列當成索引鍵來使用，有一種方法是將它轉換成 tuple，只要它的元素可以被雜湊化，它就可以被雜湊化：

```
In [121]: d = {}

In [122]: d[tuple([1, 2, 3])] = 5

In [123]: d
Out[123]: {(1, 2, 3): 5}
```

集合（set）

集合是不相同的元素的無序集合。集合可以用兩種方法來建立：透過 set 函式，或透過大括號之間的**集合常值**：

```
In [124]: set([2, 2, 2, 1, 3, 3])
Out[124]: {1, 2, 3}

In [125]: {2, 2, 2, 1, 3, 3}
Out[125]: {1, 2, 3}
```

集合支援數學**集合運算**，例如聯集、交集、差集與對稱差。考慮這兩個集合：

```
In [126]: a = {1, 2, 3, 4, 5}

In [127]: b = {3, 4, 5, 6, 7, 8}
```

兩個集合的聯集是在這兩個集合裡都出現的不同元素構成的集合，可以用 union 方法或 | 二元運算子來算出：

```
In [128]: a.union(b)
Out[128]: {1, 2, 3, 4, 5, 6, 7, 8}

In [129]: a | b
Out[129]: {1, 2, 3, 4, 5, 6, 7, 8}
```

交集包含出現在兩個集合裡的元素，可以用 & 與 intersection 方法來算出：

```
In [130]: a.intersection(b)
Out[130]: {3, 4, 5}

In [131]: a & b
Out[131]: {3, 4, 5}
```

表 3-1 是常用的集合方法。

表 3-1　Python 集合操作

函式	另一種語法	說明
a.add(x)	無	將元素 x 加入集合 a
a.clear()	無	將集合 a 重設為空狀態，捨棄它的所有元素
a.remove(x)	無	將元素 x 從集合 a 移除
a.pop()	無	將一個任意元素從集合 a 移除，如果集合是空的，則發出 KeyError
a.union(b)	a | b	在 a 與 b 裡的所有互不相同的元素
a.update(b)	a |= b	將 a 的內容設成 a 與 b 裡的元素的聯集
a.intersection(b)	a & b	a 與 b 的所有元素
a.intersection_update(b)	a &= b	將 a 的內容設成 a 與 b 的元素的交集
a.difference(b)	a - b	在 a 裡但不在 b 裡的元素
a.difference_update(b)	a -= b	將 a 設成在 a 裡但不在 b 裡的元素
a.symmetric_difference(b)	a ^ b	在 a 或 b 裡，但不同時出現在兩個集合裡面的所有元素
a.symmetric_difference_update(b)	a ^= b	將 a 設成在 a 或 b 裡面，但不同時出現在兩個集合裡面的元素
a.issubset(b)	<=	如果 a 的元素都在 b 裡，則為 True
a.issuperset(b)	>=	如果 b 的元素都在 a 裡，則為 True
a.isdisjoint(b)	無	如果 a 與 b 沒有相同的元素，則為 True

如果你將非集合的輸入傳給 union 與 intersection 之類的方法，Python 會將輸入轉換成集合，再執行操作。在使用二元運算子時，兩個物件都必須已經是集合。

所有的集合邏輯操作都有對應的就地操作，可讓你將運算符號左邊的集合內容換成結果。在處理非常大型的集合時，這種寫法比較有效率：

```
In [132]: c = a.copy()

In [133]: c |= b

In [134]: c
Out[134]: {1, 2, 3, 4, 5, 6, 7, 8}
```

```
In [135]: d = a.copy()

In [136]: d &= b

In [137]: d
Out[137]: {3, 4, 5}
```

如同字典的索引鍵，集合元素通常必須是不可變的，而且它們必須是**可雜湊化**的（也就是對著值呼叫 hash 不會產生例外）。若要將串列類的元素（或其他可變序列）存入集合，你可以將它們轉換成 tuple：

```
In [138]: my_data = [1, 2, 3, 4]

In [139]: my_set = {tuple(my_data)}

In [140]: my_set
Out[140]: {(1, 2, 3, 4)}
```

你也可以檢查一個集合是不是另一個集合的子集合（前者在後者內）或超集合（前者包含後者的所有元素）：

```
In [141]: a_set = {1, 2, 3, 4, 5}

In [142]: {1, 2, 3}.issubset(a_set)
Out[142]: True

In [143]: a_set.issuperset({1, 2, 3})
Out[143]: True
```

若且唯若集合的內容是相等的，則集合是相等：

```
In [144]: {1, 2, 3} == {3, 2, 1}
Out[144]: True
```

內建的序列函式

Python 有許多你應該熟悉並能夠隨時使用的序列函式。

enumerate

當你迭代一個序列時，經常需要追蹤當前項目的索引。DIY 的寫法是：

```
index = 0
for value in collection:
   # 用 value 來做一些事情
   index += 1
```

因為這個需求很常見，所以 Python 的內建函式 enumerate 可回傳一系列的 (i, value) tuple：

```
for index, value in enumerate(collection):
    # 用 value 來做一些事情
```

sorted

sorted 函式可接收任何序列，排序它的元素，並回傳新的已排序串列：

```
In [145]: sorted([7, 1, 2, 6, 0, 3, 2])
Out[145]: [0, 1, 2, 2, 3, 6, 7]

In [146]: sorted("horse race")
Out[146]: [' ', 'a', 'c', 'e', 'e', 'h', 'o', 'r', 'r', 's']
```

sorted 函式接收的引數與串列的 sort 方法一樣。

zip

zip 可「配對」幾個串列、tuple 或其他序列的元素，並建立一個 tuple 串列：

```
In [147]: seq1 = ["foo", "bar", "baz"]

In [148]: seq2 = ["one", "two", "three"]

In [149]: zipped = zip(seq1, seq2)

In [150]: list(zipped)
Out[150]: [('foo', 'one'), ('bar', 'two'), ('baz', 'three')]
```

zip 可以接收任意數量的序列，它產生的元素數量取決於**最短的**序列：

```
In [151]: seq3 = [False, True]

In [152]: list(zip(seq1, seq2, seq3))
Out[152]: [('foo', 'one', False), ('bar', 'two', True)]
```

zip 經常被用來同時迭代多個序列，有時與 enumerate 一起使用：

```
In [153]: for index, (a, b) in enumerate(zip(seq1, seq2)):
   .....:     print(f"{index}: {a}, {b}")
   .....:
0: foo, one
1: bar, two
2: baz, three
```

reversed

reversed 用反向順序來迭代序列的元素：

```
In [154]: list(reversed(range(10)))
Out[154]: [9, 8, 7, 6, 5, 4, 3, 2, 1, 0]
```

記住，reversed 是產生器（等一下會詳細說明），所以它被物件化之前（使用 list 或 for 迴圈）不會建立相反的序列。

串列、集合與字典生成式

串列生成式（*list comprehension*）是一種方便且常用的 Python 功能，它們可讓你簡潔地篩選一個集合的元素來建立新串列，將篩選出來的元素轉換成一個簡潔的運算式。這是它們的基本形式：

```
[expr for value in collection if condition]
```

這段程式相當於下面的 for 迴圈：

```
result = []
for value in collection:
    if condition:

        result.append(expr)
```

你可以省略篩選條件（condition），只留下運算式（expr）。例如，我們可以將一個字串串列中長度等於或小於 2 的字串濾除，並將其餘的字串轉換成大寫：

```
In [155]: strings = ["a", "as", "bat", "car", "dove", "python"]

In [156]: [x.upper() for x in strings if len(x) > 2]
Out[156]: ['BAT', 'CAR', 'DOVE', 'PYTHON']
```

集合生成式與字典生成式是串列生成式的擴展，可以用類似的方法產生集合與字典，而不是串列。

字典生成式長這樣：

```
dict_comp = {key-expr: value-expr for value in collection
             if condition}
```

集合生成式長得像對應的串列生成式，但使用大括號，而不是中括號：

```
set_comp = {expr for value in collection if condition}
```

與串列生成式類似，集合與字典生成式主要是為了方便，可讓程式碼更容易閱讀和編寫。考慮上述的字串串列。假如我們只想要將串列裡的字串的長度放入集合，使用集合生成式可以輕鬆地做到：

```
In [157]: unique_lengths = {len(x) for x in strings}

In [158]: unique_lengths
Out[158]: {1, 2, 3, 4, 6}
```

我們也可以使用 map 函式（稍後介紹），以函式化的風格來表達這件事：

```
In [159]: set(map(len, strings))
Out[159]: {1, 2, 3, 4, 6}
```

舉一個簡單的字典生成式範例，我們可以建立一個 map，它可以用來查詢字串與它們在串列裡的位置：

```
In [160]: loc_mapping = {value: index for index, value in enumerate(strings)}

In [161]: loc_mapping
Out[161]: {'a': 0, 'as': 1, 'bat': 2, 'car': 3, 'dove': 4, 'python': 5}
```

嵌套的串列生成式

我們有一個串列的串列，裡面有英文和西班牙文的名字：

```
In [162]: all_data = [["John", "Emily", "Michael", "Mary", "Steven"],
   .....:             ["Maria", "Juan", "Javier", "Natalia", "Pilar"]]
```

假如我們要建立一個串列，在裡面放入具有兩個以上 a 的所有名字，我們當然可以用一個簡單的 for 迴圈來做這件事：

```
In [163]: names_of_interest = []

In [164]: for names in all_data:
   .....:     enough_as = [name for name in names if name.count("a") >= 2]
   .....:     names_of_interest.extend(enough_as)
   .....:

In [165]: names_of_interest
Out[165]: ['Maria', 'Natalia']
```

但你其實可以把所有的操作包在一個簡單的*嵌套式串列生成式*裡面，它長這樣：

```
In [166]: result = [name for names in all_data for name in names
   .....:           if name.count("a") >= 2]
```

```
In [167]: result
Out[167]: ['Maria', 'Natalia']
```

嵌套式串列生成式最初不容易理解。串列生成式的 for 部分是按照嵌套的順序來安排的，且與之前一樣，所有篩選條件都放在最後面。接下來的例子將整數 tuple 串列「壓扁」成一個簡單的整數串列：

```
In [168]: some_tuples = [(1, 2, 3), (4, 5, 6), (7, 8, 9)]

In [169]: flattened = [x for tup in some_tuples for x in tup]

In [170]: flattened
Out[170]: [1, 2, 3, 4, 5, 6, 7, 8, 9]
```

切記，如果你用嵌套的 for 迴圈來編寫，而不是用串列生成式，for 運算式的順序是一樣的：

```
flattened = []

for tup in some_tuples:
    for x in tup:
        flattened.append(x)
```

你可以嵌套任意深度，但一旦嵌套超過兩到三層，你應該會開始懷疑，從程式易讀性的角度來看，這樣寫有沒有意義。你也可以在串列生成式裡面使用串列生成式，你一定要理解剛才的語法與「串列生成式裡面的串列生成式」之間的不同：

```
In [172]: [[x for x in tup] for tup in some_tuples]
Out[172]: [[1, 2, 3], [4, 5, 6], [7, 8, 9]]
```

這會產生串列的串列，而不是包含所有內在元素的扁平串列。

3.2 函式

函式是在 Python 裡組織和重複使用程式碼的主要手段，也是最重要的辦法。根據經驗，如果你認為以後會一再重複編寫相同的或非常相似的程式碼，你可能就要寫一個可以重複使用的函式。函式也可以讓程式碼更容易閱讀，因為它可以幫一組 Python 敘述句指定一個名稱。

函式是用 def 關鍵字來宣告的。函式有一個程式碼區塊，且可以選擇使用 return 關鍵字：

```
In [173]: def my_function(x, y):
   .....:     return x + y
```

當程式跑到有 return 的那一行時，在 return 後面的值或運算式會被送到之前呼叫函式的地方，例如：

```
In [174]: my_function(1, 2)
Out[174]: 3

In [175]: result = my_function(1, 2)

In [176]: result
Out[176]: 3
```

使用多個 return 敘述句沒有任何問題。如果 Python 到達函式的結尾，但沒有遇到 return 敘述句，它會自動回傳 None。例如：

```
In [177]: def function_without_return(x):
   .....:     print(x)

In [178]: result = function_without_return("hello!")
hello!

In [179]: print(result)
None
```

每個函式都可以使用**位置**（*positional*）引數與**關鍵字**（*keyword*）引數。關鍵字引數經常被用來指定預設值或選用的引數。下面的函式定義一個選用引數 z，它的預設值是 1.5：

```
def my_function2(x, y, z=1.5):
    if z > 1:
        return z * (x + y)
    else:
        return z / (x + y)
```

關鍵字引數是選用的，但所有的位置引數都必須在呼叫函式時指定。

當你傳值給 z 引數時，可以指出關鍵字，也可以不寫，但建議你指出關鍵字：

```
In [181]: my_function2(5, 6, z=0.7)
Out[181]: 0.06363636363636363

In [182]: my_function2(3.14, 7, 3.5)
Out[182]: 35.49

In [183]: my_function2(10, 20)
Out[183]: 45.0
```

函式引數的主要限制在於，關鍵字引數**必須**位於位置引數（若有的話）之後。你可以按照任意順序指定關鍵字引數，所以可以不必記住函式引數的指定順序，只要記得它們的名稱即可。

名稱空間、作用域與區域函式

函式可以使用在函式裡面建立的變數，以及在函式外的更高作用域裡定義的變數（甚至是**全域的**）。在 Python 裡，變數的作用域有另一種較具敘述性的名稱：**名稱空間**（*namespace*）。在函式裡面賦值的任何變數在預設情況下都會被指派給區域名稱空間。區域名稱空間會在函式被呼叫時建立，並立刻被填入函式的引數。在函式完成之後，區域名稱空間會被銷毀（但有一些例外情況，本章不予討論）。考慮這個函式：

```
def func():
    a = []
    for i in range(5):
        a.append(i)
```

當 `func()` 被呼叫時，Python 會建立空串列 `a`，為它附加 5 個元素，然後在函式退出時銷毀 `a`。假設我們這樣宣告 `a`：

```
In [184]: a = []

In [185]: def func():
   .....:     for i in range(5):
   .....:         a.append(i)
```

每次呼叫 `func` 都會修改串列 `a`：

```
In [186]: func()

In [187]: a
Out[187]: [0, 1, 2, 3, 4]

In [188]: func()

In [189]: a
Out[189]: [0, 1, 2, 3, 4, 0, 1, 2, 3, 4]
```

你也可以對函式的作用域之外的變數賦值，但那些變數必須明確地使用 `global` 或 `nonlocal` 關鍵字來宣告：

```
In [190]: a = None

In [191]: def bind_a_variable():
   .....:     global a
```

```
   .....:     a = []
   .....: bind_a_variable()
   .....:

In [192]: print(a)
[]
```

nonlocal 可讓函式修改在更高層的作用域裡定義且非全域（global）的變數。因為這種用法比較深奧（本書完全不使用它），建議你查閱 Python 文件來進一步瞭解它。

通常我不鼓勵使用 global 關鍵字。全域變數通常是用來儲存系統的某些狀態。如果你大量使用全域變數，這可能意味著你必須好好運用物件導向設計（使用類別）。

回傳多個值

當我寫了大量的 Java 和 C++ 程式之後第一次編寫 Python 程式時，我最喜歡的功能之一，就是它可以用簡單的語法從函式回傳多個值。舉個例子：

```
def f():
    a = 5
    b = 6
    c = 7
    return a, b, c

a, b, c = f()
```

在資料分析和其他科學應用裡，你應該會經常這樣寫。其實，函式只回傳一個物件，即 tuple，然後 Python 會將它拆箱成結果變數。在上面的例子裡，我們也可以這樣做：

```
return_value = f()
```

此時，return_value 是一個 3-tuple，裡面有三個回傳的變數。回傳多個值的另一個好用選擇是回傳一個字典：

```
def f():
    a = 5
    b = 6
    c = 7
    return {"a" : a, "b" : b, "c" : c}
```

這種技術可能很好用，取決於你的目的。

函式是物件

因為 Python 的函式是物件，所以它可以輕鬆地表達其他語言很難表達的許多結構。假設我們想要整理資料，需要對這個字串串列進行一系列的轉換：

```
In [193]: states = ["   Alabama ", "Georgia!", "Georgia", "georgia", "FlOrIda",
   .....:           "south   carolina##", "West virginia?"]
```

如果你處理過使用者送過來的調查資料，你一定看過這種混亂的情況。我們必須做很多事情來整理這個字串串列，讓它可以用來分析，包括移除空白、刪除標點符號、使用標準的大小寫。其中一種做法是使用內建的字串方法，以及標準程式庫的正規表達式模組 re：

```
import re

def clean_strings(strings):
    result = []
    for value in strings:
        value = value.strip()
        value = re.sub("[!#?]", "", value)
        value = value.title()
        result.append(value)
    return result
```

結果長這樣：

```
In [195]: clean_strings(states)
Out[195]:
['Alabama',
 'Georgia',
 'Georgia',
 'Georgia',
 'Florida',
 'South   Carolina',
 'West Virginia']
```

另一種方便的辦法是將你想要套用到特定字串集合的操作寫成一個串列：

```
def remove_punctuation(value):
    return re.sub("[!#?]", "", value)

clean_ops = [str.strip, remove_punctuation, str.title]

def clean_strings(strings, ops):
    result = []
    for value in strings:
        for func in ops:
```

```
            value = func(value)
        result.append(value)
    return result
```

然後執行：

```
In [197]: clean_strings(states, clean_ops)
Out[197]:
['Alabama',
 'Georgia',
 'Georgia',
 'Georgia',
 'Florida',
 'South   Carolina',
 'West Virginia']
```

這種較函式化的模式可讓你在非常高的層次上，輕鬆地修改字串該如何轉換。clean_strings 函式也比較通用和容易重複使用。

你可以將函式當成其他函式的引數，例如內建的 map 函式的引數，其他函式會用該函式來處理某種序列：

```
In [198]: for x in map(remove_punctuation, states):
   .....:     print(x)
Alabama
Georgia
Georgia
georgia
FlOrIda
south   carolina
West virginia
```

map 可以代替沒有任何篩選條件的串列生成式。

匿名（lambda）函式

Python 支援所謂的匿名或 *lambda* 函式，這種函式只有一條敘述句，敘述句的執行結果就是回傳值，這種函式是用 lambda 關鍵字來定義的，lambda 的意思單純是「我們要宣告一個匿名函式」：

```
In [199]: def short_function(x):
   .....:     return x * 2

In [200]: equiv_anon = lambda x: x * 2
```

我在本書其餘的內容中將它們稱為 lambda 函式。它們在分析資料時特別方便，因為你將看到，很多資料轉換函式都接收函式引數。與編寫完整的函式宣告相比，傳遞 lambda 函式通常可以省下打字次數（而且更簡潔），你甚至可以將 lambda 函式指派給區域變數。考慮這個範例：

```
In [201]: def apply_to_list(some_list, f):
   .....:     return [f(x) for x in some_list]

In [202]: ints = [4, 0, 1, 5, 6]

In [203]: apply_to_list(ints, lambda x: x * 2)
Out[203]: [8, 0, 2, 10, 12]
```

雖然你也可以寫成 `[x * 2 for x in ints]`，但上面的寫法能夠簡潔地將一個自訂的運算式傳給 `apply_to_list` 函式。

另一個例子，假設你想要用字串中不相同字母的數量來排序一個字串集合：

```
In [204]: strings = ["foo", "card", "bar", "aaaa", "abab"]
```

你可以將一個 lambda 函式傳給串列的 `sort` 方法：

```
In [205]: strings.sort(key=lambda x: len(set(x)))

In [206]: strings
Out[206]: ['aaaa', 'foo', 'abab', 'bar', 'card']
```

產生器

Python 的很多物件都支援迭代，例如迭代串列裡的物件，或檔案裡面的各行，這個功能是用**迭代器協定**（*iterator protocol*）來完成的，該協定是讓物件可被迭代的通用方法。例如，迭代字典會產生字典索引鍵：

```
In [207]: some_dict = {"a": 1, "b": 2, "c": 3}

In [208]: for key in some_dict:
   .....:     print(key)
a
b
c
```

寫出 `for key in some_dict` 時，Python 直譯器會先試著用 `some_dict` 來建立一個 iterator：

```
In [209]: dict_iterator = iter(some_dict)

In [210]: dict_iterator
Out[210]: <dict_keyiterator at 0x7fefe45465c0>
```

iterator 就是在 for 迴圈等地方使用時，可產生物件給 Python 直譯器的任何物件。期望接收串列或類似串列的物件的多數方法都可接收任何可迭代物件。這些方法包括內建方法，例如 min、max 與 sum，以及型態建構方法，例如 list 與 tuple：

```
In [211]: list(dict_iterator)
Out[211]: ['a', 'b', 'c']
```

方便的**產生器**（*generator*）可建構新的可迭代物件，它的寫法類似一般的函式。一般的函式每次執行會回傳一個結果，但產生器可以在被使用時暫停與恢復執行，並回傳多個值。建立產生器的方法是使用 yield 關鍵字，而不是函式中的 return：

```
def squares(n=10):
    print(f"Generating squares from 1 to {n ** 2}")
    for i in range(1, n + 1):
        yield i ** 2
```

呼叫產生器時不會立刻執行任何程式碼：

```
In [213]: gen = squares()

In [214]: gen
Out[214]: <generator object squares at 0x7fefe437d620>
```

當你向產生器請求元素時，它才會開始執行它的程式碼：

```
In [215]: for x in gen:
   .....:     print(x, end=" ")
Generating squares from 1 to 100
1 4 9 16 25 36 49 64 81 100
```

因為產生器每次產生一個元素的輸出，而不是一次產生整個串列，所以它可以幫你的程式節省記憶體。

產生器運算式

製作產生器的另一種方法是使用**產生器運算式**，它之於產生器，相當於生成式之於串列、字典、集合。建立它的方法是將本來是串列生成式的東西放在小括號裡，而不是中括號裡。

```
In [216]: gen = (x ** 2 for x in range(100))

In [217]: gen
Out[217]: <generator object <genexpr> at 0x7fefe437d000>
```

它相當於這個更繁瑣的產生器：

```
def _make_gen():
    for x in range(100):
        yield x ** 2
gen = _make_gen()
```

有時產生器表達式可以取代串列生成式作為函式引數：

```
In [218]: sum(x ** 2 for x in range(100))
Out[218]: 328350

In [219]: dict((i, i ** 2) for i in range(5))
Out[219]: {0: 0, 1: 1, 2: 4, 3: 9, 4: 16}
```

產生器版本有時可以明顯地加快速度，取決於生成式運算式產生的元素數量。

itertools 模組

標準程式庫的 `itertools` 模組有許多常見資料演算法的產生器。例如，`groupby` 可接收任意序列與一個函式，然後根據函式的回傳值來將序列裡的連續元素分組。舉個例子：

```
In [220]: import itertools

In [221]: def first_letter(x):
   .....:     return x[0]

In [222]: names = ["Alan", "Adam", "Wes", "Will", "Albert", "Steven"]

In [223]: for letter, names in itertools.groupby(names, first_letter):
   .....:     print(letter, list(names)) # names 是個產生器
A ['Alan', 'Adam']
W ['Wes', 'Will']
A ['Albert']
S ['Steven']
```

表 3-2 是我經常覺得很好用的其他 `itertools` 函式。你可以查閱 Python 官方文件（*https://docs.python.org/3/library/itertools.html*）來進一步瞭解這個實用的內建工具模組。

表 3-2　一些實用的 itertools 函式

函式	說明
chain(*iterables)	將 iterator 串接起來，以產生一個序列。當第一個 iterator 的元素都被回傳後，它會回傳下一個 iterator 的元素，以此類推。
combinations(iterable, k)	產生一個由 iterator 裡的元素的所有可能的 k-tuple 組成的序列，忽略順序，且不做替換（可參考它的姐妹函式 combinations_with_replacement）。
permutations(iterable, k)	產生 iterator 的元素的所有可能的 k-tuple 組成的序列，按照順序。
groupby(iterable[, keyfunc])	為每個不同的索引鍵產生 (key, sub-iterator)。
product(*iterables, repeat=1)	產生輸入變數的笛卡兒積的 tuple，類似嵌套的 for 迴圈。

錯誤處理與例外處理

優雅地處理 Python 錯誤或例外是建構穩健程式的關鍵。在資料分析應用程式中，許多函式只處理某些種類的輸入。例如，Python 的 **float** 函式能夠將字串強制轉型成浮點數，但當它遇到不適當的輸入時會產生 ValueError 並失敗：

```
In [224]: float("1.2345")
Out[224]: 1.2345

In [225]: float("something")
---------------------------------------------------------------------------
ValueError                                Traceback (most recent call last)
<ipython-input-225-5ccfe07933f4> in <module>
----> 1 float("something")
ValueError: could not convert string to float: 'something'
```

如果我們想要讓 **float** 能夠優雅地失敗並回傳輸入引數，我們可以在一個函式裡，將呼叫 **float** 寫在一個 **try/except** 區塊裡（在 IPython 裡執行這段程式）：

```
def attempt_float(x):
    try:
        return float(x)
    except:
        return x
```

在區塊的 except 部分裡面的程式碼只會在 float(x) 發出例外時執行：

```
In [227]: attempt_float("1.2345")
Out[227]: 1.2345

In [228]: attempt_float("something")
Out[228]: 'something'
```

你可能會看到 float 發出 ValueError 之外的例外：

```
In [229]: float((1, 2))
---------------------------------------------------------------------------
TypeError                                 Traceback (most recent call last)
<ipython-input-229-82f777b0e564> in <module>
----> 1 float((1, 2))
TypeError: float() argument must be a string or a real number, not 'tuple'
```

也許你只想要隱藏 ValueError，因為 TypeError（輸入不是字串或數值）可能代表你的程式中有 bug。為此，你可以在 except 後面加上例外類型：

```
def attempt_float(x):
    try:
        return float(x)
    except ValueError:
        return x
```

於是：

```
In [231]: attempt_float((1, 2))
---------------------------------------------------------------------------
TypeError                                 Traceback (most recent call last)
<ipython-input-231-8b0026e9e6b7> in <module>
----> 1 attempt_float((1, 2))
<ipython-input-230-6209ddecd2b5> in attempt_float(x)
      1 def attempt_float(x):
      2     try:
----> 3         return float(x)
      4     except ValueError:
      5         return x
TypeError: float() argument must be a string or a real number, not 'tuple'
```

你可以寫一個例外類型的 tuple 來捕捉多個例外類型（小括號是必須的）：

```
def attempt_float(x):
    try:
        return float(x)
    except (TypeError, ValueError):
        return x
```

你可能想要抑制一個例外，但無論在 try 區塊裡面的程式碼是否成功，你都想執行一些程式碼，此時可使用 finally：

```
f = open(path, mode="w")

try:
    write_to_file(f)
finally:
    f.close()
```

在此，檔案物件 f 一定會被關閉。類似地，你可以使用 else 來讓一段程式只在 try: 區塊成功時執行：

```
f = open(path, mode="w")

try:
    write_to_file(f)
except:
    print("Failed")
else:
    print("Succeeded")
finally:
    f.close()
```

在 IPython 裡的例外

如果例外在你使用 %run 來執行腳本或執行任何敘述句時發生，IPython 在預設情況下會印出完整的 call stack trace（回溯），以及 stack 裡的每一點的位置前後的幾行程式碼：

```
In [10]: %run examples/ipython_bug.py
---------------------------------------------------------------------------
AssertionError                            Traceback (most recent call last)
/home/wesm/code/pydata-book/examples/ipython_bug.py in <module>()
     13     throws_an_exception()
     14
---> 15 calling_things()

/home/wesm/code/pydata-book/examples/ipython_bug.py in calling_things()
     11 def calling_things():
     12     works_fine()
---> 13     throws_an_exception()
     14
     15 calling_things()

/home/wesm/code/pydata-book/examples/ipython_bug.py in throws_an_exception()
      7     a = 5
      8     b = 6
```

```
----> 9     assert(a + b == 10)
     10
     11 def calling_things():

AssertionError:
```

比起標準的 Python 直譯器（未提供任何額外的背景），IPython 顯示額外上下文的功能是很大的優點。你可以使用 %xmode 魔術命令來控制顯示出來的上下文數量，從 Plain（與標準 Python 直譯器一樣）到 Verbose（加入函式引數值及其他）。如附錄 B 所述，你可以在錯誤發生後，*在 stack 裡面*步進執行（使用 %debug 或 %pdb 魔術指令），以進行互動式事後偵錯。

3.3 檔案與作業系統

本書通常使用 pandas.read_csv 等高階工具來將磁碟裡的資料檔案讀入 Python 資料結構。但是，瞭解如何在 Python 裡處理檔案的基本知識很重要。還好這件事相對簡單，這也是很多人喜歡用 Python 來處理文字與檔案的原因。

若要打開檔案以便讀取或寫入，可使用內建的 open 函式，並傳入相對或絕對檔案路徑和一個選用的檔案編碼：

```
In [233]: path = "examples/segismundo.txt"

In [234]: f = open(path, encoding="utf-8")
```

我在此傳入 encoding="utf-8"，這是最佳做法，因為讀取檔案的預設 Unicode 編碼因不同平台而異。

在預設情況下，檔案是以唯讀模式 "r" 來開啟的。接下來，我們可以將檔案物件 f 視為串列，並迭代裡面的行（lines）：

```
for line in f:
    print(line)
```

從檔案讀出來的行包含完整的行末（end-of-line，EOL）標記，所以你以後會經常看到這種讀取無 EOL 的檔案行的程式：

```
In [235]: lines = [x.rstrip() for x in open(path, encoding="utf-8")]

In [236]: lines
Out[236]:
['Sueña el rico en su riqueza,',
```

```
 'que más cuidados le ofrece;',
 '',
 'sueña el pobre que padece',
 'su miseria y su pobreza;',
 '',
 'sueña el que a medrar empieza,',
 'sueña el que afana y pretende,',
 'sueña el que agravia y ofende,',
 '',
 'y en el mundo, en conclusión,',
 'todos sueñan lo que son,',
 'aunque ninguno lo entiende.',
 '']
```

當你使用 open 來建立檔案物件時，建議你在完成工作後關閉檔案。關閉檔案可將它的資源還給作業系統：

```
In [237]: f.close()
```

要清理已開啟的檔案，有一種比較輕鬆的方法是使用 with 敘述句：

```
In [238]: with open(path, encoding="utf-8") as f:
   .....:     lines = [x.rstrip() for x in f]
```

這會在離開 with 區塊時自動關閉檔案 f。在許多小程式或腳本裡，不確保檔案的關閉不會造成問題，但是在需要與大量檔案互動的程式裡，這可能是個問題。

如果我們輸入 f = open(path, "w")，Python 會在 *examples/segismundo.txt* 建立一個新檔案（小心！），覆寫在它的位置裡的任何檔案。另外也有 "x" 檔案模式，它會建立一個可寫入的檔案，但如果檔案路徑已經存在，則會失敗。表 3-3 是所有的檔案讀 / 寫模式。

表 3-3 Python 檔案模式

模式	說明
r	唯讀模式
w	唯寫模式；建立一個新檔案（刪除任何檔名相同的檔案的資料）
x	唯寫模式；建立一個新檔案，但如果檔案路徑已經存在則失敗
a	附加至既有檔案（如果檔案不存在則建立它）
r+	讀與寫
b	在處理二進制檔案時，附加至模式代號（即 "rb" 或 "wb"）
t	文字模式（將 bytes 自動解碼成 Unicode），若未指定，這是預設模式

對於可讀檔案，最常用的模式有 read、seek 與 tell。read 從檔案回傳某個數量的字元。何謂「字元」由檔案編碼決定，如果檔案以二進制模式開啟，則由原始 bytes 決定：

```
In [239]: f1 = open(path)

In [240]: f1.read(10)
Out[240]: 'Sueña el r'

In [241]: f2 = open(path, mode="rb")  # 二進制模式

In [242]: f2.read(10)
Out[242]: b'Sue\xc3\xb1a el '
```

read 方法按照讀取的 bytes 數推進檔案物件的位置，tell 可提供當前的位置：

```
In [243]: f1.tell()
Out[243]: 11

In [244]: f2.tell()
Out[244]: 10
```

我們以文字模式開啟 f1 並從中讀取 10 個字元，但它的位置是 11，因為使用預設的編碼來解碼 10 個字元需要那個 bytes 數量。你可以用 sys 模組來檢查預設編碼：

```
In [245]: import sys

In [246]: sys.getdefaultencoding()
Out[246]: 'utf-8'
```

為了在不同的平台上產生一致的行為，最好在開啟檔案時傳遞編碼（例如廣泛使用的 encoding="utf-8"）。

seek 可將檔案位置移到指定的 byte：

```
In [247]: f1.seek(3)
Out[247]: 3

In [248]: f1.read(1)
Out[248]: 'ñ'

In [249]: f1.tell()
Out[249]: 5
```

最後，記得關閉檔案：

```
In [250]: f1.close()

In [251]: f2.close()
```

你可以使用檔案的 `write` 或 `writelines` 方法來將文字寫入檔案。例如，我們可以建立一個沒有空行的 *examples/segismundo.txt*：

```
In [252]: path
Out[252]: 'examples/segismundo.txt'

In [253]: with open("tmp.txt", mode="w") as handle:
   .....:     handle.writelines(x for x in open(path) if len(x) > 1)

In [254]: with open("tmp.txt") as f:
   .....:     lines = f.readlines()

In [255]: lines
Out[255]:
['Sueña el rico en su riqueza,\n',
 'que más cuidados le ofrece;\n',
 'sueña el pobre que padece\n',
 'su miseria y su pobreza;\n',
 'sueña el que a medrar empieza,\n',
 'sueña el que afana y pretende,\n',
 'sueña el que agravia y ofende,\n',
 'y en el mundo, en conclusión,\n',
 'todos sueñan lo que son,\n',
 'aunque ninguno lo entiende.\n']
```

表 3-4 是最常用的檔案方法。

表 3-4　重要的 Python 檔案方法或屬性

方法 / 屬性	說明
`read([size])`	以 bytes 或字串回傳檔案的資料，取決於檔案模式，可用選用的 `size` 引數來指定要讀取的 bytes 數量或字串字元數量
`readable()`	若檔案支援 `read` 操作，則回傳 `True`
`readlines([size])`	回傳檔案的行的串列，可選用 `size` 引數
`write(string)`	將傳入的字串寫至檔案
`writable()`	若檔案支援 `write` 操作，則回傳 `True`
`writelines(strings)`	將傳入的字串序列寫入檔案
`close()`	關閉檔案物件
`flush()`	將內部的 I/O 緩衝區寫入磁碟
`seek(pos)`	移至指定的檔案位置（整數）
`seekable()`	若檔案物件支援 seek 因此可以隨機存取（有些類檔案物件不行），則回傳 `True`

方法 / 屬性	說明
`tell()`	回傳當前的檔案位置（整數）
`closed`	若檔案已關閉，則回傳 `True`
`encoding`	用來將檔案內的 bytes 解譯成 Unicode 的編碼（通常是 UTF-8）

檔案的 bytes 與 Unicode

Python 檔案的預設行為（無論是可讀或可寫）是**文字模式**，意思是使用 Python 字串（即 Unicode）。與之相對的是**二進制模式**，你可以在檔案模式後面加上 `b` 來使用它。再次使用上一節的檔案（裡面有使用 UTF-8 編碼的非 ASCII 字元）：

```
In [258]: with open(path) as f:
   .....:     chars = f.read(10)

In [259]: chars
Out[259]: 'Sueña el r'

In [260]: len(chars)
Out[260]: 10
```

UTF-8 是可變長度的 Unicode 編碼，所以當我從檔案請求某個數量的字元時，Python 會從檔案讀取足夠的 bytes（可能少至 10 bytes，也可能多達 40 bytes），並解碼那麼多字元。如果我用 `"rb"` 模式來開啟檔案，`read` 會請求那個數量的 bytes：

```
In [261]: with open(path, mode="rb") as f:
   .....:     data = f.read(10)

In [262]: data
Out[262]: b'Sue\xc3\xb1a el '
```

有時你可以自己將 bytes 解碼成 `str` 物件，這取決於文字編碼，但只有在每一個被編碼的 Unicode 字元都完整時才能這樣做：

```
In [263]: data.decode("utf-8")
Out[263]: 'Sueña el '

In [264]: data[:4].decode("utf-8")
---------------------------------------------------------------------------
UnicodeDecodeError                        Traceback (most recent call last)
<ipython-input-264-846a5c2fed34> in <module>
----> 1 data[:4].decode("utf-8")
UnicodeDecodeError: 'utf-8' codec can't decode byte 0xc3 in position 3: unexpecte
d end of data
```

結合文字模式與 open 的 encoding 選項可輕鬆地將一種 Unicode 編碼轉換成另一種：

```
In [265]: sink_path = "sink.txt"

In [266]: with open(path) as source:
   .....:     with open(sink_path, "x", encoding="iso-8859-1") as sink:
   .....:         sink.write(source.read())

In [267]: with open(sink_path, encoding="iso-8859-1") as f:
   .....:     print(f.read(10))
Sueña el r
```

當你使用二進制模式之外的任何模式來開啟檔案時，請小心使用 seek。如果檔案位置落在定義一個 Unicode 字元的 byte 之間，那麼後續的讀取將導致錯誤：

```
In [269]: f = open(path, encoding='utf-8')

In [270]: f.read(5)
Out[270]: 'Sueña'

In [271]: f.seek(4)
Out[271]: 4

In [272]: f.read(1)
---------------------------------------------------------------------------
UnicodeDecodeError                        Traceback (most recent call last)
<ipython-input-272-5a354f952aa4> in <module>
----> 1 f.read(1)
/miniconda/envs/book-env/lib/python3.10/codecs.py in decode(self, input, final)
    320         # 解碼輸入（考慮緩衝區）
    321         data = self.buffer + input
--> 322         (result, consumed) = self._buffer_decode(data, self.errors, final
)
    323         # 保存未編碼的輸入，直到下次呼叫
    324         self.buffer = data[consumed:]
UnicodeDecodeError: 'utf-8' codec can't decode byte 0xb1 in position 0: invalid s
tart byte

In [273]: f.close()
```

如果你經常使用非 ASCII 文字資料來做資料分析，那麼精通 Python 的 Unicode 功能有很大的好處。詳情見 Python 的網路文件（*https://docs.python.org*）。

3.4 總結

掌握 Python 環境與語言的基本知識之後，接下來我們要學習 NumPy 與 Python 的陣列導向計算了。

第四章

NumPy 基本知識：陣列與向量化計算

NumPy 是 Numerical Python 的簡稱，它是 Python 數值計算領域中，最重要的基本程式包之一。許多提供科學功能的計算程式包使用 NumPy 的陣列物件作為資料交換標準介面的**通用語**。我介紹的多數 NumPy 知識也適用於 pandas。

以下是你可以在 NumPy 裡找到的功能：

- ndarray，一種高效的多維陣列，提供快速的陣列導向算術運算，與靈活的**廣播**（*broadcasting*）功能
- 可快速處理整個資料陣列的數學函式，且不需要寫迴圈
- 用來將陣列資料讀出 / 寫入磁碟的工具，和使用記憶體對映檔案（memory-mapped file）的工具
- 線性代數、亂數產生器、傅立葉轉換功能
- 將 NumPy 和「以 C、C++、FORTRAN 寫成的程式庫」連結起來的 C API

因為 NumPy 提供全面性的、具備詳細說明的 C API，將資料傳給低階語言的外部程式庫很簡單，外部程式庫也很容易使用 NumPy 陣列來將資料傳給 Python。這個特點使 Python 成為包裝傳統的 C、C++ 或 FORTRAN 基礎程式（codebase），並為它們建立動態、可訪問介面的首選語言。

雖然 NumPy 本身沒有模型建立或科學功能，但瞭解 NumPy 陣列和陣列導向計算可幫助你有效率地使用 pandas 等採用陣列計算語義的工具。由於 NumPy 是龐大的主題，我將在附錄 A 更深入地介紹 NumPy 的許多進階功能，它們在學習本書的其餘部分時用不到，但當你使用更深的 Python 科學計算功能時，它們可能有所幫助。

對於大多數的資料分析應用，我會把焦點放在這些功能領域：

- 使用快速的陣列操作來清理和整理資料、製作子集合和進行篩選、轉換與其他類型的計算
- 常見的陣列演算法，例如排序、唯一（unique）和集合操作
- 高效的描述性統計，和彙總 / 總結資料
- 執行資料對齊和相關資料操作，以合併、連接異質的資料組
- 用陣列運算式來表達條件邏輯，而不是使用迴圈和 `if-elif-else` 分支
- 群組化資料操作（彙總、轉換、函數應用）

雖然 NumPy 為一般的數值資料處理提供計算基礎，但很多讀者希望使用 pandas 作為各種統計或分析的基礎，尤其是表格資料。此外，pandas 提供一些其他的領域專屬功能，例如時間序列操作，但 NumPy 沒有。

Python 的陣列導向計算可追溯到 1995 年，Jim Hugunin 建立 Numeric 程式庫時。在接下來的 10 年裡，許多科學程式設計社群開始用 Python 來做陣列程式設計，但在 21 世紀初，程式庫的生態系統就已經四分五裂了。Travis Oliphant 在 2005 年將 NumPy 專案從當時的 Numeric 和 Numarray 專案中剝離出來，讓社群圍繞著單一陣列計算框架。

NumPy 對 Python 的數值計算如此重要的原因之一是，它是為了讓我們更有效率地處理大型資料陣列而設計的，理由是：

- NumPy 在內部將資料儲存在連續的記憶體區塊中，獨立於其他內建的 Python 物件。NumPy 的演算法程式庫是用 C 語言編寫的，可以操作這塊記憶體，不需要做任何型態檢查或其他多餘的事情。NumPy 使用的記憶體也比內建的 Python 序列少很多。
- NumPy 可在整個陣列上執行複雜的計算，不需要使用 Python 的 `for` 迴圈，用 `for` 迴圈來處理大型序列很緩慢。NumPy 比一般的 Python 程式碼還要快的原因是，它使用以 C 寫出來的演算法，從而避免一般的 Python 直譯程式碼的額外開銷。

為了讓你感受它們的性能差異，考慮一個由一百萬個整數組成的 NumPy 陣列，以及對等的 Python 串列：

```
In [7]: import numpy as np

In [8]: my_arr = np.arange(1_000_000)

In [9]: my_list = list(range(1_000_000))
```

我們將兩個序列都乘以 2：

```
In [10]: %timeit my_arr2 = my_arr * 2
721 us +- 13.2 us per loop (mean +- std. dev. of 7 runs, 1000 loops each)

In [11]: %timeit my_list2 = [x * 2 for x in my_list]
48.8 ms +- 298 us per loop (mean +- std. dev. of 7 runs, 10 loops each)
```

使用 NumPy 寫出來的演算法通常比純 Python 等效演算法快 10 到 100 倍（或更多倍），而且使用少很多的記憶體。

4.1 NumPy ndarray：多維陣列物件

NumPy 的主要功能之一，就是它的 N 維陣列物件，或稱 ndarray，它是一種靈活的容器，可儲存大型的 Python 資料組。陣列可讓你使用類似計算純量元素的語法來對整個資料區塊執行算術運算。

為了讓你瞭解 NumPy 如何使用類似處理 Python 內建物件的純量語法來進行匹量計算，我先匯入 NumPy，並建立一個小陣列：

```
In [12]: import numpy as np

In [13]: data = np.array([[1.5, -0.1, 3], [0, -3, 6.5]])

In [14]: data
Out[14]:
array([[ 1.5, -0.1,  3. ],
       [ 0. , -3. ,  6.5]])
```

然後使用 data 來寫一個數學運算：

```
In [15]: data * 10
Out[15]:
array([[ 15.,  -1.,  30.],
       [  0., -30.,  65.]])
```

```
In [16]: data + data
Out[16]:
array([[ 3. , -0.2,  6. ],
       [ 0. , -6. , 13. ]])
```

第一個例子將所有元素都乘以 10。在第二個例子將陣列裡的每一「格」對應值相加。

在本章與本書中，我都會遵守 NumPy 標準規範，使用 `import numpy as np`。雖然你可以在程式中使用 `from numpy import *` 以避免編寫 `np.`，但建議不要養成這種習慣。`numpy` 名稱空間很大，裡面有很多函式的名稱與內建的 Python 函式衝突（例如 `min` 與 `max`）。遵守這樣的標準規範應該是件好事。

ndarray 是容納同質資料的通用多維容器，同質的意思是所有元素都必須有相同的型態。每一個陣列都有一個 `shape`，它是一個指出每一維的大小的 tuple，以及一個 `dtype`，它是一個描述陣列的資料型態的物件。

```
In [17]: data.shape
Out[17]: (2, 3)

In [18]: data.dtype
Out[18]: dtype('float64')
```

本章將介紹使用 NumPy 陣列的基本知識，這些知識足以幫助你閱讀本書接下來的內容。雖然很多資料分析應用都不需要深入瞭解 NumPy，但熟悉陣列導向程式設計及其思維是成為科學 Python 大師的關鍵。

本書提到的「陣列」、「NumPy 陣列」和「ndarray」通常都是指 ndarray 物件。

建立 ndarray

建立陣列最簡單的方式是使用 `array` 函式。它可接收任何類序列的物件（包括其他陣列）並產生一個新的 NumPy 陣列，裡面存有你傳入的資料。例如，串列是轉換的好對象：

```
In [19]: data1 = [6, 7.5, 8, 0, 1]

In [20]: arr1 = np.array(data1)
```

```
In [21]: arr1
Out[21]: array([6. , 7.5, 8. , 0. , 1. ])
```

嵌套的序列（例如以等長串列構成的串列）會被轉換成多維陣列：

```
In [22]: data2 = [[1, 2, 3, 4], [5, 6, 7, 8]]

In [23]: arr2 = np.array(data2)

In [24]: arr2
Out[24]:
array([[1, 2, 3, 4],
       [5, 6, 7, 8]])
```

因為 data2 是串列的串列，所以 NumPy 陣列 arr2 有兩維，而且它的 shape 可從資料推斷出來。我們可以檢查 ndim 和 shape 屬性來確認這件事：

```
In [25]: arr2.ndim
Out[25]: 2

In [26]: arr2.shape
Out[26]: (2, 4)
```

如果你沒有明確地指定資料型態（第 93 頁的「ndarray 的資料型態」），numpy.array 會幫它建立的陣列推斷出好的資料型態。資料型態被存放在特殊的 dtype 詮釋資料物件裡，例如，從上面的兩個例子可以得到：

```
In [27]: arr1.dtype
Out[27]: dtype('float64')

In [28]: arr2.dtype
Out[28]: dtype('int64')
```

除了 numpy.array 之外也有幾個其他函式可建立新陣列，例如，numpy.zeros 與 numpy.ones 分別可以根據給定的長度或 shape 來建立 0 或 1 的陣列。numpy.empty 可建立一個陣列，但不會將它的初始值設為任何特定值。若要使用這些方法來建立更高維度的陣列，你可以傳遞 shape tuple：

```
In [29]: np.zeros(10)
Out[29]: array([0., 0., 0., 0., 0., 0., 0., 0., 0., 0.])

In [30]: np.zeros((3, 6))
Out[30]:
array([[0., 0., 0., 0., 0., 0.],
       [0., 0., 0., 0., 0., 0.],
       [0., 0., 0., 0., 0., 0.]])
```

```
In [31]: np.empty((2, 3, 2))
Out[31]:
array([[[0., 0.],
        [0., 0.],
        [0., 0.]],
       [[0., 0.],
        [0., 0.],
        [0., 0.]]])
```

切勿假設 `numpy.empty` 會回傳全為零的陣列，這個函式會回傳未初始化的記憶體，因此可能包含非零的「垃圾」值。這個函式只能在你想要將資料填入新陣列時使用。

`numpy.arange` 是 Python 內建函式 `range` 的陣列值版本：

```
In [32]: np.arange(15)
Out[32]: array([ 0,  1,  2,  3,  4,  5,  6,  7,  8,  9, 10, 11, 12, 13, 14])
```

表 4-1 是一些標準的陣列建立函式。因為 NumPy 的重心是數值計算，所以沒有指定資料型態的話，它通常都是 `float64`（浮點數）。

表 4-1　一些重要的 NumPy 陣列建立函式

函式	說明
`array`	將輸入資料（串列、tuple、陣列或其他序列型態）轉換成 ndarray，可推斷資料型態，你也可以明確指定資料型態；在預設情況下會複製輸入資料
`asarray`	將輸入轉換成 ndarray，但如果輸入已經是 ndarray 就不進行複製
`arange`	類似內建的 `range`，但回傳 ndarray 而不是串列
`ones, ones_like`	產生全為 1 的陣列，具有給定的 shape 與資料型態；`ones_like` 接收另一個陣列，並產生一個相同 shape 與資料型態的 `ones`
`zeros, zeros_like`	與 `ones` 和 `ones_like` 很像，但產生 0 的陣列
`empty, empty_like`	配置新記憶體來建立新陣列，但不會像 `ones` 與 `zeros` 一樣填入任何值
`full, full_like`	產生一個給定 shape 與資料型態的陣列，並將所有值都設為指定的「填入值」；`full_like` 可接收另一個陣列，並產生一個相同 shape 與資料型態且填入內容的陣列
`eye, identity`	建立一個 N×N 的單位方陣（對角線為 1，其他地方為 0）

ndarray 的資料型態

資料型態或 dtype 是一種特殊物件，裡面有讓 ndarray 將一塊記憶體解讀成特定資料型態所需的資訊（亦稱詮釋資料，關於資料的資料）：

```
In [33]: arr1 = np.array([1, 2, 3], dtype=np.float64)

In [34]: arr2 = np.array([1, 2, 3], dtype=np.int32)

In [35]: arr1.dtype
Out[35]: dtype('float64')

In [36]: arr2.dtype
Out[36]: dtype('int32')
```

資料型態是 NumPy 可以和其他系統的資料進行靈活互動的根本。在多數情況下，它們直接與底層磁碟或記憶體表示法對映，所以能夠對著磁碟讀取和寫入二進制資料串流，以及連接以 C 和 FORTRAN 等低階語言編寫的程式碼。數值資料型態的指定格式都是先寫出型態名稱，例如 float 或 int，然後加上一個數字，代表每個元素的位元數。標準的雙精度浮點值（Python 的 float 物件在底層使用的型態）占用 8 bytes，即 64 bits。因此，這個型態在 NumPy 裡用 float64 來指定。表 4-2 是 NumPy 支援的所有資料型態。

不用費心記住 NumPy 資料型態。通常你只要關心你所處理的資料種類即可，它可能是浮點數、複數、整數、布林、字串或一般 Python 物件。當你需要進一步控制如何在記憶體或磁碟裡儲存資料時，尤其是儲存大型的資料組時，你會發現，可以控制儲存型態是一件好事。

表 4-2　NumPy 資料型態

型態	型態碼	說明
int8, uint8	i1, u1	帶正負號與無正負號的 8-bit (1 byte) 整數型態
int16, uint16	i2, u2	帶正負號與無正負號的 16-bit 整數型態
int32, uint32	i4, u4	帶正負號與無正負號的 32-bit 整數型態
int64, uint64	i8, u8	帶正負號與無正負號的 64-bit 整數型態
float16	f2	半精度浮點數
float32	f4 或 f	標準單精度浮點數，與 C 的 float 相容
float64	f8 或 d	標準雙精度浮點數，與 C 的 double 和 Python 的 float 物件相容

型態	型態碼	說明
float128	f16 或 g	延伸精度浮點數
complex64, complex128, complex256	c8, c16, c32	分別是以 32、64、128 float 來表示的複數
bool	?	儲存 True 與 False 值的布林型態
object	O	Python 物件型態；值可以是任意 Python 物件
string_	S	固定長度的 ASCII 字串型態（每個字元 1 byte），例如，'S10' 可建立一個長度為 10 的字串資料型態
unicode_	U	固定長度的 Unicode 型態（bytes 數依平台而定）。指定語法與 string_ 一樣（例如 'U10'）

我們有帶正負號（*signed*）與無正負號（*unsigned*）的整數型態，很多讀者不熟悉這個術語。帶正負號整數可以表示正整數與負整數，無正負號整數只能表示非負整數。例如，int8（帶正負號 8-bit 整數）可以表示 -128 至 127 的整數（含兩者），而 uint8（無正負號 8-bit 整數）可以表示 0 到 255。

你可以使用 ndarray 的 astype 方法來將某個資料型態的陣列明確地**強制轉型**成另一個型態：

```
In [37]: arr = np.array([1, 2, 3, 4, 5])

In [38]: arr.dtype
Out[38]: dtype('int64')

In [39]: float_arr = arr.astype(np.float64)

In [40]: float_arr
Out[40]: array([1., 2., 3., 4., 5.])

In [41]: float_arr.dtype
Out[41]: dtype('float64')
```

這個例子將整數強制轉型成浮點數。如果將某個浮點數強制轉型成整數資料型態，小數部分會被移除：

```
In [42]: arr = np.array([3.7, -1.2, -2.6, 0.5, 12.9, 10.1])

In [43]: arr
Out[43]: array([ 3.7, -1.2, -2.6,  0.5, 12.9, 10.1])

In [44]: arr.astype(np.int32)
Out[44]: array([ 3, -1, -2,  0, 12, 10], dtype=int32)
```

如果你有一個表示數字的字串陣列，你可以使用 `astype` 來將它們轉換成數字形式：

```
In [45]: numeric_strings = np.array(["1.25", "-9.6", "42"], dtype=np.string_)

In [46]: numeric_strings.astype(float)
Out[46]: array([ 1.25, -9.6 , 42.  ])
```

在使用 `numpy.string_` 型態時要很小心，因為字串資料在 NumPy 裡有固定大小，可能在沒有警告的情況下截斷輸入。對於非數值資料，pandas 處理非數值資料的行為比較直覺。

如果強制轉型因為某些原因失敗了（例如字串不能轉換成 `float64`），它會發出 `ValueError`。之前，我偷懶地使用 `float` 而不是 `np.float64`，NumPy 會將 Python 的型態改名成它自己的對等型態。

你也可以使用另一個陣列的 `dtype` 屬性：

```
In [47]: int_array = np.arange(10)

In [48]: calibers = np.array([.22, .270, .357, .380, .44, .50], dtype=np.float64)

In [49]: int_array.astype(calibers.dtype)
Out[49]: array([0., 1., 2., 3., 4., 5., 6., 7., 8., 9.])
```

你可以使用簡寫的型態碼字串來指定 `dtype`：

```
In [50]: zeros_uint32 = np.zeros(8, dtype="u4")

In [51]: zeros_uint32
Out[51]: array([0, 0, 0, 0, 0, 0, 0, 0], dtype=uint32)
```

呼叫 `astype` 一定會建立新陣列（資料的複本），即使新資料型態與舊資料型態相同。

使用 NumPy 陣列來進行算術運算

陣列很重要，因為它們可以用來表達匹量的資料操作，而不需要編寫任何 `for` 迴圈。NumPy 使用者將這種做法稱為**向量化**。在兩個相同大小的陣列之間進行的任何算術運算都是逐元素計算的：

```
In [52]: arr = np.array([[1., 2., 3.], [4., 5., 6.]])

In [53]: arr
Out[53]:
array([[1., 2., 3.],
       [4., 5., 6.]])

In [54]: arr * arr
Out[54]:
array([[ 1.,  4.,  9.],
       [16., 25., 36.]])

In [55]: arr - arr
Out[55]:
array([[0., 0., 0.],
       [0., 0., 0.]])
```

用純量來進行運算會將純量引數傳播至陣列中的每個元素：

```
In [56]: 1 / arr
Out[56]:
array([[1.    , 0.5   , 0.3333],
       [0.25  , 0.2   , 0.1667]])

In [57]: arr ** 2
Out[57]:
array([[ 1.,  4.,  9.],
       [16., 25., 36.]])
```

比較相同大小的陣列一定會產生布林陣列：

```
In [58]: arr2 = np.array([[0., 4., 1.], [7., 2., 12.]])

In [59]: arr2
Out[59]:
array([[ 0.,  4.,  1.],
       [ 7.,  2., 12.]])
```

```
In [60]: arr2 > arr
Out[60]:
array([[False,  True, False],
       [ True, False,  True]])
```

在不同大小的陣列之間進行求值運算稱為**廣播**（*broadcasting*），詳情見附錄 A。你不需要深入瞭解廣播即可閱讀本書的後續內容。

基本檢索與 slice

NumPy 陣列檢索是一個有深度的主題，因為你可能會用很多種方式來選擇資料的子集合或個別元素。一維陣列很簡單，從表面上看，它們的行為類似 Python 串列：

```
In [61]: arr = np.arange(10)

In [62]: arr
Out[62]: array([0, 1, 2, 3, 4, 5, 6, 7, 8, 9])

In [63]: arr[5]
Out[63]: 5

In [64]: arr[5:8]
Out[64]: array([5, 6, 7])

In [65]: arr[5:8] = 12

In [66]: arr
Out[66]: array([ 0,  1,  2,  3,  4, 12, 12, 12,  8,  9])
```

如你所見，如果你將一個純量值指派給一個 slice，例如 `arr[5:8] = 12`，值會被傳播（或**廣播**）至你選擇的整個區段。

陣列 slice 與 Python 內建串列之間的第一個重要差異在於，陣列 slice 是原始陣列的一個「視域（view）」，也就是說，資料不會被複製，對視域進行任何修改都會反映在原始陣列上。

為了舉一個例子，我先建立 `arr` 的一個 slice：

```
In [67]: arr_slice = arr[5:8]

In [68]: arr_slice
Out[68]: array([12, 12, 12])
```

接下來，當我們改變 `arr_slice` 裡面的值時，那些改變會反映在原始的陣列 `arr` 裡：

```
In [69]: arr_slice[1] = 12345

In [70]: arr
Out[70]:
array([    0,     1,     2,     3,     4,    12, 12345,    12,     8,
          9])
```

「光溜溜」的 slice [:] 會將值指派給陣列的所有元素：

```
In [71]: arr_slice[:] = 64

In [72]: arr
Out[72]: array([ 0,  1,  2,  3,  4, 64, 64, 64,  8,  9])
```

NumPy 新手看到這種情況可能會很驚訝，尤其是用過會急切（eager）地複製資料的陣列程式語言的人。因為 NumPy 是為了處理巨大的陣列而設計的，如果 NumPy 無論如何都複製資料，可想而知這會帶來哪些關於性能和記憶體的問題。

如果你想要取得 ndarray 的 slice 複本，而不是一個視域，你要明確地複製陣列，例如 `arr[5:8].copy()`。你將看到，pandas 也是這樣運作的。

在使用更高維的陣列時，你有更多選擇。在二維陣列裡，每一個索引的元素都不再是純量，而是一維陣列：

```
In [73]: arr2d = np.array([[1, 2, 3], [4, 5, 6], [7, 8, 9]])

In [74]: arr2d[2]
Out[74]: array([7, 8, 9])
```

因此，個別元素都可以遞迴地存取，但是這樣做太費工了，你可以傳遞以逗號分隔的索引串列來選擇個別的元素。所以這些寫法是等效的：

```
In [75]: arr2d[0][2]
Out[75]: 3

In [76]: arr2d[0, 2]
Out[76]: 3
```

圖 4-1 是二維陣列的索引。你可以將 0 軸視為陣列的「橫列」，將 1 軸視為「直欄」。

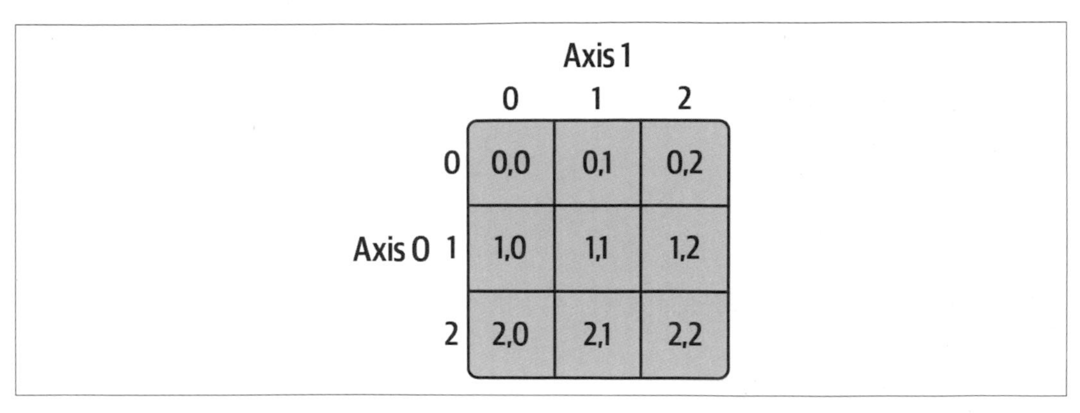

圖 4-1　檢索 NumPy 陣列裡的元素

如果你省略多維陣列的後面幾個索引，它會回傳較低維的 ndarray，裡面有沿著較高維的所有資料。所以，對於 2×2×3 陣列 `arr3d`：

```
In [77]: arr3d = np.array([[[1, 2, 3], [4, 5, 6]], [[7, 8, 9], [10, 11, 12]]])

In [78]: arr3d
Out[78]:
array([[[ 1,  2,  3],
        [ 4,  5,  6]],
       [[ 7,  8,  9],
        [10, 11, 12]]])
```

`arr3d[0]` 是一個 2×3 陣列：

```
In [79]: arr3d[0]
Out[79]:
array([[1, 2, 3],
       [4, 5, 6]])
```

`arr3d[0]` 可以設為純量值與陣列：

```
In [80]: old_values = arr3d[0].copy()

In [81]: arr3d[0] = 42

In [82]: arr3d
Out[82]:
array([[[42, 42, 42],
        [42, 42, 42]],
       [[ 7,  8,  9],
        [10, 11, 12]]])
```

```
In [83]: arr3d[0] = old_values

In [84]: arr3d
Out[84]:
array([[[ 1,  2,  3],
        [ 4,  5,  6]],
       [[ 7,  8,  9],
        [10, 11, 12]]])
```

類似地，arr3d[1, 0] 提供索引開頭為 (1, 0) 的所有值，它們形成一個一維陣列：

```
In [85]: arr3d[1, 0]
Out[85]: array([7, 8, 9])
```

下面的運算式與上面一樣，但它用兩個步驟來檢索：

```
In [86]: x = arr3d[1]

In [87]: x
Out[87]:
array([[ 7,  8,  9],
       [10, 11, 12]])

In [88]: x[0]
Out[88]: array([7, 8, 9])
```

注意，這些選擇區域的例子回傳的陣列都是視域。

這個 NumPy 陣列的多維檢索語法無法用於一般的 Python 物件，例如串列構成的串列。

用 slice 來檢索

我們可以使用類似 Python 串列等一維物件的語法取得 ndarray 的 slice：

```
In [89]: arr
Out[89]: array([ 0,  1,  2,  3,  4, 64, 64, 64,  8,  9])

In [90]: arr[1:6]
Out[90]: array([ 1,  2,  3,  4, 64])
```

考慮之前的二維陣列 arr2d。slice 這個陣列的結果有點不同：

```
In [91]: arr2d
Out[91]:
```

```
array([[1, 2, 3],
       [4, 5, 6],
       [7, 8, 9]])

In [92]: arr2d[:2]
Out[92]:
array([[1, 2, 3],
       [4, 5, 6]])
```

如你所見，它會沿著 0 軸 slice，也就是第一軸。因此，slice 會沿著一個軸選擇一個範圍的元素。你可以將運算式 `arr2d[:2]` 解讀成「選擇 `arr2d` 的前兩列」。

你可以像跳過多個索引一樣跳過多個 slice：

```
In [93]: arr2d[:2, 1:]
Out[93]:
array([[2, 3],
       [5, 6]])
```

當你這樣進行 slice 時，你一定會取得相同維數的陣列視域。混合使用整數索引和 slice 可取得較低維的 slice。

例如，我可以選擇第二列，但只取前兩欄：

```
In [94]: lower_dim_slice = arr2d[1, :2]
```

雖然 `arr2d` 是二維的，但 `lower_dim_slice` 是一維的，而且它的 shape 是一個一軸的 tuple：

```
In [95]: lower_dim_slice.shape
Out[95]: (2,)
```

類似地，我可以選擇第三欄，但只取前兩欄：

```
In [96]: arr2d[:2, 2]
Out[96]: array([3, 6])
```

見圖 4-2 的說明。注意，冒號本身代表取整個軸，所以你可以只 slice 更高維的軸：

```
In [97]: arr2d[:, :1]
Out[97]:
array([[1],
       [4],
       [7]])
```

當然，對 slice 運算式賦值會對整個選擇賦值：

```
In [98]: arr2d[:2, 1:] = 0

In [99]: arr2d
Out[99]:
array([[1, 0, 0],
       [4, 0, 0],
       [7, 8, 9]])
```

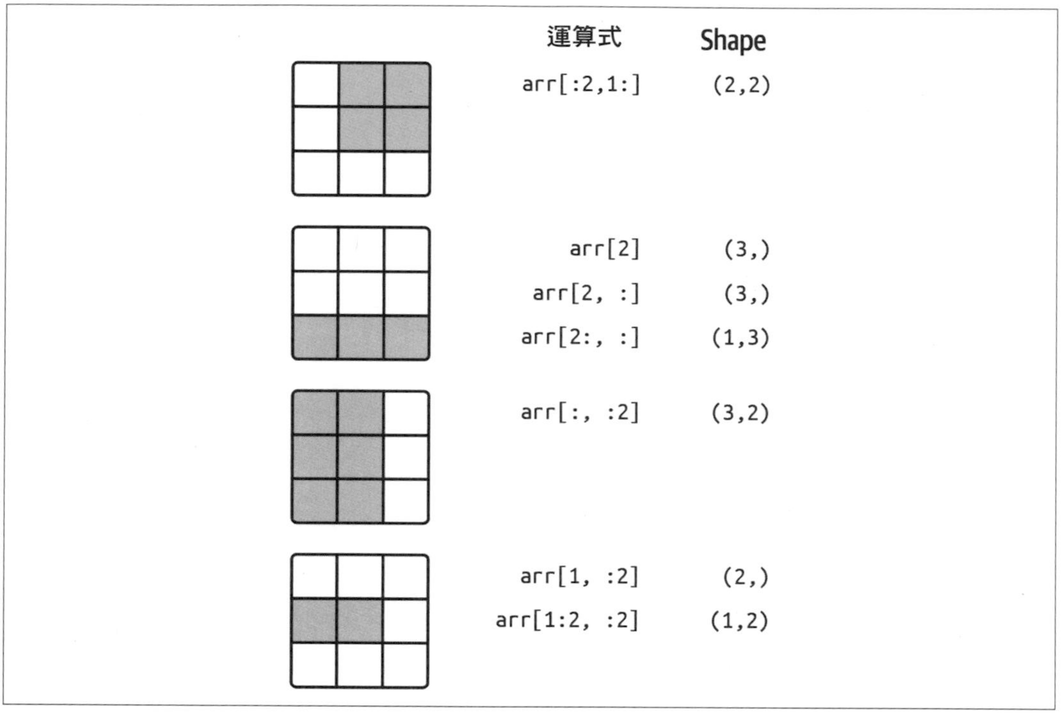

運算式	Shape
arr[:2,1:]	(2,2)
arr[2]	(3,)
arr[2, :]	(3,)
arr[2:, :]	(1,3)
arr[:, :2]	(3,2)
arr[1, :2]	(2,)
arr[1:2, :2]	(1,2)

圖 4-2　slice 二維陣列

布林檢索

我們來考慮一個例子。我們有一個陣列，裡面有一些資料，此外還有一個存有重複人名的陣列：

```
In [100]: names = np.array(["Bob", "Joe", "Will", "Bob", "Will", "Joe", "Joe"])

In [101]: data = np.array([[4, 7], [0, 2], [-5, 6], [0, 0], [1, 2],
   .....:                  [-12, -4], [3, 4]])
```

```
In [102]: names
Out[102]: array(['Bob', 'Joe', 'Will', 'Bob', 'Will', 'Joe', 'Joe'], dtype='<U4')

In [103]: data
Out[103]:
array([[  4,   7],
       [  0,   2],
       [ -5,   6],
       [  0,   0],
       [  1,   2],
       [-12,  -4],
       [  3,   4]])
```

假設每個人名都對應到 data 陣列裡面的一列，我們想要選出對應 "Bob" 的所有列。如同算術運算，陣列的比較（例如 ==）也是向量化的，因此，拿 names 與 "Bob" 做比較會產生一個布林陣列：

```
In [104]: names == "Bob"
Out[104]: array([ True, False, False,  True, False, False, False])
```

這個布林陣列可以用來檢索陣列：

```
In [105]: data[names == "Bob"]
Out[105]:
array([[4, 7],
       [0, 0]])
```

布林陣列必須與被它檢索的陣列軸一樣長。你甚至可以混合與搭配布林陣列及 slice 或整數（或整數序列，等一下說明）。

在下面例子中，我選出 names == "Bob" 的橫列，並且檢索欄：

```
In [106]: data[names == "Bob", 1:]
Out[106]:
array([[7],
       [0]])

In [107]: data[names == "Bob", 1]
Out[107]: array([7, 0])
```

若要選出 "Bob" 之外的所有東西，你可以使用 !=，或使用 ~ 來得到條件式的邏輯「否」：

```
In [108]: names != "Bob"
Out[108]: array([False,  True,  True, False,  True,  True,  True])

In [109]: ~(names == "Bob")
```

```
Out[109]: array([False,  True,  True, False,  True,  True,  True])

In [110]: data[~(names == "Bob")]
Out[110]:
array([[  0,   2],
       [ -5,   6],
       [  1,   2],
       [-12,  -4],
       [  3,   4]])
```

當你將變數設成布林陣列，並想取得它的「否」時，可使用 ~ 運算子：

```
In [111]: cond = names == "Bob"

In [112]: data[~cond]
Out[112]:
array([[  0,   2],
       [ -5,   6],
       [  1,   2],
       [-12,  -4],
       [  3,   4]])
```

若要結合多個布林條件來選出三個人名中的兩個，可使用 & （and）與 | （or）等布林算術運算子：

```
In [113]: mask = (names == "Bob") | (names == "Will")

In [114]: mask
Out[114]: array([ True, False,  True,  True,  True, False, False])

In [115]: data[mask]
Out[115]:
array([[ 4,  7],
       [-5,  6],
       [ 0,  0],
       [ 1,  2]])
```

使用布林檢索來從陣列選出資料並將結果指派給一個新變數時，一定會建立資料的複本，即使回傳的陣列沒有改變。

Python 關鍵字 and 與 or 不能用於布林陣列。請改用 & （and）與 | （or）。

使用布林陣列來設值時，布林陣列值為 `True` 的位置會被換成右邊的一或多個值。若要將 `data` 裡面的負值都設為 0，只要這樣做即可：

```
In [116]: data[data < 0] = 0

In [117]: data
Out[117]:
array([[4, 7],
       [0, 2],
       [0, 6],
       [0, 0],
       [1, 2],
       [0, 0],
       [3, 4]])
```

你也可以使用一維布林陣列來設定整列或整欄：

```
In [118]: data[names != "Joe"] = 7

In [119]: data
Out[119]:
array([[7, 7],
       [0, 2],
       [7, 7],
       [7, 7],
       [7, 7],
       [0, 0],
       [3, 4]])
```

等一下會看到，使用 pandas 來對二維資料進行這種操作很方便。

花式檢索

花式檢索（*fancy indexing*）這個 NumPy 術語的意思是使用整數陣列來檢索。假設我們有一個 8×4 陣列：

```
In [120]: arr = np.zeros((8, 4))

In [121]: for i in range(8):
   .....:     arr[i] = i

In [122]: arr
Out[122]:
array([[0., 0., 0., 0.],
       [1., 1., 1., 1.],
       [2., 2., 2., 2.],
       [3., 3., 3., 3.],
```

```
        [4., 4., 4., 4.],
        [5., 5., 5., 5.],
        [6., 6., 6., 6.],
        [7., 7., 7., 7.]])
```

若要以特定順序選出列的子集合，你只要傳遞一個整數串列或 ndarray，並在裡面指定想要的順序：

```
In [123]: arr[[4, 3, 0, 6]]
Out[123]:
array([[4., 4., 4., 4.],
       [3., 3., 3., 3.],
       [0., 0., 0., 0.],
       [6., 6., 6., 6.]])
```

希望結果和你想的一樣！使用負索引可從結尾選擇列：

```
In [124]: arr[[-3, -5, -7]]
Out[124]:
array([[5., 5., 5., 5.],
       [3., 3., 3., 3.],
       [1., 1., 1., 1.]])
```

傳遞多個索引陣列會做稍微不同的事情；它會選擇一個一維陣列，裡面的元素對應每個索引 tuple：

```
In [125]: arr = np.arange(32).reshape((8, 4))

In [126]: arr
Out[126]:
array([[ 0,  1,  2,  3],
       [ 4,  5,  6,  7],
       [ 8,  9, 10, 11],
       [12, 13, 14, 15],
       [16, 17, 18, 19],
       [20, 21, 22, 23],
       [24, 25, 26, 27],
       [28, 29, 30, 31]])

In [127]: arr[[1, 5, 7, 2], [0, 3, 1, 2]]
Out[127]: array([ 4, 23, 29, 10])
```

若要進一步瞭解 `reshape` 方法，請參考附錄 A。

這個例子選擇元素 `(1, 0)`、`(5, 3)`、`(7, 1)` 與 `(2, 2)`。如果用來進行花式檢索的整數陣列與軸一樣多，得到的結果一定是一維的。

下面的花式檢索產生的結果可能出乎一些人的意料（包括我自己），它會選擇矩陣的列與欄的子集合，形成一個矩形區域：

```
In [128]: arr[[1, 5, 7, 2]][:, [0, 3, 1, 2]]
Out[128]:
array([[ 4,  7,  5,  6],
       [20, 23, 21, 22],
       [28, 31, 29, 30],
       [ 8, 11,  9, 10]])
```

切記，花式檢索與 slice 不一樣，當你將結果指派給新變數時，它一定會將資料複製到新陣列裡。如果你使用花式檢索來賦值，那麼被檢索的值會被修改：

```
In [129]: arr[[1, 5, 7, 2], [0, 3, 1, 2]]
Out[129]: array([ 4, 23, 29, 10])

In [130]: arr[[1, 5, 7, 2], [0, 3, 1, 2]] = 0

In [131]: arr
Out[131]:
array([[ 0,  1,  2,  3],
       [ 0,  5,  6,  7],
       [ 8,  9,  0, 11],
       [12, 13, 14, 15],
       [16, 17, 18, 19],
       [20, 21, 22,  0],
       [24, 25, 26, 27],
       [28,  0, 30, 31]])
```

轉置陣列與將軸對調

轉置（transpose）是一種特殊的 reshape，它同樣回傳底層資料的視域而不複製任何東西。陣列有 `transpose` 方法與特殊的 `T` 屬性：

```
In [132]: arr = np.arange(15).reshape((3, 5))

In [133]: arr
Out[133]:
array([[ 0,  1,  2,  3,  4],
       [ 5,  6,  7,  8,  9],
       [10, 11, 12, 13, 14]])

In [134]: arr.T
Out[134]:
array([[ 0,  5, 10],
       [ 1,  6, 11],
       [ 2,  7, 12],
```

```
       [ 3,  8, 13],
       [ 4,  9, 14]])
```

在進行矩陣計算時經常做這件事，例如，在使用 `numpy.dot` 來計算矩陣內積時：

```
In [135]: arr = np.array([[0, 1, 0], [1, 2, -2], [6, 3, 2], [-1, 0, -1], [1, 0, 1
]])

In [136]: arr
Out[136]:
array([[ 0,  1,  0],
       [ 1,  2, -2],
       [ 6,  3,  2],
       [-1,  0, -1],
       [ 1,  0,  1]])

In [137]: np.dot(arr.T, arr)
Out[137]:
array([[39, 20, 12],
       [20, 14,  2],
       [12,  2, 10]])
```

`@` 中綴運算子是執行矩陣乘法的另一種寫法：

```
In [138]: arr.T @ arr
Out[138]:
array([[39, 20, 12],
       [20, 14,  2],
       [12,  2, 10]])
```

使用 `.T` 來進行轉置是將軸對調的特例。ndarray 有 `swapaxes` 方法，它接收一對軸編號並對調它們，來重新排列資料：

```
In [139]: arr
Out[139]:
array([[ 0,  1,  0],
       [ 1,  2, -2],
       [ 6,  3,  2],
       [-1,  0, -1],
       [ 1,  0,  1]])

In [140]: arr.swapaxes(0, 1)
Out[140]:
array([[ 0,  1,  6, -1,  1],
       [ 1,  2,  3,  0,  0],
       [ 0, -2,  2, -1,  1]])
```

`swapaxes` 也回傳資料的視域而不進行複製。

4.2 產生偽亂數

numpy.random 是補充 Python 內建模組 random 的模組，它提供許多函式，可有效地用許多種機率分布來產生完整的樣本值陣列。例如，你可以使用 numpy.random.standard_normal 來從標準常態分布取得 4×4 的樣本陣列。

```
In [141]: samples = np.random.standard_normal(size=(4, 4))

In [142]: samples
Out[142]:
array([[-0.2047,  0.4789, -0.5194, -0.5557],
       [ 1.9658,  1.3934,  0.0929,  0.2817],
       [ 0.769 ,  1.2464,  1.0072, -1.2962],
       [ 0.275 ,  0.2289,  1.3529,  0.8864]])
```

相較之下，Python 內建的 random 每次只能抽樣一個值。你可以從下面的性能測試中看到，numpy.random 產生龐大樣本的速度遠大於一個數量級。

```
In [143]: from random import normalvariate

In [144]: N = 1_000_000

In [145]: %timeit samples = [normalvariate(0, 1) for _ in range(N)]
1.04 s +- 11.4 ms per loop (mean +- std. dev. of 7 runs, 1 loop each)

In [146]: %timeit np.random.standard_normal(N)
21.9 ms +- 155 us per loop (mean +- std. dev. of 7 runs, 10 loops each)
```

這些亂數不是真的亂數（而是**偽亂數**），而是由一個可設置的亂數產生器產生的，那個產生器是以確定性的方式來決定該建立什麼值。numpy.random.standard_normal 之類的函式，使用 numpy.random 模組的預設亂數產生器，但你可以設置程式來明確地使用一個產生器：

```
In [147]: rng = np.random.default_rng(seed=12345)

In [148]: data = rng.standard_normal((2, 3))
```

seed 是設定產生器的初始狀態的引數，每次你用 rng 物件來產生資料時，狀態都會改變。產生器物件 rng 被放在與使用 numpy.random 模組的其他程式碼不一樣的地方：

```
In [149]: type(rng)
Out[149]: numpy.random._generator.Generator
```

表 4-3 是 rng 之類的亂數產生器物件提供的部分方法。本章其餘的內容將使用我在上面建立的 rng 物件來產生隨機資料。

表 4-3　NumPy 亂數產生器的方法

方法	說明
permutation	隨機重新排列一個序列並回傳，或回傳一個重新排列的範圍
shuffle	就地隨機重新排列一個序列
uniform	從均勻分布中取樣
integers	從指定的由低至高的範圍隨機抽取一個整數
standard_normal	從均值為 0，標準差為 1 的常態分布中取樣
binomial	從二項分布中取樣
normal	從常態（高斯）分布中取樣
beta	從 beta 分布中取樣
chisquare	從卡方分布（chi-square distribution）中取樣
gamma	從 gamma 分布中取樣

4.3　通用函式：快速逐元素陣列函式

通用函式（universal function），也稱為 *ufunc*，是對 ndarray 的資料執行逐元素運算的函式。你可以將它們想成接收一或多個純量值，並產生一或多個純量結果的簡單函式的包裝，可執行快速的向量化計算。

許多 ufunc 都執行簡單的逐元素轉換，例如 `numpy.sqrt` 和 `numpy.exp`：

```
In [150]: arr = np.arange(10)

In [151]: arr
Out[151]: array([0, 1, 2, 3, 4, 5, 6, 7, 8, 9])

In [152]: np.sqrt(arr)
Out[152]:
array([0.    , 1.    , 1.4142, 1.7321, 2.    , 2.2361, 2.4495, 2.6458,
       2.8284, 3.    ])

In [153]: np.exp(arr)
Out[153]:
array([   1.    ,    2.7183,    7.3891,   20.0855,   54.5982,  148.4132,
        403.4288, 1096.6332, 2980.958 , 8103.0839])
```

它們稱為一元 ufunc。其他的 ufunc 接收兩個陣列（因為是二元 ufunc）並回傳一個陣列作為結果，例如 numpy.add 和 numpy.maximum：

```
In [154]: x = rng.standard_normal(8)

In [155]: y = rng.standard_normal(8)

In [156]: x
Out[156]:
array([-1.3678,  0.6489,  0.3611, -1.9529,  2.3474,  0.9685, -0.7594,
        0.9022])

In [157]: y
Out[157]:
array([-0.467 , -0.0607,  0.7888, -1.2567,  0.5759,  1.399 ,  1.3223,
       -0.2997])

In [158]: np.maximum(x, y)
Out[158]:
array([-0.467 ,  0.6489,  0.7888, -1.2567,  2.3474,  1.399 ,  1.3223,
        0.9022])
```

在這個例子裡，numpy.maximum 計算了 x 與 y 的元素的逐元素最大值。

ufunc 可回傳多個陣列，但不常見。numpy.modf 就是一個例子，它是 Python 內建的 math.modf 的向量化版本，可回傳浮點陣列的小數與整數部分：

```
In [159]: arr = rng.standard_normal(7) * 5

In [160]: arr
Out[160]: array([ 4.5146, -8.1079, -0.7909,  2.2474, -6.718 , -0.4084,  8.6237])

In [161]: remainder, whole_part = np.modf(arr)

In [162]: remainder
Out[162]: array([ 0.5146, -0.1079, -0.7909,  0.2474, -0.718 , -0.4084,  0.6237])

In [163]: whole_part
Out[163]: array([ 4., -8., -0.,  2., -6., -0.,  8.])
```

ufunc 可接收一個選用的 out 引數，並將結果指派給一個既有的陣列，而不是建立新陣列：

```
In [164]: arr
Out[164]: array([ 4.5146, -8.1079, -0.7909,  2.2474, -6.718 , -0.4084,  8.6237])

In [165]: out = np.zeros_like(arr)
```

```
In [166]: np.add(arr, 1)
Out[166]: array([ 5.5146, -7.1079,  0.2091,  3.2474, -5.718 ,  0.5916,  9.6237])

In [167]: np.add(arr, 1, out=out)
Out[167]: array([ 5.5146, -7.1079,  0.2091,  3.2474, -5.718 ,  0.5916,  9.6237])

In [168]: out
Out[168]: array([ 5.5146, -7.1079,  0.2091,  3.2474, -5.718 ,  0.5916,  9.6237])
```

表 4-4 與 4-5 是一些 NumPy ufunc。NumPy 持續加入新的 ufunc，所以閱讀網路上的 NumPy 文件是取得完整清單與掌握最新狀況的最佳方法。

表 4-4　一些一元通用函式

函式	說明
`abs, fabs`	逐元素計算整數、浮點數、複數值的絕對值
`sqrt`	計算每個元素的平方根（相當於 `arr ** 0.5`）
`square`	計算每個元素的平方（相當於 `arr ** 2`）
`exp`	計算每個元素的指數 e^x
`log, log10, log2, log1p`	分別是自然對數（底數 *e*）、log 底數 10、log 底數 2，與 log(1+x)
`sign`	計算每個元素的符號：1（正），0（零）或 –1（負）
`ceil`	向上取整每個元素（也就是大於或等於該數字的最小整數）
`floor`	向下取整每個元素（也就是小於或等於每個元素的最大整數）
`rint`	將元素四捨五入至最近的整數，保留 `dtype`
`modf`	以不同的陣列回傳陣列的小數與整數部分
`isnan`	回傳一個布林陣列，指出各個值是不是 `NaN`（Not a Number）
`isfinite, isinf`	分別回傳指出各個元素是有限（非 `inf`、非 `NaN`）還是無限的布林陣列
`cos, cosh, sin, sinh, tan, tanh`	正弦與雙曲三角函數
`arccos, arccosh, arcsin, arcsinh, arctan, arctanh`	反三角函數
`logical_not`	逐元素計算 `not x` 的真值（相當於 `~arr`）

表 4-5　一些二元通用函式

函式	說明
add	將對應的陣列元素相加
subtract	將第二個陣列的元素減去第一個陣列的元素
multiply	將陣列元素相乘
divide, floor_divide	除法或向下取整除法（移除餘數）
power	計算第一個陣列的元素的次方，用第二個陣列來指出幾次方
maximum, fmax	逐元素最大值，fmax 忽略 NaN
minimum, fmin	逐元素最小值，fmin 忽略 NaN
mod	逐元素模數（除法的餘數）
copysign	將第二個引數的值的正負號複製給第一個引數
greater, greater_equal, less, less_equal, equal, not_equal	執行逐元素比較，產生一個布林陣列（相當於中綴運算子 >、>=、<、<=、==、!=）
logical_and	逐元素計算 AND（&）邏輯運算的真值
logical_or	逐元素計算 OR（|）邏輯運算的真值
logical_xor	逐元素計算 XOR（^）邏輯運算的真值

4.4　使用陣列來設計陣列導向程式

使用 NumPy 陣列可以讓你用簡明的陣列運算式來表達原本需要撰寫迴圈的很多資料處理工作。有些人將這種以陣列運算式來取代迴圈的做法稱為**向量化**。一般來說，向量化的陣列操作通常比純 Python 的對應程式還要快很多，在任何一種數值計算裡都會造成最大的影響。在附錄 A，我將解釋**廣播**，它是一種將計算向量化的強力方法。

舉個簡單的例子，假設我們想要使用函數 `sqrt(x^2 + y^2)` 來計算兩個網格裡的值。`numpy.meshgrid` 函式接收兩個一維陣列，並產生兩個二維矩陣，其元素對應兩個陣列裡的每一對 `(x, y)`：

```
In [169]: points = np.arange(-5, 5, 0.01) # 100 個等距的點

In [170]: xs, ys = np.meshgrid(points, points)

In [171]: ys
Out[171]:
```

```
array([[-5.  , -5.  , -5.  , ..., -5.  , -5.  , -5.  ],
       [-4.99, -4.99, -4.99, ..., -4.99, -4.99, -4.99],
       [-4.98, -4.98, -4.98, ..., -4.98, -4.98, -4.98],
       ...,
       [ 4.97,  4.97,  4.97, ...,  4.97,  4.97,  4.97],
       [ 4.98,  4.98,  4.98, ...,  4.98,  4.98,  4.98],
       [ 4.99,  4.99,  4.99, ...,  4.99,  4.99,  4.99]])
```

接下來，計算函數很簡單，只要寫出計算兩組點的運算式即可：

```
In [172]: z = np.sqrt(xs ** 2 + ys ** 2)

In [173]: z
Out[173]:
array([[7.0711, 7.064 , 7.0569, ..., 7.0499, 7.0569, 7.064 ],
       [7.064 , 7.0569, 7.0499, ..., 7.0428, 7.0499, 7.0569],
       [7.0569, 7.0499, 7.0428, ..., 7.0357, 7.0428, 7.0499],
       ...,
       [7.0499, 7.0428, 7.0357, ..., 7.0286, 7.0357, 7.0428],
       [7.0569, 7.0499, 7.0428, ..., 7.0357, 7.0428, 7.0499],
       [7.064 , 7.0569, 7.0499, ..., 7.0428, 7.0499, 7.0569]])
```

我用 matplotlib（第 9 章介紹）來將這個二維陣列視覺化：

```
In [174]: import matplotlib.pyplot as plt

In [175]: plt.imshow(z, cmap=plt.cm.gray, extent=[-5, 5, -5, 5])
Out[175]: <matplotlib.image.AxesImage at 0x7f624ae73b20>

In [176]: plt.colorbar()
Out[176]: <matplotlib.colorbar.Colorbar at 0x7f6253e43ee0>

In [177]: plt.title("Image plot of $\sqrt{x^2 + y^2}$ for a grid of values")
Out[177]: Text(0.5, 1.0, 'Image plot of $\\sqrt{x^2 + y^2}$ for a grid of values'
)
```

在圖 4-3 中，我用 matplotlib 函式 `imshow` 和二維函數值陣列來建立一張圖。

如果你使用 IPython，你可以執行 `plt.close("all")` 來關閉已開啟的所有繪圖視窗：

```
In [179]: plt.close("all")
```

有人用**向量化**一詞來描述其他的計算機科學概念，但在本書中，我用它來描述一次對整個資料陣列進行操作，而不是使用 Python 的 `for` 迴圈來分別處理每個值。

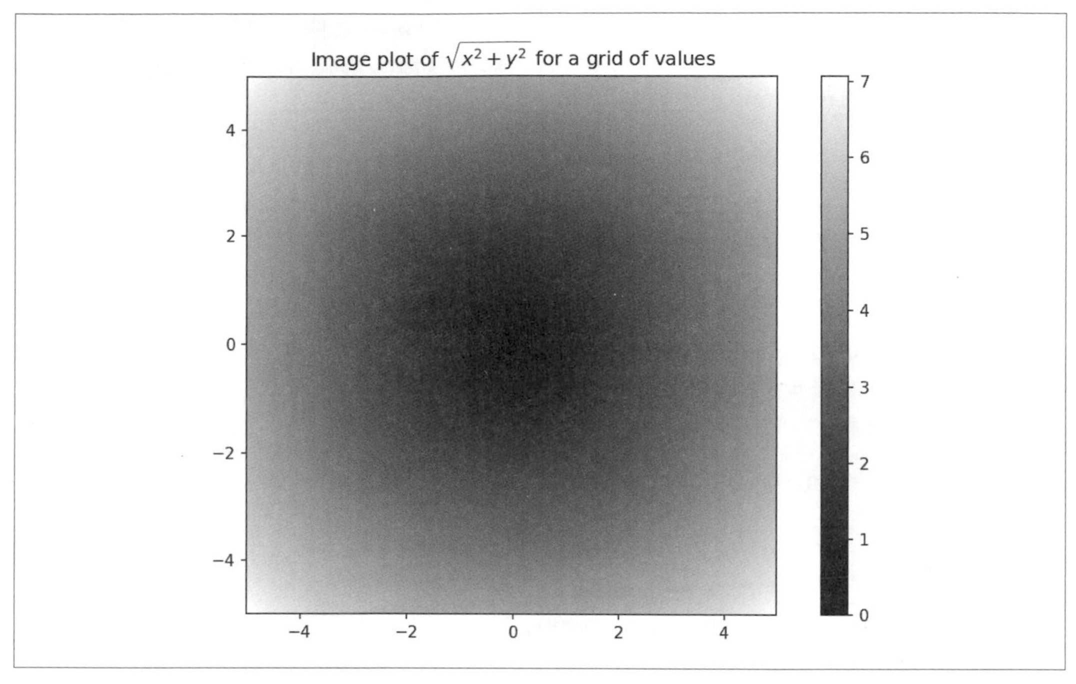

圖 4-3　畫出以函數計算網格的結果

用陣列運算來表達條件邏輯

numpy.where 函式是三元運算式 x if condition else y 的向量化版本。假設有一個布林陣列，與兩個值陣列：

```
In [180]: xarr = np.array([1.1, 1.2, 1.3, 1.4, 1.5])

In [181]: yarr = np.array([2.1, 2.2, 2.3, 2.4, 2.5])

In [182]: cond = np.array([True, False, True, True, False])
```

如果我們想要在 cond 的元素是 True 時從 xarr 的該位置取值，否則從 yarr 取值，做這件事的串列生成式是：

```
In [183]: result = [(x if c else y)
   .....:           for x, y, c in zip(xarr, yarr, cond)]

In [184]: result
Out[184]: [1.1, 2.2, 1.3, 1.4, 2.5]
```

這種寫法有幾個問題。首先，這段程式處理大型陣列時不太快（因為所有工作都是在直譯的 Python 程式碼裡面執行的）。第二，它無法處理多維陣列。改用 numpy.where 的話，只要做一次函式呼叫就好了：

```
In [185]: result = np.where(cond, xarr, yarr)

In [186]: result
Out[186]: array([1.1, 2.2, 1.3, 1.4, 2.5])
```

numpy.where 的第二個與第三個引數可以不傳入陣列，其中的一個或兩個也可以使用純量。在分析資料時，where 的典型用法是基於一個陣列產生一個新陣列，假如你有一個矩陣，裡面是隨機產生的資料，你想要將所有正值換成 2，所有負值換成 –2，numpy.where 可以做這件事：

```
In [187]: arr = rng.standard_normal((4, 4))

In [188]: arr
Out[188]:
array([[ 2.6182,  0.7774,  0.8286, -0.959 ],
       [-1.2094, -1.4123,  0.5415,  0.7519],
       [-0.6588, -1.2287,  0.2576,  0.3129],
       [-0.1308,  1.27  , -0.093 , -0.0662]])

In [189]: arr > 0
Out[189]:
array([[ True,  True,  True, False],
       [False, False,  True,  True],
       [False, False,  True,  True],
       [False,  True, False, False]])

In [190]: np.where(arr > 0, 2, -2)
Out[190]:
array([[ 2,  2,  2, -2],
       [-2, -2,  2,  2],
       [-2, -2,  2,  2],
       [-2,  2, -2, -2]])
```

你可以在 numpy.where 裡同時使用純量與陣列，例如這樣子將 arr 裡的所有正值都換成常數 2：

```
In [191]: np.where(arr > 0, 2, arr) # 僅將正值設為 2
Out[191]:
array([[ 2.    ,  2.    ,  2.    , -0.959 ],
       [-1.2094, -1.4123,  2.    ,  2.    ],
       [-0.6588, -1.2287,  2.    ,  2.    ],
       [-0.1308,  2.    , -0.093 , -0.0662]])
```

數學與統計方法

陣列類別有一組方法可用來計算整個陣列或某一軸資料的統計數據。在使用 sum、mean 與 std 等彙總（aggregation，有時稱為歸約（*reduction*））功能時，你可以呼叫陣列實例方法，或使用頂層的 NumPy 函式。在使用 numpy.sum 等 NumPy 函式時，必須將你想彙總的陣列當成第一個引數傳入。

我在下面的程式裡製作一些常態分布的隨機資料，並計算一些彙總統計：

```
In [192]: arr = rng.standard_normal((5, 4))

In [193]: arr
Out[193]:
array([[-1.1082,  0.136 ,  1.3471,  0.0611],
       [ 0.0709,  0.4337,  0.2775,  0.5303],
       [ 0.5367,  0.6184, -0.795 ,  0.3   ],
       [-1.6027,  0.2668, -1.2616, -0.0713],
       [ 0.474 , -0.4149,  0.0977, -1.6404]])

In [194]: arr.mean()
Out[194]: -0.08719744457434529

In [195]: np.mean(arr)
Out[195]: -0.08719744457434529

In [196]: arr.sum()
Out[196]: -1.743948891486906
```

mean 與 sum 等函式可接收一個選用的 axis 引數，以計算特定軸的統計數據，它們會產生一個少一維的陣列：

```
In [197]: arr.mean(axis=1)
Out[197]: array([ 0.109 ,  0.3281,  0.165 , -0.6672, -0.3709])

In [198]: arr.sum(axis=0)
Out[198]: array([-1.6292,  1.0399, -0.3344, -0.8203])
```

這裡的 arr.mean(axis=1) 代表「計算欄的平均值」，arr.sum(axis=0) 代表「計算列的總和」。

cumsum 與 cumprod 不會進行彙總，而是產生一個儲存中間結果的陣列：

```
In [199]: arr = np.array([0, 1, 2, 3, 4, 5, 6, 7])

In [200]: arr.cumsum()
Out[200]: array([ 0,  1,  3,  6, 10, 15, 21, 28])
```

在多維陣列裡，像 cumsum 這種累計函式會回傳一個大小相同的陣列，裡面有沿著指定軸對每個更低維的 slice 進行計算的部分彙總：

```
In [201]: arr = np.array([[0, 1, 2], [3, 4, 5], [6, 7, 8]])

In [202]: arr
Out[202]:
array([[0, 1, 2],
       [3, 4, 5],
       [6, 7, 8]])
```

運算式 arr.cumsum(axis=0) 沿著列計算累計總和，arr.cumsum(axis=1) 則是沿著欄計算累計總和：

```
In [203]: arr.cumsum(axis=0)
Out[203]:
array([[ 0,  1,  2],
       [ 3,  5,  7],
       [ 9, 12, 15]])

In [204]: arr.cumsum(axis=1)
Out[204]:
array([[ 0,  1,  3],
       [ 3,  7, 12],
       [ 6, 13, 21]])
```

表 4-6 是完整的清單。你將在後續章節看到這些方法的許多使用範例。

表 4-6　基本陣列統計方法

方法	說明
sum	陣列裡的所有元素的總和，或沿著一軸的總和；長度 0 陣列的總和是 0
mean	算術平均值；長度 0 陣列無效（回傳 NaN）
std, var	分別是標準差與變異數
min, max	最大值與最小值
argmin, argmax	分別是最小與最大元素的索引
cumsum	從 0 開始的元素的累計總和
cumprod	從 1 開始的元素的累計積

布林陣列的方法

在上述的方法中，布林值被強制設為 1（True）與 0（False）。因此，sum 經常被用來計算布林陣列裡的 True 值數量：

```
In [205]: arr = rng.standard_normal(100)

In [206]: (arr > 0).sum() # 正值數量
Out[206]: 48

In [207]: (arr <= 0).sum() # 負值數量
Out[207]: 52
```

為了對著 arr > 0 的臨時結果呼叫 sum()，運算式 (arr > 0).sum() 內的小括號是必要的。

any 與 all 這兩個方法在處理布林陣列時特別好用。any 可測試陣列內的一或多個值是不是 True，而 all 可測試是否每個值都是 True：

```
In [208]: bools = np.array([False, False, True, False])

In [209]: bools.any()
Out[209]: True

In [210]: bools.all()
Out[210]: False
```

這些方法也可以處理非布林陣列，此時，非零元素為 True。

排序

如同 Python 內建的串列型態，NumPy 陣列也可以使用 sort 方法來就地排序：

```
In [211]: arr = rng.standard_normal(6)

In [212]: arr
Out[212]: array([ 0.0773, -0.6839, -0.7208,  1.1206, -0.0548, -0.0824])

In [213]: arr.sort()

In [214]: arr
Out[214]: array([-0.7208, -0.6839, -0.0824, -0.0548,  0.0773,  1.1206])
```

你可以將一個多維陣列的軸編號傳給 sort，來沿著該軸，對每一區一維的值進行就地排序。對於這一筆資料範例：

```
In [215]: arr = rng.standard_normal((5, 3))

In [216]: arr
Out[216]:
array([[ 0.936 ,  1.2385,  1.2728],
       [ 0.4059, -0.0503,  0.2893],
       [ 0.1793,  1.3975,  0.292 ],
       [ 0.6384, -0.0279,  1.3711],
       [-2.0528,  0.3805,  0.7554]])
```

arr.sort(axis=0) 可排序每一欄的值，而 arr.sort(axis=1) 可排序每一列的值：

```
In [217]: arr.sort(axis=0)

In [218]: arr
Out[218]:
array([[-2.0528, -0.0503,  0.2893],
       [ 0.1793, -0.0279,  0.292 ],
       [ 0.4059,  0.3805,  0.7554],
       [ 0.6384,  1.2385,  1.2728],
       [ 0.936 ,  1.3975,  1.3711]])

In [219]: arr.sort(axis=1)

In [220]: arr
Out[220]:
array([[-2.0528, -0.0503,  0.2893],
       [-0.0279,  0.1793,  0.292 ],
       [ 0.3805,  0.4059,  0.7554],
       [ 0.6384,  1.2385,  1.2728],
       [ 0.936 ,  1.3711,  1.3975]])
```

頂層的方法 numpy.sort 會回傳一個已排序的陣列複本（如同 Python 內建函式 sorted），而不是就地修改陣列。例如：

```
In [221]: arr2 = np.array([5, -10, 7, 1, 0, -3])

In [222]: sorted_arr2 = np.sort(arr2)

In [223]: sorted_arr2
Out[223]: array([-10,  -3,   0,   1,   5,   7])
```

關於 NumPy 排序方法的使用細節及其他進階技術（例如間接排序），請見附錄 A。pandas 也有一些與排序有關的其他資料處理功能（例如用一欄或多欄來排序一個資料表）。

獨特的與其他的集合邏輯

NumPy 有一些處理一維 ndarray 的基本集合操作。其中常用的有 numpy.unique，它用陣列來回傳已排序的每一種值：

```
In [224]: names = np.array(["Bob", "Will", "Joe", "Bob", "Will", "Joe", "Joe"])

In [225]: np.unique(names)
Out[225]: array(['Bob', 'Joe', 'Will'], dtype='<U4')

In [226]: ints = np.array([3, 3, 3, 2, 2, 1, 1, 4, 4])

In [227]: np.unique(ints)
Out[227]: array([1, 2, 3, 4])
```

我們拿 numpy.unique 與純 Python 寫法做比較：

```
In [228]: sorted(set(names))
Out[228]: ['Bob', 'Joe', 'Will']
```

在許多情況下，NumPy 版本比較快，而且它回傳一個 NumPy 陣列，而不是 Python 串列。

另一個函式是 numpy.in1d，它會測試一個陣列的值可否在另一個陣列裡面找到，並回傳一個布林陣列：

```
In [229]: values = np.array([6, 0, 0, 3, 2, 5, 6])

In [230]: np.in1d(values, [2, 3, 6])
Out[230]: array([ True, False, False,  True,  True, False,  True])
```

表 4-7 是 NumPy 的陣列集合操作。

表 4-7　陣列集合操作

方法	說明
unique(x)	列出 x 裡的已排序的各種元素
intersect1d(x, y)	列出 x 與 y 裡的已排序、共同的元素
union1d(x, y)	列出元素的已排序聯集
in1d(x, y)	產生一個布林陣列，指出 x 的各個元素能不能在 y 裡找到
setdiff1d(x, y)	集合差，列出在 x 裡，但不在 y 裡的元素
setxor1d(x, y)	集合對稱差，列出可在其中一個陣列裡找到，但不能同時在兩個陣列裡找到的元素

4.5 用陣列來進行檔案輸入與輸出

NumPy 能夠使用一些文字或二進制格式來將資料存入與讀出磁碟。本節只討論 NumPy 的內建二進制格式，因為大多數使用者都傾向使用 pandas 和其他工具，來載入文字或表格資料（詳情見第 6 章）。

`numpy.save` 與 `numpy.load` 是高效地將陣列資料存入磁碟以及從磁碟載入的主要函式。在預設情況下，陣列是以未壓縮的原始二進制格式來儲存的，使用副檔名 *.npy*：

```
In [231]: arr = np.arange(10)

In [232]: np.save("some_array", arr)
```

如果檔案路徑的結尾不是 *.npy*，副檔名會被附加上去。在磁碟裡的陣列可以用 `numpy.load` 來載入：

```
In [233]: np.load("some_array.npy")
Out[233]: array([0, 1, 2, 3, 4, 5, 6, 7, 8, 9])
```

你可以使用 `numpy.savez` 並以關鍵字引數傳入陣列，來將多個陣列存入未壓縮的檔案：

```
In [234]: np.savez("array_archive.npz", a=arr, b=arr)
```

在載入 *.npz* 檔案時，你可以取回字典狀的物件，並以延遲（lazily）的方式載入個別陣列：

```
In [235]: arch = np.load("array_archive.npz")

In [236]: arch["b"]
Out[236]: array([0, 1, 2, 3, 4, 5, 6, 7, 8, 9])
```

如果你的資料壓縮得很好，你可以改用 `numpy.savez_compressed`：

```
In [237]: np.savez_compressed("arrays_compressed.npz", a=arr, b=arr)
```

4.6 線性代數

線性代數（例如矩陣乘法、分解、行列式和其他方陣數學）是許多陣列程式庫的重要元素。雖然使用 `*` 來將兩個二維陣列相乘是逐元素乘法，但函陣乘法需要使用函式。因此，在 `numpy` 名稱空間裡面有一個 `dot` 函式可進行矩陣乘法，它既是陣列方法，也是函式：

```
In [241]: x = np.array([[1., 2., 3.], [4., 5., 6.]])

In [242]: y = np.array([[6., 23.], [-1, 7], [8, 9]])

In [243]: x
Out[243]:
array([[1., 2., 3.],
       [4., 5., 6.]])

In [244]: y
Out[244]:
array([[ 6., 23.],
       [-1.,  7.],
       [ 8.,  9.]])

In [245]: x.dot(y)
Out[245]:
array([[ 28.,  64.],
       [ 67., 181.]])
```

`x.dot(y)` 相當於 `np.dot(x, y)`：

```
In [246]: np.dot(x, y)
Out[246]:
array([[ 28.,  64.],
       [ 67., 181.]])
```

二維陣列和適當大小的一維陣列的矩陣積會產生一個一維陣列：

```
In [247]: x @ np.ones(3)
Out[247]: array([ 6., 15.])
```

`numpy.linalg` 有計算矩陣分解、逆矩陣、行列式…的標準程式組：

```
In [248]: from numpy.linalg import inv, qr

In [249]: X = rng.standard_normal((5, 5))

In [250]: mat = X.T @ X

In [251]: inv(mat)
Out[251]:
array([[  3.4993,   2.8444,   3.5956, -16.5538,   4.4733],
       [  2.8444,   2.5667,   2.9002, -13.5774,   3.7678],
       [  3.5956,   2.9002,   4.4823, -18.3453,   4.7066],
       [-16.5538, -13.5774, -18.3453,  84.0102, -22.0484],
       [  4.4733,   3.7678,   4.7066, -22.0484,   6.0525]])
```

```
In [252]: mat @ inv(mat)
Out[252]:
array([[ 1.,  0., -0.,  0., -0.],
       [ 0.,  1.,  0.,  0., -0.],
       [ 0., -0.,  1., -0., -0.],
       [ 0., -0.,  0.,  1., -0.],
       [ 0., -0.,  0., -0.,  1.]])
```

運算式 X.T.dot(X) 會計算 X 和它的轉置 X.T 的內積。

表 4-8 是最常用的線性代數函式。

表 4-8　常用的 numpy.linalg 函式

函式	說明
diag	以 1D 陣列的形式來回傳方陣的對角線元素（或非對角線），或將 1D 陣列轉換成方陣，其中非對角線元素為零
dot	矩陣乘法
trace	計算對角線元素之和
det	計算矩陣行列式
eig	計算方陣的特徵值和特徵向量
inv	計算方陣的逆矩陣
pinv	計算 Moore-Penrose 偽逆矩陣
qr	計算 QR 分解
svd	計算奇異值分解（SVD）
solve	求解線性系統 Ax = b 中的 x，其中 A 是方陣
lstsq	計算 Ax = b 的最小平方解

4.7　範例：隨機漫步

接下來，我們藉著模擬隨機漫步（*https://en.wikipedia.org/wiki/Random_walk*）來說明如何應用陣列操作。我們先考慮一個簡單的隨機漫步，讓它從 0 開始，並且以相同的機率邁出 1 或 –1 的一步。

下面的程式使用內建模組 random，以純 Python 的寫法來實現 1,000 步的隨機漫步：

```
#! blockstart
import random
```

```
position = 0
walk = [position]
nsteps = 1000
for _ in range(nsteps):
    step = 1 if random.randint(0, 1) else -1
    position += step
    walk.append(position)
#! blockend
```

圖 4-4 是其中一次隨機漫步的前 100 個值：

```
In [255]: plt.plot(walk[:100])
```

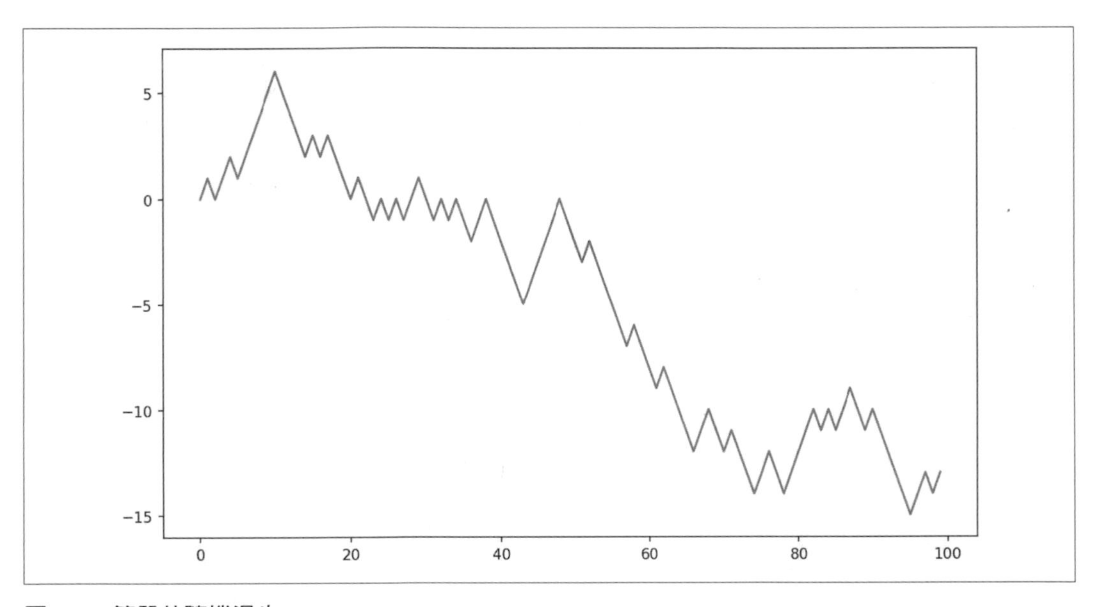

圖 4-4　簡單的隨機漫步

你可以看到，walk 是隨機步的累計總和，可以用陣列運算式來計算。因此，我用 numpy.random 模組來一次產生 1,000 次丟硬幣的結果，將它們設為 1 與 –1，並計算累計總和：

```
In [256]: nsteps = 1000

In [257]: rng = np.random.default_rng(seed=12345)  # 全新的亂數產生器

In [258]: draws = rng.integers(0, 2, size=nsteps)

In [259]: steps = np.where(draws == 0, 1, -1)

In [260]: walk = steps.cumsum()
```

從此之後，我們可以開始取得一些統計數據，例如沿著漫步軌跡的最大值與最大值：

```
In [261]: walk.min()
Out[261]: -8

In [262]: walk.max()
Out[262]: 50
```

首次穿越時間（*first crossing time*）是一種較複雜的統計數據，它的意思是隨機漫步在哪一步觸及特定值，我們也許想知道隨機漫步花了多久走到距離原點 0 至少 10 步的地方，無論是哪個方向。`np.abs(walk) >= 10` 可產生一個布林陣列，指出漫步在哪裡到達或超過 10，但我們想要得到**第一個** 10 或 –10 的索引。事實上，我們可以使用 `argmax` 來計算它，它會回傳布林陣列中，最大值第一次出現時的索引（`True` 是最大值）：

```
In [263]: (np.abs(walk) >= 10).argmax()
Out[263]: 155
```

注意，在此使用 `argmax` 不一定很有效率，因為它一定會掃描整個陣列。但是在這個特殊案例中，一旦出現 `True`，我們就知道它是最大值。

一次模擬多個隨機漫步

如果你的目標是模擬許多隨機漫步，比如說五千個，你只要稍微修改前面的程式就可以產生所有的隨機漫步。如果你將一個 2-tuple 傳給 `numpy.random` 函式，它將產生一個丟硬幣的二維陣列，我們只要計算每一列的累計總和，就可以一次計算全部的 5000 個隨機漫步：

```
In [264]: nwalks = 5000

In [265]: nsteps = 1000

In [266]: draws = rng.integers(0, 2, size=(nwalks, nsteps)) # 0 或 1

In [267]: steps = np.where(draws > 0, 1, -1)

In [268]: walks = steps.cumsum(axis=1)

In [269]: walks
Out[269]:
array([[  1,   2,   3, ...,  22,  23,  22],
       [  1,   0,  -1, ..., -50, -49, -48],
       [  1,   2,   3, ...,  50,  49,  48],
       ...,
```

```
       [ -1,  -2,  -1, ..., -10,  -9, -10],
       [ -1,  -2,  -3, ...,   8,   9,   8],
       [ -1,   0,   1, ...,  -4,  -3,  -2]])
```

現在我們可以計算全部的漫步的最大值與最小值：

```
In [270]: walks.max()
Out[270]: 114

In [271]: walks.min()
Out[271]: -120
```

我們來計算這些漫步首次穿越 30 或 –30 的時間。這件事比較麻煩一些，因為並非 5,000 個隨機漫步都一定會到達 30。我們可以用 any 方法來檢查這件事：

```
In [272]: hits30 = (np.abs(walks) >= 30).any(axis=1)

In [273]: hits30
Out[273]: array([False,  True,  True, ...,  True, False,  True])

In [274]: hits30.sum() # 有幾個觸及 30 或 -30
Out[274]: 3395
```

我們可以用這個布林陣列來選出確實穿越絕對值 30 的 walks 列，並沿著軸 1 呼叫 argmax 來取得穿越的時間：

```
In [275]: crossing_times = (np.abs(walks[hits30]) >= 30).argmax(axis=1)

In [276]: crossing_times
Out[276]: array([201, 491, 283, ..., 219, 259, 541])
```

最後，我們計算平均最快穿越時間：

```
In [277]: crossing_times.mean()
Out[277]: 500.5699558173785
```

你也可以自由地嘗試除了丟等值的硬幣之外的其他單步分布。你只要使用不同的亂數產生器方法即可，例如使用 standard_normal 來產生具有某個平均值和標準差的常態分布單步。

```
In [278]: draws = 0.25 * rng.standard_normal((nwalks, nsteps))
```

切記，這個向量化的寫法需要建立一個具有 nwalks * nsteps 個元素的陣列，在進行大規模的模擬時，這可能會使用巨量的記憶體。如果記憶體有限，你可能要採取不同的做法。

4.8 總結

雖然本書接下來的內容將教你使用 pandas 來整頓資料，但我們將繼續以類似的陣列風格來工作。在附錄 A，我會深入介紹 NumPy 功能，以協助你進一步提升陣列計算技能。

第五章

pandas 入門

pandas 是本書接下來的多數內容的主要工具。它有許多資料結構與資料處理工具，可以幫助你在 Python 中快速、輕鬆地清理和分析資料。pandas 也經常與 NumPy 和 SciPy 等數值計算工具、statsmodels 和 scikit-learn 等分析程式庫、以及 matplotlib 等數據視覺化程式庫一起使用。pandas 採用 NumPy 以陣列（array）來計算的風格，特別是以陣列為主的函式，且避免使用 `for` 迴圈來處理資料。

雖然 pandas 沿用 NumPy 的許多編寫風格，但兩者最大的差異在於，pandas 是為了處理表格式或異質資料而設計的。相較之下，NumPy 最適合處理相同型態的數值陣列資料。

自從 pandas 在 2010 年變成開放原始碼專案以來，它已經成為一個相當龐大的程式庫，適用於廣泛的現實世界使用案例。開發者社群已經發展成超過 2,500 位貢獻者，因為他們也用 pandas 來解決日常的資料問題，所以持續地協助開發這個專案。活躍的開發者和使用者社群是讓 pandas 成功的關鍵因素。

可能有很多人不知道，我從 2013 年以來，就不再積極參與日常的 pandas 開發，從那時起，它就完全是一個由社群管理的專案了。請務必表達你對核心開發者和所有貢獻者的感謝！

在本書的其餘內容中，我用以下的寫法來匯入 NumPy 與 pandas：

```
In [1]: import numpy as np

In [2]: import pandas as pd
```

所以，當你在程式碼裡看到 `pd.` 時，它就是指 pandas。因為 Series 和 DataFrame 很常用，所以將它們匯入本地名稱空間比較方便：

```
In [3]: from pandas import Series, DataFrame
```

5.1 pandas 資料結構簡介

在開始使用 pandas 之前，你必須習慣它的兩個主要資料結構：*Series* 與 *DataFrame*。雖然它們不是所有問題的萬靈丹，但它們是各種資料工作的基石。

Series

Series 是一維的類陣列（array）物件，裡面有一系列相同型態的值（型態類似 NumPy 的型態），以及一個資料標籤陣列，稱為*索引*（*index*）。最簡單的 Series 只有一個資料 array：

```
In [14]: obj = pd.Series([4, 7, -5, 3])

In [15]: obj
Out[15]:
0    4
1    7
2   -5
3    3
dtype: int64
```

這個畫面以互動的方式顯示 Series，在左邊顯示索引，在右邊顯示值。因為我們沒有指定資料的索引，所以預設的索引是整數 `0` 到 `N - 1`（其中的 `N` 是資料的長度）。你可以分別使用 Series 的 `array` 和 `index` 屬性來取得它的陣列表示法與索引物件：

```
In [16]: obj.array
Out[16]:
<PandasArray>
[4, 7, -5, 3]
Length: 4, dtype: int64

In [17]: obj.index
Out[17]: RangeIndex(start=0, stop=4, step=1)
```

使用 `.array` 屬性會得到一個 `PandasArray`，它通常包著一個 NumPy 陣列，但也可能包含特殊的延伸陣列型態，我們將在第 237 頁，第 7.3 節的「擴展資料型態」詳細說明。

在建立 Series 時，我們通常會使用索引標籤來代表各個資料點：

```
In [18]: obj2 = pd.Series([4, 7, -5, 3], index=["d", "b", "a", "c"])

In [19]: obj2
Out[19]:
d    4
b    7
a   -5
c    3
dtype: int64

In [20]: obj2.index
Out[20]: Index(['d', 'b', 'a', 'c'], dtype='object')
```

與 NumPy 的 array 不同的是，你可以使用 index 裡的標籤來選擇一個值或一組值：

```
In [21]: obj2["a"]
Out[21]: -5

In [22]: obj2["d"] = 6

In [23]: obj2[["c", "a", "d"]]
Out[23]:
c    3
a   -5
d    6
dtype: int64
```

pandas 將 `["c", "a", "d"]` 視為一個索引串列，即使它裡面的是字串，而不是整數。

使用 NumPy 函式或類似 NumPy 的操作（例如使用布林陣列來進行篩選、純量乘法、套用數學函式…等）都會保留索引和值的關係：

```
In [24]: obj2[obj2 > 0]
Out[24]:
d    6
b    7
c    3
dtype: int64

In [25]: obj2 * 2
Out[25]:
d    12
b    14
a   -10
c     6
dtype: int64
```

```
In [26]: import numpy as np

In [27]: np.exp(obj2)
Out[27]:
d     403.428793
b    1096.633158
a       0.006738
c      20.085537
dtype: float64
```

Series 也可以視為一個長度固定且有序的字典，因為它儲存索引值和資料值的對映關係。它可以在許多適合使用字典的情況下使用：

```
In [28]: "b" in obj2
Out[28]: True

In [29]: "e" in obj2
Out[29]: False
```

如果你用 Python 字典來儲存一些資料，你可以藉著傳入字典來建立一個 Series：

```
In [30]: sdata = {"Ohio": 35000, "Texas": 71000, "Oregon": 16000, "Utah": 5000}

In [31]: obj3 = pd.Series(sdata)

In [32]: obj3
Out[32]:
Ohio      35000
Texas     71000
Oregon    16000
Utah       5000
dtype: int64
```

你可以使用 `to_dict` 方法來將 Series 轉換回去字典：

```
In [33]: obj3.to_dict()
Out[33]: {'Ohio': 35000, 'Texas': 71000, 'Oregon': 16000, 'Utah': 5000}
```

僅傳入字典產生的 Series 的索引順序將與字典的 `keys` 方法所顯示的索引鍵順序相同，後者取決於索引鍵被插入的順序。你可以改變這個順序，做法是傳入一個 index，在裡面指定你想在 Series 裡看到的字典鍵順序：

```
In [34]: states = ["California", "Ohio", "Oregon", "Texas"]

In [35]: obj4 = pd.Series(sdata, index=states)
```

```
In [36]: obj4
Out[36]:
California        NaN
Ohio          35000.0
Oregon        16000.0
Texas         71000.0
dtype: float64
```

可在 sdata 裡找到的三個值都被放在適當的位置，但因為 "California" 的值找不到，所以它被顯示成 NaN（Not a Number），pandas 用這個值來表示缺失值或 *NA* 值。因為 "Utah" 不在 states 裡，所以產生的物件沒有它。

接下來會使用「缺失的」、「NA」或「null」來表示缺失（missing）的資料。在 pandas 裡，你要用 isna 與 notna 函式來檢測缺失的資料：

```
In [37]: pd.isna(obj4)
Out[37]:
California     True
Ohio          False
Oregon        False
Texas         False
dtype: bool

In [38]: pd.notna(obj4)
Out[38]:
California    False
Ohio           True
Oregon         True
Texas          True
dtype: bool
```

Series 也有它們的實例方法：

```
In [39]: obj4.isna()
Out[39]:
California     True
Ohio          False
Oregon        False
Texas         False
dtype: bool
```

我會在第 7 章說明如何處理缺失的資料。

Series 在許多應用中有一個好用的特性在於，在進行算術運算時，它會自動按照索引標籤對齊：

```
In [40]: obj3
Out[40]:
Ohio      35000
Texas     71000
Oregon    16000
Utah       5000
dtype: int64

In [41]: obj4
Out[41]:
California        NaN
Ohio          35000.0
Oregon        16000.0
Texas         71000.0
dtype: float64

In [42]: obj3 + obj4
Out[42]:
California         NaN
Ohio           70000.0
Oregon         32000.0
Texas         142000.0
Utah               NaN
dtype: float64
```

等一下會更詳細討論資料對齊功能。如果你用過資料庫，你可以把這個功能想成類似 join 操作。

Series 物件本身與它的索引都有一個 `name` 屬性，這個屬性與 pandas 功能的其他領域整合：

```
In [43]: obj4.name = "population"

In [44]: obj4.index.name = "state"

In [45]: obj4
Out[45]:
state
California        NaN
Ohio          35000.0
Oregon        16000.0
Texas         71000.0
Name: population, dtype: float64
```

你可以透過賦值來就地修改 Series 的索引：

```
In [46]: obj
Out[46]:
0    4
1    7
2   -5
3    3
dtype: int64

In [47]: obj.index = ["Bob", "Steve", "Jeff", "Ryan"]

In [48]: obj
Out[48]:
Bob      4
Steve    7
Jeff    -5
Ryan     3
dtype: int64
```

DataFrame

DataFrame 是矩形的資料表，裡面有許多有序的、有名稱的直欄（column），每一欄都可以使用不同的值型態（數字、字串、布林…等）。DataFrame 有列索引與欄索引，你可以將它想成 Series 構成的字典，裡面的 Series 都共用相同的索引。

雖然 DataFrame 在物理上是二維的，但你可以藉著使用分層索引，用它來表示更高維數的資料。我們將在第 8 章討論分層索引，以及一些更進階的 pandas 資料處理功能。

建構 DataFrame 的手段有很多種，最常見的做法是以等長的串列或 NumPy 陣列組成的字典來建立：

```
data = {"state": ["Ohio", "Ohio", "Ohio", "Nevada", "Nevada", "Nevada"],
        "year": [2000, 2001, 2002, 2001, 2002, 2003],
        "pop": [1.5, 1.7, 3.6, 2.4, 2.9, 3.2]}
frame = pd.DataFrame(data)
```

與 Series 一樣，pandas 產生的 DataFrame 裡面的索引是自動指派的，且欄是根據 `data` 裡面的索引鍵的順序來擺放的（取決於它們被插入字典的順序）：

```
In [50]: frame
Out[50]:
    state  year  pop
0    Ohio  2000  1.5
1    Ohio  2001  1.7
```

```
2    Ohio  2002  3.6
3  Nevada  2001  2.4
4  Nevada  2002  2.9
5  Nevada  2003  3.2
```

如果你正在使用 Jupyter notebook，pandas DataFrame 物件會被顯示成比較適合瀏覽器的 HTML 表，如圖 5-1 所示。

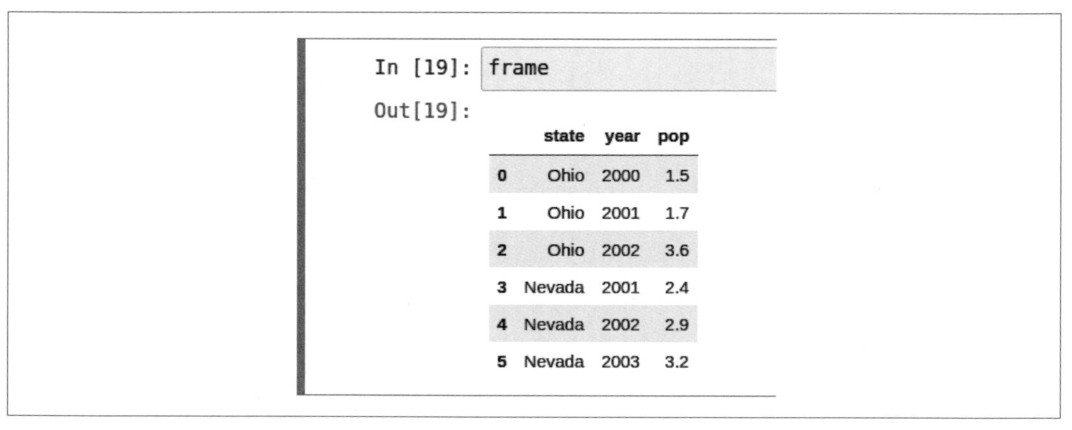

	state	year	pop
0	Ohio	2000	1.5
1	Ohio	2001	1.7
2	Ohio	2002	3.6
3	Nevada	2001	2.4
4	Nevada	2002	2.9
5	Nevada	2003	3.2

圖 5-1　pandas DataFrame 在 Jupyter 裡的樣子

對於大型的 DataFrame，head 方法只會選擇前五列：

```
In [51]: frame.head()
Out[51]:
    state  year  pop
0    Ohio  2000  1.5
1    Ohio  2001  1.7
2    Ohio  2002  3.6
3  Nevada  2001  2.4
4  Nevada  2002  2.9
```

類似地，tail 會回傳最後五列：

```
In [52]: frame.tail()
Out[52]:
    state  year  pop
1    Ohio  2001  1.7
2    Ohio  2002  3.6
3  Nevada  2001  2.4
4  Nevada  2002  2.9
5  Nevada  2003  3.2
```

如果指定一系列的欄（column），DataFrame 的欄將按照那個順序來排列：

```
In [53]: pd.DataFrame(data, columns=["year", "state", "pop"])
Out[53]:
   year   state  pop
0  2000    Ohio  1.5
1  2001    Ohio  1.7
2  2002    Ohio  3.6
3  2001  Nevada  2.4
4  2002  Nevada  2.9
5  2003  Nevada  3.2
```

如果你傳入一個在字典裡找不到的欄，在結果裡，它會被顯示成缺失值：

```
In [54]: frame2 = pd.DataFrame(data, columns=["year", "state", "pop", "debt"])

In [55]: frame2
Out[55]:
   year   state  pop debt
0  2000    Ohio  1.5  NaN
1  2001    Ohio  1.7  NaN
2  2002    Ohio  3.6  NaN
3  2001  Nevada  2.4  NaN
4  2002  Nevada  2.9  NaN
5  2003  Nevada  3.2  NaN

In [56]: frame2.columns
Out[56]: Index(['year', 'state', 'pop', 'debt'], dtype='object')
```

你可以使用類似字典的語法或屬性句點語法來取出 DataFrame 裡的一欄，結果將是 Series 形式：

```
In [57]: frame2["state"]
Out[57]:
0      Ohio
1      Ohio
2      Ohio
3    Nevada
4    Nevada
5    Nevada
Name: state, dtype: object

In [58]: frame2.year
Out[58]:
0    2000
1    2001
2    2002
3    2001
4    2002
```

```
5    2003
Name: year, dtype: int64
```

以屬性句點來進行存取（例如 `frame2.year`）可以利用 IPython 方便的 tab 補全功能來指定欄名。

`frame2[column]` 適用於任何欄名，但 `frame2.column` 僅能在欄名是有效的 Python 變數名稱，而且不會與 DataFrame 的任何方法名稱互相衝突的情況下使用。例如，如果欄名包含空白或除了底線之外的符號，它就不能用屬性句點來存取。

注意，pandas 回傳的 Series 的索引和 DataFrame 的索引一樣，並且會適當地設定它們的 `name` 屬性。

你也可以使用特殊的 **`iloc`** 與 **`loc`** 屬性加上位置或名稱來取出橫列（詳情見第 154 頁的「使用 loc 與 iloc 來選擇 DataFrame 裡的資料」）：

```
In [59]: frame2.loc[1]
Out[59]:
year      2001
state     Ohio
pop        1.7
debt       NaN
Name: 1, dtype: object

In [60]: frame2.iloc[2]
Out[60]:
year      2002
state     Ohio
pop        3.6
debt       NaN
Name: 2, dtype: object
```

欄可以用賦值來修改。例如，空欄 **`debt`** 可以設成一個純量值，或一個陣列：

```
In [61]: frame2["debt"] = 16.5

In [62]: frame2
Out[62]:
   year   state  pop  debt
0  2000    Ohio  1.5  16.5
1  2001    Ohio  1.7  16.5
2  2002    Ohio  3.6  16.5
3  2001  Nevada  2.4  16.5
4  2002  Nevada  2.9  16.5
```

```
5  2003  Nevada  3.2  16.5

In [63]: frame2["debt"] = np.arange(6.)

In [64]: frame2
Out[64]:
   year   state  pop  debt
0  2000    Ohio  1.5   0.0
1  2001    Ohio  1.7   1.0
2  2002    Ohio  3.6   2.0
3  2001  Nevada  2.4   3.0
4  2002  Nevada  2.9   4.0
5  2003  Nevada  3.2   5.0
```

當你將串列或陣列指派給欄時，值的長度必須與 DataFrame 的長度相符。如果你指派一個 Series，它的標籤會與 DataFrame 的索引重新對齊，索引值未被指定的欄位會被插入 NaN：

```
In [65]: val = pd.Series([-1.2, -1.5, -1.7], index=["two", "four", "five"])

In [66]: frame2["debt"] = val

In [67]: frame2
Out[67]:
   year   state  pop  debt
0  2000    Ohio  1.5   NaN
1  2001    Ohio  1.7   NaN
2  2002    Ohio  3.6   NaN
3  2001  Nevada  2.4   NaN
4  2002  Nevada  2.9   NaN
5  2003  Nevada  3.2   NaN
```

指派不存在的直欄會建立新欄。

`del` 關鍵字會刪除欄。例如，我先加入新的一欄，裡面儲存 `state` 欄是否等於 `"Ohio"` 的布林值：

```
In [68]: frame2["eastern"] = frame2["state"] == "Ohio"

In [69]: frame2
Out[69]:
   year   state  pop  debt  eastern
0  2000    Ohio  1.5   NaN     True
1  2001    Ohio  1.7   NaN     True
2  2002    Ohio  3.6   NaN     True
3  2001  Nevada  2.4   NaN    False
4  2002  Nevada  2.9   NaN    False
5  2003  Nevada  3.2   NaN    False
```

你不能用 frame2.eastern 這種屬性句點表示法來建立新欄。

然後，我們可以用 del 方法來移除這一欄：

```
In [70]: del frame2["eastern"]

In [71]: frame2.columns
Out[71]: Index(['year', 'state', 'pop', 'debt'], dtype='object')
```

檢索 DataFrame 獲得的直欄是底層資料的視域，不是複本。因此，對 Series 做的任何就地修改都會反映在 DataFrame 裡。你可以用 Series 的 copy 方法來明確地複製直欄。

另一種常見的資料形式是字典裡的字典：

```
In [72]: populations = {"Ohio": {2000: 1.5, 2001: 1.7, 2002: 3.6},
   ....:                "Nevada": {2001: 2.4, 2002: 2.9}}
```

如果你將嵌套的字典傳給 DataFrame，pandas 會將外面的字典索引鍵視為直欄，將裡面的索引鍵視為橫列索引：

```
In [73]: frame3 = pd.DataFrame(populations)

In [74]: frame3
Out[74]:
      Ohio  Nevada
2000   1.5     NaN
2001   1.7     2.4
2002   3.6     2.9
```

你可以使用類似 NumPy 陣列的語法來轉置 DataFrame（對調列與欄）：

```
In [75]: frame3.T
Out[75]:
        2000  2001  2002
Ohio     1.5   1.7   3.6
Nevada   NaN   2.4   2.9
```

注意，如果直欄的資料型態不是全都相同，轉換會捨棄直欄的資料型態，所以先做一次轉置再轉置回去可能會失去之前的型態資訊。在這種情況下，直欄會變成純 Python 物件的陣列。

結果的索引是藉著結合內部字典的索引鍵來產生的。但如果你指定明確的索引就不是這樣了：

```
In [76]: pd.DataFrame(populations, index=[2001, 2002, 2003])
Out[76]:
      Ohio  Nevada
2001   1.7     2.4
2002   3.6     2.9
2003   NaN     NaN
```

Series 的字典也以幾乎相同的方式來處理：

```
In [77]: pdata = {"Ohio": frame3["Ohio"][:-1],
   ....:          "Nevada": frame3["Nevada"][:2]}

In [78]: pd.DataFrame(pdata)
Out[78]:
      Ohio  Nevada
2000   1.5     NaN
2001   1.7     2.4
```

表 5-1 是你可以傳給 DataFrame 建構式的東西。

表 5-1　可傳給 DataFrame 建構式的資料輸入

型態	說明
2D ndarray	資料矩陣，可傳遞列與欄標籤
陣列、串列或 tuple 的字典	每一個序列都變成 DataFrame 裡的一欄；所有的序列都必須等長
NumPy 結構 / 紀錄陣列	視為「陣列的字典」
Series 的字典	每一個值都變成一欄，如果沒有明確地傳遞索引，將每一個 Series 的索引組在一起，成為結果的列索引
字典的字典	每個內部字典都變成一欄；將索引鍵組在一起，成為列索引，與「Series 的字典」一樣
字典或 Series 的串列	每一個項目都變成 DataFrame 裡的一列；將字典的索引鍵或 Series 的索引組在一起，成為 DataFrame 的欄標籤
串列或 tuple 的串列	視為「2D ndarray」
另一個 DataFrame	使用 DataFrame 的索引，除非傳入不同的索引
NumPy MaskedArray	與「2D ndarray」一樣，但是在 DataFrame 裡面，被遮罩的值會變成缺失值

如果 DataFrame 的 index 與 columns 有被設定 name 屬性，它們也會被顯示出來：

```
In [79]: frame3.index.name = "year"

In [80]: frame3.columns.name = "state"

In [81]: frame3
Out[81]:
state  Ohio  Nevada
year
2000    1.5     NaN
2001    1.7     2.4
2002    3.6     2.9
```

與 Series 不同的是，DataFrame 沒有 name 屬性。DataFrame 的 to_numpy 方法會用二維 ndarray 來回傳 DataFrame 裡面的資料：

```
In [82]: frame3.to_numpy()
Out[82]:
array([[1.5, nan],
       [1.7, 2.4],
       [3.6, 2.9]])
```

如果 DataFrame 的直欄有不同的資料型態，pandas 會幫回傳的陣列選擇適合所有直欄的資料型態：

```
In [83]: frame2.to_numpy()
Out[83]:
array([[2000, 'Ohio', 1.5, nan],
       [2001, 'Ohio', 1.7, nan],
       [2002, 'Ohio', 3.6, nan],
       [2001, 'Nevada', 2.4, nan],
       [2002, 'Nevada', 2.9, nan],
       [2003, 'Nevada', 3.2, nan]], dtype=object)
```

Index 物件

pandas 的 Index 物件負責保存軸標籤（包括 DataFrame 的欄名）與其他詮釋資料（例如軸名）。當你建構 Series 或 DataFrame 時，你所使用的任何標籤陣列或其他序列在內部都會被轉換成 Index：

```
In [84]: obj = pd.Series(np.arange(3), index=["a", "b", "c"])

In [85]: index = obj.index

In [86]: index
```

```
Out[86]: Index(['a', 'b', 'c'], dtype='object')

In [87]: index[1:]
Out[87]: Index(['b', 'c'], dtype='object')
```

Index 物件是不可變的，所以不能被使用者修改：

```
index[1] = "d"  # TypeError
```

「不可變」特性可讓不同的資料結構更安全地共用 Index 物件：

```
In [88]: labels = pd.Index(np.arange(3))

In [89]: labels
Out[89]: Int64Index([0, 1, 2], dtype='int64')

In [90]: obj2 = pd.Series([1.5, -2.5, 0], index=labels)

In [91]: obj2
Out[91]:
0    1.5
1   -2.5
2    0.0
dtype: float64

In [92]: obj2.index is labels
Out[92]: True
```

有些使用者不常利用 Index 提供的功能，但是因為有一些操作會產生包含索引資料的結果，所以瞭解它們的工作方式很重要。

除了很像陣列之外，Index 的行為也很像固定大小的集合（set）：

```
In [93]: frame3
Out[93]:
state  Ohio  Nevada
year
2000    1.5     NaN
2001    1.7     2.4
2002    3.6     2.9

In [94]: frame3.columns
Out[94]: Index(['Ohio', 'Nevada'], dtype='object', name='state')

In [95]: "Ohio" in frame3.columns
```

```
Out[95]: True

In [96]: 2003 in frame3.index
Out[96]: False
```

與 Python 的集合不同的是，pandas 的 Index 可能有重複的標籤：

```
In [97]: pd.Index(["foo", "foo", "bar", "bar"])
Out[97]: Index(['foo', 'foo', 'bar', 'bar'], dtype='object')
```

用重複的標籤來進行選擇，會選出該標籤的所有實例。

每一個 Index 都有一些處理集合邏輯的方法與屬性，它們可回答一些關於它裡面的資料的常見問題。表 5-2 摘錄一些好用的方法與屬性。

表 5-2　Index 的一些方法與屬性

方法 / 屬性	說明
append()	串接其他的 Index 物件，產生新的 Index
difference()	計算集合差作為 Index
intersection()	計算集合交集
union()	計算聯集
isin()	計算布林陣列，指出各個值有沒有在你傳入的集合裡面
delete()	將位於 Index i 的元素刪除並計算新的 Index
drop()	將你傳入的值刪除並計算新的 Index
insert()	在 Index i 插入元素並計算新的 Index
is_monotonic	如果每一個元素都大於或等於前一個元素就回傳 True
is_unique	如果 Index 沒有重複的值就回傳 True
unique()	計算包含 Index 裡的不同值的陣列

5.2　基本功能

本節將介紹與 Series 或 DataFrame 裡的資料互動的基本機制。在接下來的各章，我們將更深入討論使用 pandas 來分析與處理資料的主題。本書不是詳盡的 pandas 程式庫文件，我們的目標是教你被大量使用的功能，把較罕見（也就是更深奧）的功能留給你自行閱讀網路上的 pandas 文件並學習。

reindex（重設索引）

reindex 是 pandas 物件的重要方法，它的意思是將一個物件裡面的值按照指定的索引重新排序並產生一個新物件。考慮這個範例：

```
In [98]: obj = pd.Series([4.5, 7.2, -5.3, 3.6], index=["d", "b", "a", "c"])

In [99]: obj
Out[99]:
d    4.5
b    7.2
a   -5.3
c    3.6
dtype: float64
```

對著 Series 呼叫 reindex 會按照新索引來重新排列資料，如果物件沒有指定的索引值，它會加入 NaN：

```
In [100]: obj2 = obj.reindex(["a", "b", "c", "d", "e"])

In [101]: obj2
Out[101]:
a   -5.3
b    7.2
c    3.6
d    4.5
e    NaN
dtype: float64
```

如果你的資料是有序的，例如時間序列，你可能想要在做 reindex 的時候做一些插值或填值，你可以使用 method 選項與 ffill 等方法來做這件事。ffill 會填入前一個有效值：

```
In [102]: obj3 = pd.Series(["blue", "purple", "yellow"], index=[0, 2, 4])

In [103]: obj3
Out[103]:
0      blue
2    purple
4    yellow
dtype: object

In [104]: obj3.reindex(np.arange(6), method="ffill")
Out[104]:
0      blue
1      blue
```

```
2    purple
3    purple
4    yellow
5    yellow
dtype: object
```

對著 DataFrame 使用 reindex 可能修改（列）索引、欄，或兩者。如果你只傳入序列，它會 reindex 橫列：

```
In [105]: frame = pd.DataFrame(np.arange(9).reshape((3, 3)),
   .....:                      index=["a", "c", "d"],
   .....:                      columns=["Ohio", "Texas", "California"])

In [106]: frame
Out[106]:
   Ohio  Texas  California
a     0      1           2
c     3      4           5
d     6      7           8

In [107]: frame2 = frame.reindex(index=["a", "b", "c", "d"])

In [108]: frame2
Out[108]:
   Ohio  Texas  California
a   0.0    1.0         2.0
b   NaN    NaN         NaN
c   3.0    4.0         5.0
d   6.0    7.0         8.0
```

你可以使用 columns 關鍵字來 reindex 直欄：

```
In [109]: states = ["Texas", "Utah", "California"]

In [110]: frame.reindex(columns=states)
Out[110]:
   Texas  Utah  California
a      1   NaN           2
c      4   NaN           5
d      7   NaN           8
```

因為 states 裡沒有 "Ohio"，所以結果不含該欄的資料。

reindex 特定軸的另一種做法是用位置引數來傳入新軸的標籤，然後使用 axis 關鍵字來指定想 reindex 哪一軸：

```
In [111]: frame.reindex(states, axis="columns")
Out[111]:
   Texas  Utah  California
a      1   NaN           2
c      4   NaN           5
d      7   NaN           8
```

表 5-3 是關於 reindex 的引數的說明。

表 5-3　reindex 函式的引數

引數	說明
labels	用來當成索引的新序列。可以是 Index 實例，或任何其他序列狀的 Python 資料結構。Index 會被完全按原樣使用，不做任何複製。
index	使用傳入的序列作為新的索引標籤。
columns	使用傳入的序列作為新的直欄標籤。
axis	要 reindex 的軸，可能是 "index"（列）或 "columns"。預設值是 "index"。你也可以改用 reindex(index=new_labels) 或 reindex(columns=new_labels)。
method	插（填）值方法："ffill" 是填入上一個有效值，"bfill" 是填入下一個有效值。
fill_value	指定在重設索引時產生的缺失資料該換成什麼值。如果你想讓不存在的標籤在結果中使用 null 值，那就使用 fill_value="missing"（預設行為）。
limit	用上一個或下一個有效值來填補缺失值時，最多補上多少元素。
tolerance	在使用前一個或下一個有效值時，若原始標籤與新標籤不相符，兩者之間容許的最大距離（數字差絕對值）。
level	拿 Index 值與傳入的 MultiIndex 階層做比較，否則選擇子集合。
copy	若 True，必定複製底下的資料，即使新索引與舊索引相同；若 False，當索引相同時不複製資料。

我們將在第 154 頁的「使用 loc 與 iloc 來選擇 DataFrame 裡的資料」中談到，你也可以使用 loc 運算子來做 reindex，且很多使用者比較喜歡採取這種做法。這種做法只能在新索引標籤都已經在 DataFrame 裡面時使用（而 reindex 會幫新標籤插入缺失資料）：

```
In [112]: frame.loc[["a", "d", "c"], ["California", "Texas"]]
Out[112]:
   California  Texas
a           2      1
d           8      7
c           5      4
```

從一軸移除項目

如果你要將一軸的一個項目或多個項目移除，而且你已經有不含那些項目的索引陣列或串列的話，這件事情很簡單，因為你可以使用 `reindex` 方法，或使用 `.loc` 來檢索，這些做法可能需要使用集合邏輯與做一些整理工作，所以 `drop` 方法可將你指定的值從一軸刪除並回傳一個新物件：

```
In [113]: obj = pd.Series(np.arange(5.), index=["a", "b", "c", "d", "e"])

In [114]: obj
Out[114]:
a    0.0
b    1.0
c    2.0
d    3.0
e    4.0
dtype: float64

In [115]: new_obj = obj.drop("c")

In [116]: new_obj
Out[116]:
a    0.0
b    1.0
d    3.0
e    4.0
dtype: float64

In [117]: obj.drop(["d", "c"])
Out[117]:
a    0.0
b    1.0
e    4.0
dtype: float64
```

使用 DataFrame 時，你可以將任何一軸的索引值刪除。為了說明，我們建立一個 DataFrame 範例：

```
In [118]: data = pd.DataFrame(np.arange(16).reshape((4, 4)),
   .....:                     index=["Ohio", "Colorado", "Utah", "New York"],
   .....:                     columns=["one", "two", "three", "four"])

In [119]: data
Out[119]:
          one  two  three  four
Ohio        0    1      2     3
```

```
Colorado    4   5      6     7
Utah        8   9     10    11
New York   12  13     14    15
```

在呼叫 drop 時使用標籤序列會移除列標籤的值（0 軸）：

```
In [120]: data.drop(index=["Colorado", "Ohio"])
Out[120]:
          one  two  three  four
Utah        8    9     10    11
New York   12   13     14    15
```

若要移除欄標籤，你要改用 columns 關鍵字：

```
In [121]: data.drop(columns=["two"])
Out[121]:
          one  three  four
Ohio        0      2     3
Colorado    4      6     7
Utah        8     10    11
New York   12     14    15
```

你也可以藉著傳遞 axis=1（像 NumPy 一樣）或 axis="columns" 來移除直欄的值：

```
In [122]: data.drop("two", axis=1)
Out[122]:
          one  three  four
Ohio        0      2     3
Colorado    4      6     7
Utah        8     10    11
New York   12     14    15

In [123]: data.drop(["two", "four"], axis="columns")
Out[123]:
          one  three
Ohio        0      2
Colorado    4      6
Utah        8     10
New York   12     14
```

檢索、選擇與篩選

Series 檢索（obj[...]）的工作方式很像 NumPy 的陣列檢索，但你可以使用 Series 的索引值，而不是只能使用整數。舉幾個例子：

```
In [124]: obj = pd.Series(np.arange(4.), index=["a", "b", "c", "d"])

In [125]: obj
```

```
Out[125]:
a    0.0
b    1.0
c    2.0
d    3.0
dtype: float64

In [126]: obj["b"]
Out[126]: 1.0

In [127]: obj[1]
Out[127]: 1.0

In [128]: obj[2:4]
Out[128]:
c    2.0
d    3.0
dtype: float64

In [129]: obj[["b", "a", "d"]]
Out[129]:
b    1.0
a    0.0
d    3.0
dtype: float64

In [130]: obj[[1, 3]]
Out[130]:
b    1.0
d    3.0
dtype: float64

In [131]: obj[obj < 2]
Out[131]:
a    0.0
b    1.0
dtype: float64
```

雖然你可以用標籤來選擇資料，但是在選擇索引值時，比較好的方法是使用特殊的 `loc` 運算子：

```
In [132]: obj.loc[["b", "a", "d"]]
Out[132]:
b    1.0
a    0.0
d    3.0
dtype: float64
```

loc 比較好的原因是當你使用 [] 來檢索時，它會以不同的方式對待整數，如果索引包含整數，它會將整數視為標籤，所以同樣的索引產生的結果會隨著索引的資料型態而改變，例如：

```
In [133]: obj1 = pd.Series([1, 2, 3], index=[2, 0, 1])

In [134]: obj2 = pd.Series([1, 2, 3], index=["a", "b", "c"])

In [135]: obj1
Out[135]:
2    1
0    2
1    3
dtype: int64

In [136]: obj2
Out[136]:
a    1
b    2
c    3
dtype: int64

In [137]: obj1[[0, 1, 2]]
Out[137]:
0    2
1    3
2    1
dtype: int64

In [138]: obj2[[0, 1, 2]]
Out[138]:
a    1
b    2
c    3
dtype: int64
```

當你使用 loc 時，運算式 obj.loc[[0, 1, 2]] 會在索引不含整數時失敗：

```
In [134]: obj2.loc[[0, 1]]
---------------------------------------------------------------------------
KeyError                                  Traceback (most recent call last)
/tmp/ipykernel_804589/4185657903.py in <module>
----> 1 obj2.loc[[0, 1]]

^ LONG EXCEPTION ABBREVIATED ^

KeyError: "None of [Int64Index([0, 1], dtype="int64")] are in the [index]"
```

loc 運算子僅用標籤來檢索，pandas 也有一個僅用整數來檢索的 iloc 運算子，無論索引裡有沒有整數，它都有一致的行為：

```
In [139]: obj1.iloc[[0, 1, 2]]
Out[139]:
2    1
0    2
1    3
dtype: int64

In [140]: obj2.iloc[[0, 1, 2]]
Out[140]:
a    1
b    2
c    3
dtype: int64
```

你也可以使用標籤來編寫 slice，但它的行為與一般的 Python slice 不同，因為它包含兩端：

```
In [141]: obj2.loc["b":"c"]
Out[141]:
b    2
c    3
dtype: int64
```

使用這些方法來賦值會修改 Series 的對應部分：

```
In [142]: obj2.loc["b":"c"] = 5

In [143]: obj2
Out[143]:
a    1
b    5
c    5
dtype: int64
```

新手有一個常犯的錯誤是把 loc 或 iloc 當成函式來呼叫，而不是使用中括號來「檢索（indexing into）」它們。pandas 使用中括號，是為了能夠使用 slice，以及檢索 DataFrame 物件的多個軸。

用一個值或序列來檢索 DataFrame 會取得一欄或多欄：

```
In [144]: data = pd.DataFrame(np.arange(16).reshape((4, 4)),
   .....:                     index=["Ohio", "Colorado", "Utah", "New York"],
```

```
   .....:                        columns=["one", "two", "three", "four"])

In [145]: data
Out[145]:
          one  two  three  four
Ohio        0    1      2     3
Colorado    4    5      6     7
Utah        8    9     10    11
New York   12   13     14    15

In [146]: data["two"]
Out[146]:
Ohio         1
Colorado     5
Utah         9
New York    13
Name: two, dtype: int64

In [147]: data[["three", "one"]]
Out[147]:
          three  one
Ohio          2    0
Colorado      6    4
Utah         10    8
New York     14   12
```

這種檢索方式有幾個特例。第一個是使用 slice，或使用布林陣列來選擇：

```
In [148]: data[:2]
Out[148]:
          one  two  three  four
Ohio        0    1      2     3
Colorado    4    5      6     7

In [149]: data[data["three"] > 5]
Out[149]:
          one  two  three  four
Colorado    4    5      6     7
Utah        8    9     10    11
New York   12   13     14    15
```

選擇橫列的語法 `data[:2]` 是為了方便使用者而提供的。傳遞一個元素或一個串列給 `[]` 運算子會選擇直欄。

另一個用例是使用布林 DataFrame 來檢索，例如使用純量比較式來產生的 DataFrame。我們藉著比較一個純量值來產生下面的純布林值 DataFrame：

```
In [150]: data < 5
Out[150]:
            one    two  three   four
Ohio       True   True   True   True
Colorado   True  False  False  False
Utah      False  False  False  False
New York  False  False  False  False
```

我們可以使用這個 DataFrame 來將 True 值的位置都設為 0：

```
In [151]: data[data < 5] = 0

In [152]: data
Out[152]:
          one  two  three  four
Ohio        0    0      0     0
Colorado    0    5      6     7
Utah        8    9     10    11
New York   12   13     14    15
```

使用 loc 與 iloc 來選擇 DataFrame 裡的資料

DataFrame 與 Series 一樣，有特殊的屬性 `loc` 和 `iloc`，分別可以搭配標籤和整數來檢索。因為 DataFrame 是二維的，你可以使用軸標籤（`loc`）或整數（`iloc`），以類似 NumPy 的語法來選擇列與欄的子集合。

在第一個例子裡，我們用標籤來選出一列：

```
In [153]: data
Out[153]:
          one  two  three  four
Ohio        0    0      0     0
Colorado    0    5      6     7
Utah        8    9     10    11
New York   12   13     14    15

In [154]: data.loc["Colorado"]
Out[154]:
one      0
two      5
three    6
four     7
Name: Colorado, dtype: int64
```

選擇一列會得到一個 Series，裡面的索引是 DataFrame 的欄標籤。傳入標籤序列會選出多列並建立一個新的 DataFrame：

```
In [155]: data.loc[["Colorado", "New York"]]
Out[155]:
          one  two  three  four
Colorado    0    5      6     7
New York   12   13     14    15
```

你可以在 `loc` 裡面同時選擇列與欄，兩者用逗號分開：

```
In [156]: data.loc["Colorado", ["two", "three"]]
Out[156]:
two      5
three    6
Name: Colorado, dtype: int64
```

接著我們使用 `iloc` 與整數來執行類似的選擇：

```
In [157]: data.iloc[2]
Out[157]:
one       8
two       9
three    10
four     11
Name: Utah, dtype: int64

In [158]: data.iloc[[2, 1]]
Out[158]:
          one  two  three  four
Utah        8    9     10    11
Colorado    0    5      6     7

In [159]: data.iloc[2, [3, 0, 1]]
Out[159]:
four    11
one      8
two      9
Name: Utah, dtype: int64

In [160]: data.iloc[[1, 2], [3, 0, 1]]
Out[160]:
          four  one  two
Colorado     7    0    5
Utah        11    8    9
```

這兩種檢索除了可以使用一個標籤或一系列標籤之外，也可以使用 slice：

```
In [161]: data.loc[:"Utah", "two"]
Out[161]:
Ohio        0
```

```
Colorado    5
Utah        9
Name: two, dtype: int64

In [162]: data.iloc[:, :3][data.three > 5]
Out[162]:
          one  two  three
Colorado    0    5      6
Utah        8    9     10
New York   12   13     14
```

布林陣列可在 `loc` 中使用，但不能在 `iloc` 中使用：

```
In [163]: data.loc[data.three >= 2]
Out[163]:
          one  two  three  four
Colorado    0    5      6     7
Utah        8    9     10    11
New York   12   13     14    15
```

選擇與重新排列 pandas 物件內的資料的做法有很多種。表 5-4 是針對 DataFrame 的許多方法的摘要。等一下你會看到，pandas 有一些處理分層索引的額外選項。

表 5-4　DataFrame 的檢索選項

類型	說明
`df[column]`	從 DataFrame 選出某欄或某幾欄；特例語法：布林陣列（篩選某幾列）、slice（將列切段）、布林 DataFrame（根據一些規則來設定值）
`df.loc[rows]`	使用標籤從 DataFrame 選出某列或某幾列
`df.loc[:, cols]`	使用標籤來選出某欄或某幾欄
`df.loc[rows, cols]`	使用標籤來選出某列與某欄
`df.iloc[rows]`	使用整數位置來選出某列或某幾列
`df.iloc[:, cols]`	使用整數位置來選出一欄或多欄
`df.iloc[rows, cols]`	使用整數位置來選出某列與某欄
`df.at[row, col]`	使用列與欄的標籤來選出一個純量值
`df.iat[row, col]`	使用列與欄的位置（整數）來選出一個純量值
`reindex` 方法	用標籤來選出某幾列或某幾欄

關於整數檢索的陷阱

新手使用整數來檢索 pandas 物件很容易出錯，因為它們的工作方式與 Python 的內建資料結構（例如 list 與 tuple）不同。舉例來說，你可能想不到這段程式不對：

```
In [164]: ser = pd.Series(np.arange(3.))

In [165]: ser
Out[165]:
0    0.0
1    1.0
2    2.0
dtype: float64

In [166]: ser[-1]
---------------------------------------------------------------------------
ValueError                                Traceback (most recent call last)
/miniconda/envs/book-env/lib/python3.10/site-packages/pandas/core/indexes/range.p
y in get_loc(self, key, method, tolerance)
    384                 try:
--> 385                     return self._range.index(new_key)
    386                 except ValueError as err:
ValueError: -1 is not in range
The above exception was the direct cause of the following exception:
KeyError                                  Traceback (most recent call last)
<ipython-input-166-44969a759c20> in <module>
----> 1 ser[-1]
/miniconda/envs/book-env/lib/python3.10/site-packages/pandas/core/series.py in __
getitem__(self, key)
    956
    957         elif key_is_scalar:
--> 958             return self._get_value(key)
    959
    960         if is_hashable(key):
/miniconda/envs/book-env/lib/python3.10/site-packages/pandas/core/series.py in _g
et_value(self, label, takeable)
   1067
   1068         # Similar to Index.get_value, but we do not fall back to position
al
-> 1069         loc = self.index.get_loc(label)
   1070         return self.index._get_values_for_loc(self, loc, label)
   1071
/miniconda/envs/book-env/lib/python3.10/site-packages/pandas/core/indexes/range.p
y in get_loc(self, key, method, tolerance)
    385                     return self._range.index(new_key)
    386                 except ValueError as err:
--> 387                     raise KeyError(key) from err
```

```
    388             self._check_indexing_error(key)
    389             raise KeyError(key)
KeyError: -1
```

對這個例子而言，pandas 可以「退回去」使用整數檢索，但這樣很容易在程式中引入難尋的 bug。這個例子的索引有 `0`、`1` 與 `2`，但 pandas 不想要去猜使用者想要做什麼（使用標籤來檢索還是使用位置）：

```
In [167]: ser
Out[167]:
0    0.0
1    1.0
2    2.0
dtype: float64
```

另一方面，使用非整數的索引就沒有這種歧義：

```
In [168]: ser2 = pd.Series(np.arange(3.), index=["a", "b", "c"])

In [169]: ser2[-1]
Out[169]: 2.0
```

如果你的軸索引包含整數，那麼 pandas 一定使用標籤來選擇資料。如前所述，使用 `loc`（標籤）或 `iloc`（整數）的話，你可以得到你想要的東西：

```
In [170]: ser.iloc[-1]
Out[170]: 2.0
```

另一方面，使用整數 slice 始終是以整數來檢索：

```
In [171]: ser[:2]
Out[171]:
0    0.0
1    1.0
dtype: float64
```

因為有這些陷阱，最好的辦法是無論如何都使用 `loc` 與 `iloc` 來檢索，以避免歧義。

使用串接檢索時的陷阱

上一節介紹了如何使用 `loc` 與 `iloc` 來靈活地選擇 DataFrame 的資料，這些檢索屬性也可以用來就地修改 DataFrame 物件，但採取這種做法時要很小心。

例如，在上述的 DataFrame 範例中，我們可以使用標籤或整數位置來設定一欄或一列的值：

```
In [172]: data.loc[:, "one"] = 1

In [173]: data
Out[173]:
          one  two  three  four
Ohio        1    0      0     0
Colorado    1    5      6     7
Utah        1    9     10    11
New York    1   13     14    15

In [174]: data.iloc[2] = 5

In [175]: data
Out[175]:
          one  two  three  four
Ohio        1    0      0     0
Colorado    1    5      6     7
Utah        5    5      5     5
New York    1   13     14    15

In [176]: data.loc[data["four"] > 5] = 3

In [177]: data
Out[177]:
          one  two  three  four
Ohio        1    0      0     0
Colorado    3    3      3     3
Utah        5    5      5     5
New York    3    3      3     3
```

pandas 新手有一個常見的問題，就是在賦值的時候，將檢索的項目串接起來：

```
In [177]: data.loc[data.three == 5]["three"] = 6
<ipython-input-11-0ed1cf2155d5>:1: SettingWithCopyWarning:
A value is trying to be set on a copy of a slice from a DataFrame.
Try using .loc[row_indexer,col_indexer] = value instead
```

取決於資料的內容，這種寫法可能會產生特殊的 `SettingWithCopyWarning`，警告你打算修改一個臨時值（`data.loc[data.three == 5]` 的非空結果），而不是你可能想修改的原始 DataFrame `data`。上面的寫法不會修改 `data`：

```
In [179]: data
Out[179]:
          one  two  three  four
Ohio        1    0      0     0
Colorado    3    3      3     3
Utah        5    5      5     5
New York    3    3      3     3
```

遇到這些情況時，改正的方法是將串接改成一個 loc 操作：

```
In [180]: data.loc[data.three == 5, "three"] = 6

In [181]: data
Out[181]:
          one  two  three  four
Ohio        1    0      0     0
Colorado    3    3      3     3
Utah        5    5      6     5
New York    3    3      3     3
```

根據經驗，在賦值時，不要使用串接檢索。pandas 也會在一些與串接檢索有關的其他情況下產生 SettingWithCopyWarning。建議你在網路上的 pandas 文件研究這個主題。

算術與資料對齊

pandas 可讓你非常輕鬆地使用具有不同索引的物件。例如，當你將物件相加時，如果有兩個索引不相同，那麼產生的索引將是兩個索引的聯集。我們來看一個例子：

```
In [182]: s1 = pd.Series([7.3, -2.5, 3.4, 1.5], index=["a", "c", "d", "e"])

In [183]: s2 = pd.Series([-2.1, 3.6, -1.5, 4, 3.1],
   .....:                index=["a", "c", "e", "f", "g"])

In [184]: s1
Out[184]:
a    7.3
c   -2.5
d    3.4
e    1.5
dtype: float64

In [185]: s2
Out[185]:
a   -2.1
c    3.6
e   -1.5
f    4.0
g    3.1
dtype: float64
```

將它們相加會產生：

```
In [186]: s1 + s2
Out[186]:
a    5.2
```

```
c    1.1
d    NaN
e    0.0
f    NaN
g    NaN
dtype: float64
```

內部的資料對齊會在不重疊的標籤位置加入缺失值。這些缺失值會在後續的算術計算中傳播出去。

pandas 會將 DataFrame 的列與欄兩者對齊：

```
In [187]: df1 = pd.DataFrame(np.arange(9.).reshape((3, 3)), columns=list("bcd"),
   .....:                    index=["Ohio", "Texas", "Colorado"])

In [188]: df2 = pd.DataFrame(np.arange(12.).reshape((4, 3)), columns=list("bde"),
   .....:                    index=["Utah", "Ohio", "Texas", "Oregon"])

In [189]: df1
Out[189]:
            b    c    d
Ohio      0.0  1.0  2.0
Texas     3.0  4.0  5.0
Colorado  6.0  7.0  8.0

In [190]: df2
Out[190]:
          b     d     e
Utah    0.0   1.0   2.0
Ohio    3.0   4.0   5.0
Texas   6.0   7.0   8.0
Oregon  9.0  10.0  11.0
```

將兩者相加會得到一個 DataFrame，裡面的索引和欄是各個 DataFrame 裡的索引和欄的聯集：

```
In [191]: df1 + df2
Out[191]:
            b   c     d   e
Colorado  NaN NaN   NaN NaN
Ohio      3.0 NaN   6.0 NaN
Oregon    NaN NaN   NaN NaN
Texas     9.0 NaN  12.0 NaN
Utah      NaN NaN   NaN NaN
```

因為 "c" 與 "e" 這兩欄沒有同時出現在兩個 DataFrame 物件中，所以在結果中，它們是缺失值。當橫列的標籤沒有同時出現在兩個物件中時也是如此。

如果你將欄與列標籤都不相同的 DataFrame 物件相加，結果將全為 null：

```
In [192]: df1 = pd.DataFrame({"A": [1, 2]})

In [193]: df2 = pd.DataFrame({"B": [3, 4]})

In [194]: df1
Out[194]:
   A
0  1
1  2

In [195]: df2
Out[195]:
   B
0  3
1  4

In [196]: df1 + df2
Out[196]:
    A   B
0 NaN NaN
1 NaN NaN
```

填入特別的值來進行算術運算

當你用兩個索引不完全相同的物件來做算術運算時，你可能想要在軸標籤只能在其中一個物件中找到時填入特殊值，例如 0。在下面的例子中，我們將一個特定值設為 `np.nan` 來將它設成 NA（null）：

```
In [197]: df1 = pd.DataFrame(np.arange(12.).reshape((3, 4)),
   .....:                    columns=list("abcd"))

In [198]: df2 = pd.DataFrame(np.arange(20.).reshape((4, 5)),
   .....:                    columns=list("abcde"))

In [199]: df2.loc[1, "b"] = np.nan

In [200]: df1
Out[200]:
     a    b     c     d
0  0.0  1.0   2.0   3.0
1  4.0  5.0   6.0   7.0
2  8.0  9.0  10.0  11.0

In [201]: df2
Out[201]:
```

```
      a     b     c     d     e
0   0.0   1.0   2.0   3.0   4.0
1   5.0   NaN   7.0   8.0   9.0
2  10.0  11.0  12.0  13.0  14.0
3  15.0  16.0  17.0  18.0  19.0
```

將它們相加會在不重疊的地方產生缺失值：

```
In [202]: df1 + df2
Out[202]:
      a     b     c     d   e
0   0.0   2.0   4.0   6.0 NaN
1   9.0   NaN  13.0  15.0 NaN
2  18.0  20.0  22.0  24.0 NaN
3   NaN   NaN   NaN   NaN NaN
```

我使用 df1 的 add 方法，並傳入 df2 與一個 fill_value 引數，該引數會將運算產生的任何缺失值換成我傳入的值：

```
In [203]: df1.add(df2, fill_value=0)
Out[203]:
      a     b     c     d     e
0   0.0   2.0   4.0   6.0   4.0
1   9.0   5.0  13.0  15.0   9.0
2  18.0  20.0  22.0  24.0  14.0
3  15.0  16.0  17.0  18.0  19.0
```

表 5-5 是 Series 與 DataFrame 的算術方法。它們都有一個開頭為 r 的對應方法，裡面的引數是反過來的，所以這兩個敘述句是等效的：

```
In [204]: 1 / df1
Out[204]:
       a         b         c         d
0    inf  1.000000  0.500000  0.333333
1  0.250  0.200000  0.166667  0.142857
2  0.125  0.111111  0.100000  0.090909

In [205]: df1.rdiv(1)
Out[205]:
       a         b         c         d
0    inf  1.000000  0.500000  0.333333
1  0.250  0.200000  0.166667  0.142857
2  0.125  0.111111  0.100000  0.090909
```

相關的是，當你對 Series 或 DataFrame 進行 reindex 時，你也可以指定不同的填充值：

```
In [206]: df1.reindex(columns=df2.columns, fill_value=0)
Out[206]:
```

```
     a    b     c     d  e
0  0.0  1.0   2.0   3.0  0
1  4.0  5.0   6.0   7.0  0
2  8.0  9.0  10.0  11.0  0
```

表 5-5　靈活的算術方法

方法	說明
add, radd	加法 (+) 方法
sub, rsub	減法 (-) 方法
div, rdiv	除法 (/) 方法
floordiv, rfloordiv	向下取整除法 (//) 方法
mul, rmul	乘法 (*) 方法
pow, rpow	次方 (**) 方法

在 DataFrame 與 Series 之間進行運算

與不同維數的 NumPy 陣列一樣，pandas 也定義了 DataFrame 和 Series 之間的算術運算。舉一個有趣的例子，我們來計算一個二維陣列和它裡面的一列之間的差：

```
In [207]: arr = np.arange(12.).reshape((3, 4))

In [208]: arr
Out[208]:
array([[ 0.,  1.,  2.,  3.],
       [ 4.,  5.,  6.,  7.],
       [ 8.,  9., 10., 11.]])

In [209]: arr[0]
Out[209]: array([0., 1., 2., 3.])

In [210]: arr - arr[0]
Out[210]:
array([[0., 0., 0., 0.],
       [4., 4., 4., 4.],
       [8., 8., 8., 8.]])
```

將 arr 減去 arr[0] 時，每一列都會執行一次減法。這種情況稱為**廣播**（*broadcasting*），因為它與一般的 NumPy 陣列有關，所以附錄 A 會詳細說明。在 DataFrame 與 Series 之間的運算也大致相同：

```
In [211]: frame = pd.DataFrame(np.arange(12.).reshape((4, 3)),
   .....:                      columns=list("bde"),
   .....:                      index=["Utah", "Ohio", "Texas", "Oregon"])

In [212]: series = frame.iloc[0]

In [213]: frame
Out[213]:
          b     d     e
Utah    0.0   1.0   2.0
Ohio    3.0   4.0   5.0
Texas   6.0   7.0   8.0
Oregon  9.0  10.0  11.0

In [214]: series
Out[214]:
b    0.0
d    1.0
e    2.0
Name: Utah, dtype: float64
```

在預設情況下，DataFrame 與 Series 之間的算術運算會拿 Series 的索引與 DataFrame 的欄做比較，並沿著列往下廣播：

```
In [215]: frame - series
Out[215]:
          b    d    e
Utah    0.0  0.0  0.0
Ohio    3.0  3.0  3.0
Texas   6.0  6.0  6.0
Oregon  9.0  9.0  9.0
```

如果有索引值在 DataFrame 的欄或 Series 的索引裡找不到，物件會被 reindex，形成聯集：

```
In [216]: series2 = pd.Series(np.arange(3), index=["b", "e", "f"])

In [217]: series2
Out[217]:
b    0
e    1
f    2
dtype: int64

In [218]: frame + series2
Out[218]:
          b   d     e   f
Utah    0.0 NaN   3.0 NaN
```

```
Ohio    3.0 NaN   6.0 NaN
Texas   6.0 NaN   9.0 NaN
Oregon  9.0 NaN  12.0 NaN
```

如果你想要比對列，沿著欄來廣播，你必須使用算術方法，並指定想比對 index。例如：

```
In [219]: series3 = frame["d"]

In [220]: frame
Out[220]:
          b     d     e
Utah    0.0   1.0   2.0
Ohio    3.0   4.0   5.0
Texas   6.0   7.0   8.0
Oregon  9.0  10.0  11.0

In [221]: series3
Out[221]:
Utah       1.0
Ohio       4.0
Texas      7.0
Oregon    10.0
Name: d, dtype: float64

In [222]: frame.sub(series3, axis="index")
Out[222]:
          b    d    e
Utah   -1.0  0.0  1.0
Ohio   -1.0  0.0  1.0
Texas  -1.0  0.0  1.0
Oregon -1.0  0.0  1.0
```

你傳入的 axis 是要比對的軸。在這個例子裡，我們想比對 DataFrame 的列索引（axis="index"）並沿著欄進行廣播。

函式的應用與對映

NumPy 的 ufunc（逐元素陣列方法）也可以處理 pandas 物件：

```
In [223]: frame = pd.DataFrame(np.random.standard_normal((4, 3)),
   .....:                      columns=list("bde"),
   .....:                      index=["Utah", "Ohio", "Texas", "Oregon"])

In [224]: frame
Out[224]:
```

```
               b         d         e
Utah   -0.204708  0.478943 -0.519439
Ohio   -0.555730  1.965781  1.393406
Texas   0.092908  0.281746  0.769023
Oregon  1.246435  1.007189 -1.296221

In [225]: np.abs(frame)
Out[225]:
               b         d         e
Utah    0.204708  0.478943  0.519439
Ohio    0.555730  1.965781  1.393406
Texas   0.092908  0.281746  0.769023
Oregon  1.246435  1.007189  1.296221
```

另一個常見的操作是對著每一欄或一列執行處理一維陣列的函數。DataFrame 的 apply 方法可以做這件事：

```
In [226]: def f1(x):
   .....:     return x.max() - x.min()

In [227]: frame.apply(f1)
Out[227]:
b    1.802165
d    1.684034
e    2.689627
dtype: float64
```

函式 f1 計算 Series 的最大值與最小值之間的差，我們對著 frame 的每一欄呼叫它一次，結果是一個 Series，frame 的欄是它的索引。

如果你將 axis="columns" 傳給 apply，函式會變成針對每一列呼叫一次。你可以把它想成「跨欄套用（apply across the columns）」：

```
In [228]: frame.apply(f1, axis="columns")
Out[228]:
Utah      0.998382
Ohio      2.521511
Texas     0.676115
Oregon    2.542656
dtype: float64
```

許多最常用的陣列統計計算（例如 sum 與 mean）都被做成 DataFrame 的方法，所以不一定要使用 apply。

被傳給 apply 的函式不是只能回傳一個純量值，它也可以回傳一個有多個值的 Series：

```
In [229]: def f2(x):
   .....:     return pd.Series([x.min(), x.max()], index=["min", "max"])

In [230]: frame.apply(f2)
Out[230]:
            b         d         e
min -0.555730  0.281746 -1.296221
max  1.246435  1.965781  1.393406
```

你也可以使用處理單一元素的 Python 函式。假如你想要為 frame 裡的每一個浮點值計算一個格式化的字串，你可以用 applymap 來做這件事：

```
In [231]: def my_format(x):
   .....:     return f"{x:.2f}"

In [232]: frame.applymap(my_format)
Out[232]:
            b     d      e
Utah    -0.20  0.48  -0.52
Ohio    -0.56  1.97   1.39
Texas    0.09  0.28   0.77
Oregon   1.25  1.01  -1.30
```

取 applymap 這個名稱的原因是 Series 有一個用來套用逐元素函式的 map 方法：

```
In [233]: frame["e"].map(my_format)
Out[233]:
Utah      -0.52
Ohio       1.39
Texas      0.77
Oregon    -1.30
Name: e, dtype: object
```

排序與排名

用某個條件來排序資料組是另一個重要的內建操作。若要按照詞典順序來排序列或欄的標籤，你可以使用 sort_index 方法，它會回傳一個排序好的新物件：

```
In [234]: obj = pd.Series(np.arange(4), index=["d", "a", "b", "c"])

In [235]: obj
Out[235]:
d    0
a    1
b    2
c    3
```

```
dtype: int64

In [236]: obj.sort_index()
Out[236]:
a    1
b    2
c    3
d    0
dtype: int64
```

對於 DataFrame，你可以用任何一軸的索引來排序：

```
In [237]: frame = pd.DataFrame(np.arange(8).reshape((2, 4)),
   .....:                      index=["three", "one"],
   .....:                      columns=["d", "a", "b", "c"])

In [238]: frame
Out[238]:
       d  a  b  c
three  0  1  2  3
one    4  5  6  7

In [239]: frame.sort_index()
Out[239]:
       d  a  b  c
one    4  5  6  7
three  0  1  2  3

In [240]: frame.sort_index(axis="columns")
Out[240]:
       a  b  c  d
three  1  2  3  0
one    5  6  7  4
```

在預設情況下，資料會被升序排序，但也可以降序排序：

```
In [241]: frame.sort_index(axis="columns", ascending=False)
Out[241]:
       d  c  b  a
three  0  3  2  1
one    4  7  6  5
```

若要用 Series 的值來排序它，你可以使用它的 `sort_values` 方法：

```
In [242]: obj = pd.Series([4, 7, -3, 2])

In [243]: obj.sort_values()
Out[243]:
```

```
2   -3
3    2
0    4
1    7
dtype: int64
```

在預設情況下，所有缺失值都會被排在 Series 的結尾：

```
In [244]: obj = pd.Series([4, np.nan, 7, np.nan, -3, 2])

In [245]: obj.sort_values()
Out[245]:
4   -3.0
5    2.0
0    4.0
2    7.0
1    NaN
3    NaN
dtype: float64
```

使用 na_position 選項可以將缺失值排在開頭：

```
In [246]: obj.sort_values(na_position="first")
Out[246]:
1    NaN
3    NaN
4   -3.0
5    2.0
0    4.0
2    7.0
dtype: float64
```

在排序 DataFrame 時，你可以根據一欄或多欄的資料來進行排序，做法是將一個或多個欄名傳給 sort_values：

```
In [247]: frame = pd.DataFrame({"b": [4, 7, -3, 2], "a": [0, 1, 0, 1]})

In [248]: frame
Out[248]:
   b  a
0  4  0
1  7  1
2 -3  0
3  2  1

In [249]: frame.sort_values("b")
Out[249]:
   b  a
```

```
2 -3  0
3  2  1
0  4  0
1  7  1
```

若要用多欄來排序，則傳入一個名稱串列：

```
In [250]: frame.sort_values(["a", "b"])
Out[250]:
   b  a
2 -3  0
0  4  0
3  2  1
1  7  1
```

排名（*ranking*）會指定排名，排名從 1 到陣列的有效資料點數量為止，最小值是 1。你可以使用 Series 與 DataFrame 的 `rank` 方法，在預設情況下，遇到平手的情況時，`rank` 會幫平手的項目指定該名次的名次平均值：

```
In [251]: obj = pd.Series([7, -5, 7, 4, 2, 0, 4])

In [252]: obj.rank()
Out[252]:
0    6.5
1    1.0
2    6.5
3    4.5
4    3.0
5    2.0
6    4.5
dtype: float64
```

你也可以根據平手的項目在資料中出現的順序來指定名次：

```
In [253]: obj.rank(method="first")
Out[253]:
0    6.0
1    1.0
2    7.0
3    4.0
4    3.0
5    2.0
6    5.0
dtype: float64
```

這一次，項目 0 與 2 不是被指定平均排名 6.5，而是被設為 6 與 7，因為在資料中，標籤 0 出現在標籤 2 之前。

你也可以降序排名：

```
In [254]: obj.rank(ascending=False)
Out[254]:
0    1.5
1    7.0
2    1.5
3    3.5
4    5.0
5    6.0
6    3.5
dtype: float64
```

表 5-6 是處理平手的方法。

DataFrame 可以計算跨列或跨欄的排名：

```
In [255]: frame = pd.DataFrame({"b": [4.3, 7, -3, 2], "a": [0, 1, 0, 1],
   .....:                       "c": [-2, 5, 8, -2.5]})

In [256]: frame
Out[256]:
     b  a    c
0  4.3  0 -2.0
1  7.0  1  5.0
2 -3.0  0  8.0
3  2.0  1 -2.5

In [257]: frame.rank(axis="columns")
Out[257]:
     b    a    c
0  3.0  2.0  1.0
1  3.0  1.0  2.0
2  1.0  2.0  3.0
3  3.0  2.0  1.0
```

表 5-6　使用 rank 時，處理平手的方法

方法	說明
"average"	預設選項，全設為該名次的平均值
"min"	讓整組使用最低名次
"max"	讓整組使用最高名次
"first"	按照值在資料中出現的順序來指定名次
"dense"	與 method="min" 很像，但下一個名次一定加 1，而不是增加平手的個數

當軸索引有重複的標籤時

到目前為止，我們看過的幾乎所有範例都有互不相同的軸標籤（索引值）。雖然有很多 pandas 函式（例如 reindex）都要求標籤互不相同，但並未強制規定如此。我們來考慮一個具有重複索引的小 Series：

```
In [258]: obj = pd.Series(np.arange(5), index=["a", "a", "b", "b", "c"])

In [259]: obj
Out[259]:
a    0
a    1
b    2
b    3
c    4
dtype: int64
```

索引的 is_unique 屬性可顯示它的標籤是否全都互不相同：

```
In [260]: obj.index.is_unique
Out[260]: False
```

有重複的標籤時，選擇資料會產生不同的行為。檢索一個具有多個相同項目的標籤時會得到一個 Series，但標籤只有一個項目時會得到一個純量值：

```
In [261]: obj["a"]
Out[261]:
a    0
a    1
dtype: int64

In [262]: obj["c"]
Out[262]: 4
```

這種情況可能讓你的程式更複雜，因為進行檢索得到的輸出型態會根據標籤是否重複而有所不同。

同樣的邏輯也可以延伸到檢索 DataFrame 裡的列（或欄）：

```
In [263]: df = pd.DataFrame(np.random.standard_normal((5, 3)),
   .....:                   index=["a", "a", "b", "b", "c"])

In [264]: df
Out[264]:
          0         1         2
a  0.274992  0.228913  1.352917
```

```
a  0.886429 -2.001637 -0.371843
b  1.669025 -0.438570 -0.539741
b  0.476985  3.248944 -1.021228
c -0.577087  0.124121  0.302614

In [265]: df.loc["b"]
Out[265]:
          0         1         2
b  1.669025 -0.438570 -0.539741
b  0.476985  3.248944 -1.021228

In [266]: df.loc["c"]
Out[266]:
0   -0.577087
1    0.124121
2    0.302614
Name: c, dtype: float64
```

5.3 總結與計算描述性統計數據

pandas 物件具備一組常用的數學和統計方法。它們大多是歸約或總結統計方法，可從 Series 提取一個值（例如 sum 與 mean），或是從 DataFrame 的列或欄取出一個 Series。與 NumPy 陣列的類似方法相比，它們具備缺失資料的處理機制。考慮一個小型的 DataFrame：

```
In [267]: df = pd.DataFrame([[1.4, np.nan], [7.1, -4.5],
   .....:                    [np.nan, np.nan], [0.75, -1.3]],
   .....:                   index=["a", "b", "c", "d"],
   .....:                   columns=["one", "two"])

In [268]: df
Out[268]:
    one  two
a  1.40  NaN
b  7.10 -4.5
c   NaN  NaN
d  0.75 -1.3
```

呼叫 DataFrame 的 sum 方法會得到一個包含直欄總和的 Series：

```
In [269]: df.sum()
Out[269]:
one    9.25
two   -5.80
dtype: float64
```

傳入 axis="columns" 或 axis=1 會改成跨欄加總：

```
In [270]: df.sum(axis="columns")
Out[270]:
a    1.40
b    2.60
c    0.00
d   -0.55
dtype: float64
```

當整列或整欄都是 NA 值時，總和是 0，如果有任何值不是 NA，那麼結果將不是 NA。你可以用 skipna 選項來停用這個功能，此時，在一列或一欄裡的任何 NA 值都會讓相應的結果變成 NA：

```
In [271]: df.sum(axis="index", skipna=False)
Out[271]:
one   NaN
two   NaN
dtype: float64

In [272]: df.sum(axis="columns", skipna=False)
Out[272]:
a      NaN
b     2.60
c      NaN
d    -0.55
dtype: float64
```

有一些彙總統計至少需要一個非 NA 值才能產生值，例如 mean，所以：

```
In [273]: df.mean(axis="columns")
Out[273]:
a    1.400
b    1.300
c      NaN
d   -0.275
dtype: float64
```

表 5-7 是歸約方法的常見選項。

表 5-7　歸約方法的選項

方法	說明
axis	想歸約的軸；「index」是 DataFrame 的列，「columns」是欄
skipna	排除缺失值；預設為 True
level	如果軸是分層檢索的（MultiIndex），那就依層分組歸約

有一些方法可回傳間接統計數據，例如 idxmin 與 idxmax 回傳最小值與最大值的索引值：

```
In [274]: df.idxmax()
Out[274]:
one    b
two    d
dtype: object
```

有些方法可計算累計值：

```
In [275]: df.cumsum()
Out[275]:
    one  two
a  1.40  NaN
b  8.50 -4.5
c   NaN  NaN
d  9.25 -5.8
```

有些方法既非歸約亦非累計，describe 就是其中一種，它可以一次產生多個總結統計：

```
In [276]: df.describe()
Out[276]:
            one       two
count  3.000000  2.000000
mean   3.083333 -2.900000
std    3.493685  2.262742
min    0.750000 -4.500000
25%    1.075000 -3.700000
50%    1.400000 -2.900000
75%    4.250000 -2.100000
max    7.100000 -1.300000
```

對於非數值資料，describe 可產生另一種總結統計：

```
In [277]: obj = pd.Series(["a", "a", "b", "c"] * 4)

In [278]: obj.describe()
Out[278]:
count     16
unique     3
top        a
freq       8
dtype: object
```

表 5-8 是完整的總結統計及相關方法。

表 5-8　描述性與總結統計方法

方法	說明
count	非 NA 值的數量
describe	計算總結統計數據組
min, max	計算最小值與最大值
argmin, argmax	分別計算最小值或最大值的索引位置（整數），無法用於 DataFrame 物件
idxmin, idxmax	分別計算最小值或最大值的索引標籤（整數）
quantile	計算樣本分位數，範圍從 0 到 1（預設 0.5）
sum	值的和
mean	值的均值
median	值的算數中位數（50% 分位數）
mad	與平均值之間的平均絕對差
prod	所有值的積
var	值的樣本變異數
std	值的樣本標準差
skew	值的樣本偏度（第三動差）
kurt	值的樣本峰態（第四動差）
cumsum	值的累計總和
cummin, cummax	分別是值的累計最小值與累計最大值
cumprod	值的累計積
diff	計算第一算術差（適用於時間序列）
pct_change	計算變化百分比（percent change）

相關性和共變異數

有一些總結統計是用成對的引數來計算的，例如相關性和共變異數。我們來考慮一些包含股價與成交量的 DataFrame，它們是從 Yahoo! Finance 取得的，你可以在本書的資料組內的 Python pickle 二進制檔裡面找到它：

```
In [279]: price = pd.read_pickle("examples/yahoo_price.pkl")

In [280]: volume = pd.read_pickle("examples/yahoo_volume.pkl")
```

接下來我要計算價格的變化百分比，這個時間序列操作將在第 11 章更深入討論：

```
In [281]: returns = price.pct_change()

In [282]: returns.tail()
Out[282]:
                AAPL      GOOG       IBM      MSFT
Date
2016-10-17 -0.000680  0.001837  0.002072 -0.003483
2016-10-18 -0.000681  0.019616 -0.026168  0.007690
2016-10-19 -0.002979  0.007846  0.003583 -0.002255
2016-10-20 -0.000512 -0.005652  0.001719 -0.004867
2016-10-21 -0.003930  0.003011 -0.012474  0.042096
```

Series 的 corr 方法可計算兩個 Series 中重疊的、非 NA 的、依索引對齊的值之間的相關性。另一個相關的 cov 方法則計算共變異數：

```
In [283]: returns["MSFT"].corr(returns["IBM"])
Out[283]: 0.49976361144151144

In [284]: returns["MSFT"].cov(returns["IBM"])
Out[284]: 8.870655479703546e-05
```

因為 MSFT 是有效的 Python 變數名稱，我們也可以使用更簡潔的語法來選擇這幾欄：

```
In [285]: returns["MSFT"].corr(returns["IBM"])
Out[285]: 0.49976361144151144
```

另一方面，DataFrame 的 corr 與 cov 方法分別用 DataFrame 來回傳完整的相關性和共變異數矩陣：

```
In [286]: returns.corr()
Out[286]:
          AAPL      GOOG       IBM      MSFT
AAPL  1.000000  0.407919  0.386817  0.389695
GOOG  0.407919  1.000000  0.405099  0.465919
IBM   0.386817  0.405099  1.000000  0.499764
MSFT  0.389695  0.465919  0.499764  1.000000

In [287]: returns.cov()
Out[287]:
          AAPL      GOOG       IBM      MSFT
AAPL  0.000277  0.000107  0.000078  0.000095
GOOG  0.000107  0.000251  0.000078  0.000108
IBM   0.000078  0.000078  0.000146  0.000089
MSFT  0.000095  0.000108  0.000089  0.000215
```

你可以使用 DataFrame 的 `corrwith` 方法，來計算 DataFrame 的欄或列與其他的 Series 或 DataFrame 之間的成對相關性。傳入 Series 會回傳一個 Series，裡面有為每一欄計算的相關值：

```
In [288]: returns.corrwith(returns["IBM"])
Out[288]:
AAPL    0.386817
GOOG    0.405099
IBM     1.000000
MSFT    0.499764
dtype: float64
```

傳入 DataFrame 會計算相符的欄名的相關性。在此，我計算變化百分比與成交量（volume）之間的相關性：

```
In [289]: returns.corrwith(volume)
Out[289]:
AAPL   -0.075565
GOOG   -0.007067
IBM    -0.204849
MSFT   -0.092950
dtype: float64
```

傳入 `axis="columns"` 會改成逐列工作。無論如何，在計算相關性之前，資料點都會按標籤對齊。

唯一值、值的數量，以及成員資格

有一類相關的方法可提取關於一維 Series 的值的資訊。為了介紹它們，我們來考慮這個範例：

```
In [290]: obj = pd.Series(["c", "a", "d", "a", "a", "b", "b", "c", "c"])
```

第一個函式是 `unique`，它提供在 Series 裡的不重複值的陣列：

```
In [291]: uniques = obj.unique()

In [292]: uniques
Out[292]: array(['c', 'a', 'd', 'b'], dtype=object)
```

不重複的值不一定按照它們初次出現的順序來回傳，也不會按照排序順序來排列，但需要的話，你可以在事後排序它們（`uniques.sort()`）。`value_counts` 是相關的函式，它會計算一個包含值的頻率的 Series：

```
In [293]: obj.value_counts()
Out[293]:
c    3
a    3
b    2
d    1
dtype: int64
```

為了方便起見，Series 會按值降序排序。value_counts 也可以當成頂級的 pandas 方法，可以和 NumPy 陣列或其他 Python 序列一起使用：

```
In [294]: pd.value_counts(obj.to_numpy(), sort=False)
Out[294]:
c    3
a    3
d    1
b    2
dtype: int64
```

isin 可以用向量化的方式檢查項目是不是成員，適合用來從一個資料組篩選出屬於 Series 的值或 DataFrame 的欄的子集合：

```
In [295]: obj
Out[295]:
0    c
1    a
2    d
3    a
4    a
5    b
6    b
7    c
8    c
dtype: object

In [296]: mask = obj.isin(["b", "c"])

In [297]: mask
Out[297]:
0     True
1    False
2    False
3    False
4    False
5     True
6     True
7     True
```

```
8     True
dtype: bool

In [298]: obj[mask]
Out[298]:
0    c
5    b
6    b
7    c
8    c
dtype: object
```

Index.get_indexer 是與 isin 相關的方法，它可以產生一個陣列的值（值可能有相同的）在另一個陣列（值都不相同）裡的索引，結果是一個陣列：

```
In [299]: to_match = pd.Series(["c", "a", "b", "b", "c", "a"])

In [300]: unique_vals = pd.Series(["c", "b", "a"])

In [301]: indices = pd.Index(unique_vals).get_indexer(to_match)

In [302]: indices
Out[302]: array([0, 2, 1, 1, 0, 2])
```

表 5-9 是這些方法的參考。

表 5-9　檢查唯一性、計算值的數量，以及檢查是否為集合成員的方法

方法	說明
isin	計算一個布林陣列，指出 Series 或 DataFrame 的每一個值有沒有出現在你傳入的值序列裡面
get_indexer	計算整數索引，指出一個陣列裡的每一個值在另一個陣列內的哪個位置（後者的值都不相同），可協助進行資料對齊與連接類型操作
unique	為一個 Series 算出它的不相同值組成的陣列，按照看到的順序回傳
value_counts	回傳一個 Series，其索引是互不相同的值，值是索引值的頻率，按數量降序排序

有時你想計算 DataFrame 裡的多個相關的直欄的直方圖。舉一個例子：

```
In [303]: data = pd.DataFrame({"Qu1": [1, 3, 4, 3, 4],
   .....:                      "Qu2": [2, 3, 1, 2, 3],
   .....:                      "Qu3": [1, 5, 2, 4, 4]})

In [304]: data
```

```
Out[304]:
   Qu1  Qu2  Qu3
0    1    2    1
1    3    3    5
2    4    1    2
3    3    2    4
4    4    3    4
```

我們可以計算某一欄裡的每個值的數量：

```
In [305]: data["Qu1"].value_counts().sort_index()
Out[305]:
1    1
3    2
4    2
Name: Qu1, dtype: int64
```

若要計算所有直欄，你可以將 pandas.value_counts 傳給 DataFrame 的 apply 方法：

```
In [306]: result = data.apply(pd.value_counts).fillna(0)

In [307]: result
Out[307]:
   Qu1  Qu2  Qu3
1  1.0  1.0  1.0
2  0.0  2.0  1.0
3  2.0  2.0  0.0
4  2.0  0.0  2.0
5  0.0  0.0  1.0
```

結果的列標籤是出現在每一欄裡的值。結果的值是那些值在每一欄的出現次數。

我們也有一個 DataFrame.value_counts 方法，但是它會將 DataFrame 的每一列視為一個 tuple，並計算每一種 tuple 出現的次數：

```
In [308]: data = pd.DataFrame({"a": [1, 1, 1, 2, 2], "b": [0, 0, 1, 0, 0]})

In [309]: data
Out[309]:
   a  b
0  1  0
1  1  0
2  1  1
3  2  0
4  2  0

In [310]: data.value_counts()
Out[310]:
```

```
a  b
1  0    2
2  0    2
1  1    1
dtype: int64
```

在這個例子中，結果有一個索引，以分層索引來代表互不相同的列，我們將在第 8 章更仔細討論這個主題。

5.4 總結

在下一章，我們將討論使用 pandas 來讀取（或載入）和寫入資料組的工具。接下來，我們將更深入探討 pandas 的資料清理、整頓、分析與視覺化工具。

第六章

資料的載入與儲存，及檔案格式

讀取資料並讓它可被使用（通常稱為資料載入（*data loading*）），是使用本書的大多數工具必要的第一步。有人也會用**解析**這個詞來代表「載入文字資料，並將它解譯成表格或其他資料型態」。我接下來會專門討論如何使用 pandas 來輸入與輸出資料，但其他程式庫也有一些工具可協助你用各種格式來讀取和寫入資料。

輸入與輸出通常可分成以下幾大類：讀取文字檔與其他更高效的磁碟格式、從資料庫載入資料，以及與網路資源（例如 web API）互動。

6.1 讀取和寫入文字格式的資料

pandas 有一些函式可將表格資料讀為 DataFrame 物件。表 6-1 整理其中的一些，`pandas.read_csv` 是本書最常用的一種。我們將在第 205 頁，第 6.2 節的「二進制資料格式」討論二進制資料格式。

表 6-1 pandas 的文字和二進制資料載入函式

函式	說明
`read_csv`	從檔案、URL 或類檔案物件載入使用分隔符號的資料；預設的分隔符號是逗號
`read_fwf`	讀取定寬欄位格式（不使用分隔符號）的資料
`read_clipboard`	`read_csv` 的變體，從剪貼簿讀取資料；適合用來轉換網頁的表格
`read_excel`	從 Excel XLS 或 XLSX 檔讀取表格資料

函式	說明
`read_hdf`	讀取用 pandas 寫入的 HDF5 檔
`read_html`	讀取指定的 HTML 文件中的所有表格
`read_json`	從 JSON（JavaScript Object Notation）字串格式、檔案、URL 或類檔案物件讀取資料
`read_feather`	讀取 Feather 二進制檔案格式
`read_orc`	讀取 Apache ORC 二進制檔案格式
`read_parquet`	讀取 Apache Parquet 二進制檔案格式
`read_pickle`	使用 Python pickle 格式來讀取以 pandas 儲存的物件
`read_sas`	從 SAS 系統的自訂儲存格式讀取 SAS 資料組
`read_spss`	讀取用 SPSS 建立的資料檔
`read_sql`	讀取 SQL 查詢的結果（使用 SQLAlchemy）
`read_sql_table`	讀取整個 SQL 表（使用 SQLAlchemy）；相當於使用 `read_sql` 查詢指令來選擇那張表的所有東西
`read_stata`	從 Stata 檔格式讀取資料組
`read_xml`	從 XML 檔讀取資料表格

這些函式的功能是將文字資料轉換成 DataFrame，接下來會簡單說明這些函式的機制。這些函式的選用引數可分成幾類：

檢索

可以用 DataFrame 的形式回傳一或多欄，它可能從檔案取得欄名、從你提供的引數取得欄名，或完全不取得欄名。

型態推論與資料轉換

包括由用戶定義的轉換，以及自訂的缺失值標記清單。

日期與時間解析

包括合併功能，例如將分散在多欄之間的日期與時間資訊合併成一欄。

迭代

迭代許多大型檔案。

處理不乾淨的資料
　包括跳過幾列或頁腳、註釋，或其他細節，例如包含千位數逗號的數字資料。

因為現實世界的資料可能極其混亂，久而久之，有些資料載入函式已積累了一長串的選用引數（尤其是 pandas.read_csv）。面對海量的參數感到不知所措是很正常的事情（pandas.read_csv 有大約 50 個）。網路上的 pandas 文件有許多範例，說明每一種參數的功能，所以如果你不知道怎麼讀取特定檔案，在那裡可能有類似的範例可協助你找到正確的參數。

這些函數有些會執行**型態推斷**，因為欄的資料型態不是資料格式的一部分。這意味著你不一定要指定哪些欄是數字、整數、布林或字串。有些其他的資料格式包含資料型態資訊，例如 HDF5、ORC 與 Parquet。

處理日期與其他自訂型態可能需要額外的工作。

我們從一個小型的逗號分隔值（CSV）文字檔看起：

```
In [10]: !cat examples/ex1.csv
a,b,c,d,message
1,2,3,4,hello
5,6,7,8,world
9,10,11,12,foo
```

我在這裡使用 Unix 的 cat shell 命令來將檔案的原始內容印到螢幕上。如果你使用 Windows，你可以在 Windows 終端機（或命令列）裡，將 cat 換成 type 來產生相同的效果。

因為它用逗號來分隔，所以我們可以使用 pandas.read_csv 來將它讀入 DataFrame：

```
In [11]: df = pd.read_csv("examples/ex1.csv")

In [12]: df
Out[12]:
   a   b   c   d message
0  1   2   3   4   hello
1  5   6   7   8   world
2  9  10  11  12     foo
```

檔案不一定有標題列。考慮這個檔案：

```
In [13]: !cat examples/ex2.csv
1,2,3,4,hello
5,6,7,8,world
9,10,11,12,foo
```

你可以用幾種方式來讀取這個檔案，你可以交給 pandas 指定預設欄名，或自己指定：

```
In [14]: pd.read_csv("examples/ex2.csv", header=None)
Out[14]:
   0   1   2   3      4
0  1   2   3   4  hello
1  5   6   7   8  world
2  9  10  11  12    foo

In [15]: pd.read_csv("examples/ex2.csv", names=["a", "b", "c", "d", "message"])
Out[15]:
   a   b   c   d message
0  1   2   3   4   hello
1  5   6   7   8   world
2  9  10  11  12     foo
```

如果你想要使用 `message` 欄作為回傳的 DataFrame 的索引。你可以用 `index_col` 引數來指定它的索引 4 或它的名稱 `"message"`：

```
In [16]: names = ["a", "b", "c", "d", "message"]

In [17]: pd.read_csv("examples/ex2.csv", names=names, index_col="message")
Out[17]:
         a   b   c   d
message
hello    1   2   3   4
world    5   6   7   8
foo      9  10  11  12
```

如果你想用多欄來製作分層索引（在第 261 頁，第 8.1 節的「分層索引」中討論），你可以用串列來傳入欄的編號或名稱：

```
In [18]: !cat examples/csv_mindex.csv
key1,key2,value1,value2
one,a,1,2
one,b,3,4
one,c,5,6
one,d,7,8
two,a,9,10
two,b,11,12
two,c,13,14
```

```
two,d,15,16

In [19]: parsed = pd.read_csv("examples/csv_mindex.csv",
   ....:                      index_col=["key1", "key2"])

In [20]: parsed
Out[20]:
           value1  value2
key1 key2
one  a          1       2
     b          3       4
     c          5       6
     d          7       8
two  a          9      10
     b         11      12
     c         13      14
     d         15      16
```

有時表格沒有固定的分隔符號，而是使用空白或其他方式來分隔欄位。考慮這個文字檔：

```
In [21]: !cat examples/ex3.txt
A         B         C
aaa -0.264438 -1.026059 -0.619500
bbb  0.927272  0.302904 -0.032399
ccc -0.264273 -0.386314 -0.217601
ddd -0.871858 -0.348382  1.100491
```

裡面的欄位是用不同的空白數量來分隔的，雖然你可以親手整理，但是在這種情況下，你可以用正規表達式來代表分隔符號，傳給 pandas.read_csv。這些空白可以用正規表達式 \s+ 來表示，所以我們可以這樣寫：

```
In [22]: result = pd.read_csv("examples/ex3.txt", sep="\s+")

In [23]: result
Out[23]:
            A         B         C
aaa -0.264438 -1.026059 -0.619500
bbb  0.927272  0.302904 -0.032399
ccc -0.264273 -0.386314 -0.217601
ddd -0.871858 -0.348382  1.100491
```

因為欄名的數量比資料列少一個，所以 pandas.read_csv 推斷在這個特殊情況下，第一欄應該是 DataFrame 的索引。

檔案解析函式有許多額外的引數可協助你處理各種特別檔案格式（表 6-2 是其中的一些）。例如，你可以用 `skiprows` 來跳過檔案的第一、三、四列：

```
In [24]: !cat examples/ex4.csv
# 嘿！
a,b,c,d,message
# 只是想要問你難一點的問題
# 誰用電腦讀取 CSV 檔？
1,2,3,4,hello
5,6,7,8,world
9,10,11,12,foo

In [25]: pd.read_csv("examples/ex4.csv", skiprows=[0, 2, 3])
Out[25]:
   a   b   c   d message
0  1   2   3   4   hello
1  5   6   7   8   world
2  9  10  11  12     foo
```

在檔案讀取程序中，缺失值的處理是一個很重要且細膩的步驟。缺失的資料通常不存在（空字串），或是用特殊的**哨符值**（占位值）來標記。在預設情況下，pandas 使用一組常見的哨符值，例如 `NA` 與 `NULL`：

```
In [26]: !cat examples/ex5.csv
something,a,b,c,d,message
one,1,2,3,4,NA
two,5,6,,8,world
three,9,10,11,12,foo
In [27]: result = pd.read_csv("examples/ex5.csv")

In [28]: result
Out[28]:
  something  a   b     c   d message
0       one  1   2   3.0   4     NaN
1       two  5   6   NaN   8   world
2     three  9  10  11.0  12     foo
```

pandas 用 `NaN` 來代表輸出中的缺失值，所以在 `result` 裡有兩個 null 或缺失值：

```
In [29]: pd.isna(result)
Out[29]:
   something      a      b      c      d  message
0      False  False  False  False  False     True
1      False  False  False   True  False    False
2      False  False  False  False  False    False
```

你可以使用 na_values 選項來傳入應視為缺失值的一些字串：

```
In [30]: result = pd.read_csv("examples/ex5.csv", na_values=["NULL"])

In [31]: result
Out[31]:
  something  a   b     c   d message
0       one  1   2   3.0   4     NaN
1       two  5   6   NaN   8   world
2     three  9  10  11.0  12     foo
```

pandas.read_csv 有許多預設的 NA 值，但你可以用 keep_default_na 選項來停用這些預設值：

```
In [32]: result2 = pd.read_csv("examples/ex5.csv", keep_default_na=False)

In [33]: result2
Out[33]:
  something  a   b   c   d message
0       one  1   2   3   4      NA
1       two  5   6       8   world
2     three  9  10  11  12     foo

In [34]: result2.isna()
Out[34]:
   something      a      b      c      d  message
0      False  False  False  False  False    False
1      False  False  False  False  False    False
2      False  False  False  False  False    False

In [35]: result3 = pd.read_csv("examples/ex5.csv", keep_default_na=False,
   ....:                       na_values=["NA"])

In [36]: result3
Out[36]:
  something  a   b   c   d message
0       one  1   2   3   4     NaN
1       two  5   6       8   world
2     three  9  10  11  12     foo

In [37]: result3.isna()
Out[37]:
   something      a      b      c      d  message
0      False  False  False  False  False     True
1      False  False  False  False  False    False
2      False  False  False  False  False    False
```

你可以用字典來為每一欄指定不同的 NA 哨符值：

```
In [38]: sentinels = {"message": ["foo", "NA"], "something": ["two"]}

In [39]: pd.read_csv("examples/ex5.csv", na_values=sentinels,
   ....:             keep_default_na=False)
Out[39]:
  something  a   b   c   d message
0       one  1   2   3   4     NaN
1       NaN  5   6       8   world
2     three  9  10  11  12     NaN
```

表 6-2 是經常在 pandas.read_csv 裡使用的選項：

表 6-2 pandas.read_csv 函式的一些引數

引數	說明
path	指出檔案系統位置、URL 或類檔案物件的字串。
sep 或 delimiter	用來分開每列中的欄位的字元序列或正規表達式。
header	用哪一列來當成欄名；預設 0（第一列），但若無標題列，則應設為 None。
index_col	在結果中當成列索引的欄號或欄名；可設為一個名稱 / 編號，或代表分層索引的名稱 / 編號串列。
names	結果的欄名串列。
skiprows	忽略檔案開頭的幾列，或想跳過的列號（從 0 算起）。
na_values	取代 NA 的值。除非傳入 keep_default_na=False，否則它們會被加入預設的串列。
keep_default_na	是否使用預設的 NA 值串列（預設為 True）。
comment	根據哪個字元來移除行尾的字元。
parse_dates	試著將資料解析成 datetime；預設值為 False。若設為 True，它會試著解析每一欄。或者，你可以指定要解析的欄號或欄名。如果串列的元素是 tuple 或串列，它會合併多欄並解析成日期（例如，當日期與時間分別位於兩欄時）。
keep_date_col	若合併多欄以解析日期，保留合併的欄；預設值為 False。
converters	用字典來將欄號或欄名對映至函式（例如，{"foo": f} 會將函式 f 套用至 "foo" 欄的所有值）。
dayfirst	在解析潛在不明確的日期時，將之視為國際格式（例如 7/6/2012 -> June 7, 2012），預設值為 False。
date_parser	指定用來解析日期的函式。

引數	說明
nrows	從檔案開頭讀取幾列（不包括標題）。
iterator	回傳一個 TextFileReader 物件，用來逐漸讀取檔案。這個物件也可以和 with 敘述句一起使用。
chunksize	檔案塊（chunk）的大小，用來迭代。
skipfooter	忽略檔案結尾的多少行。
verbose	印出各種解析資訊，例如檔案的各個轉換階段花費的時間，及記憶體使用資訊。
encoding	文字編碼（例如 "utf-8" 代表用 UTF-8 來編碼的文字）。若 None 則預設 "utf-8"。
squeeze	如果被解析的資料只有一欄，回傳 Series。
thousands	千位數的分隔符號（例如 "," 或 "."）；預設值是 None。
decimal	數字中的小數點符號（例如 "." 或 ","）；預設值是 "."。
engine	CSV 解析與轉換引擎；可設為 "c"、"python" 或 "pyarrow"。預設值是 "c"，但較新的 "pyarrow" 引擎可以快很多地解析一些檔案。"python" 引擎比較慢，但有一些其他引擎未提供的功能。

讀取部分的文字檔

在處理龐大的檔案或釐清處理大型檔案的正確引數時，你可能只想讀取檔案的一小部分，或迭代檔案的幾個小部分。

在討論大型檔案之前，我們來讓 pandas 的顯示格式更緊湊：

```
In [40]: pd.options.display.max_rows = 10
```

如此一來：

```
In [41]: result = pd.read_csv("examples/ex6.csv")

In [42]: result
Out[42]:
            one       two     three      four key
0      0.467976 -0.038649 -0.295344 -1.824726   L
1     -0.358893  1.404453  0.704965 -0.200638   B
2     -0.501840  0.659254 -0.421691 -0.057688   G
3      0.204886  1.074134  1.388361 -0.982404   R
4      0.354628 -0.133116  0.283763 -0.837063   Q
...         ...       ...       ...       ...  ..
```

```
9995  2.311896 -0.417070 -1.409599 -0.515821   L
9996 -0.479893 -0.650419  0.745152 -0.646038   E
9997  0.523331  0.787112  0.486066  1.093156   K
9998 -0.362559  0.598894 -1.843201  0.887292   G
9999 -0.096376 -1.012999 -0.657431 -0.573315   0
[10000 rows x 5 columns]
```

省略符號 ... 代表 DataFrame 的中間數列被省略了。

如果你只想讀取少數幾列（以免讀取整個檔案），你可以用 `nrows` 來指定列數：

```
In [43]: pd.read_csv("examples/ex6.csv", nrows=5)
Out[43]:
        one       two     three      four key
0  0.467976 -0.038649 -0.295344 -1.824726   L
1 -0.358893  1.404453  0.704965 -0.200638   B
2 -0.501840  0.659254 -0.421691 -0.057688   G
3  0.204886  1.074134  1.388361 -0.982404   R
4  0.354628 -0.133116  0.283763 -0.837063   Q
```

若要讀取部分的檔案，你可以用 `chunksize` 來設定列數：

```
In [44]: chunker = pd.read_csv("examples/ex6.csv", chunksize=1000)

In [45]: type(chunker)
Out[45]: pandas.io.parsers.readers.TextFileReader
```

`pandas.read_csv` 回傳的 `TextFileReader` 物件可讓你用 `chunksize` 來迭代部分檔案。例如，我們可以迭代 *ex6.csv*，並彙總在 `"key"` 欄裡的值的數量：

```
chunker = pd.read_csv("examples/ex6.csv", chunksize=1000)

tot = pd.Series([], dtype='int64')
for piece in chunker:
    tot = tot.add(piece["key"].value_counts(), fill_value=0)

tot = tot.sort_values(ascending=False)
```

執行結果是：

```
In [47]: tot[:10]
Out[47]:
E    368.0
X    364.0
L    346.0
O    343.0
Q    340.0
M    338.0
```

```
J    337.0
F    335.0
K    334.0
H    330.0
dtype: float64
```

TextFileReader 也有一個 get_chunk 方法可讀取任意大小的部分。

將資料寫至文字格式

資料也可以匯出成分隔符號格式。我們來考慮之前讀取的一個 CSV 檔：

```
In [48]: data = pd.read_csv("examples/ex5.csv")

In [49]: data
Out[49]:
  something  a   b     c   d message
0       one  1   2   3.0   4     NaN
1       two  5   6   NaN   8   world
2     three  9  10  11.0  12     foo
```

使用 DataFrame 的 to_csv 方法可將資料寫至逗號分隔檔：

```
In [50]: data.to_csv("examples/out.csv")

In [51]: !cat examples/out.csv
,something,a,b,c,d,message
0,one,1,2,3.0,4,
1,two,5,6,,8,world
2,three,9,10,11.0,12,foo
```

你當然也可以使用其他的分隔符號（寫至 sys.stdout 來將文字結果印至主控台，而不是檔案）：

```
In [52]: import sys

In [53]: data.to_csv(sys.stdout, sep="|")
|something|a|b|c|d|message
0|one|1|2|3.0|4|
1|two|5|6||8|world
2|three|9|10|11.0|12|foo
```

在輸出裡，缺失值被表示成空字串。你可以用其他的哨符值來表示它們：

```
In [54]: data.to_csv(sys.stdout, na_rep="NULL")
,something,a,b,c,d,message
0,one,1,2,3.0,4,NULL
```

```
1,two,5,6,NULL,8,world
2,three,9,10,11.0,12,foo
```

如果沒有設定其他選項，它會寫入列與欄的標籤。你可以取消它們：

```
In [55]: data.to_csv(sys.stdout, index=False, header=False)
one,1,2,3.0,4,
two,5,6,,8,world
three,9,10,11.0,12,foo
```

你也可以只寫入欄的子集合，並且按照你指定的順序寫入：

```
In [56]: data.to_csv(sys.stdout, index=False, columns=["a", "b", "c"])
a,b,c
1,2,3.0
5,6,
9,10,11.0
```

處理其他的分隔格式

你可以使用類似 pandas.read_csv 的各種函式從磁碟載入多數的表格形式資料。但有時你可能要親自處理一些東西。pandas.read_csv 經常無法處理具有一行或多行損壞資料的檔案。為了介紹基本的工具，我們來看一個小 CSV 檔：

```
In [57]: !cat examples/ex7.csv
"a","b","c"
"1","2","3"
"1","2","3"
```

使用單字元的分隔符號的檔案都可以用 Python 的內建模組 csv 來處理，做法是將任何 open 檔或類檔案物件傳給 csv.reader：

```
In [58]: import csv

In [59]: f = open("examples/ex7.csv")

In [60]: reader = csv.reader(f)
```

然後像檔案一樣迭代 reader 即可得到一系列的值，且任何引號字元都會被移除：

```
In [61]: for line in reader:
   ....:     print(line)
['a', 'b', 'c']
['1', '2', '3']
['1', '2', '3']

In [62]: f.close()
```

接下來，你就可能隨意做任何必要的整理，來將資料放入你需要的格式了。我們來一步一步做這件事。我們先將檔案讀入一個 lines 串列：

```
In [63]: with open("examples/ex7.csv") as f:
   ....:     lines = list(csv.reader(f))
```

然後將 lines 分成標題 line 與資料 line：

```
In [64]: header, values = lines[0], lines[1:]
```

然後使用字典生成式（dictionary comprehension）與運算式 `zip(*values)`（小心，在處理大型檔案時，這會使用大量的記憶體）來建立資料欄的字典：

```
In [65]: data_dict = {h: v for h, v in zip(header, zip(*values))}

In [66]: data_dict
Out[66]: {'a': ('1', '1'), 'b': ('2', '2'), 'c': ('3', '3')}
```

CSV 檔有許多不同的形式。若要定義使用不同分隔符號、字串引號或行結束符號的新格式，我們可以定義 `csv.Dialect` 的子類別：

```
class my_dialect(csv.Dialect):
    lineterminator = "\n"
    delimiter = ";"
    quotechar = '"'
    quoting = csv.QUOTE_MINIMAL

reader = csv.reader(f, dialect=my_dialect)
```

我們也可以使用 `csv.reader` 的關鍵字來指定個別的 CSV dialect 參數，而不需要定義子類別：

```
reader = csv.reader(f, delimiter="|")
```

表 6-3 是可用的選項（`csv.Dialect` 的屬性）及其功能。

表 6-3　CSV `dialect` 選項

引數	說明
`delimiter`	分隔欄位的單字元字串，預設為 `","`。
`lineterminator`	在寫入時使用的行結束符號，預設為 `"\r\n"`。在讀取時會忽略它，並辨識跨平台的行結束符號。
`quotechar`	在具有特殊字元（例如分隔符號）的欄位中使用的引號字元；預設為 `'"'`。

引數	說明
quoting	使用引號的規則，可以設為 csv.QUOTE_ALL（所有欄位都使用引號）、csv.QUOTE_MINIMAL（僅限具有特殊字元的欄位，例如分隔符號）、csv.QUOTE_NONNUMERIC 與 csv.QUOTE_NONE（不加引號）。完整的細節見 Python 的文件。預設值為 QUOTE_MINIMAL。
skipinitialspace	忽略每個分隔符號後面的空白，預設值為 False。
doublequote	如何處理欄位內的引號字元，若 True，則使用雙引號（完整的細節與行為見網路文件）。
escapechar	如果 quoting 被設成 csv.QUOTE_NONE，它是用來轉義分隔符號的字串；預設停用。

csv 模組無法處理使用更複雜或固定多字元分隔符號的檔案，在這種情況下，你必須使用字串的 split 方法或正規表達式方法 re.split 來進行分行與其他整理。幸好，如果你傳入必要的選項的話，pandas.read_csv 能夠做你想做的幾乎所有事情，所以你只需要在罕見的情況下親自解析檔案。

你可以使用 csv.writer 來親自寫入使用分隔符號的檔案。它接收一個 open 的、可寫入的檔案物件，以及與 csv.reader 一樣的 dialect 和格式選項：

```
with open("mydata.csv", "w") as f:
    writer = csv.writer(f, dialect=my_dialect)
    writer.writerow(("one", "two", "three"))
    writer.writerow(("1", "2", "3"))
    writer.writerow(("4", "5", "6"))
    writer.writerow(("7", "8", "9"))
```

JSON 資料

JSON（JavaScript Object Notation）已經是網頁瀏覽器與其他應用程式之間使用 HTTP 請求來傳送資料的標準格式之一了。它是一種比 CSV 等表格文字形式更自由的資料格式。我們來看一個例子：

```
obj = """
{"name": "Wes",
 "cities_lived": ["Akron", "Nashville", "New York", "San Francisco"],
 "pet": null,
 "siblings": [{"name": "Scott", "age": 34, "hobbies": ["guitars", "soccer"]},
              {"name": "Katie", "age": 42, "hobbies": ["diving", "art"]}]
}
"""
```

除了 JSON 的 null 值 null 以及一些其他的細節（例如不能在串列的結尾使用逗號）之外，JSON 幾乎是有效的 Python 程式碼。JSON 的基本型態有物件（字典）、陣列（串列）、字串、數字、布林，與 null。在物件裡的所有鍵都必須是字串。Python 有幾個用來讀取和寫入 JSON 資料的程式庫。我將使用 json，因為它是 Python 標準程式庫內建的。你可以使用 json.loads 來將 JSON 字串轉換成 Python 形式：

```
In [68]: import json

In [69]: result = json.loads(obj)

In [70]: result
Out[70]:
{'name': 'Wes',
 'cities_lived': ['Akron', 'Nashville', 'New York', 'San Francisco'],
 'pet': None,
 'siblings': [{'name': 'Scott',
   'age': 34,
   'hobbies': ['guitars', 'soccer']},
  {'name': 'Katie', 'age': 42, 'hobbies': ['diving', 'art']}]}
```

json.dumps 則可將 Python 物件轉換回去 JSON：

```
In [71]: asjson = json.dumps(result)

In [72]: asjson
Out[72]: '{"name": "Wes", "cities_lived": ["Akron", "Nashville", "New York", "San
 Francisco"], "pet": null, "siblings": [{"name": "Scott", "age": 34, "hobbies": [
"guitars", "soccer"]}, {"name": "Katie", "age": 42, "hobbies": ["diving", "art"]}
]}'
```

你可以自行決定如何將 JSON 物件或物件串列轉換成 DataFrame 或其他的資料結構以供分析。方便的是，你可以傳入一個字典串列（之前是 JSON 物件）給 DataFrame 建構式，並選擇資料欄位的子集合：

```
In [73]: siblings = pd.DataFrame(result["siblings"], columns=["name", "age"])

In [74]: siblings
Out[74]:
    name  age
0  Scott   34
1  Katie   42
```

pandas.read_json 可以用特定的安排，將 JSON 資料組自動轉換成 Series 或 DataFrame。例如：

```
In [75]: !cat examples/example.json
[{"a": 1, "b": 2, "c": 3},
 {"a": 4, "b": 5, "c": 6},
 {"a": 7, "b": 8, "c": 9}]
```

pandas.read_json 的預設選項假設在 JSON 陣列裡的每一個物件都是表的一列：

```
In [76]: data = pd.read_json("examples/example.json")

In [77]: data
Out[77]:
   a  b  c
0  1  2  3
1  4  5  6
2  7  8  9
```

第 13 章的 USDA 食物資料庫範例是讀取和處理 JSON 資料（包括嵌套狀的紀錄）的延伸範例。

如果你要將資料從 pandas 匯出至 JSON，有一種做法是使用 Series 與 DataFrame 的 to_json 方法：

```
In [78]: data.to_json(sys.stdout)
{"a":{"0":1,"1":4,"2":7},"b":{"0":2,"1":5,"2":8},"c":{"0":3,"1":6,"2":9}}
In [79]: data.to_json(sys.stdout, orient="records")
[{"a":1,"b":2,"c":3},{"a":4,"b":5,"c":6},{"a":7,"b":8,"c":9}]
```

XML 與 HTML：爬網

Python 有很多程式庫可以用隨處可見的 HTML 及 XML 格式來讀取和寫入資料，例如 lxml、Beautiful Soup 與 html5lib。雖然 lxml 總體上相對快得多，但其他程式庫可以更妥善地處理各種奇怪的 HTML 與 XML 檔案。

pandas 的內建函式 pandas.read_html 使用以上的所有程式庫，來將 HTML 檔的表格自動地解析成 DataFrame 物件。為了展示它的動作，我從 US FDIC 下載了一個記錄倒閉銀行的 HTML 檔（pandas 文件也使用它）[1]。首先，你必須安裝 read_html 所使用的一些額外程式庫：

```
conda install lxml beautifulsoup4 html5lib
```

如果你沒有使用 conda，執行 pip install lxml 應該也有效。

1 完整的清單在 *https://www.fdic.gov/bank/individual/failed/banklist.html*。

`pandas.read_html` 函式有一些選項，但是在預設情況下，它會尋找 `<table>` 標籤裡的所有表格資料並試著解析它們。執行程式會得到一個 DataFrame 物件串列：

```
In [80]: tables = pd.read_html("examples/fdic_failed_bank_list.html")

In [81]: len(tables)
Out[81]: 1

In [82]: failures = tables[0]

In [83]: failures.head()
Out[83]:
                      Bank Name             City  ST   CERT  \
0                   Allied Bank         Mulberry  AR     91
1  The Woodbury Banking Company         Woodbury  GA  11297
2        First CornerStone Bank  King of Prussia  PA  35312
3            Trust Company Bank          Memphis  TN   9956
4    North Milwaukee State Bank        Milwaukee  WI  20364
               Acquiring Institution        Closing Date       Updated Date
0                        Today's Bank  September 23, 2016  November 17, 2016
1                         United Bank     August 19, 2016  November 17, 2016
2  First-Citizens Bank & Trust Company         May 6, 2016  September 6, 2016
3            The Bank of Fayette County      April 29, 2016  September 6, 2016
4  First-Citizens Bank & Trust Company      March 11, 2016      June 16, 2016
```

因為 `failures` 有很多欄，所以 pandas 插入一個換行字元 `\`。

你將在後續的章節中看到，接下來我們可以繼續做一些資料清理和分析，例如計算每年有幾家銀行倒閉：

```
In [84]: close_timestamps = pd.to_datetime(failures["Closing Date"])

In [85]: close_timestamps.dt.year.value_counts()
Out[85]:
2010    157
2009    140
2011     92
2012     51
2008     25
       ...
2004      4
2001      4
2007      3
2003      3
2000      2
Name: Closing Date, Length: 15, dtype: int64
```

用 lxml.objectify 來解析 XML

XML 是另一種常見的結構性資料格式，它使用詮釋資料來支援分層、嵌套資料。你現在閱讀的這本書其實是用許多大型的 XML 文件編成的。

之前展示了 `pandas.read_html` 函式，它在底層使用 lxml 或 Beautiful Soup 來解析 HTML 裡的資料。XML 和 HTML 有相似的結構，但 XML 比較一般化。接下來，我要用一個例子來說明如何使用 lxml 來從一個較一般化的 XML 格式解析資料。

紐約大都會運輸署（MTA）多年來用 XML 格式來發表關於公車與火車服務的一系列資料。接下來，我們要來看一下績效資料，它被放在一組 XML 檔案裡面。每一項火車或公車服務都有一個不同的檔案（例如 Metro-North Railroad 使用 *Performance_MNR.xml*），裡面有每月的資料，它們是一系列這樣子的 XML 紀錄：

```
<INDICATOR>
  <INDICATOR_SEQ>373889</INDICATOR_SEQ>
  <PARENT_SEQ></PARENT_SEQ>
  <AGENCY_NAME>Metro-North Railroad</AGENCY_NAME>
  <INDICATOR_NAME>Escalator Availability</INDICATOR_NAME>
  <DESCRIPTION>Percent of the time that escalators are operational
  systemwide. The availability rate is based on physical observations performed
  the morning of regular business days only. This is a new indicator the agency
  began reporting in 2009.</DESCRIPTION>
  <PERIOD_YEAR>2011</PERIOD_YEAR>
  <PERIOD_MONTH>12</PERIOD_MONTH>
  <CATEGORY>Service Indicators</CATEGORY>
  <FREQUENCY>M</FREQUENCY>
  <DESIRED_CHANGE>U</DESIRED_CHANGE>
  <INDICATOR_UNIT>%</INDICATOR_UNIT>
  <DECIMAL_PLACES>1</DECIMAL_PLACES>
  <YTD_TARGET>97.00</YTD_TARGET>
  <YTD_ACTUAL></YTD_ACTUAL>
  <MONTHLY_TARGET>97.00</MONTHLY_TARGET>
  <MONTHLY_ACTUAL></MONTHLY_ACTUAL>
</INDICATOR>
```

我們可以使用 `lxml.objectify` 來解析檔案，並使用 `getroot` 來取得 XML 檔的根節點的參考：

```
In [86]: from lxml import objectify

In [87]: path = "datasets/mta_perf/Performance_MNR.xml"

In [88]: with open(path) as f:
```

```
   ....:     parsed = objectify.parse(f)

In [89]: root = parsed.getroot()
```

root.INDICATOR 回傳一個產生器，可產生每一個 <INDICATOR> XML 元素。我們可以執行下面的程式，將標籤名稱（例如 YTD_ACTUAL）與資料值填入字典（排除一些標籤）：

```
data = []

skip_fields = ["PARENT_SEQ", "INDICATOR_SEQ",
               "DESIRED_CHANGE", "DECIMAL_PLACES"]

for elt in root.INDICATOR:
    el_data = {}
    for child in elt.getchildren():
        if child.tag in skip_fields:
            continue
        el_data[child.tag] = child.pyval
    data.append(el_data)
```

最後，將這個字典串列轉換成 DataFrame：

```
In [91]: perf = pd.DataFrame(data)

In [92]: perf.head()
Out[92]:
            AGENCY_NAME                        INDICATOR_NAME  \
0  Metro-North Railroad  On-Time Performance (West of Hudson)
1  Metro-North Railroad  On-Time Performance (West of Hudson)
2  Metro-North Railroad  On-Time Performance (West of Hudson)
3  Metro-North Railroad  On-Time Performance (West of Hudson)
4  Metro-North Railroad  On-Time Performance (West of Hudson)
                                                 DESCRIPTION  \
0  Percent of commuter trains that arrive at their destinations within 5 m...
1  Percent of commuter trains that arrive at their destinations within 5 m...
2  Percent of commuter trains that arrive at their destinations within 5 m...
3  Percent of commuter trains that arrive at their destinations within 5 m...
4  Percent of commuter trains that arrive at their destinations within 5 m...
   PERIOD_YEAR  PERIOD_MONTH            CATEGORY FREQUENCY INDICATOR_UNIT  \
0         2008             1  Service Indicators         M              %
1         2008             2  Service Indicators         M              %
2         2008             3  Service Indicators         M              %
3         2008             4  Service Indicators         M              %
4         2008             5  Service Indicators         M              %
  YTD_TARGET YTD_ACTUAL MONTHLY_TARGET MONTHLY_ACTUAL
0       95.0       96.9           95.0           96.9
1       95.0       96.0           95.0           95.0
```

```
2        95.0        96.3            95.0            96.9
3        95.0        96.8            95.0            98.3
4        95.0        96.6            95.0            95.8
```

pandas 的 pandas.read_xml 函式可將這個程序變成一行運算式：

```
In [93]: perf2 = pd.read_xml(path)

In [94]: perf2.head()
Out[94]:
   INDICATOR_SEQ  PARENT_SEQ           AGENCY_NAME  \
0          28445         NaN  Metro-North Railroad
1          28445         NaN  Metro-North Railroad
2          28445         NaN  Metro-North Railroad
3          28445         NaN  Metro-North Railroad
4          28445         NaN  Metro-North Railroad
                        INDICATOR_NAME  \
0  On-Time Performance (West of Hudson)
1  On-Time Performance (West of Hudson)
2  On-Time Performance (West of Hudson)
3  On-Time Performance (West of Hudson)
4  On-Time Performance (West of Hudson)
                                                                  DESCRIPTION  \
0  Percent of commuter trains that arrive at their destinations within 5 m...
1  Percent of commuter trains that arrive at their destinations within 5 m...
2  Percent of commuter trains that arrive at their destinations within 5 m...
3  Percent of commuter trains that arrive at their destinations within 5 m...
4  Percent of commuter trains that arrive at their destinations within 5 m...
   PERIOD_YEAR  PERIOD_MONTH            CATEGORY FREQUENCY DESIRED_CHANGE  \
0         2008             1  Service Indicators         M              U
1         2008             2  Service Indicators         M              U
2         2008             3  Service Indicators         M              U
3         2008             4  Service Indicators         M              U
4         2008             5  Service Indicators         M              U
  INDICATOR_UNIT  DECIMAL_PLACES YTD_TARGET YTD_ACTUAL MONTHLY_TARGET  \
0              %               1      95.00      96.90          95.00
1              %               1      95.00      96.00          95.00
2              %               1      95.00      96.30          95.00
3              %               1      95.00      96.80          95.00
4              %               1      95.00      96.60          95.00
  MONTHLY_ACTUAL
0          96.90
1          95.00
2          96.90
3          98.30
4          95.80
```

至於較複雜的 XML 文件，可參考 `pandas.read_xml` 的 docstring，裡面介紹如何進行選擇與篩選以取出特定的表格。

6.2 二進制資料格式

要將資料儲存（或序列化）成二進制格式，有一種簡單的方法是使用 Python 內建的 `pickle` 模組。pandas 物件都有一個 `to_pickle` 方法，可用 pickle 格式將資料寫入磁碟：

```
In [95]: frame = pd.read_csv("examples/ex1.csv")

In [96]: frame
Out[96]:
   a   b   c   d message
0  1   2   3   4   hello
1  5   6   7   8   world
2  9  10  11  12     foo

In [97]: frame.to_pickle("examples/frame_pickle")
```

pickle 檔通常只能在 Python 裡面讀取。你可以直接使用內建的 `pickle` 來讀取檔案內的任何「被 pickle」的物件，甚至使用更方便的 `pandas.read_pickle`：

```
In [98]: pd.read_pickle("examples/frame_pickle")
Out[98]:
   a   b   c   d message
0  1   2   3   4   hello
1  5   6   7   8   world
2  9  10  11  12     foo
```

建議只將 `pickle` 當成短期儲存格式來使用，因為我們很難保證格式在一段時間內的穩定性；現在 pickle 的物件在日後的程式庫版本中可能無法 unpickle。pandas 盡量維持回溯相容性，但以後的某個時間點可能不得不「破壞」pickle 格式。

pandas 支援一些其他的開源二進制資料格式，例如 HDF5、ORC 與 Apache Parquet，如果你安裝了 `pyarrow` 程式包（`conda install pyarrow`），你可以用 `pandas.read_parquet` 來讀取 Parquet 檔：

```
In [100]: fec = pd.read_parquet('datasets/fec/fec.parquet')
```

我會在第 207 頁的「使用 HDF5 格式」中舉幾個 HDF5 範例。鼓勵你研究不同的檔案格式，看看它們的速度有多快，以及它們對你的分析有多大作用。

讀取 Microsoft Excel 檔

pandas 也支援讀取 Excel 2003（與後來的版本）檔裡面的表格資料，你可以使用 pandas.ExcelFile 類別或 pandas.read_excel 函式。在內部，這些工具分別使用外掛的程式包 xlrd 與 openpyxl 來讀取舊的 XLS 與新的 XLSX 檔。你必須分別使用 pip 或 conda 來安裝它們：

```
conda install openpyxl xlrd
```

使用 pandas.ExcelFile 的方法是傳入一個 xls 或 xlsx 檔的路徑來建立一個實例：

```
In [101]: xlsx = pd.ExcelFile("examples/ex1.xlsx")
```

這個物件可以告訴你檔案的試算表名稱串列：

```
In [102]: xlsx.sheet_names
Out[102]: ['Sheet1']
```

你可以用 parse 來將試算表內的資料讀入 DataFrame：

```
In [103]: xlsx.parse(sheet_name="Sheet1")
Out[103]:
   Unnamed: 0  a   b   c   d message
0           0  1   2   3   4   hello
1           1  5   6   7   8   world
2           2  9  10  11  12     foo
```

這個 Excel 表有一個索引欄，所以我們可以使用 index_col 引數來指出它：

```
In [104]: xlsx.parse(sheet_name="Sheet1", index_col=0)
Out[104]:
   a   b   c   d message
0  1   2   3   4   hello
1  5   6   7   8   world
2  9  10  11  12     foo
```

如果你要讀取一個檔案裡的多個試算表，比較快的做法是建立 pandas.ExcelFile，但你也可以直接將檔名傳給 pandas.read_excel：

```
In [105]: frame = pd.read_excel("examples/ex1.xlsx", sheet_name="Sheet1")

In [106]: frame
Out[106]:
   Unnamed: 0  a   b   c   d message
0           0  1   2   3   4   hello
1           1  5   6   7   8   world
2           2  9  10  11  12     foo
```

若要將 pandas 資料寫入 Excel 格式，你必須先建立一個 ExcelWriter，然後使用 pandas 物件的 to_excel 方法來將資料寫到它裡面：

```
In [107]: writer = pd.ExcelWriter("examples/ex2.xlsx")

In [108]: frame.to_excel(writer, "Sheet1")

In [109]: writer.save()
```

你也可以將檔案路徑傳給 to_excel，以免使用 ExcelWriter：

```
In [110]: frame.to_excel("examples/ex2.xlsx")
```

使用 HDF5 格式

HDF5 是一種備受肯定的檔案格式，經常被用來儲存大量的科學陣列資料。它可以用 C 程式庫來存取，而且它的介面可在許多其他語言中使用，包括 Java、Julia、MATLAB 與 Python。在 HDF5 裡的「HDF」是指 *hierarchical data format*。每一個 HDF5 檔都可以儲存多個資料組與詮釋資料。相較於較簡單的格式，HDF5 支援多種模式的即時壓縮，可以更有效率地儲存具有重複模式的資料。HDF5 很適合用來儲存無法放入記憶體的資料組，因為你可以高效地讀取和寫入龐大陣列的一小部分。

若要使用 HDF5 與 pandas，你必須先使用 conda 來安裝 tables 程式包，再安裝 PyTables：

```
conda install pytables
```

注意，PyTables 程式包在 PyPI 裡稱為「tables」，所以如果你用 pip 來安裝，你必須執行 pip install tables。

雖然你可以使用 PyTables 或 h5py 程式庫來直接存取 HDF5 檔，但 pandas 提供高階的介面來簡化儲存 Series 與 DataFrame 物件的工作。HDFStore 類別的工作方式就像字典，它可以處理低階的細節：

```
In [113]: frame = pd.DataFrame({"a": np.random.standard_normal(100)})

In [114]: store = pd.HDFStore("examples/mydata.h5")

In [115]: store["obj1"] = frame

In [116]: store["obj1_col"] = frame["a"]
```

```
In [117]: store
Out[117]:
<class 'pandas.io.pytables.HDFStore'>
File path: examples/mydata.h5
```

接下來，你可以使用同樣的類字典 API 來取出 HDF5 檔內的物件：

```
In [118]: store["obj1"]
Out[118]:
           a
0  -0.204708
1   0.478943
2  -0.519439
3  -0.555730
4   1.965781
..       ...
95  0.795253
96  0.118110
97 -0.748532
98  0.584970
99  0.152677
[100 rows x 1 columns]
```

HDFStore 支援兩種儲存格式："fixed" 與 "table"（預設為 "fixed"）。後者通常比較慢，但它提供特殊語法來執行查詢操作：

```
In [119]: store.put("obj2", frame, format="table")

In [120]: store.select("obj2", where=["index >= 10 and index <= 15"])
Out[120]:
           a
10  1.007189
11 -1.296221
12  0.274992
13  0.228913
14  1.352917
15  0.886429

In [121]: store.close()
```

put 是 store["obj2"] = frame 方法的明確版本，但可設定其他的選項，例如儲存格式。

pandas.read_hdf 函式提供使用這些工具的捷徑：

```
In [122]: frame.to_hdf("examples/mydata.h5", "obj3", format="table")

In [123]: pd.read_hdf("examples/mydata.h5", "obj3", where=["index < 5"])
Out[123]:
          a
0 -0.204708
1  0.478943
2 -0.519439
3 -0.555730
4  1.965781
```

想要的話，你可以這樣刪除你建立的 HDF5 檔：

```
In [124]: import os

In [125]: os.remove("examples/mydata.h5")
```

如果你要處理遠端伺服器（例如 Amazon S3 或 HDFS）裡面的資料，使用專為分散式儲存體設計的二進制格式可能比較好，例如 Apache Parquet（*http://parquet.apache.org*）。

如果你在本地處理大量的資料，鼓勵你研究 PyTables 與 h5py，看看它們是否滿足你的需求。因為許多資料分析問題都受限於 I/O（而不是受限於 CPU），所以使用 HDF5 之類的工具可以大幅加速你的應用程式。

HDF5 不是資料庫。它最適合寫入一次、讀取多次的資料組。雖然你可以隨時將資料加入檔案，但如果有多個程式同時進行寫入，檔案就會損壞。

6.3 與 web API 互動

許多網路都有公用的 API，透過 JSON 或其他格式來傳送資料。你可以在 Python 裡用幾種方式來使用這些 API，我推薦使用 `requests` 程式包（*http://docs.python-requests.org*），它可以用 pip 或 conda 來安裝：

```
conda install requests
```

若要找出 GitHub 上最近的 30 個 pandas 問題，我們可以使用外加的 `requests` 程式庫來發出一個 `GET` HTTP 請求：

```
In [126]: import requests

In [127]: url = "https://api.github.com/repos/pandas-dev/pandas/issues"

In [128]: resp = requests.get(url)

In [129]: resp.raise_for_status()

In [130]: resp
Out[130]: <Response [200]>
```

在使用 `requests.get` 之後呼叫 `raise_for_status` 來檢查 HTTP 錯誤是一個好習慣。

response 物件的 `json` 方法會回傳一個 Python 物件，裡面有解析成字典或串列的 JSON 資料（取決於回傳哪一種 JSON）：

```
In [131]: data = resp.json()

In [132]: data[0]["title"]
Out[132]: 'REF: make copy keyword non-stateful'
```

因為取回的結果是即時資料，你執行這段程式應該會看到不同的結果。

在 `data` 裡的每一個元素都是一個字典，裡面有 GitHub 問題網頁上的所有資料（除了評論之外）。我們可以將 `data` 直接傳給 `pandas.DataFrame` 並取出感興趣的欄位：

```
In [133]: issues = pd.DataFrame(data, columns=["number", "title",
   .....:                                      "labels", "state"])

In [134]: issues
Out[134]:
    number  \
0    48062
1    48061
2    48060
3    48059
4    48058
..     ...
25   48032
26   48030
27   48028
28   48027
29   48026

                                                                    title  \
0                                      REF: make copy keyword non-stateful
1                                                    STYLE: upgrade flake8
2   DOC: "Creating a Python environment" in "Creating a development environ...
```

```
3                                                 REGR: Avoid overflow with groupby sum
4   REGR: fix reset_index (Index.insert) regression with custom Index subcl...
..                                                                          ...
25                    BUG: Union of multi index with EA types can lose EA dtype
26                                                     ENH: Add rolling.prod()
27                                          CLN: Refactor groupby's _make_wrapper
28                                             ENH: Support masks in groupby prod
29                                                DEP: Add pip to environment.yml
                                                                         labels  \
0                                                                            []
1   [{'id': 106935113, 'node_id': 'MDU6TGFiZWwxMDY5MzUxMTM=', 'url': 'https...
2   [{'id': 134699, 'node_id': 'MDU6TGFiZWwxMzQ2OTk=', 'url': 'https://api....
3   [{'id': 233160, 'node_id': 'MDU6TGFiZWwyMzMxNjA=', 'url': 'https://api....
4   [{'id': 32815646, 'node_id': 'MDU6TGFiZWwzMjgxNTY0Ng==', 'url': 'https:...
..                                                                          ...
25  [{'id': 76811, 'node_id': 'MDU6TGFiZWw3NjgxMQ==', 'url': 'https://api.g...
26  [{'id': 76812, 'node_id': 'MDU6TGFiZWw3NjgxMg==', 'url': 'https://api.g...
27  [{'id': 233160, 'node_id': 'MDU6TGFiZWwyMzMxNjA=', 'url': 'https://api....
28  [{'id': 233160, 'node_id': 'MDU6TGFiZWwyMzMxNjA=', 'url': 'https://api....
29  [{'id': 76811, 'node_id': 'MDU6TGFiZWw3NjgxMQ==', 'url': 'https://api.g...
   state
0   open
1   open
2   open
3   open
4   open
..   ...
25  open
26  open
27  open
28  open
29  open
[30 rows x 4 columns]
```

只要花點心思，你可以為常見的 web API 建立更高階的介面，以回傳更方便分析的 DataFrame 物件。

6.4 與資料庫互動

在商業環境中，許多資料可能被儲存在文字或 Excel 檔裡。SQL 關聯資料庫（例如 SQL Server、PostgreSQL 與 MySQL）受到廣泛的使用，此外也有許多其他的資料庫相當流行。資料庫的選擇通常取決於應用程式的性能、資料完整性、易擴展性需求。

pandas 有一些函式可方便你將 SQL 查詢結果載入 DataFrame。例如，接下來要使用 Python 內建的 sqlite3 驅動程式來建立一個 SQLite3 資料庫：

```
In [135]: import sqlite3

In [136]: query = """
   .....: CREATE TABLE test
   .....: (a VARCHAR(20), b VARCHAR(20),
   .....:  c REAL,        d INTEGER
   .....: );"""

In [137]: con = sqlite3.connect("mydata.sqlite")

In [138]: con.execute(query)
Out[138]: <sqlite3.Cursor at 0x7fdfd73b69c0>

In [139]: con.commit()
```

然後插入幾列資料：

```
In [140]: data = [("Atlanta", "Georgia", 1.25, 6),
   .....:         ("Tallahassee", "Florida", 2.6, 3),
   .....:         ("Sacramento", "California", 1.7, 5)]

In [141]: stmt = "INSERT INTO test VALUES(?, ?, ?, ?)"

In [142]: con.executemany(stmt, data)
Out[142]: <sqlite3.Cursor at 0x7fdfd73a00c0>

In [143]: con.commit()
```

當你從一張表裡選擇資料時，大多數的 Python SQL 驅動程式都會回傳一個 tuple 串列：

```
In [144]: cursor = con.execute("SELECT * FROM test")

In [145]: rows = cursor.fetchall()

In [146]: rows
Out[146]:
[('Atlanta', 'Georgia', 1.25, 6),
 ('Tallahassee', 'Florida', 2.6, 3),
 ('Sacramento', 'California', 1.7, 5)]
```

雖然你可以將 tuple 串列傳給 DataFrame 建構式，但你也需要欄名，它們被放在 cursor 的 description 屬性內。注意，對 SQLite3 而言，cursor description 只提供欄名（屬於 Python 的 Database API 規格的其他欄位是 None），但有些其他的資料庫驅動程式提供更多關於直欄的資訊：

```
In [147]: cursor.description
Out[147]:
(('a', None, None, None, None, None, None),
 ('b', None, None, None, None, None, None),
 ('c', None, None, None, None, None, None),
 ('d', None, None, None, None, None, None))

In [148]: pd.DataFrame(rows, columns=[x[0] for x in cursor.description])
Out[148]:
             a           b     c  d
0      Atlanta     Georgia  1.25  6
1  Tallahassee     Florida  2.60  3
2   Sacramento  California  1.70  5
```

做這件事的工作量很大，最好不要在每次查詢資料庫時都重複執行。SQLAlchemy 專案（*http://www.sqlalchemy.org/*）是一個熱門的 Python SQL 工具組，它將 SQL 資料庫之間的許多常見差異抽象化。pandas 有一個 `read_sql` 函式可讓你從普通的 SQLAlchemy 連結輕鬆地讀取資料。你可以用 conda 來安裝 SQLAlchemy 如下：

```
conda install sqlalchemy
```

接下來，我們用 SQLAlchemy 來連接相同的 SQLite 資料庫，並從之前建立的表中讀取資料：

```
In [149]: import sqlalchemy as sqla

In [150]: db = sqla.create_engine("sqlite:///mydata.sqlite")

In [151]: pd.read_sql("SELECT * FROM test", db)
Out[151]:
             a           b     c  d
0      Atlanta     Georgia  1.25  6
1  Tallahassee     Florida  2.60  3
2   Sacramento  California  1.70  5
```

6.5 總結

讀取資料通常是資料分析流程的第一步。我們在本章看了幾種實用的工具，它們可以協助你踏出第一步。在接下來的章節裡，我們將深入研究資料整頓、資料視覺化、時間序列分析，及其他主題。

第七章

資料清理與準備

在分析資料與建立模型期間，我們會用大量的時間來準備資料，包括載入、清理、轉換與重新排列。據研究，這類工作往往占用分析師 80% 以上的時間。有時被儲存在檔案或資料庫裡面的資料格式對特定的任務而言是不正確的。許多研究人員使用通用的語言（例如 Python、Perl、R、Java 或 Unix 文字處理工具，例如 sed 或 awk）來量身處理資料，將它從一種形式轉換成另一種形式。幸運的是，pandas 與內建的 Python 語言功能提供高階、靈活、快速的工具組，讓你可以將資料處理成正確的形式。

如果你發現在本書或 pandas 程式庫中無法找到的資料操作類型，請隨時在 Python 的郵件討論群或 pandas GitHub 網站上分享你的案例。事實上，pandas 的大部分設計和實作都是來自現實世界應用程式的需求。

在這一章，我要介紹幾種處理缺失資料、重複資料、字串，以及一些其他分析性資料轉換的工具。在下一章，我會重點討論以各種方式組合與重新安排資料組。

7.1 處理缺失資料

缺失資料在許多資料分析應用程式中經常出現。pandas 的目標之一，是讓你盡可能輕鬆地處理缺失資料。例如，pandas 物件的描述性統計在預設情況下都會排除缺失資料。

雖然 pandas 物件表示缺失資料的方式不甚完美，但已足以應付現實世界的大多數用途。對於 `float64` dtype 的資料，pandas 使用浮點值 `NaN`（Not a Number）來表示缺失資料。

我們稱之為哨符值（*sentinel value*），它的存在代表一個缺失（或 *null*）值：

```
In [14]: float_data = pd.Series([1.2, -3.5, np.nan, 0])

In [15]: float_data
Out[15]:
0    1.2
1   -3.5
2    NaN
3    0.0
dtype: float64
```

`isna` 方法提供一個指出哪些值是 null 的布林 Series：

```
In [16]: float_data.isna()
Out[16]:
0    False
1    False
2     True
3    False
dtype: bool
```

在 pandas 裡，我們採用 R 程式語言的規範，將缺失資料稱為 NA，意思是**不可用**（*not available*）。在統計應用中，NA 資料可能是不存在的資料，或雖然存在，但沒有被觀測到的資料（例如因為資料收集方面的問題）。在清理資料以便進行分析時，對缺失資料本身進行分析，以找出資料收集問題或因為缺失資料造成的潛在偏差經常非常重要。

內建的 Python `None` 值也視為 NA：

```
In [17]: string_data = pd.Series(["aardvark", np.nan, None, "avocado"])

In [18]: string_data
Out[18]:
0    aardvark
1         NaN
2        None
3     avocado
dtype: object

In [19]: string_data.isna()
Out[19]:
0    False
1     True
2     True
3    False
dtype: bool
```

```
In [20]: float_data = pd.Series([1, 2, None], dtype='float64')

In [21]: float_data
Out[21]:
0    1.0
1    2.0
2    NaN
dtype: float64

In [22]: float_data.isna()
Out[22]:
0    False
1    False
2     True
dtype: bool
```

pandas 專案試圖讓處理缺失資料的工作在各種資料型態之間保持一致。pandas.isna 等函式將許多麻煩的細節抽象化。表 7-1 是與缺失資料處理有關的一些函式。

表 7-1　處理 NA 的物件方法

方法	說明
dropna	根據軸標籤的值是否有缺失資料來過濾標籤，用一個可變的閾值來設定可以容忍多少缺失資料。
fillna	將缺失資料填成某個值，或使用 "ffill" 或 "bfill" 等插值方法。
isna	回傳布林值來表示哪些值是缺失的 / NA。
notna	isna 的邏輯非，回傳 True 代表非 NA 值，False 代表 NA 值。

濾出缺失資料

你可以用幾種方式濾出缺失資料。雖然你可以親手使用 pandas.isna 與布林檢索來做這件事，但 dropna 很有幫助。用它來處理 Series 時，它會回傳只有非 null 資料與索引值的 Series：

```
In [23]: data = pd.Series([1, np.nan, 3.5, np.nan, 7])

In [24]: data.dropna()
Out[24]:
0    1.0
2    3.5
4    7.0
dtype: float64
```

上面的程式與下面的程式做相同的事情：

```
In [25]: data[data.notna()]
Out[25]:
0    1.0
2    3.5
4    7.0
dtype: float64
```

在處理 DataFrame 物件時，你可以用幾種不同的方式來移除缺失資料。你可能想要移除全為 NA 的列或欄，或包含任何 NA 的列或欄。`dropna` 在預設情況下會移除包含一個缺失值的任何列：

```
In [26]: data = pd.DataFrame([[1., 6.5, 3.], [1., np.nan, np.nan],
   ....:                      [np.nan, np.nan, np.nan], [np.nan, 6.5, 3.]])

In [27]: data
Out[27]:
     0    1    2
0  1.0  6.5  3.0
1  1.0  NaN  NaN
2  NaN  NaN  NaN
3  NaN  6.5  3.0

In [28]: data.dropna()
Out[28]:
     0    1    2
0  1.0  6.5  3.0
```

傳入 `how="all"` 只會移除全為 NA 的列：

```
In [29]: data.dropna(how="all")
Out[29]:
     0    1    2
0  1.0  6.5  3.0
1  1.0  NaN  NaN
3  NaN  6.5  3.0
```

切記，這些函式在預設情況下會回傳新物件，且不會修改原始物件的內容。

若要以相同的方式移除欄，你要傳入 `axis="columns"`：

```
In [30]: data[4] = np.nan

In [31]: data
Out[31]:
     0    1    2   4
0  1.0  6.5  3.0 NaN
```

```
1  1.0  NaN  NaN NaN
2  NaN  NaN  NaN NaN
3  NaN  6.5  3.0 NaN

In [32]: data.dropna(axis="columns", how="all")
Out[32]:
     0    1    2
0  1.0  6.5  3.0
1  1.0  NaN  NaN
2  NaN  NaN  NaN
3  NaN  6.5  3.0
```

假如你只想保留缺失值小於某個數量的橫列，你可以用 `thresh` 引數來指定：

```
In [33]: df = pd.DataFrame(np.random.standard_normal((7, 3)))

In [34]: df.iloc[:4, 1] = np.nan

In [35]: df.iloc[:2, 2] = np.nan

In [36]: df
Out[36]:
          0         1         2
0 -0.204708       NaN       NaN
1 -0.555730       NaN       NaN
2  0.092908       NaN  0.769023
3  1.246435       NaN -1.296221
4  0.274992  0.228913  1.352917
5  0.886429 -2.001637 -0.371843
6  1.669025 -0.438570 -0.539741

In [37]: df.dropna()
Out[37]:
          0         1         2
4  0.274992  0.228913  1.352917
5  0.886429 -2.001637 -0.371843
6  1.669025 -0.438570 -0.539741

In [38]: df.dropna(thresh=2)
Out[38]:
          0         1         2
2  0.092908       NaN  0.769023
3  1.246435       NaN -1.296221
4  0.274992  0.228913  1.352917
5  0.886429 -2.001637 -0.371843
6  1.669025 -0.438570 -0.539741
```

填寫缺失資料

有時你不想濾除缺失資料（因為可能會一起移除其他資料），而是用某種方式來補「洞」。對大多數的目的而言，fillna 方法是主要的工具。呼叫 fillna 並傳入一個常數會將缺失值換成那個值：

```
In [39]: df.fillna(0)
Out[39]:
          0         1         2
0 -0.204708  0.000000  0.000000
1 -0.555730  0.000000  0.000000
2  0.092908  0.000000  0.769023
3  1.246435  0.000000 -1.296221
4  0.274992  0.228913  1.352917
5  0.886429 -2.001637 -0.371843
6  1.669025 -0.438570 -0.539741
```

呼叫 fillna 並傳入字典可讓各個欄位使用不同的填充值：

```
In [40]: df.fillna({1: 0.5, 2: 0})
Out[40]:
          0         1         2
0 -0.204708  0.500000  0.000000
1 -0.555730  0.500000  0.000000
2  0.092908  0.500000  0.769023
3  1.246435  0.500000 -1.296221
4  0.274992  0.228913  1.352917
5  0.886429 -2.001637 -0.371843
6  1.669025 -0.438570 -0.539741
```

你也可以在 fillna 裡面使用 reindex 函式（見表 5-3）的插值方法：

```
In [41]: df = pd.DataFrame(np.random.standard_normal((6, 3)))

In [42]: df.iloc[2:, 1] = np.nan

In [43]: df.iloc[4:, 2] = np.nan

In [44]: df
Out[44]:
          0         1         2
0  0.476985  3.248944 -1.021228
1 -0.577087  0.124121  0.302614
2  0.523772       NaN  1.343810
3 -0.713544       NaN -2.370232
4 -1.860761       NaN       NaN
5 -1.265934       NaN       NaN
```

```
In [45]: df.fillna(method="ffill")
Out[45]:
          0         1         2
0  0.476985  3.248944 -1.021228
1 -0.577087  0.124121  0.302614
2  0.523772  0.124121  1.343810
3 -0.713544  0.124121 -2.370232
4 -1.860761  0.124121 -2.370232
5 -1.265934  0.124121 -2.370232

In [46]: df.fillna(method="ffill", limit=2)
Out[46]:
          0         1         2
0  0.476985  3.248944 -1.021228
1 -0.577087  0.124121  0.302614
2  0.523772  0.124121  1.343810
3 -0.713544  0.124121 -2.370232
4 -1.860761       NaN -2.370232
5 -1.265934       NaN -2.370232
```

`fillna` 也可以用來做許多其他的事情，例如使用中位數或平均值來填補：

```
In [47]: data = pd.Series([1., np.nan, 3.5, np.nan, 7])

In [48]: data.fillna(data.mean())
Out[48]:
0    1.000000
1    3.833333
2    3.500000
3    3.833333
4    7.000000
dtype: float64
```

表 7-2 是 `fillna` 函式引數的參考資料。

表 7-2　fillna 函式引數

引數	說明
value	用來填補缺失值的純量值或類字典物件
method	插值方法，可設為 "bfill"（填入下一個有效值）或 "ffill"（填入上一個有效值），預設值是 None
axis	要填寫哪一軸（"index" 或 "columns"）；預設是 axis="index"
limit	在填寫上一個或下一個有效值時，最多填補幾個無效值

7.2 資料轉換

這一章到目前為止都在處理缺失資料。篩選、清理，以及其他的轉換也是重要的操作。

移除重複值

由於各種原因，在 DataFrame 裡可能有重複的列。我們來看一個例子：

```
In [49]: data = pd.DataFrame({"k1": ["one", "two"] * 3 + ["two"],
   ....:                      "k2": [1, 1, 2, 3, 3, 4, 4]})

In [50]: data
Out[50]:
    k1  k2
0  one   1
1  two   1
2  one   2
3  two   3
4  one   3
5  two   4
6  two   4
```

DataFrame 方法 `duplicated` 回傳一個布林 Series，指出各列是否重複（也就是它的欄值與之前的某列一樣）：

```
In [51]: data.duplicated()
Out[51]:
0    False
1    False
2    False
3    False
4    False
5    False
6     True
dtype: bool
```

`drop_duplicates` 會移除 `duplicated` 陣列中的 `Fasle` 列，並回傳包含它們的 DataFrame：

```
In [52]: data.drop_duplicates()
Out[52]:
    k1  k2
0  one   1
1  two   1
2  one   2
3  two   3
4  one   3
5  two   4
```

這兩個方法在預設情況下考慮所有欄，但你也可以指定欄的任何子集合來檢查重複。假如我們多了一欄的值，而且只想要根據 "k1" 欄濾除重複：

```
In [53]: data["v1"] = range(7)

In [54]: data
Out[54]:
    k1  k2  v1
0  one   1   0
1  two   1   1
2  one   2   2
3  two   3   3
4  one   3   4
5  two   4   5
6  two   4   6

In [55]: data.drop_duplicates(subset=["k1"])
Out[55]:
    k1  k2  v1
0  one   1   0
1  two   1   1
```

duplicated 與 drop_duplicates 在預設情況下會保留第一個觀測到的值組合。傳入 keep="last" 則保留最後一個：

```
In [56]: data.drop_duplicates(["k1", "k2"], keep="last")
Out[56]:
    k1  k2  v1
0  one   1   0
1  two   1   1
2  one   2   2
3  two   3   3
4  one   3   4
6  two   4   6
```

使用函式或對映關係來轉換資料

在處理很多資料組時，你可能想要根據一個陣列、Series 或 DataFrame 欄的值來執行轉換。考慮這個關於各種肉品的假想資料：

```
In [57]: data = pd.DataFrame({"food": ["bacon", "pulled pork", "bacon",
   ....:                               "pastrami", "corned beef", "bacon",
   ....:                               "pastrami", "honey ham", "nova lox"],
   ....:                      "ounces": [4, 3, 12, 6, 7.5, 8, 3, 5, 6]})

In [58]: data
```

```
Out[58]:
          food  ounces
0        bacon     4.0
1  pulled pork     3.0
2        bacon    12.0
3     pastrami     6.0
4  corned beef     7.5
5        bacon     8.0
6     pastrami     3.0
7    honey ham     5.0
8     nova lox     6.0
```

假如你想要加入一欄來指出各種肉品來自哪一種動物。我們寫一個字典，將每一個肉品對映到一種動物：

```
meat_to_animal = {
  "bacon": "pig",
  "pulled pork": "pig",
  "pastrami": "cow",
  "corned beef": "cow",
  "honey ham": "pig",
  "nova lox": "salmon"
}
```

Series 的 map 方法（第 166 頁的「函式的應用與對映」曾經討論過）接收一個函式或類字典物件（裡面有用來轉換值的對映關係）：

```
In [60]: data["animal"] = data["food"].map(meat_to_animal)

In [61]: data
Out[61]:
          food  ounces  animal
0        bacon     4.0     pig
1  pulled pork     3.0     pig
2        bacon    12.0     pig
3     pastrami     6.0     cow
4  corned beef     7.5     cow
5        bacon     8.0     pig
6     pastrami     3.0     cow
7    honey ham     5.0     pig
8     nova lox     6.0  salmon
```

我們也可以傳遞一個執行所有工作的函式：

```
In [62]: def get_animal(x):
   ....:     return meat_to_animal[x]
```

```
In [63]: data["food"].map(get_animal)
Out[63]:
0       pig
1       pig
2       pig
3       cow
4       cow
5       pig
6       cow
7       pig
8    salmon
Name: food, dtype: object
```

方便的 `map` 很適合用來執行逐元素轉換，和其他資料清理相關操作。

替換值

使用 `fillna` 方法來填入缺失值是「替換值」這項廣泛工作的特例。如你所見，`map` 可以用來修改物件裡的值的子集合，但 `replace` 提供更簡單且更靈活的手段。考慮這個 Series：

```
In [64]: data = pd.Series([1., -999., 2., -999., -1000., 3.])

In [65]: data
Out[65]:
0       1.0
1    -999.0
2       2.0
3    -999.0
4   -1000.0
5       3.0
dtype: float64
```

裡面的 `-999` 是代表缺失資料的哨符值。若要將它們換成 pandas 可以理解的 NA 值，我們可以使用 `replace` 來產生一個新 Series：

```
In [66]: data.replace(-999, np.nan)
Out[66]:
0       1.0
1       NaN
2       2.0
3       NaN
4   -1000.0
5       3.0
dtype: float64
```

若要一次換掉多個值，你可以傳入串列和替代值：

```
In [67]: data.replace([-999, -1000], np.nan)
Out[67]:
0    1.0
1    NaN
2    2.0
3    NaN
4    NaN
5    3.0
dtype: float64
```

若要將每一種值換成不同的值，你可以傳入替代值串列：

```
In [68]: data.replace([-999, -1000], [np.nan, 0])
Out[68]:
0    1.0
1    NaN
2    2.0
3    NaN
4    0.0
5    3.0
dtype: float64
```

你也可以傳入字典引數：

```
In [69]: data.replace({-999: np.nan, -1000: 0})
Out[69]:
0    1.0
1    NaN
2    2.0
3    NaN
4    0.0
5    3.0
dtype: float64
```

`data.replace` 方法與 `data.str.replace` 不同，它執行的是逐元素字串替換。本章稍後會介紹這些 Series 字串方法。

改變軸索引的名稱

如同 Series 的值，你也可以使用函式或對映關係來轉換軸的標籤，或是就地修改軸，而不需要建立新的資料結構。舉個簡單的例子：

```
In [70]: data = pd.DataFrame(np.arange(12).reshape((3, 4)),
   ....:                     index=["Ohio", "Colorado", "New York"],
   ....:                     columns=["one", "two", "three", "four"])
```

軸索引與 Series 一樣有 map 方法：

```
In [71]: def transform(x):
   ....:     return x[:4].upper()

In [72]: data.index.map(transform)
Out[72]: Index(['OHIO', 'COLO', 'NEW '], dtype='object')
```

你可以對 index 屬性賦值，就地修改 DataFrame：

```
In [73]: data.index = data.index.map(transform)

In [74]: data
Out[74]:
      one  two  three  four
OHIO    0    1      2     3
COLO    4    5      6     7
NEW     8    9     10    11
```

如果你想要建立轉換後的資料組版本，而不修改原始的資料組，可使用 rename：

```
In [75]: data.rename(index=str.title, columns=str.upper)
Out[75]:
      ONE  TWO  THREE  FOUR
Ohio    0    1      2     3
Colo    4    5      6     7
New     8    9     10    11
```

值得注意的是，rename 可以和類字典物件一起使用，來為軸標籤的子集合提供新值：

```
In [76]: data.rename(index={"OHIO": "INDIANA"},
   ....:             columns={"three": "peekaboo"})
Out[76]:
         one  two  peekaboo  four
INDIANA    0    1         2     3
COLO       4    5         6     7
NEW        8    9        10    11
```

rename 可讓你免於親自複製 DataFrame 並將它的索引與欄屬性設成新值。

分隔和分組

連續資料通常會被分隔，或分成「bin（統計資料堆）」以供分析。假如你有關於一組人的研究資料，你想要將他們分到不同的年齡組別：

```
In [77]: ages = [20, 22, 25, 27, 21, 23, 37, 31, 61, 45, 41, 32]
```

我們想要將他們分成 18 至 25、26 至 35、36 至 60，以及 61 以上的 bin，此時必須使用 `pandas.cut`：

```
In [78]: bins = [18, 25, 35, 60, 100]

In [79]: age_categories = pd.cut(ages, bins)

In [80]: age_categories
Out[80]:
[(18, 25], (18, 25], (18, 25], (25, 35], (18, 25], ..., (25, 35], (60, 100], (35,
 60], (35, 60], (25, 35]]
Length: 12
Categories (4, interval[int64, right]): [(18, 25] < (25, 35] < (35, 60] < (60, 10
0]]
```

pandas 回傳的物件是一個特殊的 Categorical 物件。你看到的輸出是 `pandas.cut` 算出來的 bin。用來表示每一個 bin 的東西是一個特殊的（pandas 獨有的）區間值型態，裡面有每一個 bin 的下限與上限：

```
In [81]: age_categories.codes
Out[81]: array([0, 0, 0, 1, 0, 0, 2, 1, 3, 2, 2, 1], dtype=int8)

In [82]: age_categories.categories
Out[82]: IntervalIndex([(18, 25], (25, 35], (35, 60], (60, 100]], dtype='interval
[int64, right]')

In [83]: age_categories.categories[0]
Out[83]: Interval(18, 25, closed='right')

In [84]: pd.value_counts(age_categories)
Out[84]:
(18, 25]     5
(25, 35]     3
(35, 60]     3
(60, 100]    1
dtype: int64
```

注意，`pd.value_counts(categories)` 是 `pandas.cut` 產生的結果中的 bin 數量。

在表示區間的字串中，小括號代表那一邊是開的（不含），中括號代表那一邊是閉的（包含）。你可以傳入 right=False 來將一邊改成閉的：

```
In [85]: pd.cut(ages, bins, right=False)
Out[85]:
[[18, 25), [18, 25), [25, 35), [25, 35), [18, 25), ..., [25, 35), [60, 100), [35,
 60), [35, 60), [25, 35)]
Length: 12
Categories (4, interval[int64, left]): [[18, 25) < [25, 35) < [35, 60) < [60, 100
)]
```

你可以將 labels 選項設成一個陣列或串列，來改變以區間標示 bin 的預設做法：

```
In [86]: group_names = ["Youth", "YoungAdult", "MiddleAged", "Senior"]

In [87]: pd.cut(ages, bins, labels=group_names)
Out[87]:
['Youth', 'Youth', 'Youth', 'YoungAdult', 'Youth', ..., 'YoungAdult', 'Senior', '
MiddleAged', 'MiddleAged', 'YoungAdult']
Length: 12
Categories (4, object): ['Youth' < 'YoungAdult' < 'MiddleAged' < 'Senior']
```

如果你將 bin 的整數數量傳給 pandas.cut，而不是明確的 bin 邊界，它會根據資料的最小值與最大值來計算等長的 bin。這是將非均勻分布的資料分成四組的例子：

```
In [88]: data = np.random.uniform(size=20)

In [89]: pd.cut(data, 4, precision=2)
Out[89]:
[(0.34, 0.55], (0.34, 0.55], (0.76, 0.97], (0.76, 0.97], (0.34, 0.55], ..., (0.34
, 0.55], (0.34, 0.55], (0.55, 0.76], (0.34, 0.55], (0.12, 0.34]]
Length: 20
Categories (4, interval[float64, right]): [(0.12, 0.34] < (0.34, 0.55] < (0.55, 0
.76] <
                                           (0.76, 0.97]]
```

precision=2 選項將小數位數限制成 2。

密切相關的 pandas.qcut 函式會根據樣本的分位數來分配 bin。取決於資料的分布狀況，使用 pandas.cut 得到的 bin 裡面的資料點數量通常不相同。因為 pandas.qcut 使用樣本的分位數，所以通常會產生大小相仿的 bin：

```
In [90]: data = np.random.standard_normal(1000)

In [91]: quartiles = pd.qcut(data, 4, precision=2)

In [92]: quartiles
```

```
Out[92]:
[(-0.026, 0.62], (0.62, 3.93], (-0.68, -0.026], (0.62, 3.93], (-0.026, 0.62], ...
, (-0.68, -0.026], (-0.68, -0.026], (-2.96, -0.68], (0.62, 3.93], (-0.68, -0.026]
]
Length: 1000
Categories (4, interval[float64, right]): [(-2.96, -0.68] < (-0.68, -0.026] < (-0
.026, 0.62] <
                                           (0.62, 3.93]]

In [93]: pd.value_counts(quartiles)
Out[93]:
(-2.96, -0.68]     250
(-0.68, -0.026]    250
(-0.026, 0.62]     250
(0.62, 3.93]       250
dtype: int64
```

與 pandas.cut 類似，你可以傳入你自己的分位數（0 與 1 之間的數字，含兩者）：

```
In [94]: pd.qcut(data, [0, 0.1, 0.5, 0.9, 1.]).value_counts()
Out[94]:
(-2.9499999999999997, -1.187]    100
(-1.187, -0.0265]                400
(-0.0265, 1.286]                 400
(1.286, 3.928]                   100
dtype: int64
```

我們將在介紹彙總和分組操作時回來討論 pandas.cut 與 pandas.qcut，因為這些分隔函式特別適合用來進行分位和分組分析。

檢測與濾除離群值

濾除或轉換離群值需要進行陣列操作。考慮這個儲存常態分布資料的 DataFrame：

```
In [95]: data = pd.DataFrame(np.random.standard_normal((1000, 4)))

In [96]: data.describe()
Out[96]:
                 0            1            2            3
count  1000.000000  1000.000000  1000.000000  1000.000000
mean      0.049091     0.026112    -0.002544    -0.051827
std       0.996947     1.007458     0.995232     0.998311
min      -3.645860    -3.184377    -3.745356    -3.428254
25%      -0.599807    -0.612162    -0.687373    -0.747478
50%       0.047101    -0.013609    -0.022158    -0.088274
75%       0.756646     0.695298     0.699046     0.623331
max       2.653656     3.525865     2.735527     3.366626
```

假如你想要在某一欄裡面找出絕對值大於 3 的值：

```
In [97]: col = data[2]

In [98]: col[col.abs() > 3]
Out[98]:
41    -3.399312
136   -3.745356
Name: 2, dtype: float64
```

若要選出有值超過 3 或 –3 的所有列，可以對著布林 DataFrame 使用 any 方法：

```
In [99]: data[(data.abs() > 3).any(axis="columns")]
Out[99]:
            0         1         2         3
41   0.457246 -0.025907 -3.399312 -0.974657
60   1.951312  3.260383  0.963301  1.201206
136  0.508391 -0.196713 -3.745356 -1.520113
235 -0.242459 -3.056990  1.918403 -0.578828
258  0.682841  0.326045  0.425384 -3.428254
322  1.179227 -3.184377  1.369891 -1.074833
544 -3.548824  1.553205 -2.186301  1.277104
635 -0.578093  0.193299  1.397822  3.366626
782 -0.207434  3.525865  0.283070  0.544635
803 -3.645860  0.255475 -0.549574 -1.907459
```

為了對著比較的結果呼叫 any 方法，我們必須把 data.abs() > 3 放在括號裡。

你可以根據條件來設定值。下面的程式將 –3 至 3 之外的值設成上下限：

```
In [100]: data[data.abs() > 3] = np.sign(data) * 3

In [101]: data.describe()
Out[101]:
                 0            1            2            3
count  1000.000000  1000.000000  1000.000000  1000.000000
mean      0.050286     0.025567    -0.001399    -0.051765
std       0.992920     1.004214     0.991414     0.995761
min      -3.000000    -3.000000    -3.000000    -3.000000
25%      -0.599807    -0.612162    -0.687373    -0.747478
50%       0.047101    -0.013609    -0.022158    -0.088274
75%       0.756646     0.695298     0.699046     0.623331
max       2.653656     3.000000     2.735527     3.000000
```

np.sign(data) 根據 data 內的值的正負產生 1 與 -1 值：

```
In [102]: np.sign(data).head()
Out[102]:
     0    1    2    3
0 -1.0  1.0 -1.0  1.0
1  1.0 -1.0  1.0 -1.0
2  1.0  1.0  1.0 -1.0
3 -1.0 -1.0  1.0 -1.0
4 -1.0  1.0 -1.0 -1.0
```

隨機排列與隨機抽樣

你可以使用 numpy.random.permutation 函式來隨機排列 Series 或 DataFrame 的列。呼叫 permutation 並傳入你想要排列的那一軸的長度會得到一個代表新順序的整數陣列：

```
In [103]: df = pd.DataFrame(np.arange(5 * 7).reshape((5, 7)))

In [104]: df
Out[104]:
    0   1   2   3   4   5   6
0   0   1   2   3   4   5   6
1   7   8   9  10  11  12  13
2  14  15  16  17  18  19  20
3  21  22  23  24  25  26  27
4  28  29  30  31  32  33  34

In [105]: sampler = np.random.permutation(5)

In [106]: sampler
Out[106]: array([3, 1, 4, 2, 0])
```

你可以在 iloc 檢索或等效的 take 函式裡使用這個陣列：

```
In [107]: df.take(sampler)
Out[107]:
    0   1   2   3   4   5   6
3  21  22  23  24  25  26  27
1   7   8   9  10  11  12  13
4  28  29  30  31  32  33  34
2  14  15  16  17  18  19  20
0   0   1   2   3   4   5   6

In [108]: df.iloc[sampler]
Out[108]:
    0   1   2   3   4   5   6
3  21  22  23  24  25  26  27
```

```
1   7   8   9  10  11  12  13
4  28  29  30  31  32  33  34
2  14  15  16  17  18  19  20
0   0   1   2   3   4   5   6
```

呼叫 take 並傳入 axis="columns" 可以隨機排列欄：

```
In [109]: column_sampler = np.random.permutation(7)

In [110]: column_sampler
Out[110]: array([4, 6, 3, 2, 1, 0, 5])

In [111]: df.take(column_sampler, axis="columns")
Out[111]:
    4   6   3   2   1   0   5
0   4   6   3   2   1   0   5
1  11  13  10   9   8   7  12
2  18  20  17  16  15  14  19
3  25  27  24  23  22  21  26
4  32  34  31  30  29  28  33
```

若要選擇一個隨機的子集合但不重複抽樣（同一列不能出現兩次），可對著 Series 與 DataFrame 使用 sample 方法：

```
In [112]: df.sample(n=3)
Out[112]:
    0   1   2   3   4   5   6
2  14  15  16  17  18  19  20
4  28  29  30  31  32  33  34
0   0   1   2   3   4   5   6
```

若要產生一個重複抽樣的樣本（允許重複的選擇），你可以將 replace=True 傳給 sample：

```
In [113]: choices = pd.Series([5, 7, -1, 6, 4])

In [114]: choices.sample(n=10, replace=True)
Out[114]:
2   -1
0    5
3    6
1    7
4    4
0    5
4    4
0    5
4    4
4    4
dtype: int64
```

計算指標 / dummy 變數

另一種統計模擬或機器學習應用程式常使用的轉換類型，是將分類變數轉換成 *dummy* 或指標（*indicator*）矩陣。如果 DataFrame 的某一欄有 k 個不同的值，你可以算出一個具有 k 欄的矩陣或 DataFrame，裡面全部儲存 1 或 0。pandas 的 `pandas.get_dummies` 函式可以做這件事，但你也可以自行計算。考慮這個 DataFrame：

```
In [115]: df = pd.DataFrame({"key": ["b", "b", "a", "c", "a", "b"],
   .....:                    "data1": range(6)})

In [116]: df
Out[116]:
  key  data1
0   b      0
1   b      1
2   a      2
3   c      3
4   a      4
5   b      5

In [117]: pd.get_dummies(df["key"])
Out[117]:
   a  b  c
0  0  1  0
1  0  1  0
2  1  0  0
3  0  0  1
4  1  0  0
5  0  1  0
```

有時你想要為指標 DataFrame 的欄位加上前綴，以便與其他資料合併。`pandas.get_dummies` 有一個 prefix 引數可以做這件事：

```
In [118]: dummies = pd.get_dummies(df["key"], prefix="key")

In [119]: df_with_dummy = df[["data1"]].join(dummies)

In [120]: df_with_dummy
Out[120]:
   data1  key_a  key_b  key_c
0      0      0      1      0
1      1      0      1      0
2      2      1      0      0
3      3      0      0      1
4      4      1      0      0
5      5      0      1      0
```

下一章會詳細解釋 `DataFrame.join` 方法。

如果 DataFrame 的一列有多個類別，我們必須使用不同的做法來建立 dummy 變數。我們來看這個 MovieLens 1M 資料組，第 13 章會更仔細地探究它：

```
In [121]: mnames = ["movie_id", "title", "genres"]

In [122]: movies = pd.read_table("datasets/movielens/movies.dat", sep="::",
   .....:                        header=None, names=mnames, engine="python")

In [123]: movies[:10]
Out[123]:
   movie_id                               title                        genres
0         1                    Toy Story (1995)   Animation|Children's|Comedy
1         2                      Jumanji (1995)  Adventure|Children's|Fantasy
2         3             Grumpier Old Men (1995)                Comedy|Romance
3         4            Waiting to Exhale (1995)                  Comedy|Drama
4         5  Father of the Bride Part II (1995)                        Comedy
5         6                         Heat (1995)         Action|Crime|Thriller
6         7                      Sabrina (1995)                Comedy|Romance
7         8                 Tom and Huck (1995)          Adventure|Children's
8         9                 Sudden Death (1995)                        Action
9        10                    GoldenEye (1995)     Action|Adventure|Thriller
```

pandas 的特殊 Series 方法 `str.get_dummies`（在第 240 頁，第 7.4 節的「字串處理」會詳細介紹 `str.` 開頭的方法），可以處理這個用分隔符號和字串來記錄多個群組成員的情況：

```
In [124]: dummies = movies["genres"].str.get_dummies("|")

In [125]: dummies.iloc[:10, :6]
Out[125]:
   Action  Adventure  Animation  Children's  Comedy  Crime
0       0          0          1           1       1      0
1       0          1          0           1       0      0
2       0          0          0           0       1      0
3       0          0          0           0       1      0
4       0          0          0           0       1      0
5       1          0          0           0       0      1
6       0          0          0           0       1      0
7       0          1          0           1       0      0
8       1          0          0           0       0      0
9       1          1          0           0       0      0
```

然後，與之前一樣，你可以結合它與 movies，並使用 add_prefix 方法，為 dummies DataFrame 的欄名加上 "Genre_"：

```
In [126]: movies_windic = movies.join(dummies.add_prefix("Genre_"))

In [127]: movies_windic.iloc[0]
Out[127]:
movie_id                                       1
title                           Toy Story (1995)
genres               Animation|Children's|Comedy
Genre_Action                                   0
Genre_Adventure                                0
Genre_Animation                                1
Genre_Children's                               1
Genre_Comedy                                   1
Genre_Crime                                    0
Genre_Documentary                              0
Genre_Drama                                    0
Genre_Fantasy                                  0
Genre_Film-Noir                                0
Genre_Horror                                   0
Genre_Musical                                  0
Genre_Mystery                                  0
Genre_Romance                                  0
Genre_Sci-Fi                                   0
Genre_Thriller                                 0
Genre_War                                      0
Genre_Western                                  0
Name: 0, dtype: object
```

對大很多的資料而言，這種使用多個成員來建構指標變數的做法有點緩慢。寫一個低階的函式，直接將資料寫入 NumPy 陣列，然後將結果放入 DataFrame 比較好。

在統計應用程式中，有一個很好用的組合是結合 pandas.get_dummies 與 pandas.cut 之類的分隔函式：

```
In [128]: np.random.seed(12345) # 為了讓範例可重現

In [129]: values = np.random.uniform(size=10)

In [130]: values
Out[130]:
array([0.9296, 0.3164, 0.1839, 0.2046, 0.5677, 0.5955, 0.9645, 0.6532,
       0.7489, 0.6536])
```

```
In [131]: bins = [0, 0.2, 0.4, 0.6, 0.8, 1]

In [132]: pd.get_dummies(pd.cut(values, bins))
Out[132]:
   (0.0, 0.2]  (0.2, 0.4]  (0.4, 0.6]  (0.6, 0.8]  (0.8, 1.0]
0           0           0           0           0           1
1           0           1           0           0           0
2           1           0           0           0           0
3           0           1           0           0           0
4           0           0           1           0           0
5           0           0           1           0           0
6           0           0           0           0           1
7           0           0           0           1           0
8           0           0           0           1           0
9           0           0           0           1           0
```

我們會在第 259 頁的「建立 dummy 變數來建立模型」再次討論 `pandas.get_dummies`。

7.3 擴展資料型態

這是一個比較新且比較進階的主題，許多 pandas 使用者都不需要知道，但因為接下來的幾章會參考並使用擴展資料型態，為了完整起見，我必須在此說明。

pandas 最初是建立在 NumPy 的功能之上的，NumPy 是一種陣列計算程式庫，主要用來處理數值資料。許多 pandas 概念（例如缺失資料）都是用 NumPy 的功能來實現的，在實現的同時，盡量提升一起使用 NumPy 與 pandas 的相容性。

基於 NumPy 來進行建構有幾個缺點，例如：

- 有些數值型態的缺失資料沒有完整的處理手段，例如整數與布林。因此，當這種資料有缺失資料時，pandas 會將資料型態轉換成 `float64`，並使用 `np.nan` 來表示 null 值。在許多 pandas 演算法中，這會引入微妙的問題，產生複合效應。
- 具有大量字串資料的資料組會帶來高昂的計算成本，並使用大量的記憶體。
- 有一些資料型態必須使用計算成本高昂的 Python 物件陣列才能有效地支援，例如時間區間、時間間隔、含時區的時戳。

最近，pandas 開發了**擴展型態**系統，可讓你加入新資料型態，即使它們不是 NumPy 原生支援的。這些新資料型態可以視為與 NumPy 陣列的資料平起平坐的頂級型態。

我們來建立一個具有缺失值的整數 Series：

```
In [133]: s = pd.Series([1, 2, 3, None])

In [134]: s
Out[134]:
0    1.0
1    2.0
2    3.0
3    NaN
dtype: float64

In [135]: s.dtype
Out[135]: dtype('float64')
```

Series 採取傳統的做法，使用 `float64` 資料型態且使用 `np.nan` 作為缺失值，主要是為了回溯相容。我們可以改成使用 `pandas.Int64Dtype` 來建立這個 Series：

```
In [136]: s = pd.Series([1, 2, 3, None], dtype=pd.Int64Dtype())

In [137]: s
Out[137]:
0       1
1       2
2       3
3    <NA>
dtype: Int64

In [138]: s.isna()
Out[138]:
0    False
1    False
2    False
3     True
dtype: bool

In [139]: s.dtype
Out[139]: Int64Dtype()
```

在輸出中的 `<NA>` 代表擴展型態陣列的缺失值。它使用特殊的 `pandas.NA` 哨符值：

```
In [140]: s[3]
Out[140]: <NA>

In [141]: s[3] is pd.NA
Out[141]: True
```

我們也可以使用簡寫 "Int64" 來取代 pd.Int64Dtype() 來指定型態。第一個字母必須是大寫的，否則它將是 NumPy 的非擴展型態：

```
In [142]: s = pd.Series([1, 2, 3, None], dtype="Int64")
```

pandas 也有一個專為字串資料設計的擴展型態，它不使用 NumPy 物件陣列（需要 pyarrow 程式庫，你可能要另外安裝它）：

```
In [143]: s = pd.Series(['one', 'two', None, 'three'], dtype=pd.StringDtype())

In [144]: s
Out[144]:
0      one
1      two
2     <NA>
3    three
dtype: string
```

這些字串陣列通常使用少很多的記憶體，而且在處理大型的資料組時，通常更有效率。

另一個重要的擴展型態是 Categorical，我們會在第 249 頁，第 7.5 節的「分類（categorical）資料」詳細介紹。表 7-3 是截至目前為止的擴展型態的完整清單。

你可以在清理資料的過程中，將擴展型態傳給 Series 的 astype 方法，以輕鬆地進行轉換：

```
In [145]: df = pd.DataFrame({"A": [1, 2, None, 4],
   .....:                    "B": ["one", "two", "three", None],
   .....:                    "C": [False, None, False, True]})

In [146]: df
Out[146]:
     A      B      C
0  1.0    one  False
1  2.0    two   None
2  NaN  three  False
3  4.0   None   True

In [147]: df["A"] = df["A"].astype("Int64")

In [148]: df["B"] = df["B"].astype("string")

In [149]: df["C"] = df["C"].astype("boolean")

In [150]: df
Out[150]:
```

```
      A      B      C
0     1    one  False
1     2    two   <NA>
2  <NA>  three  False
3     4   <NA>   True
```

表 7-3 pandas 擴展資料型態

擴展型態	說明
BooleanDtype	nullable 布林資料，當成字串來傳遞時使用 "boolean"
CategoricalDtype	分類資料型態，當成字串來傳遞時使用 "category"
DatetimeTZDtype	帶時區的 datetime
Float32Dtype	32-bit nullable 浮點數，當成字串來傳遞時使用 "Float32"
Float64Dtype	64-bit nullable 浮點數，當成字串來傳遞時使用 "Float64"
Int8Dtype	8-bit nullable 帶正負號整數，當成字串來傳遞時使用 "Int8"
Int16Dtype	16-bit nullable 帶正負號整數，當成字串來傳遞時使用 "Int16"
Int32Dtype	32-bit nullable 帶正負號整數，，當成字串來傳遞時使用 "Int32"
Int64Dtype	64-bit nullable 帶正負號整數，當成字串來傳遞時使用 "Int64"
UInt8Dtype	8-bit nullable 無正負號整數，當成字串來傳遞時使用 "UInt8"
UInt16Dtype	16-bit nullable 無正負號整數，當成字串來傳遞時使用 "UInt16"
UInt32Dtype	32-bit nullable 無正負號整數，當成字串來傳遞時使用 "UInt32"
UInt64Dtype	64-bit nullable 無正負號整數，當成字串來傳遞時使用 "UInt64"

7.4 字串處理

Python 一直是熱門的原始資料處理語言，部分的原因是用它來處理字串與文字很方便。大多數的文字處理都可以使用字串物件的內建方法來輕鬆地進行。如果需要做比較複雜的模式比對與文字處理，你可能需要使用正規表達式。pandas 也可以讓你簡潔地對整個資料陣列套用字串與正規表達式，此外還可以為你處理麻煩的缺失資料。

Python 內建的字串物件方法

對許多字串混合和撰寫應用程式而言，內建的字串方法就夠用了。舉個例子，你可以使用 `split` 方法來將以逗號分隔的字串拆開：

```
In [151]: val = "a,b,  guido"

In [152]: val.split(",")
Out[152]: ['a', 'b', '  guido']
```

split 通常與 strip 一起使用，以移除空白（包括換行）：

```
In [153]: pieces = [x.strip() for x in val.split(",")]

In [154]: pieces
Out[154]: ['a', 'b', 'guido']
```

你可以用雙冒號分隔符號與加號來串接這些子字串：

```
In [155]: first, second, third = pieces

In [156]: first + "::" + second + "::" + third
Out[156]: 'a::b::guido'
```

但是這種做法不實用且不通用。比較快且比較 Python 的做法是，對著字串 "::" 執行 join 方法並傳入一個串列或 tuple：

```
In [157]: "::".join(pieces)
Out[157]: 'a::b::guido'
```

其他方法的重心是尋找子字串。檢測子字串的最佳手段是使用 Python 的 in 關鍵字，但也可以使用 index 與 find：

```
In [158]: "guido" in val
Out[158]: True

In [159]: val.index(",")
Out[159]: 1

In [160]: val.find(":")
Out[160]: -1
```

注意，find 與 index 的差異在於，index 會在找不到字串時發出例外（vs. 回傳 -1）：

```
In [161]: val.index(":")
---------------------------------------------------------------------------
ValueError                                Traceback (most recent call last)
<ipython-input-161-bea4c4c30248> in <module>
----> 1 val.index(":")
ValueError: substring not found
```

count 會回傳特定字串的出現次數：

```
In [162]: val.count(",")
Out[162]: 2
```

replace 會將一個模式的實例換成另一個。它也經常被用來刪除模式，做法是傳入一個空字串：

```
In [163]: val.replace(",", "::")
Out[163]: 'a::b::  guido'

In [164]: val.replace(",", "")
Out[164]: 'ab  guido'
```

表 7-4 是一些 Python 字串方法。

等一下你會看到，你也可以在許多這些操作中使用正規表達式。

表 7-4　Python 內建的字串方法

方法	說明
count	回傳子字串在字串裡的不重疊出現次數
endswith	若字串的結尾是後綴，回傳 True
startswith	若字串的開頭是前綴，回傳 True
join	將字串當成分隔符號，來串接一系列的其他字串
index	如果傳入的子字串可在字串裡找到，回傳子字串第一次出現的開始索引，否則，如果找不到，發出 ValueError
find	回傳第一個子字串的第一個字元的位置，類似 index，但找不到時回傳 –1
rfind	回傳最後一個子字串的第一個字元的位置，找不到時回傳 –1
replace	將字串換成其他字串
strip, rstrip, lstrip	移除空白，分別包括兩側的換行、右側，與左側
split	使用傳入的分隔符號來將字串分成子字串的串列
lower	將字母轉換成小寫
upper	將字母轉換成大寫
casefold	將字元轉換成小寫，並將任何特定區域的可變字元組合轉換成通用的可比較形式
ljust, rjust	分別是靠左對齊或靠右對齊；將字串的另一側填上空格（或其他的填補字元），並回傳一個具有最短寬度的字串

正規表達式

正規表達式提供一種靈活的方式在文本裡搜尋或比對（通常比較複雜的）字串模式。表達式通常稱為 *regex*，它是用正規表達式語言寫成的字串。Python 內建的 `re` 模組可以對著字串使用正規表達式，接下來我會舉幾個使用範例。

正規表達式的寫法本身需要用一章的篇幅來說明，因此不在本書的討論範圍內，網路上與其他書籍裡有許多優秀的教學與參考資料。

`re` 模組的函式可分成三大類：模式比對、替換與分解。當然，它們是相關的。regex 是你想在文本中尋找的模式，它有很多用途。我們來看一個簡單的例子：假如我們想要分解一個帶有可變數量的空白字元（tab、空格、換行）的字串。

描述一或多個空白字元的 regex 是 `\s+`：

```
In [165]: import re

In [166]: text = "foo    bar\t baz  \tqux"

In [167]: re.split(r"\s+", text)
Out[167]: ['foo', 'bar', 'baz', 'qux']
```

當你呼叫 `re.split(r"\s+", text)` 時，Python 會先編譯正規表達式，然後對著傳入的文本呼叫 `split` 方法。你可以使用 `re.compile` 來自行編譯 regex，產生一個可重複使用的 regex 物件：

```
In [168]: regex = re.compile(r"\s+")

In [169]: regex.split(text)
Out[169]: ['foo', 'bar', 'baz', 'qux']
```

如果你想要取得符合 regex 的所有模式，你可以使用 `findall` 方法：

```
In [170]: regex.findall(text)
Out[170]: ['    ', '\t ', '  \t']
```

為了避免在正規表達式裡的 `\` 造成轉義，你可以使用*原始字串常值*，例如 `r"C:\x"`，避免使用等效的 `"C:\\x"`。

如果你想要對著許多字串使用相同的表達式，強烈建議使用 re.compile 來建立 regex 物件，以節省 CPU 週期。

match 和 search 與 findall 密切相關。findall 會回傳字串裡的所有相符實例，但 search 只回傳第一個。更嚴格的 match 僅比對字串的開頭。舉一個比較複雜的例子，我們來考慮一段文本與一個可以找出多數 email 地址的正規表達式：

```
text = """Dave dave@google.com
Steve steve@gmail.com
Rob rob@gmail.com
Ryan ryan@yahoo.com"""
pattern = r"[A-Z0-9._%+-]+@[A-Z0-9.-]+\.[A-Z]{2,4}"

# re.IGNORECASE 會讓 regex 不區分大小寫
regex = re.compile(pattern, flags=re.IGNORECASE)
```

對著文本使用 findall 會產生一個 email 位址串列：

```
In [172]: regex.findall(text)
Out[172]:
['dave@google.com',
 'steve@gmail.com',
 'rob@gmail.com',
 'ryan@yahoo.com']
```

search 會幫文本裡的第一個 email 地址回傳一個特殊的 match 物件。對上述的 regex 而言，match 物件可以告訴我們模式在字串裡的開始與結束位置：

```
In [173]: m = regex.search(text)

In [174]: m
Out[174]: <re.Match object; span=(5, 20), match='dave@google.com'>

In [175]: text[m.start():m.end()]
Out[175]: 'dave@google.com'
```

regex.match 回傳 None，因為它只會在模式出現在字串開頭時成功比對：

```
In [176]: print(regex.match(text))
None
```

sub 會回傳一個新字串，在裡面的模式會被換成新字串：

```
In [177]: print(regex.sub("REDACTED", text))
Dave REDACTED
Steve REDACTED
Rob REDACTED
Ryan REDACTED
```

假如你想要找到 email 地址，同時將每一個地址分成它的三大元素：使用者名稱、域名和域名後綴。為此，你可以將想分割的元素加上括號：

```
In [178]: pattern = r"([A-Z0-9._%+-]+)@([A-Z0-9.-]+)\.([A-Z]{2,4})"

In [179]: regex = re.compile(pattern, flags=re.IGNORECASE)
```

對著這個修改後的 regex 產生的 match 物件使用 `groups` 方法會得到模式成分的 tuple：

```
In [180]: m = regex.match("wesm@bright.net")

In [181]: m.groups()
Out[181]: ('wesm', 'bright', 'net')
```

當模式有群組時，`findall` 會回傳 tuple 的串列：

```
In [182]: regex.findall(text)
Out[182]:
[('dave', 'google', 'com'),
 ('steve', 'gmail', 'com'),
 ('rob', 'gmail', 'com'),
 ('ryan', 'yahoo', 'com')]
```

`sub` 也可以使用特殊符號（例如 `\1` 與 `\2`）來讀取結果裡的每一個群組。`\1` 是指第一個群組，`\2` 是第二個，以此類推：

```
In [183]: print(regex.sub(r"Username: \1, Domain: \2, Suffix: \3", text))
Dave Username: dave, Domain: google, Suffix: com
Steve Username: steve, Domain: gmail, Suffix: com
Rob Username: rob, Domain: gmail, Suffix: com
Ryan Username: ryan, Domain: yahoo, Suffix: com
```

Python 的正規表達式還有很多可以介紹的內容，但大多數都不在本書的範圍內。表 7-5 是簡短的摘要。

表 7-5　正規表達式方法

方法	說明
`findall`	以串列來回傳字串裡的所有不重疊相符模式
`finditer`	與 `findall` 很像，但回傳 iterator
`match`	在字串的開頭比對模式，可以選擇將模式的成分分成群組；如果找到模式，回傳一個 match 物件，否則 `None`
`search`	在字串中掃描相符的模式，若找到則回傳 match 物件，但與 `match` 不同的是，它會在字串的任何地方尋找模式，而不是只在開頭

方法	說明
split	在每一個出現模式的地方將字串分開
sub, subn	將字串裡的所有（sub）模式或前 n 個模式（subn）換成替換表達式；在替換字串中，使用 \1, \2, ... 來代表符合的群組元素

pandas 的字串函式

清理混亂的資料組以便分析通常需要做大量的字串處理。更複雜的是，儲存字串的欄有時會有缺失資料：

```
In [184]: data = {"Dave": "dave@google.com", "Steve": "steve@gmail.com",
   .....:         "Rob": "rob@gmail.com", "Wes": np.nan}

In [185]: data = pd.Series(data)

In [186]: data
Out[186]:
Dave     dave@google.com
Steve    steve@gmail.com
Rob        rob@gmail.com
Wes                  NaN
dtype: object

In [187]: data.isna()
Out[187]:
Dave     False
Steve    False
Rob      False
Wes       True
dtype: bool
```

使用 data.map 可以對著每一個值套用字串與正規表達式方法（傳入 lambda 或其他函式），但 NA（null）值會讓它失敗。為了處理這個問題，Series 為字串操作設計了陣列導向方法，來跳過或傳播 NA 值。它們要透過 Series 的 str 屬性來使用，例如，我們可以使用 str.contains 來檢查每一個 email 地址裡面有沒有 "gmail"：

```
In [188]: data.str.contains("gmail")
Out[188]:
Dave     False
Steve     True
Rob       True
Wes        NaN
dtype: object
```

注意，這項操作的結果是 `object dtype`。pandas 有專門處理字串、整數、布林資料的**擴展型態**，但它們直到最近在處理缺失資料時還有一些瑕疵：

```
In [189]: data_as_string_ext = data.astype('string')

In [190]: data_as_string_ext
Out[190]:
Dave     dave@google.com
Steve    steve@gmail.com
Rob        rob@gmail.com
Wes                 <NA>
dtype: string

In [191]: data_as_string_ext.str.contains("gmail")
Out[191]:
Dave     False
Steve     True
Rob       True
Wes       <NA>
dtype: boolean
```

第 237 頁，第 7.3 節的「擴展資料型態」有更詳細地的討論過擴展型態。

你也可以使用正規表達式，以及 `re` 的任何選項，例如 `IGNORECASE`：

```
In [192]: pattern = r"([A-Z0-9._%+-]+)@([A-Z0-9.-]+)\.([A-Z]{2,4})"

In [193]: data.str.findall(pattern, flags=re.IGNORECASE)
Out[193]:
Dave     [(dave, google, com)]
Steve    [(steve, gmail, com)]
Rob        [(rob, gmail, com)]
Wes                        NaN
dtype: object
```

取回向量化的元素有幾種方法，你可以使用 `str.get` 或檢索 `str` 屬性的內容：

```
In [194]: matches = data.str.findall(pattern, flags=re.IGNORECASE).str[0]

In [195]: matches
Out[195]:
Dave     (dave, google, com)
Steve    (steve, gmail, com)
Rob        (rob, gmail, com)
Wes                      NaN
dtype: object

In [196]: matches.str.get(1)
```

```
Out[196]:
Dave     google
Steve     gmail
Rob       gmail
Wes         NaN
dtype: object
```

你也可以用這種語法來 slice 字串：

```
In [197]: data.str[:5]
Out[197]:
Dave     dave@
Steve    steve
Rob      rob@g
Wes        NaN
dtype: object
```

`str.extract` 方法會以 DataFrame 來回傳找到的正規表達式群組：

```
In [198]: data.str.extract(pattern, flags=re.IGNORECASE)
Out[198]:
           0       1    2
Dave    dave  google  com
Steve  steve   gmail  com
Rob      rob   gmail  com
Wes      NaN     NaN  NaN
```

表 7-6 是其他的 pandas 字串方法。

表 7-6　部分的 Series 字串方法

方法	說明
`cat`	將字串與選用的分隔符號逐元素串接
`contains`	回傳布林陣列，指出每個字串是否有模式 / regex
`count`	模式出現的次數
`extract`	使用正規表達式與群組從字串 Series 提取一或多個字串；產生的結果是 DataFrame，其中每個群組有一欄
`endswith`	相當於對每個元素執行 `x.endswith(pattern)`
`startswith`	相當於對每個元素執行 `x.startswith(pattern)`
`findall`	為每個字串找出其中的所有模式 / regex
`get`	在每個元素裡面檢索（取得第 *i* 個元素）
`isalnum`	相當於內建的 `str.isalnum`

方法	說明
isalpha	相當於內建的 str.isalpha
isdecimal	相當於內建的 str.isdecimal
isdigit	相當於內建的 str.isdigit
islower	相當於內建的 str.islower
isnumeric	相當於內建的 str.isnumeric
isupper	相當於內建的 str.isupper
join	為 Series 的每一個元素裡的字串接上傳入的分隔符號
len	計算每個字串的長度
lower, upper	轉換大小寫，相當於對每個元素執行 x.lower() 或 x.upper()
match	對著每個元素使用 re.match 與正規表達式，回傳指出是否相符的 True 或 False
pad	在字串的左側、右側或兩側加上空白
center	相當於 pad(side="both")
repeat	重複值（例如 s.str.repeat(3) 相當於對每個字串執行 x * 3）
replace	將符合模式 / regex 的部分換成其他字串
slice	slice Series 裡的每個字串
split	根據分隔符號或正規表達式拆開字串
strip	將兩側的空白移除，包括換行
rstrip	將右側的空白移除
lstrip	將左側的空白移除

7.5 分類（categorical）資料

本節介紹 pandas 的 Categorical 型態。我將說明如何在一些 pandas 操作中使用它來獲得更好的性能或使用更少的記憶體。我也會介紹一些工具，它們可以幫助你在統計與機器學習應用程式中使用分類（categorical）資料。

背景與動機

在表裡的一欄經常反覆出現一小組的值。我們已經看過 `unique` 與 `value_counts` 等函式，分別可以從陣列提取每一種值，以及計算它們的頻率：

```
In [199]: values = pd.Series(['apple', 'orange', 'apple',
   .....:                     'apple'] * 2)

In [200]: values
Out[200]:
0     apple
1    orange
2     apple
3     apple
4     apple
5    orange
6     apple
7     apple
dtype: object

In [201]: pd.unique(values)
Out[201]: array(['apple', 'orange'], dtype=object)

In [202]: pd.value_counts(values)
Out[202]:
apple     6
orange    2
dtype: int64
```

為了提高儲存和計算的效率，許多資料系統（用來儲存資料、計算統計數據，或其他用途）都開發了專門的方法，以表示具有重複值的資料。在資料倉儲（data warehousing）中，最佳做法是使用所謂的 *dimension table*（*維度表*），維度表儲存互不相同的值，另外將主要觀測資料存成參考維度表的整數鍵：

```
In [203]: values = pd.Series([0, 1, 0, 0] * 2)

In [204]: dim = pd.Series(['apple', 'orange'])

In [205]: values
Out[205]:
0    0
1    1
2    0
3    0
4    0
5    1
```

```
6    0
7    0
dtype: int64

In [206]: dim
Out[206]:
0     apple
1    orange
dtype: object
```

我們可以使用 take 方法來復原成原始的字串 Series：

```
In [207]: dim.take(values)
Out[207]:
0     apple
1    orange
0     apple
0     apple
0     apple
1    orange
0     apple
0     apple
dtype: object
```

這種整數表示法稱為**分類**（*categorical*）或**字典編碼**（*dictionary-encoded*）表示法。儲存不相同的值的陣列稱為資料的**分類**（*category*）、**字典**（*dictionary*）或**級別**（*level*）。本書使用 *categorical* 與 *category* 這兩個詞。引用分類的整數值稱為 *category code*（**分類碼**），或直接稱為 *code*（**代碼**）。

當你進行分析時，分類表示法可以明顯地改進性能。你也可以在不修改程式碼的情況下對 category 進行轉換。以下是可以用相對低的成本來進行的轉換：

- 更改 category 名稱
- 添加新 category，但不改變現有類別的順序或位置

pandas 的分類（categorical）擴展型態

pandas 有特殊的 Categorical 擴展型態，用途是保存資料，它使用整數分類表示法或編碼。這是一種流行的資料壓縮技術，適合具有許多相似值的資料，這種技術能夠以較少的記憶體來提供明顯更快的性能，特別是針對字串資料。

我們來考慮之前的 Series 範例：

```
In [208]: fruits = ['apple', 'orange', 'apple', 'apple'] * 2

In [209]: N = len(fruits)

In [210]: rng = np.random.default_rng(seed=12345)

In [211]: df = pd.DataFrame({'fruit': fruits,
   .....:                    'basket_id': np.arange(N),
   .....:                    'count': rng.integers(3, 15, size=N),
   .....:                    'weight': rng.uniform(0, 4, size=N)},
   .....:                   columns=['basket_id', 'fruit', 'count', 'weight'])

In [212]: df
Out[212]:
   basket_id   fruit  count    weight
0          0   apple     11  1.564438
1          1  orange      5  1.331256
2          2   apple     12  2.393235
3          3   apple      6  0.746937
4          4   apple      5  2.691024
5          5  orange     12  3.767211
6          6   apple     10  0.992983
7          7   apple     11  3.795525
```

這裡的 df['fruit'] 是一個 Python 字串物件陣列。我們可以將它轉換成 category：

```
In [213]: fruit_cat = df['fruit'].astype('category')

In [214]: fruit_cat
Out[214]:
0     apple
1    orange
2     apple
3     apple
4     apple
5    orange
6     apple
7     apple
Name: fruit, dtype: category
Categories (2, object): ['apple', 'orange']
```

現在 fruit_cat 的值是 pandas.Categorical 的實例，你可以用 .array 屬性來存取它：

```
In [215]: c = fruit_cat.array

In [216]: type(c)
Out[216]: pandas.core.arrays.categorical.Categorical
```

Categorical 物件有 categories 與 codes 屬性：

```
In [217]: c.categories
Out[217]: Index(['apple', 'orange'], dtype='object')

In [218]: c.codes
Out[218]: array([0, 1, 0, 0, 0, 1, 0, 0], dtype=int8)
```

它們可以用更方便的 cat 來存取，我們會在第 257 頁的「categorical 方法」解釋它。

你可以這樣取得代碼與類別的對映關係：

```
In [219]: dict(enumerate(c.categories))
Out[219]: {0: 'apple', 1: 'orange'}
```

你可以指派轉換後的結果，來將 DataFrame 的欄轉換成 categorical：

```
In [220]: df['fruit'] = df['fruit'].astype('category')

In [221]: df["fruit"]
Out[221]:
0     apple
1    orange
2     apple
3     apple
4     apple
5    orange
6     apple
7     apple
Name: fruit, dtype: category
Categories (2, object): ['apple', 'orange']
```

你也可以直接使用其他的 Python 序列型態來建立 pandas.Categorical：

```
In [222]: my_categories = pd.Categorical(['foo', 'bar', 'baz', 'foo', 'bar'])

In [223]: my_categories
Out[223]:
['foo', 'bar', 'baz', 'foo', 'bar']
Categories (3, object): ['bar', 'baz', 'foo']
```

如果你從其他來源取得 categorical 編碼資料，你可以使用另一種 from_codes 建構式：

```
In [224]: categories = ['foo', 'bar', 'baz']

In [225]: codes = [0, 1, 2, 0, 0, 1]

In [226]: my_cats_2 = pd.Categorical.from_codes(codes, categories)
```

```
In [227]: my_cats_2
Out[227]:
['foo', 'bar', 'baz', 'foo', 'foo', 'bar']
Categories (3, object): ['foo', 'bar', 'baz']
```

除非明確地指定，否則 categorical 轉換假設 category 沒有特定的順序。所以 categories 陣列可能因為輸入資料的順序有不同的順序。在使用 from_codes 或任何其他建構式時，你可以指出 category 具有有意義的順序：

```
In [228]: ordered_cat = pd.Categorical.from_codes(codes, categories,
   .....:                                         ordered=True)

In [229]: ordered_cat
Out[229]:
['foo', 'bar', 'baz', 'foo', 'foo', 'bar']
Categories (3, object): ['foo' < 'bar' < 'baz']
```

輸出 [foo < bar < baz] 指出 'foo' 的順序在 'bar' 之前，以此類推。使用 as_ordered 可將無序的 categorical 實例做成有序的：

```
In [230]: my_cats_2.as_ordered()
Out[230]:
['foo', 'bar', 'baz', 'foo', 'foo', 'bar']
Categories (3, object): ['foo' < 'bar' < 'baz']
```

最後，categorical 可以不是字串，雖然我只展示了字串範例。categorical 陣列可由任何不可變的值型態組成。

用 categorical 來計算

在 pandas 中使用 Categorical 看到的行為通常與非編碼版本（例如字串陣列）相同，pandas 有一些元素在使用 categorical 時有更好的表現，例如 groupby 函式。此外也有一些函式可利用 ordered 旗標。

我們來考慮一些隨機數值資料，並使用 pandas.qcut 分 bin 函式，它會回傳 pandas.Categorical；我們曾經使用 pandas.cut，但沒有說明 categorical 如何工作：

```
In [231]: rng = np.random.default_rng(seed=12345)

In [232]: draws = rng.standard_normal(1000)

In [233]: draws[:5]
Out[233]: array([-1.4238,  1.2637, -0.8707, -0.2592, -0.0753])
```

我們來計算這筆資料的分位數 bin，並提取一些統計數據：

```
In [234]: bins = pd.qcut(draws, 4)

In [235]: bins
Out[235]:
[(-3.121, -0.675], (0.687, 3.211], (-3.121, -0.675], (-0.675, 0.0134], (-0.675, 0
.0134], ..., (0.0134, 0.687], (0.0134, 0.687], (-0.675, 0.0134], (0.0134, 0.687],
 (-0.675, 0.0134]]
Length: 1000
Categories (4, interval[float64, right]): [(-3.121, -0.675] < (-0.675, 0.0134] <
(0.0134, 0.687] <
                                           (0.687, 3.211]]
```

樣本的分位數雖然有用，但是在製作報告時，幫分位數命名應該更方便。我們可以使用 `qcut` 的 `labels` 引數來指定名稱：

```
In [236]: bins = pd.qcut(draws, 4, labels=['Q1', 'Q2', 'Q3', 'Q4'])

In [237]: bins
Out[237]:
['Q1', 'Q4', 'Q1', 'Q2', 'Q2', ..., 'Q3', 'Q3', 'Q2', 'Q3', 'Q2']
Length: 1000
Categories (4, object): ['Q1' < 'Q2' < 'Q3' < 'Q4']

In [238]: bins.codes[:10]
Out[238]: array([0, 3, 0, 1, 1, 0, 0, 2, 2, 0], dtype=int8)
```

帶標籤的 bins categorical 不含 bin 的邊界資訊，我們可以使用 `groupby` 來提取一些總結統計：

```
In [239]: bins = pd.Series(bins, name='quartile')

In [240]: results = (pd.Series(draws)
   .....:            .groupby(bins)
   .....:            .agg(['count', 'min', 'max'])
   .....:            .reset_index())

In [241]: results
Out[241]:
  quartile  count       min       max
0       Q1    250 -3.119609 -0.678494
1       Q2    250 -0.673305  0.008009
2       Q3    250  0.018753  0.686183
3       Q4    250  0.688282  3.211418
```

在結果裡的 `'quartile'` 欄保留了原始的 categorical 資訊，包括順序，來自 `bins`：

```
In [242]: results['quartile']
Out[242]:
0    Q1
1    Q2
2    Q3
3    Q4
Name: quartile, dtype: category
Categories (4, object): ['Q1' < 'Q2' < 'Q3' < 'Q4']
```

使用 categorical 來獲得更好的性能

在本節開頭，我說過，categorical 型態可以改善性能與記憶體使用情況。考慮一個有 1,000 萬個元素和少量相異 category 的 Series：

```
In [243]: N = 10_000_000

In [244]: labels = pd.Series(['foo', 'bar', 'baz', 'qux'] * (N // 4))
```

現在我們將 `labels` 轉換成 categorical：

```
In [245]: categories = labels.astype('category')
```

我們可以看到，`labels` 使用的記憶體比 `categories` 多很多：

```
In [246]: labels.memory_usage(deep=True)
Out[246]: 600000128

In [247]: categories.memory_usage(deep=True)
Out[247]: 10000540
```

當然，轉換成 category 並非毫無代價，但代價是一次性的：

```
In [248]: %time labels.astype('category')
CPU times: user 469 ms, sys: 106 ms, total: 574 ms
Wall time: 577 ms
```

GroupBy 操作可能比 categorical 快很多，因為底層的演算法使用整數編碼陣列，而不是字串陣列。我們來比較 `value_counts()` 的性能，它在內部使用 GroupBy 機制：

```
In [249]: %timeit labels.value_counts()
840 ms +- 10.9 ms per loop (mean +- std. dev. of 7 runs, 1 loop each)

In [250]: %timeit categories.value_counts()
30.1 ms +- 549 us per loop (mean +- std. dev. of 7 runs, 10 loops each)
```

categorical 方法

存有 categorical 資料的 Series 有幾個特殊方法類似 `Series.str` 獨有的字串方法，它也可以讓你輕鬆地存取 category 與 code。考慮這個 Series：

```
In [251]: s = pd.Series(['a', 'b', 'c', 'd'] * 2)

In [252]: cat_s = s.astype('category')

In [253]: cat_s
Out[253]:
0    a
1    b
2    c
3    d
4    a
5    b
6    c
7    d
dtype: category
Categories (4, object): ['a', 'b', 'c', 'd']
```

特殊的存取屬性 `cat` 可用來存取 categorical 方法：

```
In [254]: cat_s.cat.codes
Out[254]:
0    0
1    1
2    2
3    3
4    0
5    1
6    2
7    3
dtype: int8

In [255]: cat_s.cat.categories
Out[255]: Index(['a', 'b', 'c', 'd'], dtype='object')
```

假設我們知道這份資料的 category 實際上不是只有資料中觀測到的四種值，我們可以使用 `set_categories` 來修改它們：

```
In [256]: actual_categories = ['a', 'b', 'c', 'd', 'e']

In [257]: cat_s2 = cat_s.cat.set_categories(actual_categories)

In [258]: cat_s2
```

```
Out[258]:
0    a
1    b
2    c
3    d
4    a
5    b
6    c
7    d
dtype: category
Categories (5, object): ['a', 'b', 'c', 'd', 'e']
```

雖然資料看起來沒有不同，但新 category 會反映在使用它們的操作中。例如，value_counts 會如實展示 category，若存在的話：

```
In [259]: cat_s.value_counts()
Out[259]:
a    2
b    2
c    2
d    2
dtype: int64

In [260]: cat_s2.value_counts()
Out[260]:
a    2
b    2
c    2
d    2
e    0
dtype: int64
```

在大型的資料組裡，categorical 通常被當成方便的工具來節省記憶體和取得更好的性能。在你過濾大型的 DataFrame 或 Series 後，許多 category 可能不在資料中，我們可以使用 remove_unused_categories 方法來移除未觀測到的 category：

```
In [261]: cat_s3 = cat_s[cat_s.isin(['a', 'b'])]

In [262]: cat_s3
Out[262]:
0    a
1    b
4    a
5    b
dtype: category
Categories (4, object): ['a', 'b', 'c', 'd']
```

```
In [263]: cat_s3.cat.remove_unused_categories()
Out[263]:
0    a
1    b
4    a
5    b
dtype: category
Categories (2, object): ['a', 'b']
```

表 7-7 是可用的 categorical 方法。

表 7-7　在 pandas 裡，Series 的 categorical 方法

方法	說明
`add_categories`	在現有的 category 結尾附加新的（未使用的）category
`as_ordered`	讓 category 是有序的
`as_unordered`	讓 category 是無序的
`remove_categories`	移除 category，將移除的值都設為 null
`remove_unused_categories`	移除未出現在資料裡的任何 category 值
`rename_categories`	將 category 換成你指定的新 category 名稱；不改變 category 的數量
`reorder_categories`	行為類似 `rename_categories`，但也可以將結果變成有序的 category
`set_categories`	將 category 換成你指定的新 category；可以加入或移除 category

建立 dummy 變數來建立模型

在使用統計或機器學習工具時，我們經常將 categorical 資料轉換成 *dummy* 變數，亦名獨熱（*one-hot*）編碼。這需要建立一個 DataFrame，讓裡面的欄是相異的 category，在這些欄裡，1 代表出現特定的 category，0 代表沒有。

延續之前的例子：

```
In [264]: cat_s = pd.Series(['a', 'b', 'c', 'd'] * 2, dtype='category')
```

本章說過，`pandas.get_dummies` 函式可將這個一維的 categorical 資料轉換成存有 dummy 變數的 DataFrame：

```
In [265]: pd.get_dummies(cat_s)
Out[265]:
   a  b  c  d
0  1  0  0  0
1  0  1  0  0
2  0  0  1  0
3  0  0  0  1
4  1  0  0  0
5  0  1  0  0
6  0  0  1  0
7  0  0  0  1
```

7.6 總結

有效率地準備資料可以減少讓它可供分析的時間，把更多時間用在分析資料上，大幅提升生產力。本章介紹了幾種工具，但這不是全面性的介紹。在下一章，我們將探索 pandas 的連接與分組功能。

第八章

資料整頓：連接、結合與重塑

在許多應用程式裡，資料可能分散在幾個檔案或資料庫裡，或是排成不方便分析的格式。本章介紹協助組合、連接與重新排列資料的工具。

首先，我會介紹 pandas 的*分層索引*概念，有一些操作將大量地使用它。然後會探討特定的資料操作。你可以在第 13 章看到這些工具的各種用法。

8.1 分層索引

*分層索引*是 pandas 的重要功能，可讓你在一軸使用多層（兩個以上）的索引。另一種說法是，它可讓你在低維的表單裡處理高維的資料。我們從一個簡單的例子看起，我們建立一個使用串列（或陣列）的串列作為索引的 Series：

```
In [11]: data = pd.Series(np.random.uniform(size=9),
   ....:                  index=[["a", "a", "a", "b", "b", "c", "c", "d", "d"],
   ....:                         [1, 2, 3, 1, 3, 1, 2, 2, 3]])

In [12]: data
Out[12]:
a  1    0.929616
   2    0.316376
   3    0.183919
b  1    0.204560
   3    0.567725
c  1    0.595545
   2    0.964515
```

```
d  2    0.653177
   3    0.748907
dtype: float64
```

你看到的是一個以 `MultiIndex` 作為索引的 Series 的簡化視域。在顯示索引的結果裡，「空格」代表「使用正上方的標籤」：

```
In [13]: data.index
Out[13]:
MultiIndex([('a', 1),
            ('a', 2),
            ('a', 3),
            ('b', 1),
            ('b', 3),
            ('c', 1),
            ('c', 2),
            ('d', 2),
            ('d', 3)],
           )
```

具有分層索引的物件可讓你進行所謂的部分檢索，以簡潔地選擇資料的子集合：

```
In [14]: data["b"]
Out[14]:
1    0.204560
3    0.567725
dtype: float64

In [15]: data["b":"c"]
Out[15]:
b  1    0.204560
   3    0.567725
c  1    0.595545
   2    0.964515
dtype: float64

In [16]: data.loc[["b", "d"]]
Out[16]:
b  1    0.204560
   3    0.567725
d  2    0.653177
   3    0.748907
dtype: float64
```

你甚至可以用「內」層來進行選擇。我選擇第二層索引值為 2 的所有值：

```
In [17]: data.loc[:, 2]
Out[17]:
```

```
a    0.316376
c    0.964515
d    0.653177
dtype: float64
```

分層索引在重塑資料及分組操作時扮演重要的角色，例如在製作樞紐表（pivot table）時。舉例來說，你可以使用 unstack 方法來將這份資料重新排列成 DataFrame：

```
In [18]: data.unstack()
Out[18]:
          1         2         3
a  0.929616  0.316376  0.183919
b  0.204560       NaN  0.567725
c  0.595545  0.964515       NaN
d       NaN  0.653177  0.748907
```

unstack 操作的逆向操作是 stack：

```
In [19]: data.unstack().stack()
Out[19]:
a  1    0.929616
   2    0.316376
   3    0.183919
b  1    0.204560
   3    0.567725
c  1    0.595545
   2    0.964515
d  2    0.653177
   3    0.748907
dtype: float64
```

我們會在第 286 頁，第 8.3 節的「重塑與樞軸變換」更詳細地討論 stack 與 unstack。

DataFrame 的每一軸都可以使用分層索引：

```
In [20]: frame = pd.DataFrame(np.arange(12).reshape((4, 3)),
   ....:                      index=[["a", "a", "b", "b"], [1, 2, 1, 2]],
   ....:                      columns=[["Ohio", "Ohio", "Colorado"],
   ....:                               ["Green", "Red", "Green"]])

In [21]: frame
Out[21]:
     Ohio     Colorado
    Green Red    Green
a 1     0   1        2
  2     3   4        5
b 1     6   7        8
  2     9  10       11
```

你可以幫階層命名（用字串或任何 Python 物件），有名稱時，主控台的輸出會顯示它們。

```
In [22]: frame.index.names = ["key1", "key2"]

In [23]: frame.columns.names = ["state", "color"]

In [24]: frame
Out[24]:
state      Ohio     Colorado
color     Green Red    Green
key1 key2
a    1        0   1        2
     2        3   4        5
b    1        6   7        8
     2        9  10       11
```

這些名稱將取代 name 屬性，name 只用於單層索引。

注意，索引名稱 "state" 與 "color" 不屬於列標籤（frame.index 值）。

你可以使用 nlevels 屬性來瞭解索引有幾層：

```
In [25]: frame.index.nlevels
Out[25]: 2
```

你同樣可以使用欄的部分檢索來選擇一組欄：

```
In [26]: frame["Ohio"]
Out[26]:
color      Green  Red
key1 key2
a    1         0    1
     2         3    4
b    1         6    7
     2         9   10
```

你可以使用 MultiIndex 來建立多層索引並重複使用它，在上述的 DataFrame 裡面，附帶階層名稱的欄可以這樣寫：

```
pd.MultiIndex.from_arrays([["Ohio", "Ohio", "Colorado"],
                          ["Green", "Red", "Green"]],
                          names=["state", "color"])
```

重新排序與排序階層

有時你需要重新排列一軸上的階層的順序，或根據某一層的值來排序資料。swaplevel 方法接收兩個階層的編號或名稱，並回傳一個對調它們的新物件（但是資料維持不變）：

```
In [27]: frame.swaplevel("key1", "key2")
Out[27]:
state      Ohio     Colorado
color     Green Red    Green
key2 key1
1    a        0   1        2
2    a        3   4        5
1    b        6   7        8
2    b        9  10       11
```

sort_index 在預設情況下會使用所有的索引階層按詞典順序來排序資料，但你可以傳遞 level 引數，僅使用一層或部分的階層來進行排序。例如：

```
In [28]: frame.sort_index(level=1)
Out[28]:
state      Ohio     Colorado
color     Green Red    Green
key1 key2
a    1        0   1        2
b    1        6   7        8
a    2        3   4        5
b    2        9  10       11

In [29]: frame.swaplevel(0, 1).sort_index(level=0)
Out[29]:
state      Ohio     Colorado
color     Green Red    Green
key2 key1
1    a        0   1        2
     b        6   7        8
2    a        3   4        5
     b        9  10       11
```

如果分層索引物件的最外層索引按詞典順序排序（也就是呼叫 sort_index(level=0) 或 sort_index() 得到的結果），那麼在它裡面選擇資料的性能將好很多。

按階層進行總結統計

許多針對 DataFrame 與 Series 執行的敘述性和總結統計都有 `level` 選項，可讓你指定想在特定軸的哪一層進行彙總。考慮上述的 DataFrame，我們可以對著列或欄的階層進行彙總：

```
In [30]: frame.groupby(level="key2").sum()
Out[30]:
state  Ohio      Colorado
color Green Red     Green
key2
1         6   8        10
2        12  14        16

In [31]: frame.groupby(level="color", axis="columns").sum()
Out[31]:
color      Green  Red
key1 key2
a    1         2    1
     2         8    4
b    1        14    7
     2        20   10
```

我們將在第 10 章更詳細地討論 `groupby`。

用 DataFrame 的欄來檢索

我們經常需要使用 DataFrame 的一欄或多欄來作為列索引，或者，將列索引變成 DataFrame 的欄。舉一個 DataFrame 例子：

```
In [32]: frame = pd.DataFrame({"a": range(7), "b": range(7, 0, -1),
   ....:                       "c": ["one", "one", "one", "two", "two",
   ....:                             "two", "two"],
   ....:                       "d": [0, 1, 2, 0, 1, 2, 3]})

In [33]: frame
Out[33]:
   a  b    c  d
0  0  7  one  0
1  1  6  one  1
2  2  5  one  2
3  3  4  two  0
4  4  3  two  1
5  5  2  two  2
6  6  1  two  3
```

DataFrame 的 set_index 函式會使用一欄或多欄作為索引來建立一個新的 DataFrame：

```
In [34]: frame2 = frame.set_index(["c", "d"])

In [35]: frame2
Out[35]:
       a  b
c   d
one 0  0  7
    1  1  6
    2  2  5
two 0  3  4
    1  4  3
    2  5  2
    3  6  1
```

在預設情況下，這個函式會將那些欄移出 DataFrame，但你也可以將 drop=False 傳入 set_index 來保留它們：

```
In [36]: frame.set_index(["c", "d"], drop=False)
Out[36]:
       a  b    c  d
c   d
one 0  0  7  one  0
    1  1  6  one  1
    2  2  5  one  2
two 0  3  4  two  0
    1  4  3  two  1
    2  5  2  two  2
    3  6  1  two  3
```

另一方面，reset_index 的動作與 set_index 相反，它會將索引階層移入欄：

```
In [37]: frame2.reset_index()
Out[37]:
     c  d  a  b
0  one  0  0  7
1  one  1  1  6
2  one  2  2  5
3  two  0  3  4
4  two  1  4  3
5  two  2  5  2
6  two  3  6  1
```

8.2 結合與合併資料組

在 pandas 物件裡面的資料可以用幾種方式來合併：

`pandas.merge`
: 根據一個或多個連接鍵來連接 DataFrame 的欄。用過 SQL 或其他關聯資料庫的讀者應該很熟悉它，因為它實現了資料庫的 *join* 操作。

`pandas.concat`
: 沿著一軸串接（concatenate）或「堆疊（stack）」物件。

`combine_first`
: 將重疊的資料拼在一起，將一個物件裡的缺失值設為另一個物件的值。

我接下來將介紹它們，並舉幾個例子。本書接下來的例子將會使用它們。

資料庫風格的 DataFrame 連接

合併或連接操作就是用一個或多個連接鍵來連接資料列，以合併資料庫。這些操作在關聯資料庫（例如 SQL 資料庫）裡特別重要。pandas 的 `pandas.merge` 函式是使用這些演算法來處理你的資料的主要入口。

我們從一個簡單的例子看起：

```
In [38]: df1 = pd.DataFrame({"key": ["b", "b", "a", "c", "a", "a", "b"],
   ....:                     "data1": pd.Series(range(7), dtype="Int64")})

In [39]: df2 = pd.DataFrame({"key": ["a", "b", "d"],
   ....:                     "data2": pd.Series(range(3), dtype="Int64")})

In [40]: df1
Out[40]:
  key  data1
0   b      0
1   b      1
2   a      2
3   c      3
4   a      4
5   a      5
6   b      6

In [41]: df2
Out[41]:
```

```
  key  data2
0   a      0
1   b      1
2   d      2
```

我讓 nullable 整數使用 pandas 的 Int64 擴展型態，在第 237 頁，第 7.3 節的「擴展資料型態」曾經介紹它。

這是一個多對一連接案例，在 df1 裡的資料有多列有 a 與 b，但是在 df2 的 key 欄裡，這兩個值都只有一列使用。對著這些物件呼叫 pandas.merge 得到：

```
In [42]: pd.merge(df1, df2)
Out[42]:
  key  data1  data2
0   b      0      1
1   b      1      1
2   b      6      1
3   a      2      0
4   a      4      0
5   a      5      0
```

注意，我沒有指定要合併哪一欄，如果沒有指定這項資訊，pandas.merge 會將重疊的欄名當成鍵。但是明確地指定才是好習慣：

```
In [43]: pd.merge(df1, df2, on="key")
Out[43]:
  key  data1  data2
0   b      0      1
1   b      1      1
2   b      6      1
3   a      2      0
4   a      4      0
5   a      5      0
```

一般來說，pandas.merge 操作所輸出的欄的順序是未指明的。

如果物件的欄名不相同，你可以分別指定它們：

```
In [44]: df3 = pd.DataFrame({"lkey": ["b", "b", "a", "c", "a", "a", "b"],
   ....:                     "data1": pd.Series(range(7), dtype="Int64")})

In [45]: df4 = pd.DataFrame({"rkey": ["a", "b", "d"],
   ....:                     "data2": pd.Series(range(3), dtype="Int64")})

In [46]: pd.merge(df3, df4, left_on="lkey", right_on="rkey")
Out[46]:
  lkey  data1 rkey  data2
```

```
0    b     0    b     1
1    b     1    b     1
2    b     6    b     1
3    a     2    a     0
4    a     4    a     0
5    a     5    a     0
```

在結果裡，"c" 與 "d" 值以及相關的資料不見了，在預設情況下，pandas.merge 會進行 "inner" 連接，也就是在結果裡的連接鍵是交集，即兩張表的共同集合。其他的選項有 "left"、"right" 與 "outer"。outer 連接接收連接鍵的聯集，產生同時使用 left 與 right 連接的效果：

```
In [47]: pd.merge(df1, df2, how="outer")
Out[47]:
  key  data1  data2
0   b      0      1
1   b      1      1
2   b      6      1
3   a      2      0
4   a      4      0
5   a      5      0
6   c      3   <NA>
7   d   <NA>      2

In [48]: pd.merge(df3, df4, left_on="lkey", right_on="rkey", how="outer")
Out[48]:
  lkey  data1 rkey  data2
0    b      0    b      1
1    b      1    b      1
2    b      6    b      1
3    a      2    a      0
4    a      4    a      0
5    a      5    a      0
6    c      3  NaN   <NA>
7  NaN   <NA>    d      2
```

使用 outer 連接時，如果左邊或右邊的 DataFrame 的鍵（key）在另一個 DataFrame 裡找不到，它在另一個 DataFrame 的欄裡將是 NA 值。

表 8-1 是 how 的選項。

表 8-1　用 how 引數來指定的連接類型

選項	行為
how="inner"	僅使用兩張表都有的連接鍵
how="left"	使用可在左表找到的所有連接鍵
how="right"	使用可在右表找到的所有連接鍵
how="outer"	使用可在兩張表找到的所有連接鍵

多對多合併會形成相符鍵的笛卡兒積。舉一個例子：

```
In [49]: df1 = pd.DataFrame({"key": ["b", "b", "a", "c", "a", "b"],
   ....:                     "data1": pd.Series(range(6), dtype="Int64")})

In [50]: df2 = pd.DataFrame({"key": ["a", "b", "a", "b", "d"],
   ....:                     "data2": pd.Series(range(5), dtype="Int64")})

In [51]: df1
Out[51]:
  key  data1
0   b      0
1   b      1
2   a      2
3   c      3
4   a      4
5   b      5

In [52]: df2
Out[52]:
  key  data2
0   a      0
1   b      1
2   a      2
3   b      3
4   d      4

In [53]: pd.merge(df1, df2, on="key", how="left")
Out[53]:
   key  data1  data2
0    b      0      1
1    b      0      3
2    b      1      1
3    b      1      3
4    a      2      0
5    a      2      2
6    c      3   <NA>
```

```
7   a    4    0
8   a    4    2
9   b    5    1
10  b    5    3
```

因為在左 DataFrame 裡有三列 "b"，在右邊有兩列，所以在結果裡有六列 "b"。傳給 how 關鍵字引數的連接方法只影響結果裡的不同鍵值：

```
In [54]: pd.merge(df1, df2, how="inner")
Out[54]:
  key  data1  data2
0   b      0      1
1   b      0      3
2   b      1      1
3   b      1      3
4   b      5      1
5   b      5      3
6   a      2      0
7   a      2      2
8   a      4      0
9   a      4      2
```

若要使用多個鍵來合併，你要傳入欄名串列：

```
In [55]: left = pd.DataFrame({"key1": ["foo", "foo", "bar"],
   ....:                      "key2": ["one", "two", "one"],
   ....:                      "lval": pd.Series([1, 2, 3], dtype='Int64')})

In [56]: right = pd.DataFrame({"key1": ["foo", "foo", "bar", "bar"],
   ....:                       "key2": ["one", "one", "one", "two"],
   ....:                       "rval": pd.Series([4, 5, 6, 7], dtype='Int64')})

In [57]: pd.merge(left, right, on=["key1", "key2"], how="outer")
Out[57]:
  key1 key2  lval  rval
0  foo  one     1     4
1  foo  one     1     5
2  foo  two     2  <NA>
3  bar  one     3     6
4  bar  two  <NA>     7
```

若要知道哪一種合併方法會讓結果有哪些鍵，你可以想像鍵形成一個 tuple 陣列，並當成一個連接鍵來使用。

當你將欄互相連接時，你傳入的 DataFrame 物件的索引會被移除。如果你需要保留索引值，你可以使用 reset_index 來將索引附加至欄。

關於合併操作，最後一個需要考慮的問題是處理重疊的欄名。例如：

```
In [58]: pd.merge(left, right, on="key1")
Out[58]:
  key1 key2_x  lval key2_y  rval
0  foo    one     1    one     4
1  foo    one     1    one     5
2  foo    two     2    one     4
3  foo    two     2    one     5
4  bar    one     3    one     6
5  bar    one     3    two     7
```

雖然你可以手動處理重疊的情況（第 226 頁的「改變軸索引的名稱」介紹如何重新命名軸標籤），但是 pandas.merge 有一個 suffixes 選項可指定想附加至左或右 DataFrame 物件的字串：

```
In [59]: pd.merge(left, right, on="key1", suffixes=("_left", "_right"))
Out[59]:
  key1 key2_left  lval key2_right  rval
0  foo       one     1        one     4
1  foo       one     1        one     5
2  foo       two     2        one     4
3  foo       two     2        one     5
4  bar       one     3        one     6
5  bar       one     3        two     7
```

表 8-2 是 pandas.merge 的引數參考資料。下一節將討論如何使用 DataFrame 的列索引來連接。

表 8-2　pandas.merge 函式引數

引數	說明
left	想合併至左邊的 DataFrame。
right	想合併至右邊的 DataFrame。
how	連接類型："inner"、"outer"、"left"、"right" 之一，預設值為 "inner"。
on	用來連接的欄名。必須能夠在兩個 DataFrame 物件裡都找到。如果沒有指定，而且沒有提供其他的連接鍵，它會使用 left 與 right 的欄名的交集作為連接鍵。

引數	說明
left_on	當成連接鍵的 left DataFrame 的欄。可以是一個欄名，或欄名串列。
right_on	類似 right DataFrame 的 left_on。
left_index	使用 left 的列索引作為它的連接鍵（若 MultiIndex，則是多個）。
right_index	類似 left_index。
sort	按連接鍵的詞典順序來排序合併的資料；預設為 False。
suffixes	在重疊時附加至欄名的字串值 tuple；預設為 ("_x", "_y")（例如，如果在兩個 DataFrame 物件裡都有 "data"，在結果中會變成 "data_x" 與 "data_y"）。
copy	若為 False，在某些特殊情況下，避免將資料複製到結果的資料結構中，預設為始終複製。
validate	確認合併是不是指定的類型，是不是一對一、一對多，或多對多。docstring 有關於它的選項的細節。
indicator	加入特殊 _merge 欄來指出每一列的來源，它的值將是 "left_only"、"right_only" 或 "both"，取決於連接後的每一列資料的來源。

根據索引來合併

有時，DataFrame 的合併鍵是它的索引（列標籤）。此時，你可以傳入 left_index=True 或 right_index=True（或兩者），來指定將索引當成連接鍵：

```
In [60]: left1 = pd.DataFrame({"key": ["a", "b", "a", "a", "b", "c"],
   ....:                       "value": pd.Series(range(6), dtype="Int64")})

In [61]: right1 = pd.DataFrame({"group_val": [3.5, 7]}, index=["a", "b"])

In [62]: left1
Out[62]:
  key  value
0   a      0
1   b      1
2   a      2
3   a      3
4   b      4
5   c      5

In [63]: right1
Out[63]:
   group_val
a        3.5
b        7.0
```

```
In [64]: pd.merge(left1, right1, left_on="key", right_index=True)
Out[64]:
  key  value  group_val
0   a      0        3.5
2   a      2        3.5
3   a      3        3.5
1   b      1        7.0
4   b      4        7.0
```

仔細觀察可以看到 `left1` 的索引值被保留下來，但是在上面的其他例子裡，DataFrame 物件的索引被移除了。因為 `right1` 的索引是相異的，所以這個「多對一」合併（使用預設的 `how="inner"` 方法）可以在輸出的列保留對應的 `left1` 的索引值。

預設的合併方法是使用連接鍵的交集，你也可以使用 outer 連接來採用它們的聯集：

```
In [65]: pd.merge(left1, right1, left_on="key", right_index=True, how="outer")
Out[65]:
  key  value  group_val
0   a      0        3.5
2   a      2        3.5
3   a      3        3.5
1   b      1        7.0
4   b      4        7.0
5   c      5        NaN
```

處理分層索引資料比較複雜，因為按索引來連接相當於多鍵合併：

```
In [66]: lefth = pd.DataFrame({"key1": ["Ohio", "Ohio", "Ohio",
   ....:                                "Nevada", "Nevada"],
   ....:                       "key2": [2000, 2001, 2002, 2001, 2002],
   ....:                       "data": pd.Series(range(5), dtype="Int64")})

In [67]: righth_index = pd.MultiIndex.from_arrays(
   ....:     [
   ....:         ["Nevada", "Nevada", "Ohio", "Ohio", "Ohio", "Ohio"],
   ....:         [2001, 2000, 2000, 2000, 2001, 2002]
   ....:     ]
   ....: )

In [68]: righth = pd.DataFrame({"event1": pd.Series([0, 2, 4, 6, 8, 10], dtype="I
nt64",
   ....:                                            index=righth_index),
   ....:                        "event2": pd.Series([1, 3, 5, 7, 9, 11], dtype="I
nt64",
```

```
   ....:                                        index=righth_index)})

In [69]: lefth
Out[69]:
     key1  key2  data
0    Ohio  2000     0
1    Ohio  2001     1
2    Ohio  2002     2
3  Nevada  2001     3
4  Nevada  2002     4

In [70]: righth
Out[70]:
             event1  event2
Nevada 2001       0       1
       2000       2       3
Ohio   2000       4       5
       2000       6       7
       2001       8       9
       2002      10      11
```

在這個例子中，你必須用串列來指出要合併的多個欄（注意我們用 how="outer" 來處理重複索引值）：

```
In [71]: pd.merge(lefth, righth, left_on=["key1", "key2"], right_index=True)
Out[71]:
     key1  key2  data  event1  event2
0    Ohio  2000     0       4       5
0    Ohio  2000     0       6       7
1    Ohio  2001     1       8       9
2    Ohio  2002     2      10      11
3  Nevada  2001     3       0       1

In [72]: pd.merge(lefth, righth, left_on=["key1", "key2"],
   ....:          right_index=True, how="outer")
Out[72]:
     key1  key2  data  event1  event2
0    Ohio  2000     0       4       5
0    Ohio  2000     0       6       7
1    Ohio  2001     1       8       9
2    Ohio  2002     2      10      11
3  Nevada  2001     3       0       1
4  Nevada  2002     4    <NA>    <NA>
4  Nevada  2000  <NA>       2       3
```

你也可以同時使用兩邊的索引：

```
In [73]: left2 = pd.DataFrame([[1., 2.], [3., 4.], [5., 6.]],
   ....:                      index=["a", "c", "e"],
   ....:                      columns=["Ohio", "Nevada"]).astype("Int64")

In [74]: right2 = pd.DataFrame([[7., 8.], [9., 10.], [11., 12.], [13, 14]],
   ....:                       index=["b", "c", "d", "e"],
   ....:                       columns=["Missouri", "Alabama"]).astype("Int64")

In [75]: left2
Out[75]:
   Ohio  Nevada
a     1       2
c     3       4
e     5       6

In [76]: right2
Out[76]:
   Missouri  Alabama
b         7        8
c         9       10
d        11       12
e        13       14

In [77]: pd.merge(left2, right2, how="outer", left_index=True, right_index=True)
Out[77]:
   Ohio  Nevada  Missouri  Alabama
a     1       2      <NA>     <NA>
b  <NA>    <NA>         7        8
c     3       4         9       10
d  <NA>    <NA>        11       12
e     5       6        13       14
```

DataFrame 有一個 join 實例方法可簡化以索引來合併的過程，它也可以用來合併具有相同或類似的索引，但欄不重疊的多個 DataFrame。在上述的例子中，我們可以這樣寫：

```
In [78]: left2.join(right2, how="outer")
Out[78]:
   Ohio  Nevada  Missouri  Alabama
a     1       2      <NA>     <NA>
b  <NA>    <NA>         7        8
c     3       4         9       10
d  <NA>    <NA>        11       12
e     5       6        13       14
```

相較於 pandas.merge，DataFrame 的 join 方法在預設情況下用連接鍵來執行左連接。你也可以用你傳入的 DataFrame 的索引，以及呼叫此方法時傳入的 DataFrame 的一欄，將兩張表連接起來：

```
In [79]: left1.join(right1, on="key")
Out[79]:
  key  value  group_val
0   a      0        3.5
1   b      1        7.0
2   a      2        3.5
3   a      3        3.5
4   b      4        7.0
5   c      5        NaN
```

你可以把這個方法想成將資料接「入」用來呼叫 join 方法的物件中。

最後，如果只想將索引相接，你可以將 DataFrame 串列傳給 join，以取代上一節介紹的更通用的 pandas.concat 函式：

```
In [80]: another = pd.DataFrame([[7., 8.], [9., 10.], [11., 12.], [16., 17.]],
   ....:                        index=["a", "c", "e", "f"],
   ....:                        columns=["New York", "Oregon"])

In [81]: another
Out[81]:
   New York  Oregon
a       7.0     8.0
c       9.0    10.0
e      11.0    12.0
f      16.0    17.0

In [82]: left2.join([right2, another])
Out[82]:
   Ohio  Nevada  Missouri  Alabama  New York  Oregon
a     1       2      <NA>     <NA>       7.0     8.0
c     3       4         9       10       9.0    10.0
e     5       6        13       14      11.0    12.0

In [83]: left2.join([right2, another], how="outer")
Out[83]:
   Ohio  Nevada  Missouri  Alabama  New York  Oregon
a     1       2      <NA>     <NA>       7.0     8.0
c     3       4         9       10       9.0    10.0
e     5       6        13       14      11.0    12.0
b  <NA>    <NA>         7        8       NaN     NaN
d  <NA>    <NA>        11       12       NaN     NaN
f  <NA>    <NA>      <NA>     <NA>      16.0    17.0
```

沿著一軸串接

另一種資料合併操作稱為**串接**（*concatenation*）或**堆疊**（*stacking*）。NumPy 的 concatenate 函式可以對 NumPy 陣列做這件事：

```
In [84]: arr = np.arange(12).reshape((3, 4))

In [85]: arr
Out[85]:
array([[ 0,  1,  2,  3],
       [ 4,  5,  6,  7],
       [ 8,  9, 10, 11]])

In [86]: np.concatenate([arr, arr], axis=1)
Out[86]:
array([[ 0,  1,  2,  3,  0,  1,  2,  3],
       [ 4,  5,  6,  7,  4,  5,  6,  7],
       [ 8,  9, 10, 11,  8,  9, 10, 11]])
```

在 pandas 物件（例如 Series 與 DataFrame）的背景下，帶標籤的軸可以讓你進一步將陣列串接一般化。具體來說，你要關心幾件額外的事情：

- 如果物件的其他軸使用不同的索引，該合併這些軸的不同元素，還是只用都有的值？
- 在產生的物件裡，被串接的資料塊需不需要可供識別？
- 「據以串接的軸」有沒有需要保留的資料？在許多情況下，DataFrame 預設的整數標籤在串接過程中應該捨棄。

pandas 的 concat 函式提供一致的方法來處理這些問題。我會舉幾個例子來說明它如何工作。假如我們有三個 Series，它們的索引不重疊：

```
In [87]: s1 = pd.Series([0, 1], index=["a", "b"], dtype="Int64")

In [88]: s2 = pd.Series([2, 3, 4], index=["c", "d", "e"], dtype="Int64")

In [89]: s3 = pd.Series([5, 6], index=["f", "g"], dtype="Int64")
```

呼叫 pandas.concat 並以串列傳入這些物件會將值與索引接在一起：

```
In [90]: s1
Out[90]:
a    0
b    1
dtype: Int64

In [91]: s2
```

```
Out[91]:
c    2
d    3
e    4
dtype: Int64

In [92]: s3
Out[92]:
f    5
g    6
dtype: Int64

In [93]: pd.concat([s1, s2, s3])
Out[93]:
a    0
b    1
c    2
d    3
e    4
f    5
g    6
dtype: Int64
```

在預設情況下，`pandas.concat` 會沿著 `axis="index"` 處理，並產生另一個 Series。如果你傳入 `axis="columns"`，結果將是個 DataFrame：

```
In [94]: pd.concat([s1, s2, s3], axis="columns")
Out[94]:
      0     1     2
a     0  <NA>  <NA>
b     1  <NA>  <NA>
c  <NA>     2  <NA>
d  <NA>     3  <NA>
e  <NA>     4  <NA>
f  <NA>  <NA>     5
g  <NA>  <NA>     6
```

這個例子的其他軸不重疊，這一點可以從索引的聯集（`"outer"` 連接）看出。你也可以傳入 `join="inner"` 來取它們的交集：

```
In [95]: s4 = pd.concat([s1, s3])

In [96]: s4
Out[96]:
a    0
b    1
f    5
```

```
g    6
dtype: Int64

In [97]: pd.concat([s1, s4], axis="columns")
Out[97]:
      0  1
a     0  0
b     1  1
f  <NA>  5
g  <NA>  6

In [98]: pd.concat([s1, s4], axis="columns", join="inner")
Out[98]:
   0  1
a  0  0
b  1  1
```

這個例子使用 `join="inner"` 選項，所以 `"f"` 與 `"g"` 標籤不見了。

在串接結果裡，元素無法識別可能是個問題。假如你想要在串接軸上建立分層索引，所以使用 `keys` 引數：

```
In [99]: result = pd.concat([s1, s1, s3], keys=["one", "two", "three"])

In [100]: result
Out[100]:
one    a    0
       b    1
two    a    0
       b    1
three  f    5
       g    6
dtype: Int64

In [101]: result.unstack()
Out[101]:
          a     b     f     g
one       0     1  <NA>  <NA>
two       0     1  <NA>  <NA>
three  <NA>  <NA>     5     6
```

在沿著 `axis="columns"` 結合 Series 的情況下，`keys` 變成 DataFrame 的欄標題：

```
In [102]: pd.concat([s1, s2, s3], axis="columns", keys=["one", "two", "three"])
Out[102]:
    one   two  three
a     0  <NA>   <NA>
```

```
b      1  <NA>   <NA>
c   <NA>     2   <NA>
d   <NA>     3   <NA>
e   <NA>     4   <NA>
f   <NA>  <NA>      5
g   <NA>  <NA>      6
```

同樣的邏輯可延伸至 DataFrame 物件：

```
In [103]: df1 = pd.DataFrame(np.arange(6).reshape(3, 2), index=["a", "b", "c"],
   .....:                    columns=["one", "two"])

In [104]: df2 = pd.DataFrame(5 + np.arange(4).reshape(2, 2), index=["a", "c"],
   .....:                    columns=["three", "four"])

In [105]: df1
Out[105]:
   one  two
a    0    1
b    2    3
c    4    5

In [106]: df2
Out[106]:
   three  four
a      5     6
c      7     8

In [107]: pd.concat([df1, df2], axis="columns", keys=["level1", "level2"])
Out[107]:
  level1     level2
     one two  three four
a      0   1    5.0  6.0
b      2   3    NaN  NaN
c      4   5    7.0  8.0
```

這裡使用 keys 引數來建立分層索引，它的第一層可用來識別串接的每一個 DataFrame 物件。

如果你傳入物件字典，而不是串列，keys 選項會使用字典的索引鍵：

```
In [108]: pd.concat({"level1": df1, "level2": df2}, axis="columns")
Out[108]:
  level1     level2
     one two  three four
a      0   1    5.0  6.0
b      2   3    NaN  NaN
c      4   5    7.0  8.0
```

pandas 還有其他設定如何建立分層索引的引數（見表 8-3）。例如，我們可以用 names 引數來為建立出來的軸階層命名：

```
In [109]: pd.concat([df1, df2], axis="columns", keys=["level1", "level2"],
   .....:           names=["upper", "lower"])
Out[109]:
upper level1     level2
lower    one two  three four
a          0   1    5.0  6.0
b          2   3    NaN  NaN
c          4   5    7.0  8.0
```

最後，我們要處理列索引不包含任何相關資料的 DataFrame：

```
In [110]: df1 = pd.DataFrame(np.random.standard_normal((3, 4)),
   .....:                    columns=["a", "b", "c", "d"])

In [111]: df2 = pd.DataFrame(np.random.standard_normal((2, 3)),
   .....:                    columns=["b", "d", "a"])

In [112]: df1
Out[112]:
          a         b         c         d
0  1.248804  0.774191 -0.319657 -0.624964
1  1.078814  0.544647  0.855588  1.343268
2 -0.267175  1.793095 -0.652929 -1.886837

In [113]: df2
Out[113]:
          b         d         a
0  1.059626  0.644448 -0.007799
1 -0.449204  2.448963  0.667226
```

在這個情況下，你可以傳遞 ignore_index=True，它會捨棄每個 DataFrame 的索引，僅串接欄資料，並指派新的預設索引：

```
In [114]: pd.concat([df1, df2], ignore_index=True)
Out[114]:
          a         b         c         d
0  1.248804  0.774191 -0.319657 -0.624964
1  1.078814  0.544647  0.855588  1.343268
2 -0.267175  1.793095 -0.652929 -1.886837
3 -0.007799  1.059626       NaN  0.644448
4  0.667226 -0.449204       NaN  2.448963
```

表 8-3 是 pandas.concat 函式的引數。

表 8-3　pandas.concat 函式的引數

引數	說明
objs	準備串接的 pandas 物件串列或字典；這是唯一的必要引數
axis	沿著哪一軸串接。預設沿著列（axis="index"）
join	"inner" 或 "outer"（預設為 "outer"），是否交集（inner）或聯集（outer）其他軸的索引
keys	用來結合物件的值，在串接軸形成分層索引；可以是任意值的串列或陣列、tuple 陣列，或陣列的串列（如果用 levels 來傳入分層陣列）
levels	當成分層索引的階層來使用的索引，如果傳入鍵，則是分層索引
names	如果傳入 keys 或 levels 的話，用來設定階層的名稱
verify_integrity	在串接起來的物件裡檢查新軸有沒有重複，若有則發出例外，預設允許重複（False）
ignore_index	不保留沿著串接 axis 的索引，而是產生一個新的 range(total_length) 索引

結合有重疊的資料

在組合資料時，有一種情況既不能使用合併也不能用串接操作來表達：兩個資料組的索引可能完全或部分重疊。舉一個有趣的例子，考慮 NumPy 的 where 函式，它是陣列版的 if-else 運算式：

```
In [115]: a = pd.Series([np.nan, 2.5, 0.0, 3.5, 4.5, np.nan],
   .....:               index=["f", "e", "d", "c", "b", "a"])

In [116]: b = pd.Series([0., np.nan, 2., np.nan, np.nan, 5.],
   .....:               index=["a", "b", "c", "d", "e", "f"])

In [117]: a
Out[117]:
f    NaN
e    2.5
d    0.0
c    3.5
b    4.5
a    NaN
dtype: float64

In [118]: b
```

```
Out[118]:
a    0.0
b    NaN
c    2.0
d    NaN
e    NaN
f    5.0
dtype: float64

In [119]: np.where(pd.isna(a), b, a)
Out[119]: array([0. , 2.5, 0. , 3.5, 4.5, 5. ])
```

這個例子在 a 裡的值是 null 時，選擇 b 的值，否則選擇 a 的非 null 值。numpy.where 不會檢查索引標籤是否對齊（甚至不要求物件等長），如果你要用索引來將值對齊，就要使用 Series combine_first 方法：

```
In [120]: a.combine_first(b)
Out[120]:
a    0.0
b    4.5
c    3.5
d    0.0
e    2.5
f    5.0
dtype: float64
```

combine_first 在處理 DataFrame 時會逐欄做相同的事情，所以，你可以將它想成用傳入的物件的資料來「修補」呼叫方法的物件裡的缺失資料：

```
In [121]: df1 = pd.DataFrame({"a": [1., np.nan, 5., np.nan],
   .....:                     "b": [np.nan, 2., np.nan, 6.],
   .....:                     "c": range(2, 18, 4)})

In [122]: df2 = pd.DataFrame({"a": [5., 4., np.nan, 3., 7.],
   .....:                     "b": [np.nan, 3., 4., 6., 8.]})

In [123]: df1
Out[123]:
     a    b   c
0  1.0  NaN   2
1  NaN  2.0   6
2  5.0  NaN  10
3  NaN  6.0  14

In [124]: df2
Out[124]:
     a    b
```

```
0  5.0  NaN
1  4.0  3.0
2  NaN  4.0
3  3.0  6.0
4  7.0  8.0

In [125]: df1.combine_first(df2)
Out[125]:
     a    b     c
0  1.0  NaN   2.0
1  4.0  2.0   6.0
2  5.0  4.0  10.0
3  3.0  6.0  14.0
4  7.0  8.0   NaN
```

DataFrame 物件的 combine_first 方法會輸出所有欄名的聯集。

8.3 重塑與樞軸變換

在重新排列表格資料時，有幾項基本操作稱為重塑（*reshape*）或樞軸（*pivot*）操作。

用分層索引來重塑

分層索引可讓你用一致的方式來重新排列 DataFrame 的資料，主要的動作有兩個：

stack：
: 將資料的欄「轉成」列。

unstack：
: 將列轉成欄。

接下來要用一系列的例子來說明這些操作。考慮一個小 DataFrame，它使用字串陣列作為列與欄索引：

```
In [126]: data = pd.DataFrame(np.arange(6).reshape((2, 3)),
   .....:                     index=pd.Index(["Ohio", "Colorado"], name="state"),
   .....:                     columns=pd.Index(["one", "two", "three"],
   .....:                     name="number"))

In [127]: data
Out[127]:
number    one  two  three
state
```

```
Ohio        0    1      2
Colorado    3    4      5
```

對著這個資料使用 `stack` 方法會將欄轉成列，產生一個 Series：

```
In [128]: result = data.stack()

In [129]: result
Out[129]:
state     number
Ohio      one       0
          two       1
          three     2
Colorado  one       3
          two       4
          three     5
dtype: int64
```

你可以用 `unstack` 來將分層索引的 Series 變回去 DataFrame：

```
In [130]: result.unstack()
Out[130]:
number    one  two  three
state
Ohio        0    1      2
Colorado    3    4      5
```

在預設情況下，unstack 的是最內層（與 `stack` 一樣）。你可以傳入階層編號或名稱來 unstack 別層：

```
In [131]: result.unstack(level=0)
Out[131]:
state   Ohio  Colorado
number
one        0         3
two        1         4
three      2         5

In [132]: result.unstack(level="state")
Out[132]:
state   Ohio  Colorado
number
one        0         3
two        1         4
three      2         5
```

如果在各個子群組裡無法找到階層裡的所有值，unstack 可能會產生缺失資料。

```
In [133]: s1 = pd.Series([0, 1, 2, 3], index=["a", "b", "c", "d"], dtype="Int64")

In [134]: s2 = pd.Series([4, 5, 6], index=["c", "d", "e"], dtype="Int64")

In [135]: data2 = pd.concat([s1, s2], keys=["one", "two"])

In [136]: data2
Out[136]:
one  a    0
     b    1
     c    2
     d    3
two  c    4
     d    5
     e    6
dtype: Int64
```

stack 操作在預設情況下會濾除缺失資料，以便復原：

```
In [137]: data2.unstack()
Out[137]:
        a     b  c  d     e
one     0     1  2  3  <NA>
two  <NA>  <NA>  4  5     6

In [138]: data2.unstack().stack()
Out[138]:
one  a    0
     b    1
     c    2
     d    3
two  c    4
     d    5
     e    6
dtype: Int64

In [139]: data2.unstack().stack(dropna=False)
Out[139]:
one  a       0
     b       1
     c       2
     d       3
     e    <NA>
two  a    <NA>
     b    <NA>
     c       4
```

```
    d      5
    e      6
dtype: Int64
```

當你 unstack DataFrame 時，被 unstack 的階層會變成結果的最下層：

```
In [140]: df = pd.DataFrame({"left": result, "right": result + 5},
   .....:                   columns=pd.Index(["left", "right"], name="side"))

In [141]: df
Out[141]:
side             left  right
state    number
Ohio     one        0      5
         two        1      6
         three      2      7
Colorado one        3      8
         two        4      9
         three      5     10

In [142]: df.unstack(level="state")
Out[142]:
side   left          right
state  Ohio Colorado  Ohio Colorado
number
one       0        3     5        8
two       1        4     6        9
three     2        5     7       10
```

與 unstack 一樣，在呼叫 stack 時可以指定想 stack 的軸名：

```
In [143]: df.unstack(level="state").stack(level="side")
Out[143]:
state         Colorado  Ohio
number side
one    left          3     0
       right         8     5
two    left          4     1
       right         9     6
three  left          5     2
       right        10     7
```

將「長」轉成「寬」格式

我們在資料庫與 CSV 檔裡儲存多個時間序列時，經常使用所謂的 *long* 或 *stacked* 格式。這種格式將個別的值存成一列，而不是將多個值存成一列。

我們來載入一些範例資料，並進行少量的時間序列處理和其他的資料清理：

```
In [144]: data = pd.read_csv("examples/macrodata.csv")

In [145]: data = data.loc[:, ["year", "quarter", "realgdp", "infl", "unemp"]]

In [146]: data.head()
Out[146]:
   year  quarter   realgdp  infl  unemp
0  1959        1  2710.349  0.00    5.8
1  1959        2  2778.801  2.34    5.1
2  1959        3  2775.488  2.74    5.3
3  1959        4  2785.204  0.27    5.6
4  1960        1  2847.699  2.31    5.2
```

首先，我用 pandas.PeriodIndex（它代表時間間隔，而不是時間點，第 11 章會詳細介紹）來結合 year 與 quarter 欄，將索引設成季末的日期時間值：

```
In [147]: periods = pd.PeriodIndex(year=data.pop("year"),
   .....:                          quarter=data.pop("quarter"),
   .....:                          name="date")

In [148]: periods
Out[148]:
PeriodIndex(['1959Q1', '1959Q2', '1959Q3', '1959Q4', '1960Q1', '1960Q2',
             '1960Q3', '1960Q4', '1961Q1', '1961Q2',
             ...
             '2007Q2', '2007Q3', '2007Q4', '2008Q1', '2008Q2', '2008Q3',
             '2008Q4', '2009Q1', '2009Q2', '2009Q3'],
            dtype='period[Q-DEC]', name='date', length=203)

In [149]: data.index = periods.to_timestamp("D")

In [150]: data.head()
Out[150]:
             realgdp  infl  unemp
date
1959-01-01  2710.349  0.00    5.8
1959-04-01  2778.801  2.34    5.1
1959-07-01  2775.488  2.74    5.3
1959-10-01  2785.204  0.27    5.6
1960-01-01  2847.699  2.31    5.2
```

DataFrame 的 pop 方法會從 DataFrame 回傳一欄，並將它刪除。

然後，我選擇欄的一個子集合，並將 columns 索引命名為 "item"：

```
In [151]: data = data.reindex(columns=["realgdp", "infl", "unemp"])

In [152]: data.columns.name = "item"

In [153]: data.head()
Out[153]:
item         realgdp  infl  unemp
date
1959-01-01  2710.349  0.00    5.8
1959-04-01  2778.801  2.34    5.1
1959-07-01  2775.488  2.74    5.3
1959-10-01  2785.204  0.27    5.6
1960-01-01  2847.699  2.31    5.2
```

最後，我用 stack 來進行重塑、使用 reset_index 來將新索引階層轉成欄，並將存有資料值的欄命名為 "value"：

```
In [154]: long_data = (data.stack()
   .....:              .reset_index()
   .....:              .rename(columns={0: "value"}))
```

現在 long_data 長這樣：

```
In [155]: long_data[:10]
Out[155]:
        date     item     value
0 1959-01-01  realgdp  2710.349
1 1959-01-01     infl     0.000
2 1959-01-01    unemp     5.800
3 1959-04-01  realgdp  2778.801
4 1959-04-01     infl     2.340
5 1959-04-01    unemp     5.100
6 1959-07-01  realgdp  2775.488
7 1959-07-01     infl     2.740
8 1959-07-01    unemp     5.300
9 1959-10-01  realgdp  2785.204
```

在這個包含多個時間序列的長格式裡，每一列都代表一個觀測。

在關聯 SQL 資料庫裡的資料經常存成這樣，因為固定的綱要（schema，欄名和資料型態）可讓 item 欄裡的相異值的數量隨著資料被加入表中而改變。在上述範例中，date 與 item 通常被當成主鍵（按照關聯資料庫的說法），提供關聯的完整性，以及連接的方便性。但有時這種格式用起來不方便，你可能想要在 DataFrame 裡將每個不同的 item 值存成一欄，並使用 date 欄的時戳作為索引。DataFrame 的 pivot 方法可執行這種轉換：

```
In [156]: pivoted = long_data.pivot(index="date", columns="item",
   .....:                           values="value")

In [157]: pivoted.head()
Out[157]:
item        infl   realgdp  unemp
date
1959-01-01  0.00  2710.349    5.8
1959-04-01  2.34  2778.801    5.1
1959-07-01  2.74  2775.488    5.3
1959-10-01  0.27  2785.204    5.6
1960-01-01  2.31  2847.699    5.2
```

我們傳入的前兩個值分別是當成列與欄索引來使用的欄，最後一個值是選用的值（value）欄，用來填入 DataFrame。假如你同時想要重塑兩個值（value）欄：

```
In [158]: long_data["value2"] = np.random.standard_normal(len(long_data))

In [159]: long_data[:10]
Out[159]:
        date     item     value    value2
0 1959-01-01  realgdp  2710.349  0.802926
1 1959-01-01     infl     0.000  0.575721
2 1959-01-01    unemp     5.800  1.381918
3 1959-04-01  realgdp  2778.801  0.000992
4 1959-04-01     infl     2.340 -0.143492
5 1959-04-01    unemp     5.100 -0.206282
6 1959-07-01  realgdp  2775.488 -0.222392
7 1959-07-01     infl     2.740 -1.682403
8 1959-07-01    unemp     5.300  1.811659
9 1959-10-01  realgdp  2785.204 -0.351305
```

省略最後一個引數會得到具有分層欄的 DataFrame：

```
In [160]: pivoted = long_data.pivot(index="date", columns="item")

In [161]: pivoted.head()
Out[161]:
           value                    value2
item        infl   realgdp unemp      infl   realgdp     unemp
date
1959-01-01  0.00  2710.349   5.8  0.575721  0.802926  1.381918
1959-04-01  2.34  2778.801   5.1 -0.143492  0.000992 -0.206282
1959-07-01  2.74  2775.488   5.3 -1.682403 -0.222392  1.811659
1959-10-01  0.27  2785.204   5.6  0.128317 -0.351305 -1.313554
1960-01-01  2.31  2847.699   5.2 -0.615939  0.498327  0.174072
```

```
In [162]: pivoted["value"].head()
Out[162]:
item        infl   realgdp  unemp
date
1959-01-01  0.00  2710.349    5.8
1959-04-01  2.34  2778.801    5.1
1959-07-01  2.74  2775.488    5.3
1959-10-01  0.27  2785.204    5.6
1960-01-01  2.31  2847.699    5.2
```

pivot 相當於使用 set_index 然後呼叫 unstack 來建立分層索引：

```
In [163]: unstacked = long_data.set_index(["date", "item"]).unstack(level="item")

In [164]: unstacked.head()
Out[164]:
           value                    value2
item        infl   realgdp unemp      infl   realgdp     unemp
date
1959-01-01  0.00  2710.349   5.8  0.575721  0.802926  1.381918
1959-04-01  2.34  2778.801   5.1 -0.143492  0.000992 -0.206282
1959-07-01  2.74  2775.488   5.3 -1.682403 -0.222392  1.811659
1959-10-01  0.27  2785.204   5.6  0.128317 -0.351305 -1.313554
1960-01-01  2.31  2847.699   5.2 -0.615939  0.498327  0.174072
```

將「寬」轉成「長」格式

對 DataFrame 而言，pivot 的逆向操作是 pandas.melt。它會將多欄合併成一個，產生一個比輸入更長的 DataFrame，而不是將一欄轉換成新 DataFrame 裡的多欄。我們來看一個例子：

```
In [166]: df = pd.DataFrame({"key": ["foo", "bar", "baz"],
   .....:                    "A": [1, 2, 3],
   .....:                    "B": [4, 5, 6],
   .....:                    "C": [7, 8, 9]})

In [167]: df
Out[167]:
   key  A  B  C
0  foo  1  4  7
1  bar  2  5  8
2  baz  3  6  9
```

"key" 欄可能是群組標記，其他欄則是資料值。在使用 pandas.melt 時，我們必須指定哪些欄（若有的話）是群組標記。我們將 "key" 當成唯一的群組標記：

```
In [168]: melted = pd.melt(df, id_vars="key")

In [169]: melted
Out[169]:
   key variable  value
0  foo        A      1
1  bar        A      2
2  baz        A      3
3  foo        B      4
4  bar        B      5
5  baz        B      6
6  foo        C      7
7  bar        C      8
8  baz        C      9
```

我們可以使用 pivot 來重塑成原本的格式：

```
In [170]: reshaped = melted.pivot(index="key", columns="variable",
   .....:                         values="value")

In [171]: reshaped
Out[171]:
variable  A  B  C
key
bar       2  5  8
baz       3  6  9
foo       1  4  7
```

因為 pivot 用欄來建立索引，當成列標籤來使用，我們使用 reset_index 來將資料移回去欄裡：

```
In [172]: reshaped.reset_index()
Out[172]:
variable  key  A  B  C
0         bar  2  5  8
1         baz  3  6  9
2         foo  1  4  7
```

你也可以指定欄的子集合作為 value 欄：

```
In [173]: pd.melt(df, id_vars="key", value_vars=["A", "B"])
Out[173]:
   key variable  value
0  foo        A      1
1  bar        A      2
```

```
2  baz         A       3
3  foo         B       4
4  bar         B       5
5  baz         B       6
```

使用 pandas.melt 時也可以不傳入任何群組代號：

```
In [174]: pd.melt(df, value_vars=["A", "B", "C"])
Out[174]:
  variable  value
0        A      1
1        A      2
2        A      3
3        B      4
4        B      5
5        B      6
6        C      7
7        C      8
8        C      9

In [175]: pd.melt(df, value_vars=["key", "A", "B"])
Out[175]:
  variable value
0      key   foo
1      key   bar
2      key   baz
3        A     1
4        A     2
5        A     3
6        B     4
7        B     5
8        B     6
```

8.4 總結

現在你已經學會 pandas 資料匯入、清理、重組的基本技巧了，接下來要使用 matplotlib 來進行資料視覺化。我們會在討論更進階的分析時，回來討論 pandas 的其他領域。

第九章

繪圖與視覺化

製作資訊豐富的視覺效果（有時稱為圖表（*plot*））是資料分析領域最重要的任務之一。它可能是探索程序的一部分，可協助發現離群值或需要做哪些資料轉換，或引發模型靈感。對其他人而言，在網路上建構互動式的視覺效果可能是最終目標。Python 有許多外加的程式庫可製作靜態或動態的視覺效果，但我會把重心放在 matplotlib（*https://matplotlib.org*）以及用它來建構的程式庫上。

matplotlib 是一個桌面繪圖程式包，專為製作出版用的圖表而設計。這項專案是 John Hunter 在 2002 年創始的，目的是在 Python 中提供類似 MATLAB 的繪圖介面。matplotlib 與 IPython 社群一起簡化 IPython shell（現在成為 Jupyter notebook）的互動式繪圖。matplotlib 在所有作業系統上支援各種 GUI 後端，可以將視覺效果存為所有常見的向量和點陣圖片格式（PDF、SVG、JPG、PNG、BMP、GIF…等）。除了少數幾張圖之外，本書的圖片幾乎都是用 matplotlib 繪製的。

matplotlib 已經催生了許多提供資料視覺化的外加工具組，它們在底層使用 matplotlib 來繪圖。其中一項工具是 seaborn（*http://seaborn.pydata.org*），本章會介紹它。

若要跟著本章一起操作，最簡單的方法是在 Jupyter notebook 裡輸出圖表。為此，你必須在 Jupyter notebook 裡執行下面的指令來設定：

```
%matplotlib inline
```

自從本書在 2012 年出版第一版以來，市面上出現許多新的資料視覺化程式庫，其中有一些利用現代 web 技術來製作互動式視覺效果，而且與 Jupyter notebook 充分整合，例如 Bokeh 與 Altair。我決定在本書裡沿用 matplotlib 來教導基本知識，而不是使用其他的各種視覺化工具，主要的理由是 pandas 與 matplotlib 整合得很好。你可以利用本章教導的原則來學習如何善用其他的視覺化程式庫。

9.1 matplotlib API 入門

我們採取下面的匯入規範來使用 matplotlib：

```
In [13]: import matplotlib.pyplot as plt
```

在 Jupyter 裡執行 `%matplotlib notebook`（或是在 IPython 裡執行 `%matplotlib`）之後，我們可以試著畫出一張簡單的圖表。如果一切都正確設定，你應該會看到圖 9-1 的折線圖。

```
In [14]: data = np.arange(10)

In [15]: data
Out[15]: array([0, 1, 2, 3, 4, 5, 6, 7, 8, 9])

In [16]: plt.plot(data)
```

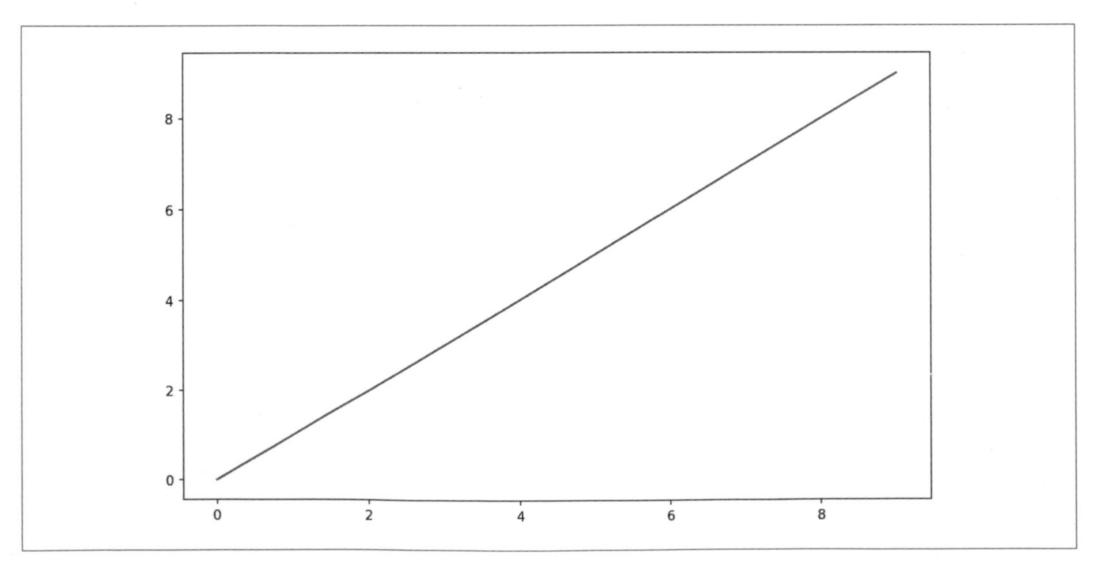

圖 9-1　簡單的折線圖

seaborn 等程式庫與 pandas 內建的繪圖函式可處理許多繪圖的細節，如果你想要在函式提供的選項之外自訂那些細節，你必須學習一些關於 matplotlib API 的知識。

本書沒有足夠的篇幅可涵蓋 matplotlib 的廣度與深度，但是應該足以幫助你起步。matplotlib gallery 與文件是學習進階功能的最佳資源。

圖與子圖

在 matplotlib 裡，圖表（plot）位於 `Figure` 物件內。你可以使用 `plt.figure` 來建立一個新 figure：

```
In [17]: fig = plt.figure()
```

在 IPython 裡，如果你先執行 `%matplotlib` 來設置 matplotlib 整合，你會看到一個空的繪圖視窗，但是在 Jupyter 裡，在你使用其他的指令之前不會看到任何東西。

`plt.figure` 有幾個選項，其中 `figsize` 可保證圖被存入磁碟時有一定的尺寸與長寬比。

你不能用空的 figure 來製作一張圖。你必須使用 `add_subplot` 來建立一個或多個 `subplots`（子圖）：

```
In [18]: ax1 = fig.add_subplot(2, 2, 1)
```

這段程式的意思是 figure 是 2×2 的（所有總共有四張 plot），而且我們選擇四張子圖之一（從 1 算起）。如果你建立接下來的兩張子圖，你會得到圖 9-2 的視覺效果：

```
In [19]: ax2 = fig.add_subplot(2, 2, 2)

In [20]: ax3 = fig.add_subplot(2, 2, 3)
```

使用 Jupyter notebook 時有一個細節在於，plot 會在執行各個 cell 之後重設，所以你必須將所有繪圖命令寫在同一個 notebook cell 裡。

我們在同一個 cell 裡執行以下所有的命令：

```
fig = plt.figure()
ax1 = fig.add_subplot(2, 2, 1)
ax2 = fig.add_subplot(2, 2, 2)
ax3 = fig.add_subplot(2, 2, 3)
```

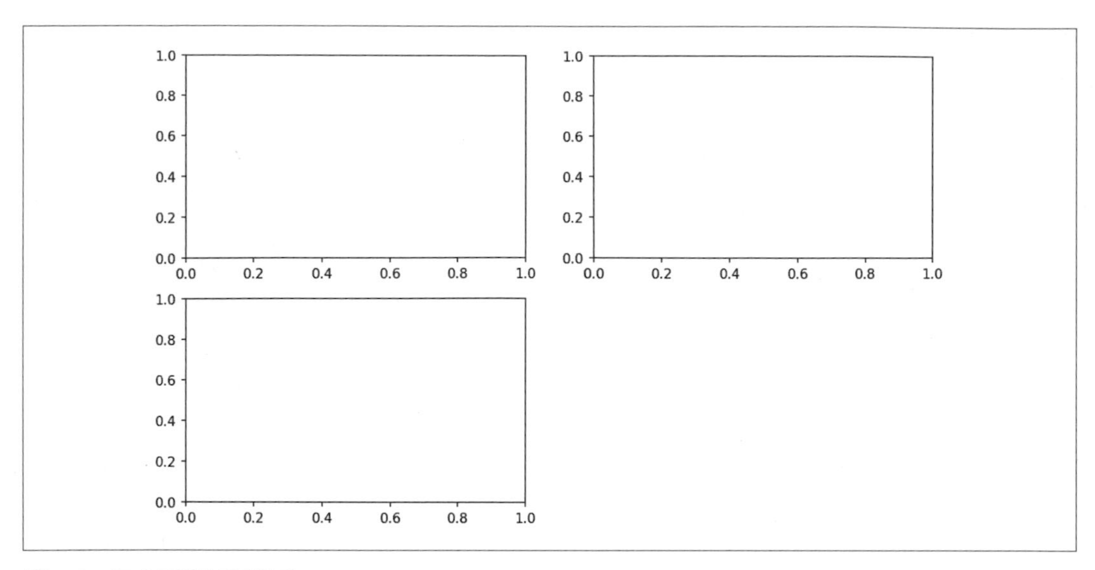

圖 9-2　包含三張子圖的空 matplotlib figure

這些 plot axis 物件有各種方法可建立各種圖表，使用 axis 方法比使用頂層的繪圖函式（例如 `plt.plot`）更好。例如，我們可以用 `plot` 方法來畫出一張折線圖（見圖 9-3）：

```
In [21]: ax3.plot(np.random.standard_normal(50).cumsum(), color="black",
   ....:          linestyle="dashed")
```

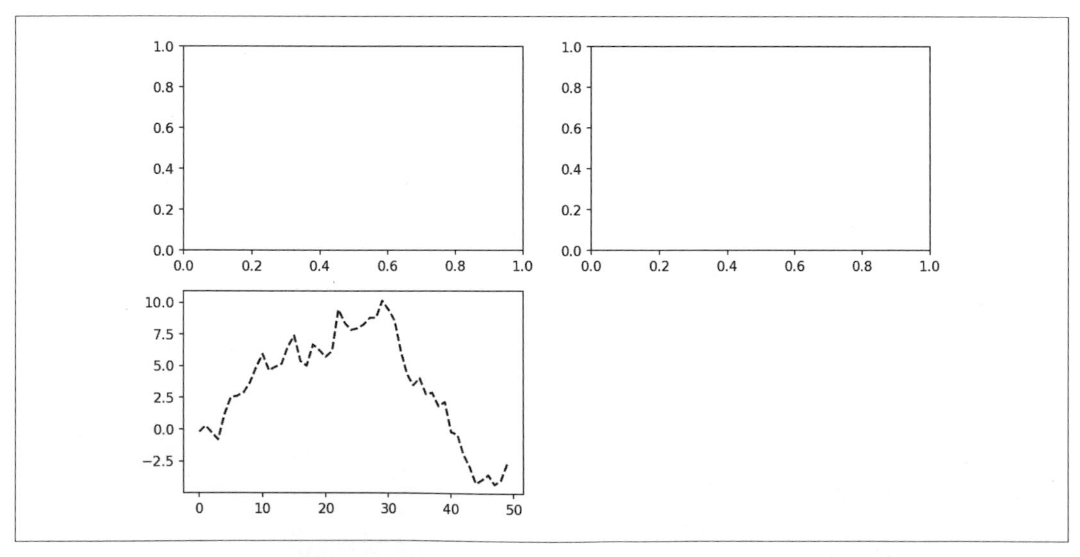

圖 9-3　執行一次 plot 之後的資料視覺化

執行它之後，你應該會看到 <matplotlib.lines.Line2D at ...> 之類的輸出。matplotlib 回傳了參考剛才加入的 plot 子組件的物件。通常你可以忽略這個輸出，你也可以在該行的結尾加上一個分號來隱藏這個輸出。

有一些額外的選項可指示 matplotlib 畫出黑色虛線。fig.add_subplot 在此回傳的是 AxesSubplot 物件，你可以呼叫它們的實例方法，直接畫上其他的子圖（見圖 9-4）：

```
In [22]: ax1.hist(np.random.standard_normal(100), bins=20, color="black", alpha=0
.3);
In [23]: ax2.scatter(np.arange(30), np.arange(30) + 3 * np.random.standard_normal
(30));
```

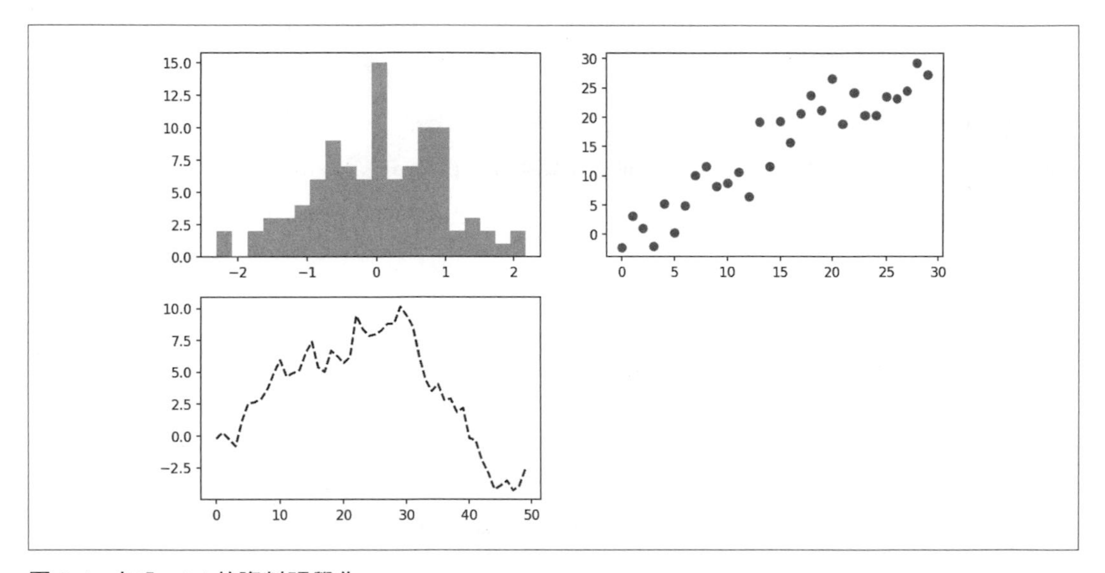

圖 9-4　加入 plot 的資料視覺化

樣式選項 alpha=0.3 設定疊加圖的透明度。

在 matplotlib 文件（*https://matplotlib.org*）裡有完整的 plot 類型。

為了讓建立子圖網格的工作更簡單，matplotlib 有一個 plt.subplots 方法可建立一張新 figure，並回傳一個 NumPy 陣列，裡面有建立出來的子圖物件：

```
In [25]: fig, axes = plt.subplots(2, 3)

In [26]: axes
Out[26]:
array([[<AxesSubplot:>, <AxesSubplot:>, <AxesSubplot:>],
       [<AxesSubplot:>, <AxesSubplot:>, <AxesSubplot:>]], dtype=object)
```

然後，你可以像檢索二維陣列一樣檢索 axes 陣列，例如，axes[0, 1] 是第一列中間的子圖。你也可以使用 sharex 與 sharey 來表示子圖應該使用相同的 x 軸或 y 軸。如果你想要在相同的尺度上比較資料，你可以使用這個功能，否則，matplotlib 會分別自動調整 plot 的尺度限制。表 9-1 是這個方法的細節。

表 9-1 matplotlib.pyplot.subplots 的選項

引數	說明
nrows	子圖的列數
ncols	子圖的行數
sharex	所有子圖都使用相同的 x 軸刻度（改變 xlim 會影響所有子圖）
sharey	所有子圖都使用相同的 y 軸刻度（改變 ylim 會影響所有子圖）
subplot_kw	傳給 add_subplot 的關鍵字字典，用來建立各個子圖
**fig_kw	在建立 figure 時使用的其他子圖關鍵字，例如 plt.subplots(2, 2, figsize=(8, 6))

調整子圖周圍的間距

在預設情況下，matplotlib 會在子圖外圍和子圖之間保留一些間距。這個空間是相對於 plot 的高與寬來指定的，所以如果你改變 plot 的大小，無論是使用程式改變，還是透過 GUI 視窗手動改變，plot 會自行調整。你可以使用 Figure 物件的 subplots_adjust 方法來改變間距：

```
subplots_adjust(left=None, bottom=None, right=None, top=None,
                wspace=None, hspace=None)
```

wspace 與 hspace 分別設定你想保留 figure 的寬與高的多少百分比，來當成子圖之間的間距。你可以在 Jupyter 裡執行這個小例子，我將間距縮小至零（見圖 9-5）：

```
fig, axes = plt.subplots(2, 2, sharex=True, sharey=True)
for i in range(2):
    for j in range(2):
        axes[i, j].hist(np.random.standard_normal(500), bins=50,
                        color="black", alpha=0.5)
fig.subplots_adjust(wspace=0, hspace=0)
```

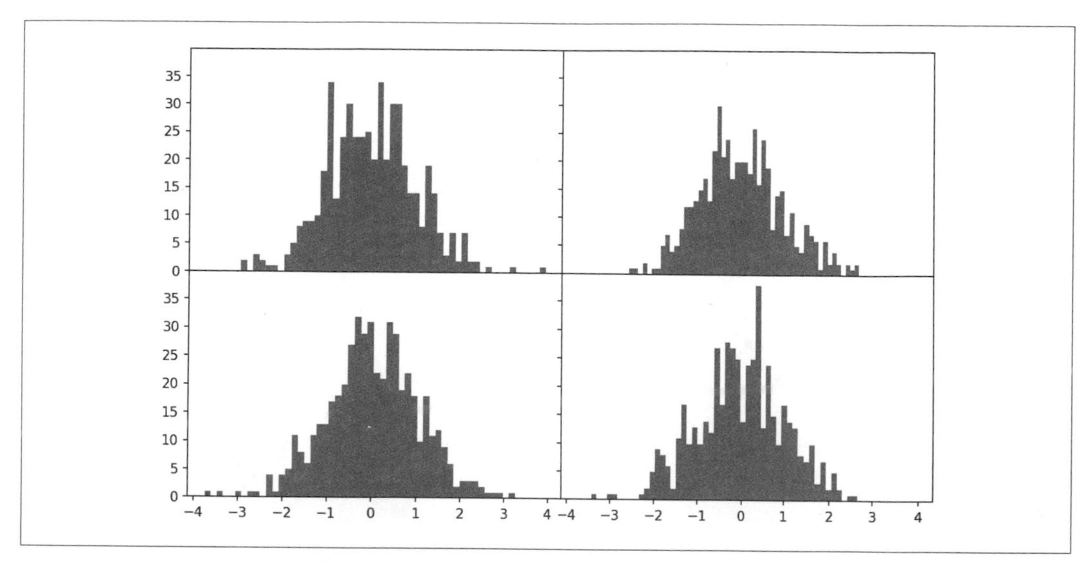

圖 9-5　在內部子圖之間沒有間距的資料視覺化

你可以看到軸的標示疊在一起了，matplotlib 不會檢查標示是否重疊，所以遇到這種情況時，你必須自己調整標示，明確地指定刻度位置與刻度標示（我會在第 305 頁的「刻度、標示與圖例」告訴你怎麼做）。

顏色、標記與線條樣式

matplotlib 的折線圖 `plot` 函式接收 x 與 y 座標陣列，以及選用的顏色樣式選項。例如，若要用綠色的虛線繪製 x vs. y ，可執行：

```
ax.plot(x, y, linestyle="--", color="green")
```

常用的顏色都有顏色名稱，但你可以指定顏色的十六進制碼來使用光譜上的任何顏色（例如 `"#CECECE"`）。你可以在 `plt.plot` 的 docstring 看到一些支援的線條樣式（在 IPython 或 Jupyter 裡使用 `plt.plot?`）。網路文件也有更詳盡的參考資訊。

你可以在折線圖裡使用標記來凸顯實際的資料點。因為 matplotlib 的 `plot` 函式會建立連續的折線圖，在點之間插值，我們有時不知道點在哪裡。你可以用額外的 styling 選項來指定標記（見圖 9-6）：

```
In [31]: ax = fig.add_subplot()

In [32]: ax.plot(np.random.standard_normal(30).cumsum(), color="black",
   ....:         linestyle="dashed", marker="o");
```

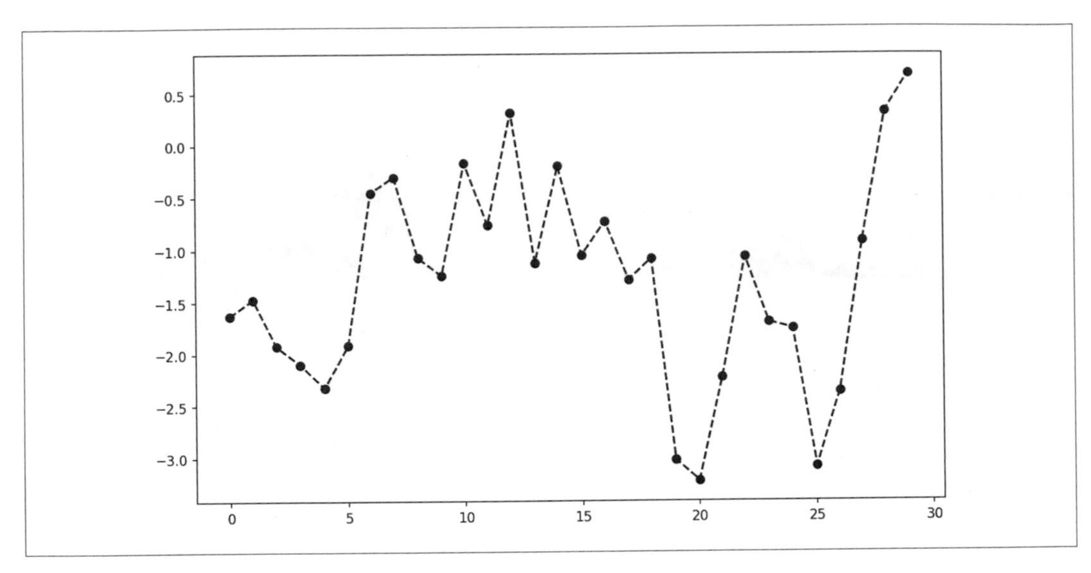

圖 9-6　顯示標記的折線圖

在預設情況下，折線圖會線性地插入其他的值。你可以使用 `drawstyle` 選項來改變這個行為（見圖 9-7）：

```
In [34]: fig = plt.figure()

In [35]: ax = fig.add_subplot()

In [36]: data = np.random.standard_normal(30).cumsum()

In [37]: ax.plot(data, color="black", linestyle="dashed", label="Default");
In [38]: ax.plot(data, color="black", linestyle="dashed",
   ....:         drawstyle="steps-post", label="steps-post");
In [39]: ax.legend()
```

因為我們將 `label` 引數傳給 `plot`，我們可以使用 `ax.legend` 來建立圖例，以說明每一條線。我會在第 305 頁的「刻度、標示與圖例」進一步討論圖例。

你必須呼叫 `ax.legend` 來建立圖例，無論你在繪製資料時是否傳入 `label` 選項。

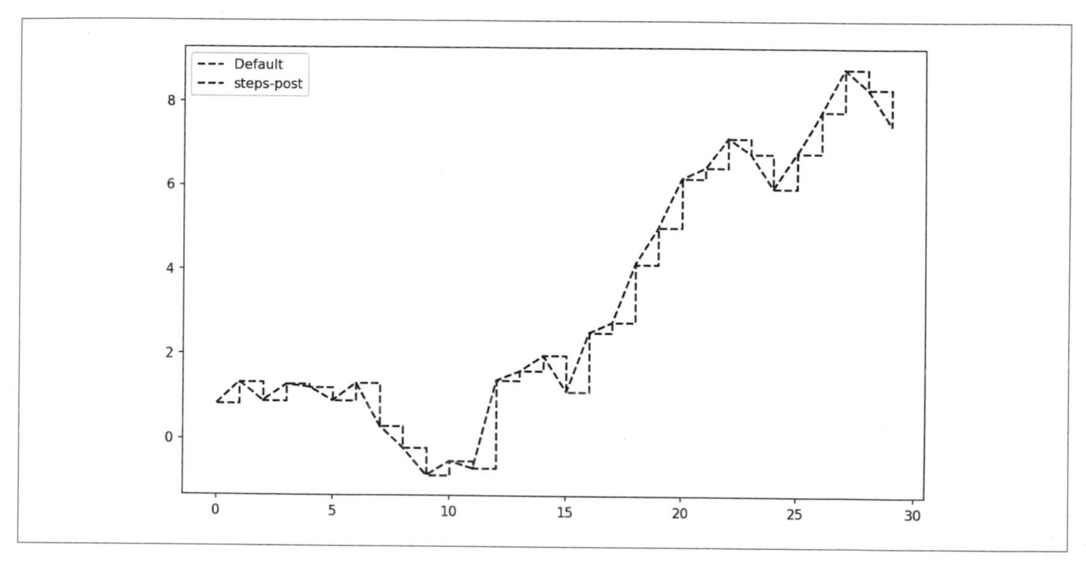

圖 9-7 使用不同的 drawstyle 選項的折線圖

刻度、標示與圖例

大多數的配件都可以用 matplotlib axes 物件的方法來繪製，包括 `xlim`、`xticks` 與 `xticklabels` 等方法，它們分別控制圖的範圍、刻度位置、刻度標示。它們有兩種用法：

- 在呼叫時不傳入引數會回傳當前的參數值（例如 `ax.xlim()` 會回傳當前的 x 軸繪製範圍）
- 在呼叫時傳入引數會設定參數值（例如 `ax.xlim([0, 10])` 會將 x 軸的範圍設成 0 至 10）

這些方法都會在活動中的或最近建立的 `AxesSubplot` 上生效。每一個方法都對應 subplot 物件本身的兩個方法，對 `xlim` 而言，它們是 `ax.get_xlim` 與 `ax.set_xlim`。

設定標題、軸標示、刻度，與刻度標示

為了說明如何自訂軸，我們來建立一張簡單的隨機漫步 figure 與 plot（見圖 9-8）：

```
In [40]: fig, ax = plt.subplots()

In [41]: ax.plot(np.random.standard_normal(1000).cumsum());
```

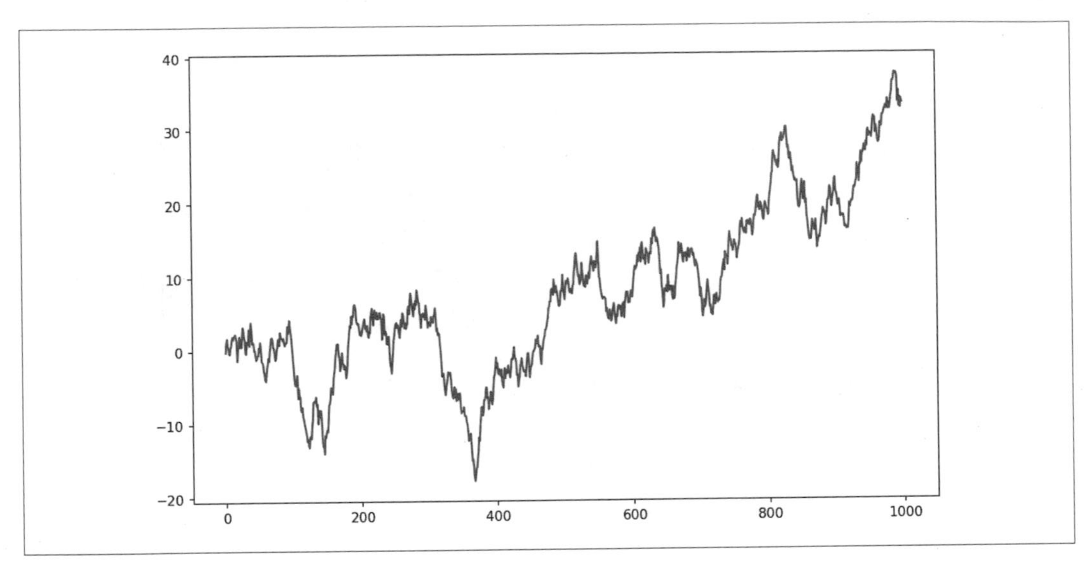

圖 9-8　用來說明 xticks 的簡單 plot（使用預設的標示）

若要改變 x 軸的刻度，最簡單的方法是使用 set_xticks 與 set_xticklabels。前者指示 matplotlib 該在資料範圍中的何處放置刻度，在預設情況下，這些位置也是標示的位置。但我們可以使用 set_xticklabels 來將標示設成其他的值。

```
In [42]: ticks = ax.set_xticks([0, 250, 500, 750, 1000])

In [43]: labels = ax.set_xticklabels(["one", "two", "three", "four", "five"],
   ....:                             rotation=30, fontsize=8)
```

rotation 選項可將 x 刻度標示旋轉 30 度。最後，set_xlabel 可設定 x 軸的名稱，而 set_title 可設定子圖的標題（圖 9-9 是最終的 figure）：

```
In [44]: ax.set_xlabel("Stages")
Out[44]: Text(0.5, 6.666666666666652, 'Stages')

In [45]: ax.set_title("My first matplotlib plot")
```

修改 y 軸的程序一樣，但要將例子裡的 x 換成 y。axes 類別有一組方法可批量設定 plot 的屬性。上述的例子也可以寫成：

```
ax.set(title="My first matplotlib plot", xlabel="Stages")
```

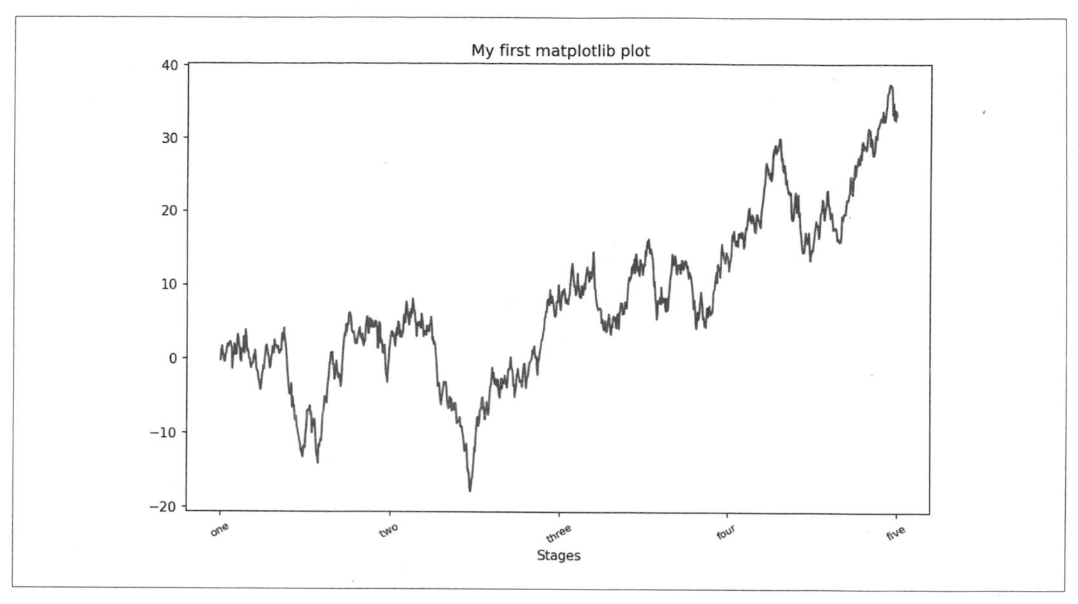

圖 9-9　用來說明自訂 xtick 的簡單圖表

加入圖例

圖例是識別 plot 元素的另一個關鍵元素，你可以用幾種方式加入它，

最簡單的做法是在加入 plot 的各個元素時，傳入 `label` 引數：

```
In [46]: fig, ax = plt.subplots()

In [47]: ax.plot(np.random.randn(1000).cumsum(), color="black", label="one");
In [48]: ax.plot(np.random.randn(1000).cumsum(), color="black", linestyle="dashed
",
   ....:         label="two");
In [49]: ax.plot(np.random.randn(1000).cumsum(), color="black", linestyle="dotted
",
   ....:         label="three");
```

完成之後，你可以呼叫 `ax.legend()` 來自動建立圖例。圖 9-10 是產生的 plot：

```
In [50]: ax.legend()
```

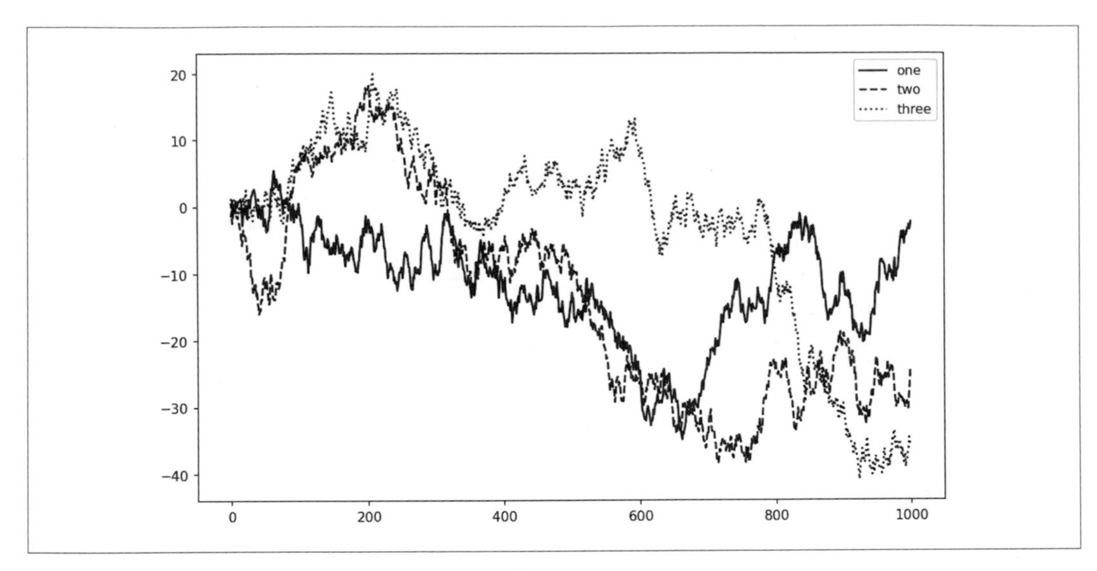

圖 9-10　包含三條線與圖例的簡單圖表

legend 方法可以接收 loc 選項，該選項指示 matplotlib 應將圖例放在圖中的哪裡。loc 選項的預設值是 "best"，它會試著選擇一個最不礙眼的位置。如果要排除一個或多個元素，不在圖例中顯示，你可以不指定 label，或使用 label="_nolegend_"。legend 方法還有其他幾個選項供 loc 引數使用。詳情請參考 docstring（使用 ax.legend?）。

註解以及在子圖上繪圖

除了標準的 plot 種類之外，你可能想要畫出自己的圖表註解，也許包含文字、箭頭，或其他形狀。你可以使用 text、arrow 與 annotate 函式來添加註解。text 可在 plot 的特定座標 (x, y) 顯示文字，並且可以使用自訂的樣式：

```
ax.text(x, y, "Hello world!",
        family="monospace", fontsize=10)
```

你可以適當地排列並顯示註解的文字與箭頭。舉個例子，我們來畫出 S&P 500 指數自 2007 年以來的收盤價（取自 Yahoo! Finance），並用 2008-2009 年金融危機的一些重要日期來註解它。你可以在 Jupyter notebook 的一個 cell 裡執行這個範例程式。圖 9-11 是結果：

```
from datetime import datetime

fig, ax = plt.subplots()
```

```
data = pd.read_csv("examples/spx.csv", index_col=0, parse_dates=True)
spx = data["SPX"]

spx.plot(ax=ax, color="black")

crisis_data = [
    (datetime(2007, 10, 11), "Peak of bull market"),
    (datetime(2008, 3, 12), "Bear Stearns Fails"),
    (datetime(2008, 9, 15), "Lehman Bankruptcy")
]

for date, label in crisis_data:
    ax.annotate(label, xy=(date, spx.asof(date) + 75),
                xytext=(date, spx.asof(date) + 225),
                arrowprops=dict(facecolor="black", headwidth=4, width=2,
                                headlength=4),
                horizontalalignment="left", verticalalignment="top")

# 放大 2007-2010 年
ax.set_xlim(["1/1/2007", "1/1/2011"])
ax.set_ylim([600, 1800])

ax.set_title("Important dates in the 2008-2009 financial crisis")
```

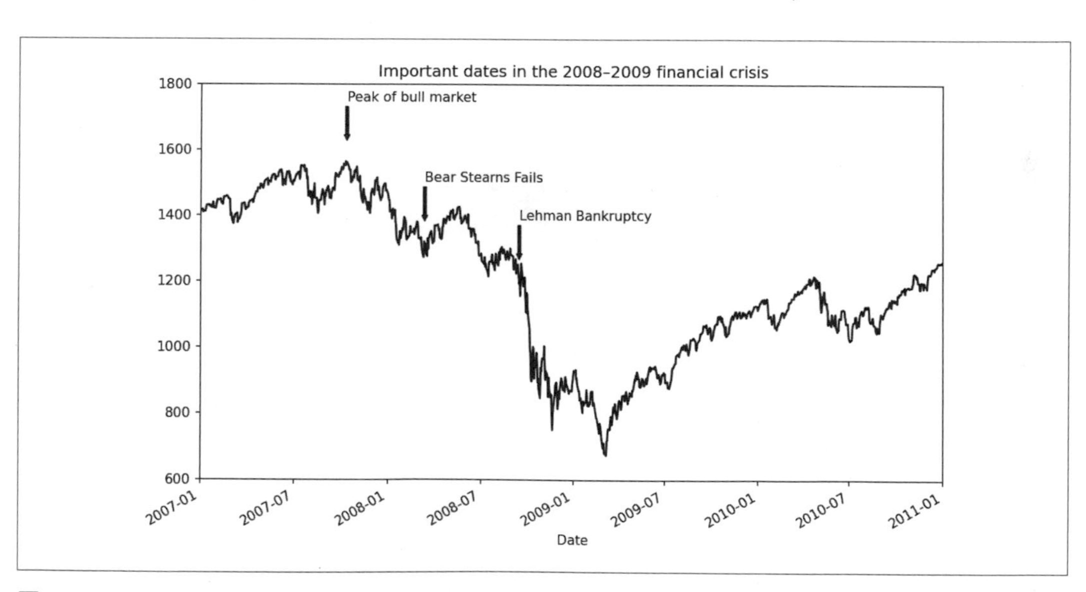

圖 9-11　2008–2009 金融危機時期的重要日期

這張圖有幾個重點。`ax.annotate` 方法可以在指定的 x 與 y 座標畫出標示。我們使用 `set_xlim` 與 `set_ylim` 方法來手動設定 plot 的開始與結束邊界，而不是使用 matplotlib 的預設值。最後，`ax.set_title` 在 plot 中加入主標題。

網路上的 matplotlib gallery 有更多註解範例可供學習。

繪製形狀需要更細心，shape 有代表許多常見形狀的物件，稱為 *patch*。有些 patch 可在 `matplotlib.pyplot` 裡找到，例如 `Rectangle` 與 `Circle`，但所有的 shape 都在 `matplotlib.patches` 裡。

若要在 plot 中加入形狀，你要建立 patch 物件，並將它傳給 `ax.add_patch` 來將它加入子圖 `ax`（見圖 9-12）：

```
fig, ax = plt.subplots()

rect = plt.Rectangle((0.2, 0.75), 0.4, 0.15, color="black", alpha=0.3)
circ = plt.Circle((0.7, 0.2), 0.15, color="blue", alpha=0.3)
pgon = plt.Polygon([[0.15, 0.15], [0.35, 0.4], [0.2, 0.6]],
                   color="green", alpha=0.5)

ax.add_patch(rect)
ax.add_patch(circ)
ax.add_patch(pgon)
```

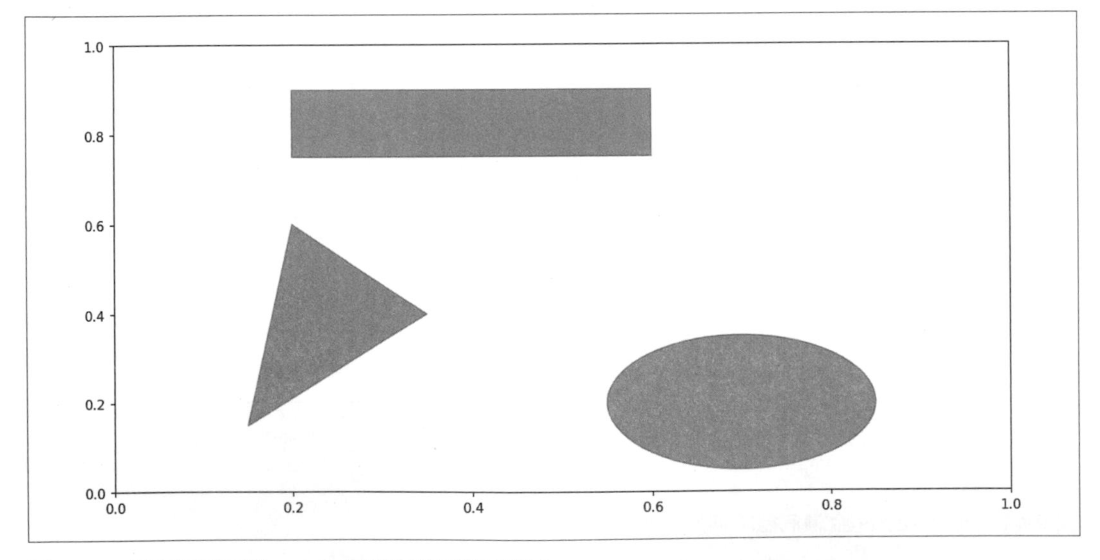

圖 9-12　用三個不同的 patch 畫出來的資料視覺化

仔細觀察許多熟悉的 plot 類型可以發現它們是用 patch 組成的。

將 plot 存為檔案

你可以使用 figure 物件的 `savefig` 實例方法來將 figure 存為檔案。例如，若要儲存 SVG 版本的 figure，你只要輸入：

```
fig.savefig("figpath.svg")
```

檔案類型可由副檔名推斷出來。所以，如果你使用 `.pdf`，你會得到 PDF。我經常使用 `dpi` 來發表圖表，它控制了每英寸點數解析度。若要得到 400 DPI 的同一張 plot，可執行：

```
fig.savefig("figpath.png", dpi=400)
```

表 9-2 是 `savefig` 的其他選項。詳細的清單可在 IPython 或 Jupyter 裡參考 docstring。

表 9-2　一些 `fig.savefig` 選項

引數	說明
`fname`	包含檔案路徑或 Python 類檔案物件的字串。figure 格式可從副檔名推斷出來（例如 `.pdf` 是 PDF，`.png` 是 PNG）。
`dpi`	每英寸點數 figure 解析度，在 IPython 裡預設 100，在 Jupyter 裡預設 72，但可以設成其他值。
`facecolor, edgecolor`	除了子圖之外的背景顏色，預設值是 `rcParams["savefig.facecolor"]` 和 `rcParams["savefig.edgecolor"]`，這兩者預設值均為 `"auto"`（圖的當下 `facecolor` 與 `edgecolor`）。
`format`	明確指定檔案格式（`"png"`、`"pdf"`、`"svg"`、`"ps"`、`"eps"`, …）。

matplotlib 設定

matplotlib 配置了配色方案及預設值，它們主要是為了出版而設計的。幸運的是，幾乎所有預設行為都可以用全域參數來自訂，你可以設定 figure 尺寸、subplot 間隔、顏色、字體大小、網格類型…等。用 Python 程式修改組態的方法之一是使用 `rc` 方法，例如，若要將全域預設 figure 尺寸設為 10×10，你可以輸入：

```
plt.rc("figure", figsize=(10, 10))
```

當前的組態設定都可以在 `plt.rcParams` 字典裡找到，你可以呼叫 `plt.rcdefaults()` 函式來將它們恢復成預設值。

rc 的第一個引數是你想要自訂的組件，例如 "figure"、"axes"、"xtick"、"ytick"、"grid"、"legend" 及其他。接下來可以加上一系列的關鍵字引數來指定新元素。有一種方便的做法是在程式中將選項寫成字典：

```
plt.rc("font", family="monospace", weight="bold", size=8)
```

若要進行更廣泛的自訂及瞭解所有選項，matplotlib 的 *matplotlib/mpl-data* 目錄裡有一個 *matplotlibrc* 組態檔。如果你修改這個檔案並將它放在你的起始目錄 *.matplotlibrc* 裡，每次你使用 matplotlib 時，它就會被載入。

我們將在下一節看到，seaborn 程式包有幾個內建的 plot 主題，或稱為 *style*，它們在內部使用 matplotlib 的組態系統。

9.2 用 pandas 與 seaborn 來繪圖

matplotlib 可當成相當低階的工具。你可以用它的基本組件來繪圖，例如資料圖表（即 plot 的種類：折線圖、長條圖、箱線圖、散布圖、等值線…等）、圖例、標題、刻度標示，及其他註解。

在 pandas 裡，我們可能有多欄資料，以及列和欄標籤。pandas 本身有內建的方法可簡化將 DataFrame 和 Series 物件視覺化的工作。另一個程式庫是 seaborn（*https://seaborn.pydata.org*），它是以 matplotlib 為基礎的高階統計圖程式庫。seaborn 簡化了許多常見的視覺化類型的工作。

折線圖

Series 與 DataFrame 有 `plot` 屬性可畫出一些基本的圖表類型。在預設情況下，`plot()` 會畫出折線圖（見圖 9-13）：

```
In [61]: s = pd.Series(np.random.standard_normal(10).cumsum(), index=np.arange(0,
 100, 10))

In [62]: s.plot()
```

這段程式將 Series 物件的索引傳給 matplotlib，讓它在 x 軸上繪圖，但你可以傳入 `use_index=False` 來取消它。你可以用 `xticks` 與 `xlim` 選項來改變 x 軸的刻度與界限，以及使用 `yticks` 與 `ylim` 來改變 y 軸的。表 9-3 是 `plot` 的部分選項，本節將介紹其中幾項，其餘的留給你自行探索。

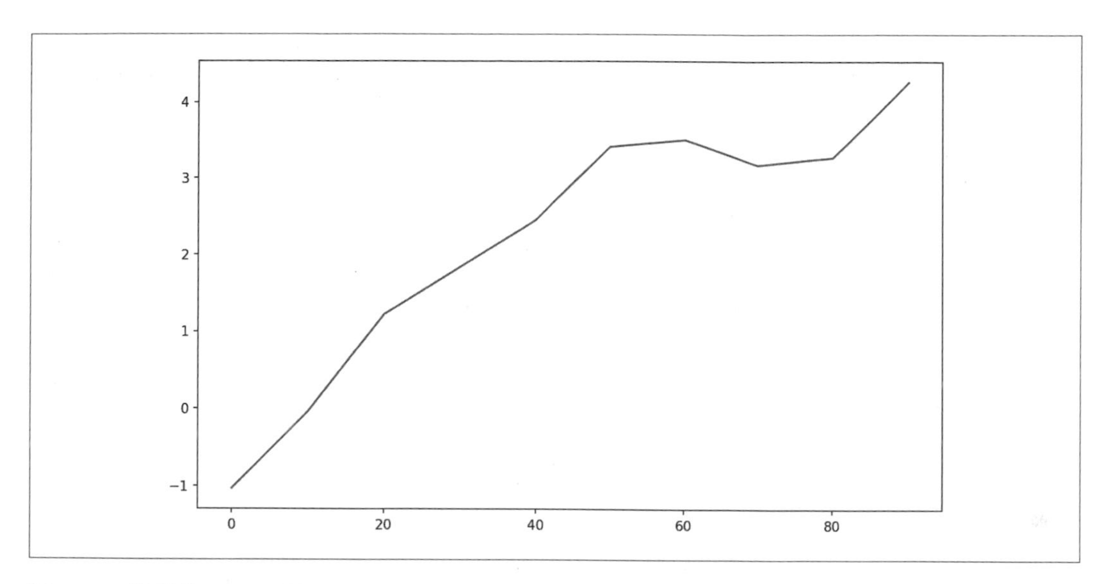

圖 9-13 簡單的 Series 圖

表 9-3 Series.plot 方法的引數

引數	說明
label	plot 圖例的標示
ax	要在哪個 matplotlib 子圖上繪製，如果沒有傳入任何東西，則使用活躍的 matplotlib 子圖
style	傳給 matplotlib 的樣式字串，例如 "ko--"
alpha	plot 填充的不透明度（從 0 到 1）
kind	可設為 "area"、"bar"、"barh"、"density"、"hist"、"kde"、"line" 或 "pie"，預設為 "line"
figsize	想建立的 figure 物件的尺寸
logx	傳入 True 代表在 x 軸使用對數刻度；傳入 "sym" 代表允許負值的對稱對數
logy	傳入 True 代表在 y 軸使用對數刻度；傳入 "sym" 代表允許負值的對稱對數
title	plot 的標題
use_index	將物件的索引當成刻度標示
rot	旋轉刻度標示（0 到 360）
xticks	x 軸的刻度值
yticks	y 軸的刻度值

引數	說明
xlim	x 軸的界限（例如 [0, 10]）
ylim	y 軸的界限
grid	顯示軸網格（預設為 off）

大多數的 pandas 繪圖方法都接收選用的 ax 參數，它可以設成 matplotlib 子圖物件，讓你在網格中更靈活地擺放子圖。

DataFrame 的 plot 方法可在同一張子圖將每一欄畫成不同的折線，並自動建立圖例（見圖 9-14）：

```
In [63]: df = pd.DataFrame(np.random.standard_normal((10, 4)).cumsum(0),
   ....:                   columns=["A", "B", "C", "D"],
   ....:                   index=np.arange(0, 100, 10))

In [64]: plt.style.use('grayscale')

In [65]: df.plot()
```

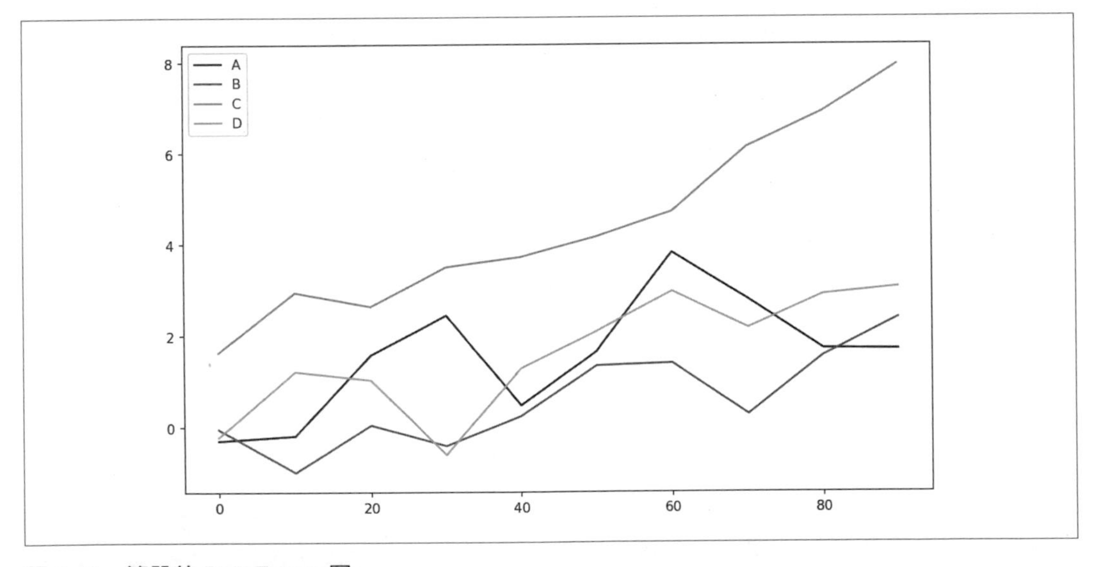

圖 9-14　簡單的 DataFrame 圖

我使用了 plt.style.use('grayscale') 來切換成比較適合黑白出版品的配色，因為有些讀者無法看到全彩圖。

plot 屬性為不同的 plot 類型提供一個方法「家族」。例如，df.plot() 相當於 df.plot.line()。我們接下來要討論其中的一些方法。

plot 的其他關鍵字引數會被傳給相應的 matplotlib 繪圖函式，所以你可以進一步研究 matplotlib API 來自訂這些 plot。

DataFrame 有幾個選項可靈活地調整欄的處理方式，例如，究竟要將它們都畫在同一張子圖上，還是建立個別的子圖。表 9-4 是它們的詳情。

表 9-4　DataFrame 專用的 plot 引數

引數	說明
subplots	將 DataFrame 的每一欄畫在不同的子圖上
layout	用 2-tuple（列、欄）來提供子圖的佈局
sharex	若 subplots=True，則使用相同的 x 軸，連結刻度與界限
sharey	若 subplots=True，則使用相同的 y 軸
legend	加入子圖的圖例（預設為 True）
sort_columns	按字母順序畫出欄；預設使用既有的欄順序

關於時間序列的繪製，見第 11 章。

長條圖

plot.bar() 與 plot.barh() 分別可繪製垂直與水平的長條圖。這個例子將 Series 與 DataFrame 的索引當成 x 軸（bar）或 y 軸（barh）的刻度（見圖 9-15）：

```
In [66]: fig, axes = plt.subplots(2, 1)

In [67]: data = pd.Series(np.random.uniform(size=16), index=list("abcdefghijklmno
p"))

In [68]: data.plot.bar(ax=axes[0], color="black", alpha=0.7)
Out[68]: <AxesSubplot:>

In [69]: data.plot.barh(ax=axes[1], color="black", alpha=0.7)
```

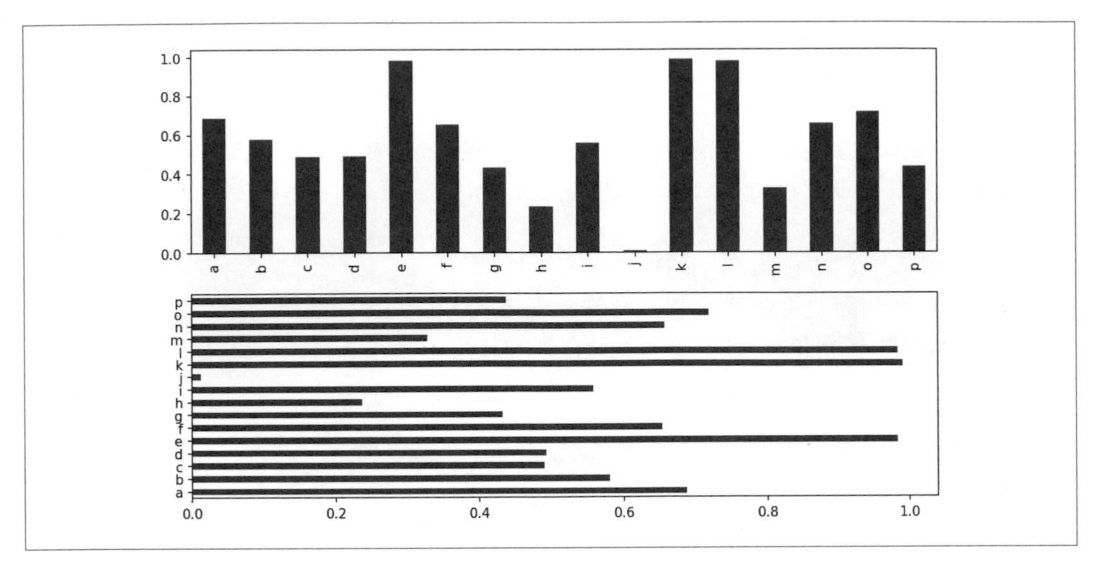

圖 9-15　水平與垂直的長條圖

在繪製 DataFrame 時，會將一列裡面的值畫成一組並在一起的長條，見圖 9-16：

```
In [71]: df = pd.DataFrame(np.random.uniform(size=(6, 4)),
   ....:                   index=["one", "two", "three", "four", "five", "six"],
   ....:                   columns=pd.Index(["A", "B", "C", "D"], name="Genus"))

In [72]: df
Out[72]:
Genus         A         B         C         D
one    0.370670  0.602792  0.229159  0.486744
two    0.420082  0.571653  0.049024  0.880592
three  0.814568  0.277160  0.880316  0.431326
four   0.374020  0.899420  0.460304  0.100843
five   0.433270  0.125107  0.494675  0.961825
six    0.601648  0.478576  0.205690  0.560547

In [73]: df.plot.bar()
```

注意，DataFrame 的欄名「Genus」被當成圖例的標題。

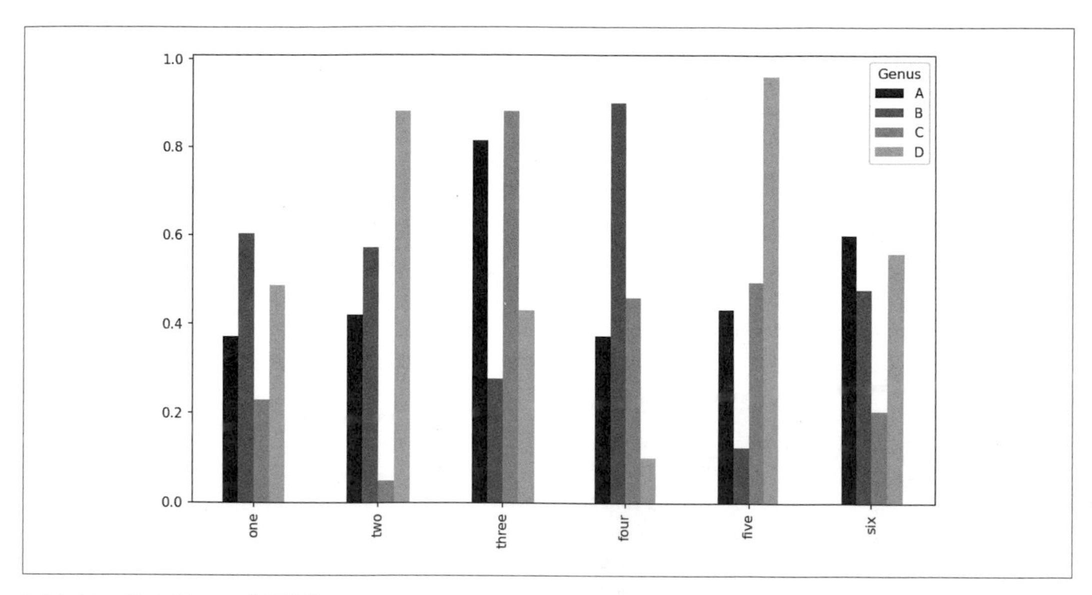

圖 9-16　DataFrame 長條圖

我們傳入 `stacked=True` 來為 DataFrame 繪製堆疊長條圖，將每一列裡面的值橫向連接（見圖 9-17）：

```
In [75]: df.plot.barh(stacked=True, alpha=0.5)
```

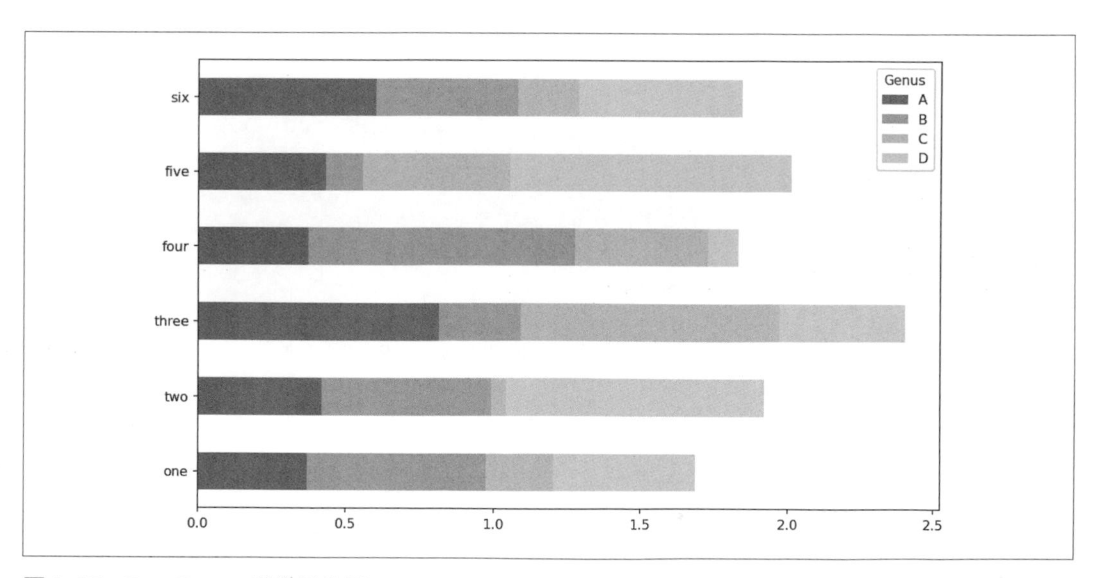

圖 9-17　DataFrame 堆疊長條圖

關於長條圖有一個好用的配方是使用 `value_counts`: `s.value_counts().plot.bar()` 來將 Series 的值的頻率視覺化。

我們來看一個餐廳小費資料組。假設我們要用堆疊長條圖來顯示每一天的每一場聚會規模資料點的百分比。我使用 `read_csv` 來載入資料，並將日期與聚會規模做成一個交叉表。方便的 `pandas.crosstab` 函式可以用 DataFrame 的兩欄來計算簡單的頻率表：

```
In [77]: tips = pd.read_csv("examples/tips.csv")

In [78]: tips.head()
Out[78]:
   total_bill   tip smoker  day    time  size
0       16.99  1.01     No  Sun  Dinner     2
1       10.34  1.66     No  Sun  Dinner     3
2       21.01  3.50     No  Sun  Dinner     3
3       23.68  3.31     No  Sun  Dinner     2
4       24.59  3.61     No  Sun  Dinner     4

In [79]: party_counts = pd.crosstab(tips["day"], tips["size"])

In [80]: party_counts = party_counts.reindex(index=["Thur", "Fri", "Sat", "Sun"])

In [81]: party_counts
Out[81]:
size  1   2   3   4  5  6
day
Thur  1  48   4   5  1  3
Fri   1  16   1   1  0  0
Sat   2  53  18  13  1  0
Sun   0  39  15  18  3  1
```

因為單人與六人的聚會不多，所以我將它們移除：

```
In [82]: party_counts = party_counts.loc[:, 2:5]
```

然後進行正規化，讓每一列的總和都是 1，並畫圖（見圖 9-18）：

```
# 正規化，讓總和為 1
In [83]: party_pcts = party_counts.div(party_counts.sum(axis="columns"),
   ....:                               axis="index")

In [84]: party_pcts
Out[84]:
size         2         3         4         5
day
```

```
Thur  0.827586  0.068966  0.086207  0.017241
Fri   0.888889  0.055556  0.055556  0.000000
Sat   0.623529  0.211765  0.152941  0.011765
Sun   0.520000  0.200000  0.240000  0.040000

In [85]: party_pcts.plot.bar(stacked=True)
```

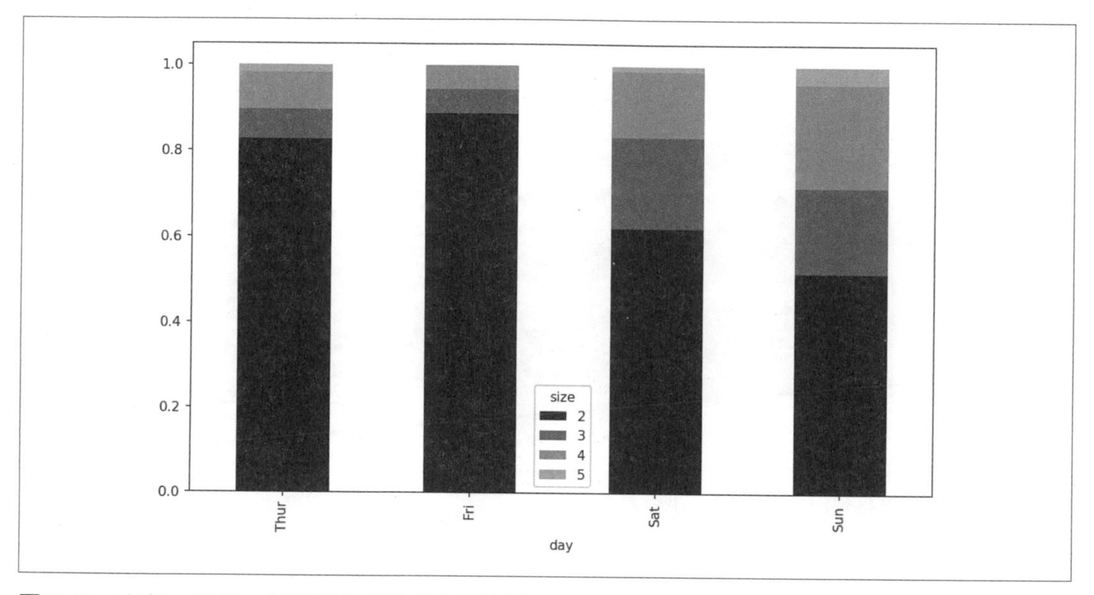

圖 9-18　在每一天裡，各種聚會規模所占的比例

如你所見，聚會規模在週末會變大。

如果資料在畫出來之前需要做彙總或總結，使用 seaborn 程式包可以讓你更輕鬆（使用 conda install seaborn 來安裝它）。我們用 seaborn 來看一下每日的小費百分比（結果是圖 9-19）：

```
In [87]: import seaborn as sns

In [88]: tips["tip_pct"] = tips["tip"] / (tips["total_bill"] - tips["tip"])

In [89]: tips.head()
Out[89]:
   total_bill   tip smoker  day    time  size   tip_pct
0       16.99  1.01     No  Sun  Dinner     2  0.063204
1       10.34  1.66     No  Sun  Dinner     3  0.191244
2       21.01  3.50     No  Sun  Dinner     3  0.199886
3       23.68  3.31     No  Sun  Dinner     2  0.162494
```

```
4       24.59  3.61     No  Sun  Dinner     4  0.172069

In [90]: sns.barplot(x="tip_pct", y="day", data=tips, orient="h")
```

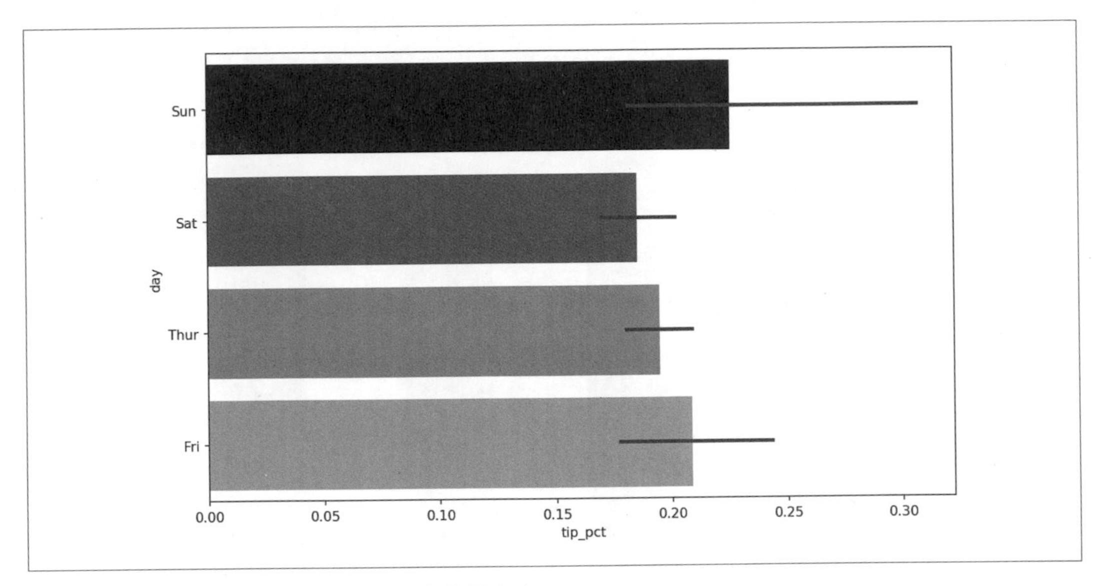

圖 9-19　使用誤差長條圖來顯示每日小費百分比

seaborn 的繪圖函式的 `data` 引數可以設為 pandas DataFrame。其他的引數則引用欄名。因為在 `day` 裡每個值有多筆觀測資料，所以這些長條是 `tip_pct` 的平均值。在長條上的黑線代表 95% 信賴區間（可透過選用的引數來設定）。

`seaborn.barplot` 有一個 `hue` 選項可讓我們用其他的分類（categorial）值來劃分（見圖 9-20）：

```
In [92]: sns.barplot(x="tip_pct", y="day", hue="time", data=tips, orient="h")
```

注意，seaborn 自動改變了圖表的外觀，包括預設的調色板、plot 的背景與網格線的交色。你可以使用 `seaborn.set_style` 來切換不同的 plot 外觀：

```
In [94]: sns.set_style("whitegrid")
```

如果你要幫黑白印刷品製作圖表，可設成灰階調色板，例如：

```
sns.set_palette("Greys_r")
```

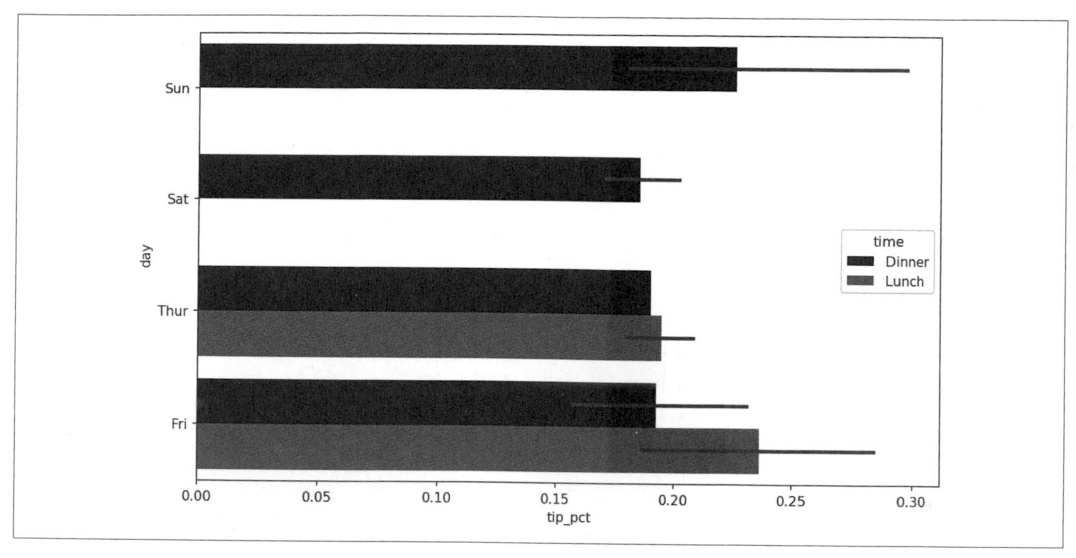

圖 9-20　每日與每個時段的小費百分比

直方圖與密度圖

直方圖是一種長條圖，可以分散地顯示值的頻率。它將資料點分成離散的、等間隔的 bin（統計堆），並畫出每個 bin 的資料點數量。我們可以使用 Series 的 `plot.hist` 方法，來為之前的小費資料畫出小費占總帳單的百分比的直方圖（圖 9-21）：

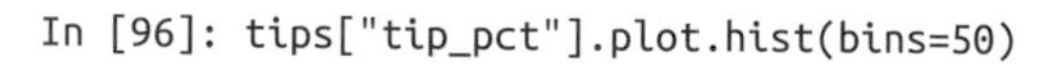

```
In [96]: tips["tip_pct"].plot.hist(bins=50)
```

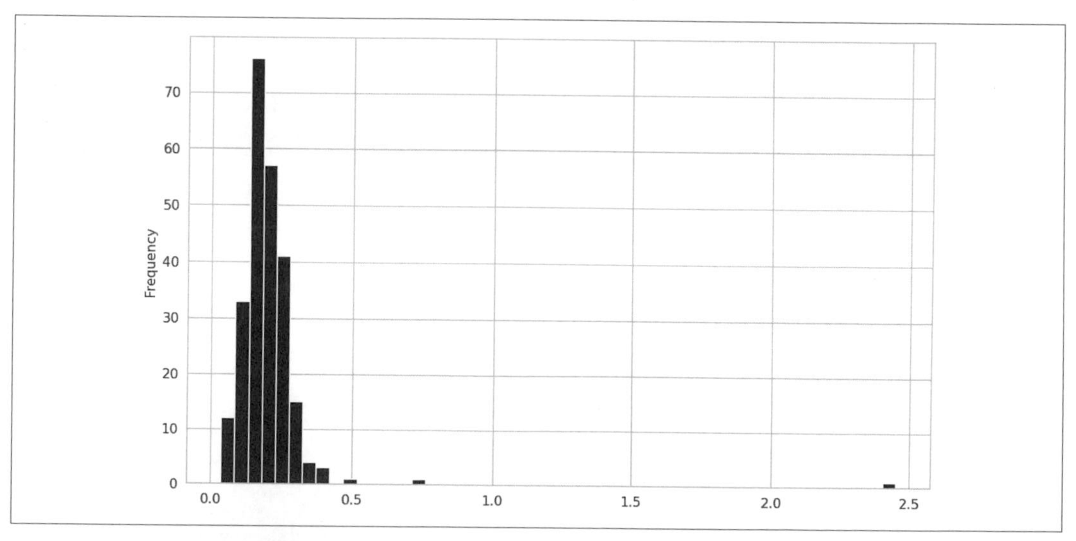

圖 9-21　小費百分比的直方圖

另一種相關的圖是**密度圖**，可估計觀測資料可能是由怎樣的連續機率分布產生的，並將它畫出。一般的程序是用一系列的「kernel」來近似這個分布，kernel 就是更簡單的分布，例如常態分布。因此，密度圖也稱為 kernel 密度估計（KDE）圖。我們使用 `plot.density` 以混合常態分布的傳統估計法，來畫出一張密度圖（見圖 9-22）：

```
In [98]: tips["tip_pct"].plot.density()
```

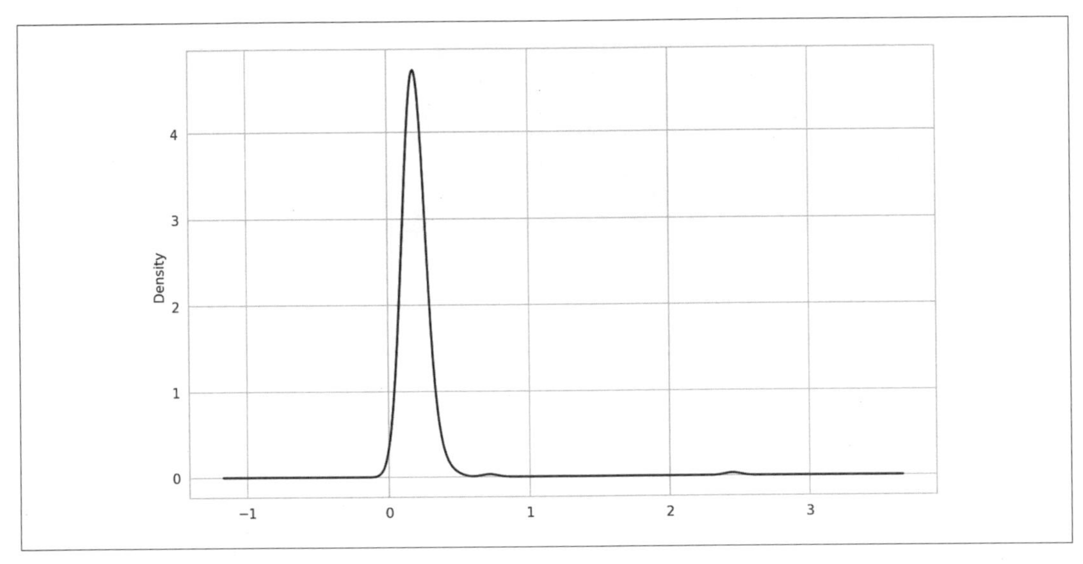

圖 9-22　小費百分比的密度圖

這種圖需要安裝 SciPy，所以如果你還沒有安裝，你可以先暫停一下，先安裝它：

```
conda install scipy
```

seaborn 的 `histplot` 方法可讓你更輕鬆地畫出直方圖與密度圖，這個方法可以同時畫出直方圖與連續密度估計。舉例來說，考慮一個由兩個不同的標準常態分布抽樣組成的雙峰分布（見圖 9-23）：

```
In [100]: comp1 = np.random.standard_normal(200)

In [101]: comp2 = 10 + 2 * np.random.standard_normal(200)

In [102]: values = pd.Series(np.concatenate([comp1, comp2]))

In [103]: sns.histplot(values, bins=100, color="black")
```

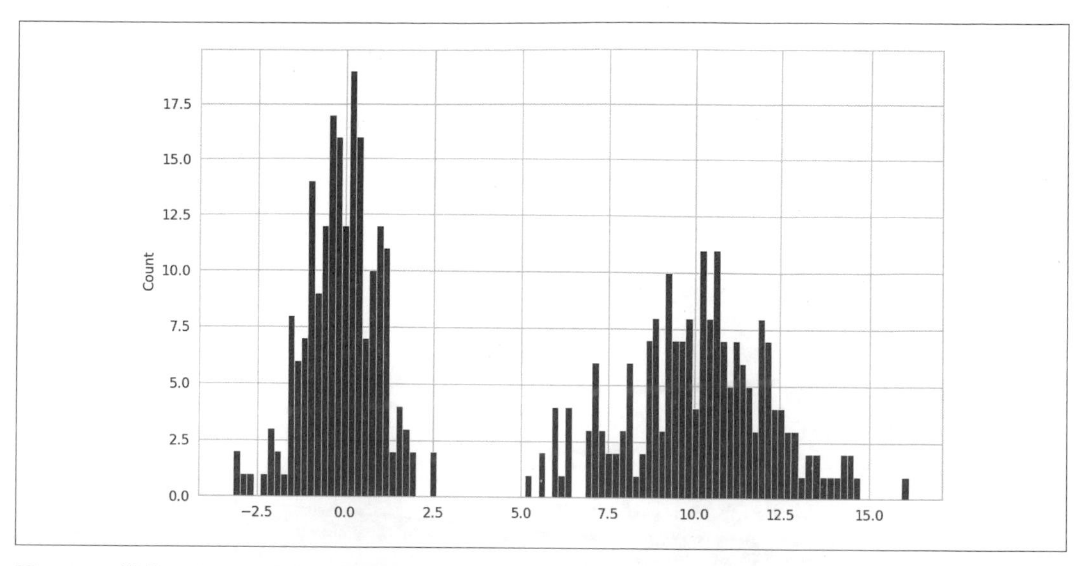

圖 9-23　常態分布混合體的正規化直方圖

散布圖或點圖

點圖或散布圖是檢查兩個一維資料序列的好工具。例如，我們載入 statsmodels project 提供的 `macrodata` 資料組，選擇一些變數，然後計算對數差：

```
In [104]: macro = pd.read_csv("examples/macrodata.csv")

In [105]: data = macro[["cpi", "m1", "tbilrate", "unemp"]]

In [106]: trans_data = np.log(data).diff().dropna()

In [107]: trans_data.tail()
Out[107]:
          cpi        m1  tbilrate     unemp
198 -0.007904  0.045361 -0.396881  0.105361
199 -0.021979  0.066753 -2.277267  0.139762
200  0.002340  0.010286  0.606136  0.160343
201  0.008419  0.037461 -0.200671  0.127339
202  0.008894  0.012202 -0.405465  0.042560
```

接下來，我們可以使用 seaborn 的 `regplot` 方法來畫出散布圖，並擬合一條線性回歸線（見圖 9-24）：

```
In [109]: ax = sns.regplot(x="m1", y="unemp", data=trans_data)

In [110]: ax.title("Changes in log(m1) versus log(unemp)")
```

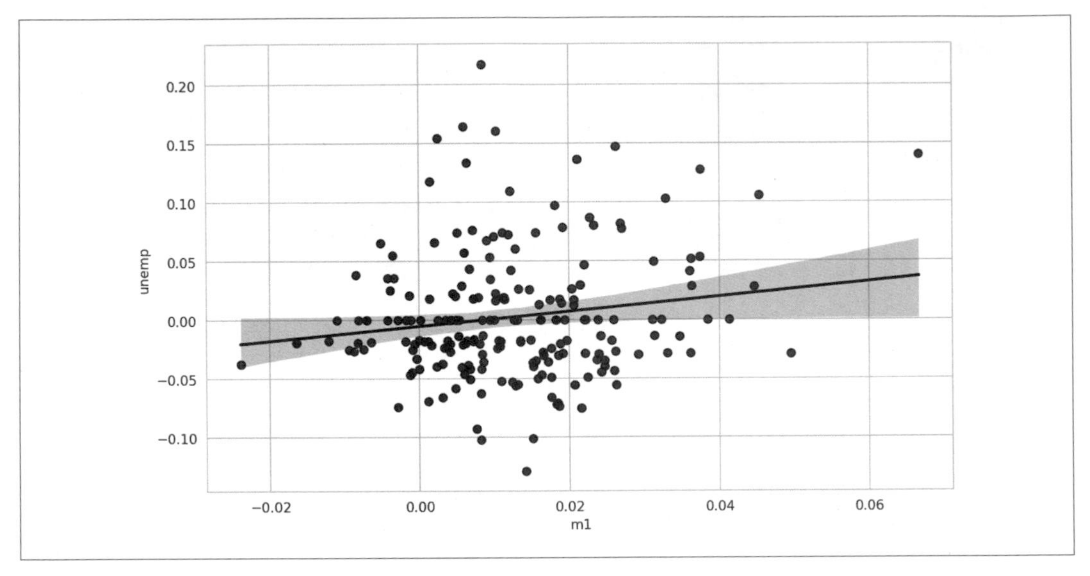

圖 9-24 seaborn 回歸 / 散布圖

在探索性資料分析中，觀察一群變數之間的所有散布圖有很大的幫助，這種圖稱為**配對**（*pairs*）圖或**散布圖矩陣**。親自從頭開始畫出這種圖表很麻煩，seaborn 提供一個方便的 `pairplot` 函式，可將各個變數的直方圖或密度估計畫在對角線上（結果如圖 9-25 所示）：

```
In [111]: sns.pairplot(trans_data, diag_kind="kde", plot_kws={"alpha": 0.2})
```

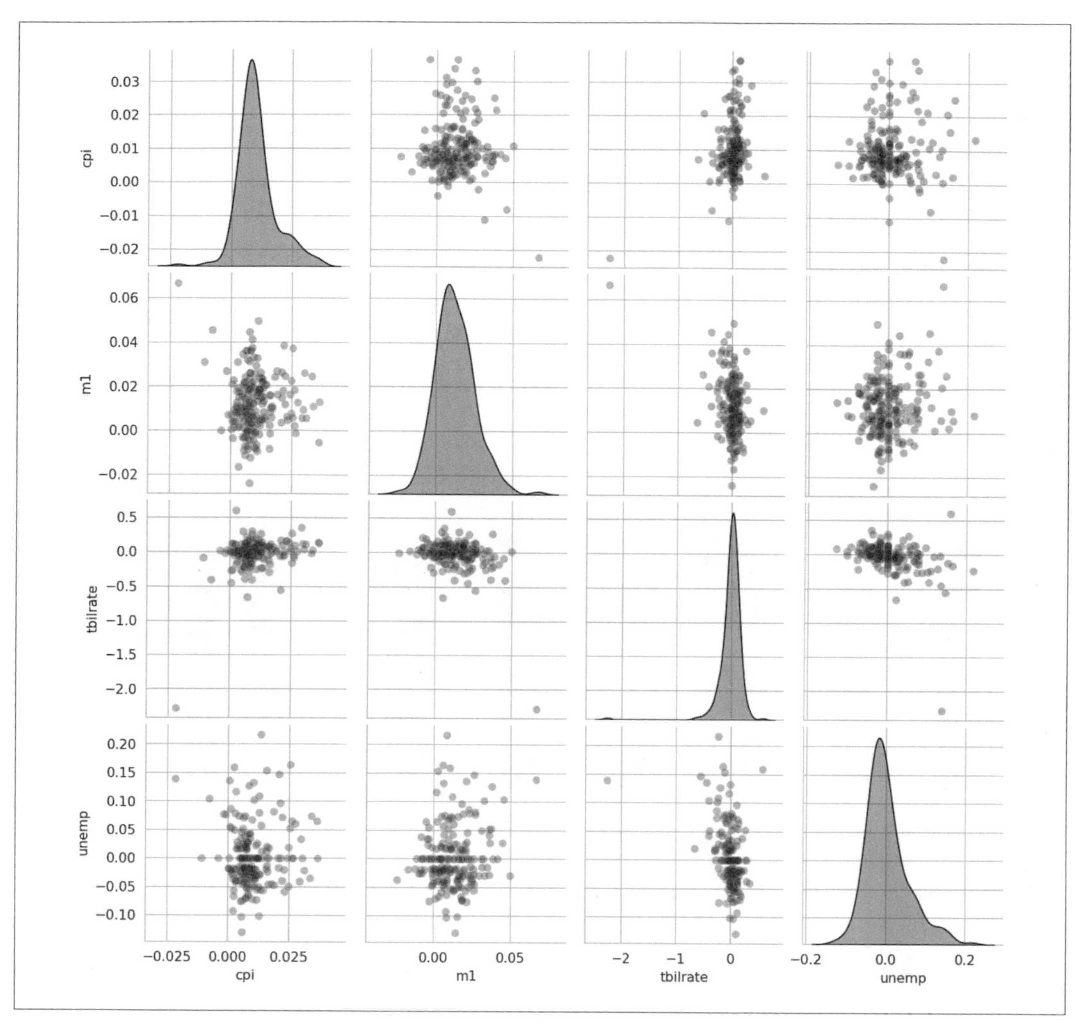

圖 9-25 statsmodels macrodata 的配對圖矩陣

`plot_kws` 引數可讓我們將設定選項傳給非對角線元素的個別繪圖呼叫式。你可以從 `seaborn.pairplot` 的 docstring 瞭解更細的設定選項。

分面網格與分類資料

如果資料組有額外的分組維度呢？要將具有許多分類（categorical）變數的資料視覺化，有一種方法是使用 *facet grid*（分面網格），它是一種二維佈局的圖表，會根據某個變數的不同值來將資料分到各軸上的 plot 內。seaborn 有一種實用的內建函式 `catplot`，可以畫出以分類變數劃分的多種 facet 圖（結果在圖 9-26）：

```
In [112]: sns.catplot(x="day", y="tip_pct", hue="time", col="smoker",
   .....:             kind="bar", data=tips[tips.tip_pct < 1])
```

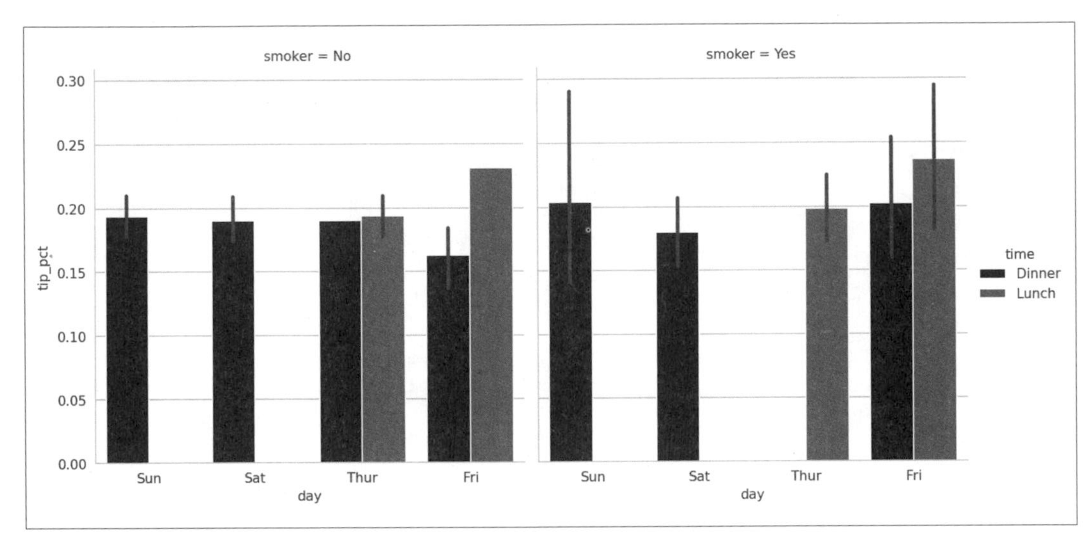

圖 9-26　根據 day / time / smoker 畫出的小費百分比

在 facet 裡，除了使用不同的長條顏色來分組不同的 `"time"` 之外，我們也可以擴展 facet grid，加入一列圖來顯示每個 `time` 值（見圖 9-27）：

```
In [113]: sns.catplot(x="day", y="tip_pct", row="time",
   .....:             col="smoker",
   .....:             kind="bar", data=tips[tips.tip_pct < 1])
```

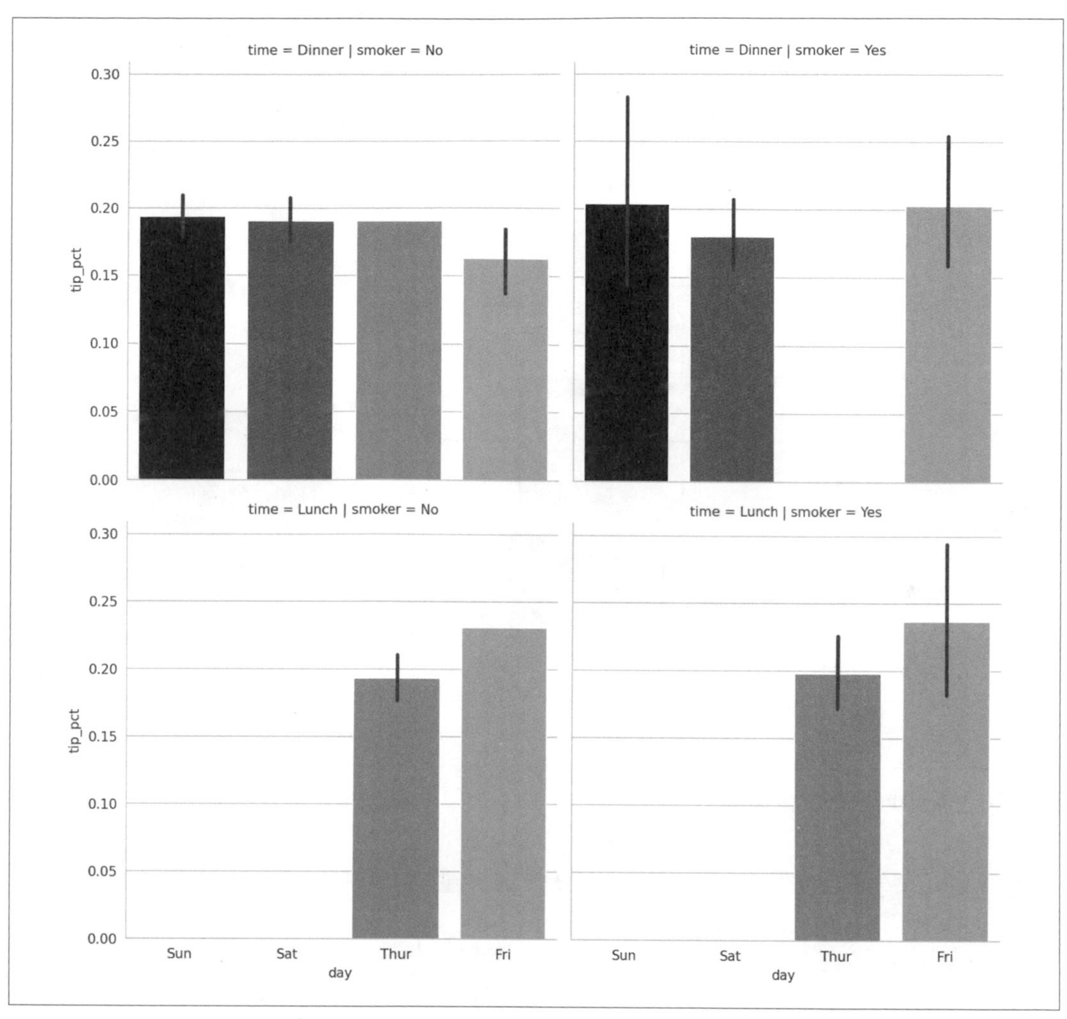

圖 9-27　用 time 與 smoker 來劃分逐日小費百分比

`catplot` 也支援其他的 plot 類型，例如，箱線圖（顯示中位數、分位數與離群值）是一種高效的視覺化類型（見圖 9-28）：

```
In [114]: sns.catplot(x="tip_pct", y="day", kind="box",
   .....:             data=tips[tips.tip_pct < 0.5])
```

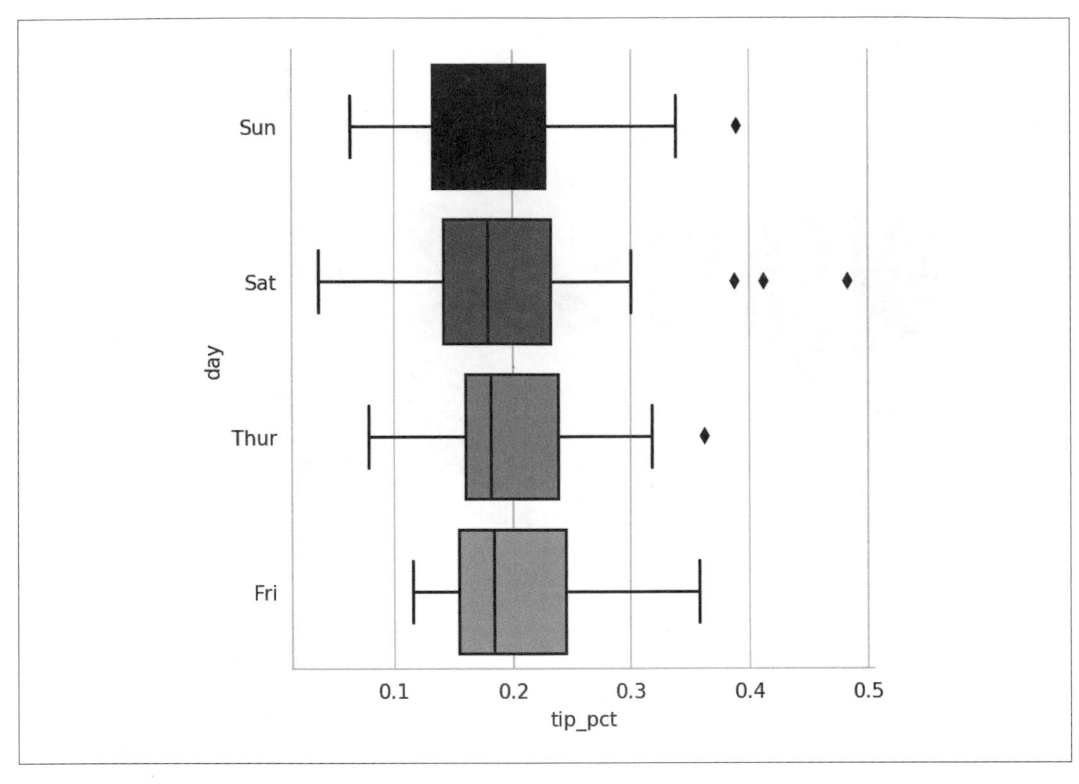

圖 9-28　逐日小費百分比的箱線圖

你可以使用更一般性的 `seaborn.FacetGrid` 類別來建立自己的 facet grid 圖。詳情請參考 seaborn 文件（*https://seaborn.pydata.org/*）。

9.3　其他的 Python 視覺化工具

正如開放原始碼專案常見的那樣，Python 有許多製作圖表的工具（數量太多，無法一一列出）。自 2010 年起，大多數的開發專注在製作互動式圖表上，以便在網路上發表。透過 Altair（*https://altairviz.github.io*）、Bokeh（*http://bokeh.pydata.org*）、Plotly（*https://plotly.com/python*）之類的工具，我們已經可以用 Python 來畫出動態、互動式的圖表，以便在網路瀏覽器中使用。

若要為出版品或網頁製作靜態圖表，我推薦使用 matplotlib，以及基於 matplotlib 設計的程式庫，例如 pandas 與 seaborn，來滿足你的需求。如果你有其他的資料視覺化需求，學習如何使用其他工具可能有所幫助。我鼓勵你探索這個生態系統，因為它將繼續發展和創新。

關於資料視覺化的優秀著作有 Claus O. Wilke 的《*Fundamentals of Data Visualization*》（O'Reilly），你可以購買實體書，或是在 Claus 的網站閱讀（*https://clauswilke.com/dataviz*）。

9.4 總結

本章的目標是讓你瞭解如何使用 pandas、matplotlib 與 seaborn 來進行基本的資料視覺化。如果直觀地傳達資料分析的結果對你的工作而言很重要，我鼓勵你尋找資源來學習更多高效的資料視覺化。這是一個活躍的研究領域，你可以利用許多網路上與實體書籍中的優秀資源來練習。

在下一章，我們要使用 pandas 來進行彙總與群組操作。

第十章

彙總與群組操作

對資料組進行分類並且對每一個群組執行函式，無論是彙總函式還是轉換函式，有時是資料分析流程的重要步驟。在載入、合併、準備資料組之後，你可能要計算群組統計數據，或製作**樞軸資料表**來做報告或進行視覺化。pandas 提供多功能的 `groupby` 介面，可讓你用自然的方式對資料組進行切片（slice）、切塊（dice）與總結。

關聯資料庫與 SQL（結構化查詢語言，structured query language）流行的原因之一在於使用它們來連接、過濾、轉換與彙總很方便。然而，SQL 等查詢語言可以執行的群組操作有限。你將看到，藉由 Python 與 pandas 的表達能力，我們可以執行相當複雜的群組操作，用自訂的 Python 函式來表達它們，並處理與每個群組有關的資料。在這一章，你將學會如何：

- 使用一個或多個鍵（函式、陣列或 DataFrame 欄位名稱）來將 pandas 物件拆成許多部分
- 計算群組總結統計，例如數量、平均值、標準差，或使用自訂的函數
- 在群組內進行轉換或其他操作，例如正規化、線性回歸、排名，或選擇子集合
- 計算樞軸表與交叉表
- 執行量化分析或其他群組統計分析

按時間來彙總時間序列數據是 groupby 的一種特殊用例，本書稱之為 *resampling*，第 11 章會專門討論它。

與接下來的章節一樣，我們從匯入 NumPy 與 pandas 開始：

```
In [12]: import numpy as np

In [13]: import pandas as pd
```

10.1　如何看待群組操作

Hadley Wickham 是 R 程式語言的許多熱門程式包的作者，他創造了 *split-apply-combine*（**分組、計算、結合**）這個詞來描述群組操作。這個程序的第一步根據你提供的一個或多個**鍵**，將 pandas 物件裡面的資料（Series、DataFrame 還是其他東西）**分組**。分組是對著物件的特定軸執行的。例如，DataFrame 可以用它的列（`axis="index"`）來分組，也可以用它的欄（`axis="columns"`）來分組。完成分組後，對著每一組**執行**一個函式，產生一個新值。最後，將所有函式的執行結果**結合**成一個結果物件。結果物件的形式通常取決於你對資料做了什麼。圖 10-1 是群組彙總的示意圖。

每個分組鍵都可以使用多種形式，而且所有鍵不需要是相同類型，它們可能是：

- 與被分組的軸一樣長的陣列或串列
- 指定 DataFrame 的欄名的值
- 字典或 Series，提供被分組的軸的值與群組名稱之間的關係
- 對著軸索引或索引裡的個別標籤呼叫的函式

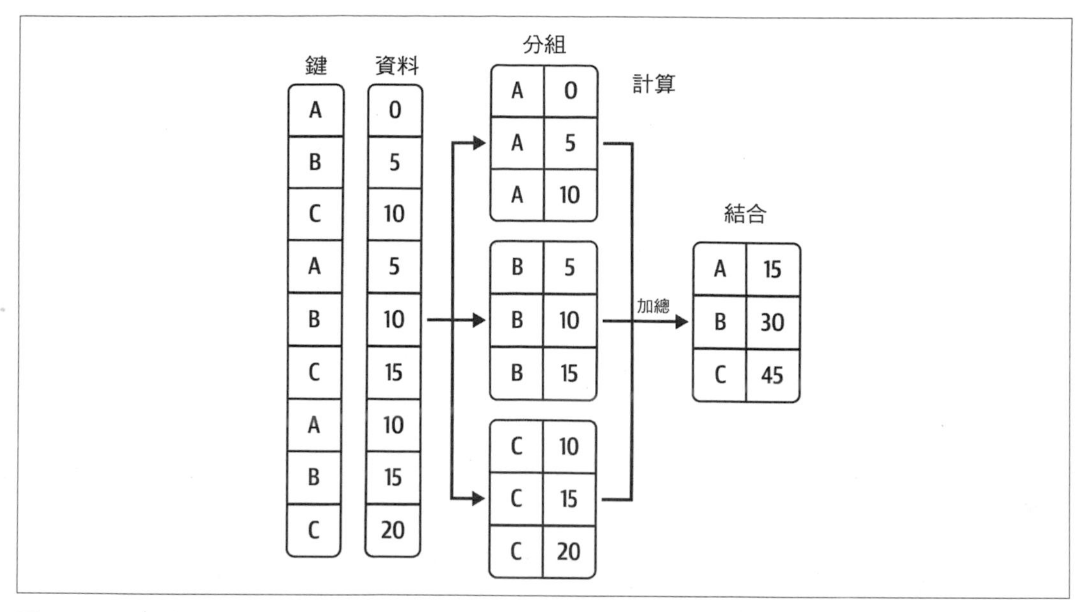

圖 10-1　群組彙總示意圖

注意，後三種方法是產生一個陣列以拆開物件的簡便方式。如果你覺得很抽象，先不用擔心。在這一章，我會展示所有方法的許多範例。首先，這個 DataFrame 是一個小的表格資料組：

```
In [14]: df = pd.DataFrame({"key1" : ["a", "a", None, "b", "b", "a", None],
   ....:                    "key2" : pd.Series([1, 2, 1, 2, 1, None, 1], dtype="I
nt64"),
   ....:                    "data1" : np.random.standard_normal(7),
   ....:                    "data2" : np.random.standard_normal(7)})

In [15]: df
Out[15]:
   key1  key2     data1     data2
0     a     1 -0.204708  0.281746
1     a     2  0.478943  0.769023
2  None     1 -0.519439  1.246435
3     b     2 -0.555730  1.007189
4     b     1  1.965781 -1.296221
5     a  <NA>  1.393406  0.274992
6  None     1  0.092908  0.228913
```

假設你要根據 `key1` 裡面的標籤來計算 `data1` 欄的平均值，做法有很多種，其中一種是讀取 `data1`，並呼叫 `groupby` 且傳入 `key1` 欄（一個 Series）：

```
In [16]: grouped = df["data1"].groupby(df["key1"])

In [17]: grouped
Out[17]: <pandas.core.groupby.generic.SeriesGroupBy object at 0x7f4b76420a00>
```

現在 grouped 變數是一個特殊的「*GroupBy*」物件，除了有一些關於分組鍵 df["key1"] 的中間資料之外，它還沒有實際計算任何東西。這個物件裡的資訊可讓我們對著各個群組進行後續的操作，例如，若要計算群組的平均值，我們可以呼叫 GroupBy 的 mean 方法：

```
In [18]: grouped.mean()
Out[18]:
key1
a    0.555881
b    0.705025
Name: data1, dtype: float64
```

在第 342 頁，第 10.2 節的「彙總」，我會進一步解釋當你呼叫 .mean() 時發生什麼事情。這裡的重點是，我們用分組鍵來拆開資料，並將資料（一個 Series）彙總，產生一個新 Series，它的索引是 key1 欄裡的相異值，索引的名稱是 "key1"，來自 DataFrame 的 df["key1"] 欄。

以串列傳入多個陣列會得到不同的東西：

```
In [19]: means = df["data1"].groupby([df["key1"], df["key2"]]).mean()

In [20]: means
Out[20]:
key1  key2
a     1      -0.204708
      2       0.478943
b     1       1.965781
      2      -0.555730
Name: data1, dtype: float64
```

我們用兩個鍵來分組，產生一個具有分層索引的 Series，其索引由相異的成對鍵組成：

```
In [21]: means.unstack()
Out[21]:
key2         1         2
key1
a    -0.204708  0.478943
b     1.965781 -0.555730
```

在這個例子裡，分組鍵都是 Series，但它們可以是正確長度的任何陣列：

```
In [22]: states = np.array(["OH", "CA", "CA", "OH", "OH", "CA", "OH"])

In [23]: years = [2005, 2005, 2006, 2005, 2006, 2005, 2006]

In [24]: df["data1"].groupby([states, years]).mean()
Out[24]:
CA  2005    0.936175
    2006   -0.519439
OH  2005   -0.380219
    2006    1.029344
Name: data1, dtype: float64
```

分組資訊通常可以在你想處理的 DataFrame 裡找到，若是如此，你可以傳遞欄名（無論是字串、數字還是其他 Python 物件）作為分組鍵：

```
In [25]: df.groupby("key1").mean()
Out[25]:
      key2     data1     data2
key1
a      1.5  0.555881  0.441920
b      1.5  0.705025 -0.144516

In [26]: df.groupby("key2").mean()
Out[26]:
         data1     data2
key2
1     0.333636  0.115218
2    -0.038393  0.888106

In [27]: df.groupby(["key1", "key2"]).mean()
Out[27]:
              data1     data2
key1 key2
a    1    -0.204708  0.281746
     2     0.478943  0.769023
b    1     1.965781 -1.296221
     2    -0.555730  1.007189
```

第二個例子 `df.groupby("key2").mean()` 的結果裡沒有 `key1` 欄。因為 `df["key1"]` 不是數值資料，它稱為**干擾欄**（*nuisance column*），不會被放入結果。在預設清況下，所有的數值欄都會被彙總，但你也可以篩選出子集合，稍後會介紹。

無論使用 `groupby` 的目的是什麼，`size` 經常是一個好用的 GroupBy 方法，它會回傳一個存有群組大小的 Series：

```
In [28]: df.groupby(["key1", "key2"]).size()
Out[28]:
key1  key2
a     1       1
      2       1
b     1       1
      2       1
dtype: int64
```

注意，在預設情況下，分組鍵裡的任何缺失值都不會被計入結果。你可以將 dropna=False 傳給 groupby 來停用這個行為：

```
In [29]: df.groupby("key1", dropna=False).size()
Out[29]:
key1
a      3
b      2
NaN    2
dtype: int64

In [30]: df.groupby(["key1", "key2"], dropna=False).size()
Out[30]:
key1  key2
a     1       1
      2       1
      <NA>    1
b     1       1
      2       1
NaN   1       2
dtype: int64
```

分組函式 count 的功能與 size 相同，它會計算各個群組的非 null 值有幾個：

```
In [31]: df.groupby("key1").count()
Out[31]:
      key2  data1  data2
key1
a        2      3      3
b        2      2      2
```

迭代群組

groupby 回傳的物件支援迭代，可產生一系列的 2-tuple，裡面有群組名稱，以及資料塊。考慮這個例子：

```
In [32]: for name, group in df.groupby("key1"):
   ....:     print(name)
```

```
   ....:     print(group)
   ....:
a
  key1  key2     data1     data2
0    a     1 -0.204708  0.281746
1    a     2  0.478943  0.769023
5    a  <NA>  1.393406  0.274992
b
  key1  key2     data1     data2
3    b     2 -0.555730  1.007189
4    b     1  1.965781 -1.296221
```

如果使用多個鍵，在 tuple 裡的第一個元素將是由多個鍵值組成的 tuple：

```
In [33]: for (k1, k2), group in df.groupby(["key1", "key2"]):
   ....:     print((k1, k2))
   ....:     print(group)
   ....:
('a', 1)
  key1  key2     data1     data2
0    a     1 -0.204708  0.281746
('a', 2)
  key1  key2     data1     data2
1    a     2  0.478943  0.769023
('b', 1)
  key1  key2     data1     data2
4    b     1  1.965781 -1.296221
('b', 2)
  key1  key2    data1     data2
3    b     2 -0.55573  1.007189
```

你可以對資料段做任何想做的事情，例如用一行程式來以資料段構成字典，你將發現這種寫法很好用：

```
In [34]: pieces = {name: group for name, group in df.groupby("key1")}

In [35]: pieces["b"]
Out[35]:
  key1  key2     data1     data2
3    b     2 -0.555730  1.007189
4    b     1  1.965781 -1.296221
```

在預設情況下，`groupby` 會在 `axis="index"` 上分組，但你可以在任何其他軸上分組。例如，我們可以對 `df` 的欄進行分組，根據它們以 `"key"` 還是 `"data"` 開頭：

```
In [36]: grouped = df.groupby({"key1": "key", "key2": "key",
   ....:                       "data1": "data", "data2": "data"}, axis="columns")
```

我們可以這樣印出群組：

```
In [37]: for group_key, group_values in grouped:
   ....:     print(group_key)
   ....:     print(group_values)
   ....:
data
      data1     data2
0 -0.204708  0.281746
1  0.478943  0.769023
2 -0.519439  1.246435
3 -0.555730  1.007189
4  1.965781 -1.296221
5  1.393406  0.274992
6  0.092908  0.228913
key
   key1  key2
0     a     1
1     a     2
2  None     1
3     b     2
4     b     1
5     a  <NA>
6  None     1
```

選擇一欄或欄的子集合

用 DataFrame 的欄名或欄名陣列來建立 GroupBy 物件再檢索它，相當於選出欄的子集合再進行彙總，也就是說：

```
df.groupby("key1")["data1"]
df.groupby("key1")[["data2"]]
```

是下列寫法的簡寫：

```
df["data1"].groupby(df["key1"])
df[["data2"]].groupby(df["key1"])
```

特別是對巨大的資料組而言，只對少數幾欄進行彙總比較洽當。例如，在上述的資料組裡，如果只想要計算 data2 欄的平均值，並取得一個 DataFrame，我們可以這樣寫：

```
In [38]: df.groupby(["key1", "key2"])[["data2"]].mean()
Out[38]:
               data2
key1 key2
a    1      0.281746
     2      0.769023
```

```
b     1    -1.296221
      2     1.007189
```

如果我們傳入串列或陣列，這個檢索操作回傳的物件是一個已分組的 DataFrame，如果僅用純量來傳入一個欄名，則回傳一個已分組的 Series：

```
In [39]: s_grouped = df.groupby(["key1", "key2"])["data2"]

In [40]: s_grouped
Out[40]: <pandas.core.groupby.generic.SeriesGroupBy object at 0x7fa9270e3520>

In [41]: s_grouped.mean()
Out[41]:
key1  key2
a     1       0.281746
      2       0.769023
b     1      -1.296221
      2       1.007189
Name: data2, dtype: float64
```

使用字典與 Series 來分組

分組資訊也可能不是陣列。我們來看另一個 DataFrame 範例：

```
In [42]: people = pd.DataFrame(np.random.standard_normal((5, 5)),
   ....:                       columns=["a", "b", "c", "d", "e"],
   ....:                       index=["Joe", "Steve", "Wanda", "Jill", "Trey"])

In [43]: people.iloc[2:3, [1, 2]] = np.nan # 加入一些 NA 值

In [44]: people
Out[44]:
              a         b         c         d         e
Joe    1.352917  0.886429 -2.001637 -0.371843  1.669025
Steve -0.438570 -0.539741  0.476985  3.248944 -1.021228
Wanda -0.577087       NaN       NaN  0.523772  0.000940
Jill   1.343810 -0.713544 -0.831154 -2.370232 -1.860761
Trey  -0.860757  0.560145 -1.265934  0.119827 -1.063512
```

現在假設我有欄與組別的對映關係，想要按組別計算欄的總和：

```
In [45]: mapping = {"a": "red", "b": "red", "c": "blue",
   ....:            "d": "blue", "e": "red", "f" : "orange"}
```

你可以用這個字典來建立一個陣列，以傳入 `groupby`，但也可以直接傳遞字典（我加入 `"f"` 鍵來展示有未用到的分組鍵也沒問題）：

```
In [46]: by_column = people.groupby(mapping, axis="columns")

In [47]: by_column.sum()
Out[47]:
           blue       red
Joe   -2.373480  3.908371
Steve  3.725929 -1.999539
Wanda  0.523772 -0.576147
Jill  -3.201385 -1.230495
Trey  -1.146107 -1.364125
```

使用 Series 也可以，它可以視為固定大小的對映關係：

```
In [48]: map_series = pd.Series(mapping)

In [49]: map_series
Out[49]:
a       red
b       red
c      blue
d      blue
e       red
f    orange
dtype: object

In [50]: people.groupby(map_series, axis="columns").count()
Out[50]:
       blue  red
Joe       2    3
Steve     2    3
Wanda     1    2
Jill      2    3
Trey      2    3
```

用函式來分組

相較於字典或 Series，使用 Python 函式是比較通用的群組定義方式。pandas 會針對每一個索引值呼叫一次以分組鍵傳入的任何函式（或對每個欄值呼叫一次，如果使用 axis="columns" 的話），並將函式的回傳值當成群組名稱。更具體地說，考慮上一節的 DataFrame 範例，它用人名作為索引值。假如你想要根據名字的長度來分組，你可以先算出一個存有字串長度的陣列，但直接傳入 len 函式更簡單：

```
In [51]: people.groupby(len).sum()
Out[51]:
          a         b         c         d         e
3  1.352917  0.886429 -2.001637 -0.371843  1.669025
```

```
4  0.483052 -0.153399 -2.097088 -2.250405 -2.924273
5 -1.015657 -0.539741  0.476985  3.772716 -1.020287
```

你也可以混合使用函式、陣列、字典、Series，因為在內部，它們都會被轉換成陣列：

```
In [52]: key_list = ["one", "one", "one", "two", "two"]

In [53]: people.groupby([len, key_list]).min()
Out[53]:
              a         b         c         d         e
3 one  1.352917  0.886429 -2.001637 -0.371843  1.669025
4 two -0.860757 -0.713544 -1.265934 -2.370232 -1.860761
5 one -0.577087 -0.539741  0.476985  0.523772 -1.021228
```

根據索引階層來分組

分層索引的最後一個方便特性在於，它可讓我們用一層索引來做彙總。我們來看一個例子：

```
In [54]: columns = pd.MultiIndex.from_arrays([["US", "US", "US", "JP", "JP"],
   ....:                                     [1, 3, 5, 1, 3]],
   ....:                                     names=["cty", "tenor"])

In [55]: hier_df = pd.DataFrame(np.random.standard_normal((4, 5)), columns=column
s)

In [56]: hier_df
Out[56]:
cty          US                            JP
tenor         1         3         5         1         3
0      0.332883 -2.359419 -0.199543 -1.541996 -0.970736
1     -1.307030  0.286350  0.377984 -0.753887  0.331286
2      1.349742  0.069877  0.246674 -0.011862  1.004812
3      1.327195 -0.919262 -1.549106  0.022185  0.758363
```

若要根據階層來分組，你要使用 `level` 關鍵字來傳入階層號碼或名稱：

```
In [57]: hier_df.groupby(level="cty", axis="columns").count()
Out[57]:
cty  JP  US
0     2   3
1     2   3
2     2   3
3     2   3
```

10.2 彙總

彙總（*aggregation*）就是用陣列來產生純量值的任何轉換。之前的例子曾經使用其中的幾種，包括 `mean`、`count`、`min` 與 `sum`。你可能想知道，當你對著 GroupBy 物件呼叫 `mean()` 時發生了什麼事。許多常見的彙總都提供優化的實作，例如表 10-1 列出的，但你可以使用的方法不只這些。

表 10-1　經過優化的 groupby 方法

函式名稱	說明
`any, all`	若有任何（一個或多個）值或所有非 NA 值皆為「真（truthy）」，則回傳 `True`
`count`	非 NA 值的數量
`cummin, cummax`	非 NA 值的累計最小值與最大值
`cumsum`	非 NA 值的累計總和
`cumprod`	非 NA 值的累計積
`first, last`	第一個與最後一個非 NA 值
`mean`	非 NA 值的平均值
`median`	非 NA 值的算術中位數
`min, max`	非 NA 值的最小值與最大值
`nth`	取得已排序資料的第 `n` 個值
`ohlc`	計算類時間序列資料的「開高低收」統計數據
`prod`	非 NA 值的積
`quantile`	計算樣本的分位數
`rank`	非 NA 值的排名，類似呼叫 `Series.rank`
`size`	計算群組大小，回傳 Series
`sum`	非 NA 值之和
`std, var`	樣本的標準差與變異數

你可以使用自己設計的彙總，並呼叫被分組的物件所定義的任何方法。例如，`nsmallest` Series 方法可選出資料中最小的幾個值，雖然 GroupBy 沒有實作 `nsmallest`，但我們仍然可以用非優化的實作來使用它。在內部，GroupBy 會 slice Series，為每一個片段呼叫 `piece.nsmallest(n)`，然後將結果組合成結果物件：

```
In [58]: df
Out[58]:
   key1  key2     data1     data2
0     a     1 -0.204708  0.281746
1     a     2  0.478943  0.769023
2  None     1 -0.519439  1.246435
3     b     2 -0.555730  1.007189
4     b     1  1.965781 -1.296221
5     a  <NA>  1.393406  0.274992
6  None     1  0.092908  0.228913

In [59]: grouped = df.groupby("key1")

In [60]: grouped["data1"].nsmallest(2)
Out[60]:
key1
a     0   -0.204708
      1    0.478943
b     3   -0.555730
      4    1.965781
Name: data1, dtype: float64
```

若要使用你自己設計的彙總函式，你要將可以彙總陣列的函式傳給 aggregate 方法，或它的簡寫 agg：

```
In [61]: def peak_to_peak(arr):
   ....:     return arr.max() - arr.min()

In [62]: grouped.agg(peak_to_peak)
Out[62]:
      key2     data1     data2
key1
a        1  1.598113  0.494031
b        1  2.521511  2.303410
```

你也可以使用一些其他的方法，例如 describe，即使嚴格來說，它們不是做彙總：

```
In [63]: grouped.describe()
Out[63]:
      key2                                           data1           ...  \
     count mean       std  min   25%  50%   75%  max count      mean  ...
key1                                                                  ...
a      2.0  1.5  0.707107  1.0  1.25  1.5  1.75  2.0   3.0  0.555881  ...
b      2.0  1.5  0.707107  1.0  1.25  1.5  1.75  2.0   2.0  0.705025  ...
                         data2                                          \
          75%       max count      mean       std       min       25%
key1
```

```
a     0.936175  1.393406   3.0  0.441920  0.283299  0.274992  0.278369
b     1.335403  1.965781   2.0 -0.144516  1.628757 -1.296221 -0.720368

           50%       75%       max
key1
a     0.281746  0.525384  0.769023
b    -0.144516  0.431337  1.007189
[2 rows x 24 columns]
```

我會在第 348 頁，第 10.3 節的「計算：一般的 split-apply-combine」更詳細說明這裡發生了什麼事。

自訂的彙總函式通常比表 10-1 中的優化函式慢很多，因為它們在建構中間群組資料塊時有一些額外的開銷（呼叫函式、重新排列資料）。

逐欄與多函式應用

我們回到上一章看過的小費範例資料組。用 pandas.read_csv 來載入它之後，我們要加入「小費百分比」欄：

```
In [64]: tips = pd.read_csv("examples/tips.csv")

In [65]: tips.head()
Out[65]:
   total_bill   tip smoker  day    time  size
0       16.99  1.01     No  Sun  Dinner     2
1       10.34  1.66     No  Sun  Dinner     3
2       21.01  3.50     No  Sun  Dinner     3
3       23.68  3.31     No  Sun  Dinner     2
4       24.59  3.61     No  Sun  Dinner     4
```

接下來要加入 tip_pct 欄，填入小費占總帳單的百分比：

```
In [66]: tips["tip_pct"] = tips["tip"] / tips["total_bill"]

In [67]: tips.head()
Out[67]:
   total_bill   tip smoker  day    time  size   tip_pct
0       16.99  1.01     No  Sun  Dinner     2  0.059447
1       10.34  1.66     No  Sun  Dinner     3  0.160542
2       21.01  3.50     No  Sun  Dinner     3  0.166587
3       23.68  3.31     No  Sun  Dinner     2  0.139780
4       24.59  3.61     No  Sun  Dinner     4  0.146808
```

就像前面展示的，彙總一個 Series 或 DataFrame 的所有欄裡面的數據，需要使用 aggregate（或 agg）與你想執行的函式，或呼叫 mean 或 std 等方法。但是，你可能想要根據個別的欄使用不同的函式來彙總，或一次使用多個函式。幸運的是，我們可以這樣做，我將用幾個例子來說明。首先，我根據 day 與 smoker 來將 tips 分組：

```
In [68]: grouped = tips.groupby(["day", "smoker"])
```

在使用表 10-1 的描述性統計時，你可以用字串的形式傳入函式名稱：

```
In [69]: grouped_pct = grouped["tip_pct"]

In [70]: grouped_pct.agg("mean")
Out[70]:
day   smoker
Fri   No        0.151650
      Yes       0.174783
Sat   No        0.158048
      Yes       0.147906
Sun   No        0.160113
      Yes       0.187250
Thur  No        0.160298
      Yes       0.163863
Name: tip_pct, dtype: float64
```

如果你傳遞一個函式或函式名稱串列，你會得到一個 DataFrame，裡面的欄名是函式名稱：

```
In [71]: grouped_pct.agg(["mean", "std", peak_to_peak])
Out[71]:
                 mean       std  peak_to_peak
day  smoker
Fri  No      0.151650  0.028123      0.067349
     Yes     0.174783  0.051293      0.159925
Sat  No      0.158048  0.039767      0.235193
     Yes     0.147906  0.061375      0.290095
Sun  No      0.160113  0.042347      0.193226
     Yes     0.187250  0.154134      0.644685
Thur No      0.160298  0.038774      0.193350
     Yes     0.163863  0.039389      0.151240
```

我們將一個彙總函式串列傳給 agg 來獨立地計算資料群組。

你不一定要接受 GroupBy 提供的欄名，尤其是 lambda 函式的名稱是 "<lambda>"，令人難以識別（你可以自己看看函式的 __name__ 屬性）。因此，如果你傳入一個 (name, function) tuple 串列，每個 tuple 的第一個元素都會被當成 DataFrame 欄名來使用（你可以將 2-tuple 的串列想成有序的對映關係）：

```
In [72]: grouped_pct.agg([("average", "mean"), ("stdev", np.std)])
Out[72]:
              average     stdev
day  smoker
Fri  No      0.151650  0.028123
     Yes     0.174783  0.051293
Sat  No      0.158048  0.039767
     Yes     0.147906  0.061375
Sun  No      0.160113  0.042347
     Yes     0.187250  0.154134
Thur No      0.160298  0.038774
     Yes     0.163863  0.039389
```

使用 DataFrame 時，你有更多選擇，你可以用一個函式串列來計算所有欄，或用不同的函式來計算每一欄。首先，假設你想要為 **tip_pct** 與 **total_bill** 欄計算三個相同的統計數據：

```
In [73]: functions = ["count", "mean", "max"]

In [74]: result = grouped[["tip_pct", "total_bill"]].agg(functions)

In [75]: result
Out[75]:
            tip_pct                     total_bill
              count      mean       max      count       mean    max
day  smoker
Fri  No           4  0.151650  0.187735          4  18.420000  22.75
     Yes         15  0.174783  0.263480         15  16.813333  40.17
Sat  No          45  0.158048  0.291990         45  19.661778  48.33
     Yes         42  0.147906  0.325733         42  21.276667  50.81
Sun  No          57  0.160113  0.252672         57  20.506667  48.17
     Yes         19  0.187250  0.710345         19  24.120000  45.35
Thur No          45  0.160298  0.266312         45  17.113111  41.19
     Yes         17  0.163863  0.241255         17  19.190588  43.11
```

如你所見，產生的 DataFrame 的欄是分層的，與你分別彙總各欄，再呼叫 concat 並把 keys 引數設為欄名，來將結果接在一起的結果一樣：

```
In [76]: result["tip_pct"]
Out[76]:
             count      mean       max
day  smoker
Fri  No          4  0.151650  0.187735
     Yes        15  0.174783  0.263480
Sat  No         45  0.158048  0.291990
     Yes        42  0.147906  0.325733
Sun  No         57  0.160113  0.252672
```

```
     Yes        19  0.187250  0.710345
Thur No         45  0.160298  0.266312
     Yes        17  0.163863  0.241255
```

你可以像之前一樣，傳入具有自訂名稱的 tuple 串列：

```
In [77]: ftuples = [("Average", "mean"), ("Variance", np.var)]

In [78]: grouped[["tip_pct", "total_bill"]].agg(ftuples)
Out[78]:
              tip_pct             total_bill
              Average  Variance    Average    Variance
day  smoker
Fri  No      0.151650  0.000791  18.420000   25.596333
     Yes     0.174783  0.002631  16.813333   82.562438
Sat  No      0.158048  0.001581  19.661778   79.908965
     Yes     0.147906  0.003767  21.276667  101.387535
Sun  No      0.160113  0.001793  20.506667   66.099980
     Yes     0.187250  0.023757  24.120000  109.046044
Thur No      0.160298  0.001503  17.113111   59.625081
     Yes     0.163863  0.001551  19.190588   69.808518
```

接下來，假設你想要對一欄或多欄執行不同的函式。為此，你要準備一個將欄名對映至函式的字典，並將它傳給 agg：

```
In [79]: grouped.agg({"tip" : np.max, "size" : "sum"})
Out[79]:
               tip  size
day  smoker
Fri  No       3.50     9
     Yes      4.73    31
Sat  No       9.00   115
     Yes     10.00   104
Sun  No       6.00   167
     Yes      6.50    49
Thur No       6.70   112
     Yes      5.00    40

In [80]: grouped.agg({"tip_pct" : ["min", "max", "mean", "std"],
   ....:              "size" : "sum"})
Out[80]:
              tip_pct                                     size
                  min       max      mean       std  sum
day  smoker
Fri  No      0.120385  0.187735  0.151650  0.028123    9
     Yes     0.103555  0.263480  0.174783  0.051293   31
Sat  No      0.056797  0.291990  0.158048  0.039767  115
```

```
     Yes     0.035638  0.325733  0.147906  0.061375  104
Sun  No      0.059447  0.252672  0.160113  0.042347  167
     Yes     0.065660  0.710345  0.187250  0.154134   49
Thur No      0.072961  0.266312  0.160298  0.038774  112
     Yes     0.090014  0.241255  0.163863  0.039389   40
```

至少對著一欄執行多個函式時，DataFrame 才會有分層索引。

回傳沒有列索引的彙總資料

截至目前為止的範例回傳的彙總資料都有索引，索引可能是分層的，並由相異的分組鍵組成，如果這不是你要的，通常你可以將 `as_index=False` 傳給 `groupby` 來停用這個行為：

```
In [81]: tips.groupby(["day", "smoker"], as_index=False).mean()
Out[81]:
    day smoker  total_bill       tip      size   tip_pct
0   Fri     No   18.420000  2.812500  2.250000  0.151650
1   Fri    Yes   16.813333  2.714000  2.066667  0.174783
2   Sat     No   19.661778  3.102889  2.555556  0.158048
3   Sat    Yes   21.276667  2.875476  2.476190  0.147906
4   Sun     No   20.506667  3.167895  2.929825  0.160113
5   Sun    Yes   24.120000  3.516842  2.578947  0.187250
6  Thur     No   17.113111  2.673778  2.488889  0.160298
7  Thur    Yes   19.190588  3.030000  2.352941  0.163863
```

當然，你可以對著結果呼叫 `reset_index` 來取得這個格式的結果。使用 `as_index=False` 引數可避免一些沒必要的計算。

10.3 計算：一般的 split-apply-combine

最通用的 GroupBy 方法是 `apply`，它也是本節的主題。`apply` 會將物件分成許多部分，對著每一個部分呼叫你傳入的函式，然後試著串接各個部分。

回到之前的小費資料組，假設你想要按群組選出前五個 `tip_pct` 值，我們先寫一個函式來選出特定欄有最大值的列：

```
In [82]: def top(df, n=5, column="tip_pct"):
   ....:     return df.sort_values(column, ascending=False)[:n]

In [83]: top(tips, n=6)
Out[83]:
     total_bill   tip smoker  day    time  size   tip_pct
```

```
172        7.25  5.15   Yes  Sun  Dinner     2  0.710345
178        9.60  4.00   Yes  Sun  Dinner     2  0.416667
67         3.07  1.00   Yes  Sat  Dinner     1  0.325733
232       11.61  3.39    No  Sat  Dinner     2  0.291990
183       23.17  6.50   Yes  Sun  Dinner     4  0.280535
109       14.31  4.00   Yes  Sat  Dinner     2  0.279525
```

然後，如果我們根據 smoker 來分組，並呼叫 apply 且傳入這個函式，我們會得到：

```
In [84]: tips.groupby("smoker").apply(top)
Out[84]:
            total_bill   tip smoker   day    time  size   tip_pct
smoker
No     232       11.61  3.39     No   Sat  Dinner     2  0.291990
       149        7.51  2.00     No  Thur   Lunch     2  0.266312
       51        10.29  2.60     No   Sun  Dinner     2  0.252672
       185       20.69  5.00     No   Sun  Dinner     5  0.241663
       88        24.71  5.85     No  Thur   Lunch     2  0.236746
Yes    172        7.25  5.15    Yes   Sun  Dinner     2  0.710345
       178        9.60  4.00    Yes   Sun  Dinner     2  0.416667
       67         3.07  1.00    Yes   Sat  Dinner     1  0.325733
       183       23.17  6.50    Yes   Sun  Dinner     4  0.280535
       109       14.31  4.00    Yes   Sat  Dinner     2  0.279525
```

為何如此？首先，我們根據 smoker 的值，將 tips DataFrame 分組，然後對著每一組呼叫 top 函式，再使用 pandas.concat 來將每一次呼叫的結果連接起來，用群組名稱來標記每一個片段。所以結果有分層索引，內層是原始 DataFrame 的索引。

如果傳給 apply 的函式需要接收其他的引數或關鍵字，你可以在該函式的後面傳遞它們：

```
In [85]: tips.groupby(["smoker", "day"]).apply(top, n=1, column="total_bill")
Out[85]:
                 total_bill    tip smoker   day    time  size   tip_pct
smoker day
No     Fri  94        22.75   3.25     No   Fri  Dinner     2  0.142857
       Sat  212       48.33   9.00     No   Sat  Dinner     4  0.186220
       Sun  156       48.17   5.00     No   Sun  Dinner     6  0.103799
       Thur 142       41.19   5.00     No  Thur   Lunch     5  0.121389
Yes    Fri  95        40.17   4.73    Yes   Fri  Dinner     4  0.117750
       Sat  170       50.81  10.00    Yes   Sat  Dinner     3  0.196812
       Sun  182       45.35   3.50    Yes   Sun  Dinner     3  0.077178
       Thur 197       43.11   5.00    Yes  Thur   Lunch     4  0.115982
```

除了這些基本的使用機制外，你要運用一些創造力才能充分利用 apply。你要自行決定該在傳給它的函式裡面做什麼事。本章接下來會用一些例子來展示如何使用 groupby 來解決各種問題。

例如，我曾經對著 GroupBy 物件呼叫 describe：

```
In [86]: result = tips.groupby("smoker")["tip_pct"].describe()

In [87]: result
Out[87]:
        count      mean       std       min       25%       50%       75%  \
smoker
No      151.0  0.159328  0.039910  0.056797  0.136906  0.155625  0.185014
Yes      93.0  0.163196  0.085119  0.035638  0.106771  0.153846  0.195059
             max
smoker
No      0.291990
Yes     0.710345

In [88]: result.unstack("smoker")
Out[88]:
       smoker
count  No        151.000000
       Yes        93.000000
mean   No          0.159328
       Yes         0.163196
std    No          0.039910
       Yes         0.085119
min    No          0.056797
       Yes         0.035638
25%    No          0.136906
       Yes         0.106771
50%    No          0.155625
       Yes         0.153846
75%    No          0.185014
       Yes         0.195059
max    No          0.291990
       Yes         0.710345
dtype: float64
```

在 GroupBy 內部，呼叫 describe 之類的方法其實只是這段程式的簡便寫法：

```
def f(group):
    return group.describe()

grouped.apply(f)
```

停用分組鍵

上面的例子產生的物件有源自分組鍵的分層索引，以及原始物件的索引，你可以將 group_keys=False 傳給 groupby 來停用分組鍵索引：

```
In [89]: tips.groupby("smoker", group_keys=False).apply(top)
Out[89]:
     total_bill   tip smoker   day    time  size   tip_pct
232       11.61  3.39     No   Sat  Dinner     2  0.291990
149        7.51  2.00     No  Thur   Lunch     2  0.266312
51        10.29  2.60     No   Sun  Dinner     2  0.252672
185       20.69  5.00     No   Sun  Dinner     5  0.241663
88        24.71  5.85     No  Thur   Lunch     2  0.236746
172        7.25  5.15    Yes   Sun  Dinner     2  0.710345
178        9.60  4.00    Yes   Sun  Dinner     2  0.416667
67         3.07  1.00    Yes   Sat  Dinner     1  0.325733
183       23.17  6.50    Yes   Sun  Dinner     4  0.280535
109       14.31  4.00    Yes   Sat  Dinner     2  0.279525
```

分位數與 bucket 分析

你應該還記得第 7 章說過，pandas 有一些工具（尤其是 `pandas.cut` 與 `pandas.qcut`）可以根據你選擇的 bin（統計堆）或根據樣本的分位數來將資料切成 bucket（資料桶）。用 `groupby` 來結合這些函式可以輕鬆地對資料組進行 bucket 或分位數分析。我們來製作一個簡單的隨機資料組，並使用 `pandas.cut` 來產生等長的 bucket 分類（categorization）：

```
In [90]: frame = pd.DataFrame({"data1": np.random.standard_normal(1000),
   ....:                       "data2": np.random.standard_normal(1000)})

In [91]: frame.head()
Out[91]:
      data1     data2
0 -0.660524 -0.612905
1  0.862580  0.316447
2 -0.010032  0.838295
3  0.050009 -1.034423
4  0.670216  0.434304

In [92]: quartiles = pd.cut(frame["data1"], 4)

In [93]: quartiles.head(10)
Out[93]:
0     (-1.23, 0.489]
1     (0.489, 2.208]
2     (-1.23, 0.489]
3     (-1.23, 0.489]
4     (0.489, 2.208]
5     (0.489, 2.208]
6     (-1.23, 0.489]
7     (-1.23, 0.489]
8    (-2.956, -1.23]
```

```
9     (-1.23, 0.489]
Name: data1, dtype: category
Categories (4, interval[float64, right]): [(-2.956, -1.23] < (-1.23, 0.489] < (0.
489, 2.208] <
                                          (2.208, 3.928]]
```

cut 回傳的 Categorical 物件可以直接傳給 groupby。所以我們可以計算一組分位數的群組統計，例如：

```
In [94]: def get_stats(group):
   ....:     return pd.DataFrame(
   ....:         {"min": group.min(), "max": group.max(),
   ....:         "count": group.count(), "mean": group.mean()}
   ....:     )

In [95]: grouped = frame.groupby(quartiles)

In [96]: grouped.apply(get_stats)
Out[96]:
                            min       max  count      mean
data1
(-2.956, -1.23] data1 -2.949343 -1.230179     94 -1.658818
                data2 -3.399312  1.670835     94 -0.033333
(-1.23, 0.489]  data1 -1.228918  0.488675    598 -0.329524
                data2 -2.989741  3.260383    598 -0.002622
(0.489, 2.208]  data1  0.489965  2.200997    298  1.065727
                data2 -3.745356  2.954439    298  0.078249
(2.208, 3.928]  data1  2.212303  3.927528     10  2.644253
                data2 -1.929776  1.765640     10  0.024750
```

別忘了，我們可以用更簡單的方法來算出相同的結果：

```
In [97]: grouped.agg(["min", "max", "count", "mean"])
Out[97]:
                    data1                                  data2                  \
                      min       max count      mean       min       max count
data1
(-2.956, -1.23] -2.949343 -1.230179    94 -1.658818 -3.399312  1.670835    94
(-1.23, 0.489]  -1.228918  0.488675   598 -0.329524 -2.989741  3.260383   598
(0.489, 2.208]   0.489965  2.200997   298  1.065727 -3.745356  2.954439   298
(2.208, 3.928]   2.212303  3.927528    10  2.644253 -1.929776  1.765640    10

                     mean
data1
(-2.956, -1.23] -0.033333
(-1.23, 0.489]  -0.002622
(0.489, 2.208]   0.078249
(2.208, 3.928]   0.024750
```

它們是等長的 bucket；你可以使用 pandas.qcut 來根據樣本分位數來計算相等大小的 bucket。我們可以傳入 4 作為 bucket 的數量來計算樣本分位數，並傳入 labels=False，僅取得分位數索引，而不是區間：

```
In [98]: quartiles_samp = pd.qcut(frame["data1"], 4, labels=False)

In [99]: quartiles_samp.head()
Out[99]:
0    1
1    3
2    2
3    2
4    3
Name: data1, dtype: int64

In [100]: grouped = frame.groupby(quartiles_samp)

In [101]: grouped.apply(get_stats)
Out[101]:
                    min       max  count      mean
data1
0     data1 -2.949343 -0.685484    250 -1.212173
      data2 -3.399312  2.628441    250 -0.027045
1     data1 -0.683066 -0.030280    250 -0.368334
      data2 -2.630247  3.260383    250 -0.027845
2     data1 -0.027734  0.618965    250  0.295812
      data2 -3.056990  2.458842    250  0.014450
3     data1  0.623587  3.927528    250  1.248875
      data2 -3.745356  2.954439    250  0.115899
```

範例：用群組專屬值來填寫缺失值

在清理缺失資料時，有時我們會使用 dropna 來移除觀測資料，但有時你可能想要將 null（NA）值改成固定值或是用資料算出來的值，fillna 是一種適合的工具，在接下來的例子裡，我要用平均值來填補 null 值：

```
In [102]: s = pd.Series(np.random.standard_normal(6))

In [103]: s[::2] = np.nan

In [104]: s
Out[104]:
0         NaN
1    0.227290
2         NaN
3   -2.153545
```

```
4         NaN
5   -0.375842
dtype: float64

In [105]: s.fillna(s.mean())
Out[105]:
0   -0.767366
1    0.227290
2   -0.767366
3   -2.153545
4   -0.767366
5   -0.375842
dtype: float64
```

假如你想要視群組填入不同的值。其中一種做法是將資料分組，並使用 apply 和對著每個資料塊呼叫 fillna 的函式。下面是將美國各州分成東部和西部的樣本資料：

```
In [106]: states = ["Ohio", "New York", "Vermont", "Florida",
   .....:           "Oregon", "Nevada", "California", "Idaho"]

In [107]: group_key = ["East", "East", "East", "East",
   .....:              "West", "West", "West", "West"]

In [108]: data = pd.Series(np.random.standard_normal(8), index=states)

In [109]: data
Out[109]:
Ohio          0.329939
New York      0.981994
Vermont       1.105913
Florida      -1.613716
Oregon        1.561587
Nevada        0.406510
California    0.359244
Idaho        -0.614436
dtype: float64
```

我們將資料中的一些值設為缺失值：

```
In [110]: data[["Vermont", "Nevada", "Idaho"]] = np.nan

In [111]: data
Out[111]:
Ohio          0.329939
New York      0.981994
Vermont            NaN
Florida      -1.613716
```

```
Oregon        1.561587
Nevada             NaN
California    0.359244
Idaho              NaN
dtype: float64

In [112]: data.groupby(group_key).size()
Out[112]:
East    4
West    4
dtype: int64

In [113]: data.groupby(group_key).count()
Out[113]:
East    3
West    2
dtype: int64

In [114]: data.groupby(group_key).mean()
Out[114]:
East   -0.100594
West    0.960416
dtype: float64
```

我們可以使用群組平均值來填補 NA 值：

```
In [115]: def fill_mean(group):
   .....:     return group.fillna(group.mean())

In [116]: data.groupby(group_key).apply(fill_mean)
Out[116]:
Ohio          0.329939
New York      0.981994
Vermont      -0.100594
Florida      -1.613716
Oregon        1.561587
Nevada        0.960416
California    0.359244
Idaho         0.960416
dtype: float64
```

另一種情況，你可能在程式中預先定義了因群組而異的填充值。群組有內部屬性 name，我們可以利用它：

```
In [117]: fill_values = {"East": 0.5, "West": -1}

In [118]: def fill_func(group):
```

```
   .....:     return group.fillna(fill_values[group.name])

In [119]: data.groupby(group_key).apply(fill_func)
Out[119]:
Ohio          0.329939
New York      0.981994
Vermont       0.500000
Florida      -1.613716
Oregon        1.561587
Nevada       -1.000000
California    0.359244
Idaho        -1.000000
dtype: float64
```

範例：隨機抽樣與排列

假設你想要從大型的資料組中隨機抽樣（無論是否將抽出來的樣本重新放入），以進行 Monte Carlo 模擬或其他應用。執行「抽樣」的做法不只一種，在此，我們使用 Series 的 `sample` 方法。

為了展示，我們來建構一副英語風格的撲克牌：

```
suits = ["H", "S", "C", "D"]  # Hearts、Spades、Clubs、Diamonds
card_val = (list(range(1, 11)) + [10] * 3) * 4
base_names = ["A"] + list(range(2, 11)) + ["J", "K", "Q"]
cards = []
for suit in suits:
    cards.extend(str(num) + suit for num in base_names)

deck = pd.Series(card_val, index=cards)
```

現在我們有一個長為 52 的 Series，它的索引是牌名，值是 21 點與其他玩法使用的值（為了簡單起見，我將 ace "A" 設為 1）：

```
In [121]: deck.head(13)
Out[121]:
AH      1
2H      2
3H      3
4H      4
5H      5
6H      6
7H      7
8H      8
9H      9
10H    10
```

```
JH     10
KH     10
QH     10
dtype: int64
```

接下來，根據我說過的，從牌堆裡抽出五張手牌可以這樣寫：

```
In [122]: def draw(deck, n=5):
   .....:     return deck.sample(n)

In [123]: draw(deck)
Out[123]:
4D     4
QH    10
8S     8
7D     7
9C     9
dtype: int64
```

假設你想要從每一種花色隨機抽出兩張牌。因為花色是每一個牌名的最後一個字元，我們可以據此分組並使用 apply：

```
In [124]: def get_suit(card):
   .....:     # 最後一個字元是花色
   .....:     return card[-1]

In [125]: deck.groupby(get_suit).apply(draw, n=2)
Out[125]:
C  6C     6
   KC    10
D  7D     7
   3D     3
H  7H     7
   9H     9
S  2S     2
   QS    10
dtype: int64
```

我們也可以傳入 group_keys=False 來移除外層的花色索引，只留下選出來的牌：

```
In [126]: deck.groupby(get_suit, group_keys=False).apply(draw, n=2)
Out[126]:
AC      1
3C      3
5D      5
4D      4
10H    10
7H      7
```

```
QS     10
7S      7
dtype: int64
```

範例：將加權平均值與相關性分組

在 groupby 的 split-apply-combine 程序中，我們可以執行 DataFrame 的欄與欄之間的操作，或兩個 Series 之間的操作，例如群組加權平均。我們以這個資料組為例，它裡面有分組鍵、值，及一些權重：

```
In [127]: df = pd.DataFrame({"category": ["a", "a", "a", "a",
   .....:                                 "b", "b", "b", "b"],
   .....:                    "data": np.random.standard_normal(8),
   .....:                    "weights": np.random.uniform(size=8)})

In [128]: df
Out[128]:
  category      data   weights
0        a -1.691656  0.955905
1        a  0.511622  0.012745
2        a -0.401675  0.137009
3        a  0.968578  0.763037
4        b -1.818215  0.492472
5        b  0.279963  0.832908
6        b -0.200819  0.658331
7        b -0.217221  0.612009
```

基於 category 的加權平均是：

```
In [129]: grouped = df.groupby("category")

In [130]: def get_wavg(group):
   .....:     return np.average(group["data"], weights=group["weights"])

In [131]: grouped.apply(get_wavg)
Out[131]:
category
a   -0.495807
b   -0.357273
dtype: float64
```

舉另一個例子，考慮這個取自 Yahoo! Finance 的金融資料組，裡面有幾檔股票與 S&P 500 指數（代號 SPX）的收盤價：

```
In [132]: close_px = pd.read_csv("examples/stock_px.csv", parse_dates=True,
   .....:                        index_col=0)
```

```
In [133]: close_px.info()
<class 'pandas.core.frame.DataFrame'>
DatetimeIndex: 2214 entries, 2003-01-02 to 2011-10-14
Data columns (total 4 columns):
 #   Column  Non-Null Count  Dtype
---  ------  --------------  -----
 0   AAPL    2214 non-null   float64
 1   MSFT    2214 non-null   float64
 2   XOM     2214 non-null   float64
 3   SPX     2214 non-null   float64
dtypes: float64(4)
memory usage: 86.5 KB

In [134]: close_px.tail(4)
Out[134]:
              AAPL   MSFT    XOM      SPX
2011-10-11  400.29  27.00  76.27  1195.54
2011-10-12  402.19  26.96  77.16  1207.25
2011-10-13  408.43  27.18  76.37  1203.66
2011-10-14  422.00  27.27  78.11  1224.58
```

DataFrame 的 info() 方法可以取得 DataFrame 內容的概要。

算出包含每日報酬（用變化百分比來計算）與 SPX 之間的年度相關性的 DataFrame，是很多人感興趣的任務。其中一種做法是先寫出一個計算每一欄與 "SPX" 欄之間的相關性的函式：

```
In [135]: def spx_corr(group):
   .....:     return group.corrwith(group["SPX"])
```

接下來，使用 pct_change 來計算 close_px 的變化百分比：

```
In [136]: rets = close_px.pct_change().dropna()
```

最後，將這些變化百分比按年分組，我們可以寫一個單行函式，讓它回傳每一個 datetime 標籤的 year 屬性，來從各個列標籤取得年份。

```
In [137]: def get_year(x):
   .....:     return x.year

In [138]: by_year = rets.groupby(get_year)

In [139]: by_year.apply(spx_corr)
Out[139]:
          AAPL      MSFT       XOM  SPX
2003  0.541124  0.745174  0.661265  1.0
```

```
2004  0.374283  0.588531  0.557742  1.0
2005  0.467540  0.562374  0.631010  1.0
2006  0.428267  0.406126  0.518514  1.0
2007  0.508118  0.658770  0.786264  1.0
2008  0.681434  0.804626  0.828303  1.0
2009  0.707103  0.654902  0.797921  1.0
2010  0.710105  0.730118  0.839057  1.0
2011  0.691931  0.800996  0.859975  1.0
```

你也可以計算欄之間的相關性。我們來計算 Apple 與 Microsoft 之間的年度相關性：

```
In [140]: def corr_aapl_msft(group):
   .....:     return group["AAPL"].corr(group["MSFT"])

In [141]: by_year.apply(corr_aapl_msft)
Out[141]:
2003    0.480868
2004    0.259024
2005    0.300093
2006    0.161735
2007    0.417738
2008    0.611901
2009    0.432738
2010    0.571946
2011    0.581987
dtype: float64
```

範例：分組線性回歸

在上一個範例的背景下，你可以使用 groupby 來執行更複雜的分組統計分析，只要函式回傳 pandas 物件或純量值即可。例如，我可以定義下面的 regress 函式（使用 statsmodels 經濟學程式庫），它會對每一個資料塊執行普通最小平方（OLS）回歸：

```
import statsmodels.api as sm
def regress(data, yvar=None, xvars=None):
    Y = data[yvar]
    X = data[xvars]
    X["intercept"] = 1.
    result = sm.OLS(Y, X).fit()
    return result.params
```

如果你還沒有安裝 statsmodels，你可以使用 conda 來安裝它：

```
conda install statsmodels
```

接下來，若要執行 AAPL 針對 SPX 報酬的年度線性回歸，可執行：

```
In [143]: by_year.apply(regress, yvar="AAPL", xvars=["SPX"])
Out[143]:
           SPX  intercept
2003  1.195406   0.000710
2004  1.363463   0.004201
2005  1.766415   0.003246
2006  1.645496   0.000080
2007  1.198761   0.003438
2008  0.968016  -0.001110
2009  0.879103   0.002954
2010  1.052608   0.001261
2011  0.806605   0.001514
```

10.4 群組轉換與「開箱」的 GroupBy

在第 348 頁，第 10.3 節的「計算：一般的 split-apply-combine」裡，我們看了用來執行轉換的分組操作中的 apply 方法。此外還有另一個內建方法 transform，它類似 apply，但可使用的函式種類有更多限制：

- 它可以產生純量值，以廣播至群組的 shape。
- 它可以產生 shape 與輸入群組相同的物件。
- 它不能改變它的輸入。

我們來看一個簡單的例子：

```
In [144]: df = pd.DataFrame({'key': ['a', 'b', 'c'] * 4,
   .....:                    'value': np.arange(12.)})

In [145]: df
Out[145]:
   key  value
0    a    0.0
1    b    1.0
2    c    2.0
3    a    3.0
4    b    4.0
5    c    5.0
6    a    6.0
7    b    7.0
8    c    8.0
9    a    9.0
10   b   10.0
11   c   11.0
```

我們用 key 來分組並算出各組的均值：

```
In [146]: g = df.groupby('key')['value']

In [147]: g.mean()
Out[147]:
key
a    4.5
b    5.5
c    6.5
Name: value, dtype: float64
```

假設我們要產生一個 shape 與 `df['value']` 相同的 Series，但將值換成以 `'key'` 分組的平均值。我們可以傳一個計算單一群組平均值的函式給 `transform`：

```
In [148]: def get_mean(group):
   .....:     return group.mean()

In [149]: g.transform(get_mean)
Out[149]:
0     4.5
1     5.5
2     6.5
3     4.5
4     5.5
5     6.5
6     4.5
7     5.5
8     6.5
9     4.5
10    5.5
11    6.5
Name: value, dtype: float64
```

在使用內建的彙總函式時，我們可以像使用 GroupBy 的 `agg` 方法一樣傳入字串別名：

```
In [150]: g.transform('mean')
Out[150]:
0     4.5
1     5.5
2     6.5
3     4.5
4     5.5
5     6.5
6     4.5
7     5.5
8     6.5
9     4.5
```

```
10    5.5
11    6.5
Name: value, dtype: float64
```

transform 與 apply 一樣使用回傳 Series 的函式，但結果的大小一定與輸入相同。例如，我們可以使用輔助函式來將每一組乘以 2：

```
In [151]: def times_two(group):
   .....:     return group * 2

In [152]: g.transform(times_two)
Out[152]:
0      0.0
1      2.0
2      4.0
3      6.0
4      8.0
5     10.0
6     12.0
7     14.0
8     16.0
9     18.0
10    20.0
11    22.0
Name: value, dtype: float64
```

舉一個比較複雜的例子，我們可以計算每一組的降序排名：

```
In [153]: def get_ranks(group):
   .....:     return group.rank(ascending=False)

In [154]: g.transform(get_ranks)
Out[154]:
0     4.0
1     4.0
2     4.0
3     3.0
4     3.0
5     3.0
6     2.0
7     2.0
8     2.0
9     1.0
10    1.0
11    1.0
Name: value, dtype: float64
```

考慮這個用簡單的彙總來寫成的群組轉換函式：

```
In [155]: def normalize(x):
   .....:     return (x - x.mean()) / x.std()
```

在這個例子中，我們可以使用 transform 或 apply 來取得相同的結果：

```
In [156]: g.transform(normalize)
Out[156]:
0    -1.161895
1    -1.161895
2    -1.161895
3    -0.387298
4    -0.387298
5    -0.387298
6     0.387298
7     0.387298
8     0.387298
9     1.161895
10    1.161895
11    1.161895
Name: value, dtype: float64

In [157]: g.apply(normalize)
Out[157]:
0    -1.161895
1    -1.161895
2    -1.161895
3    -0.387298
4    -0.387298
5    -0.387298
6     0.387298
7     0.387298
8     0.387298
9     1.161895
10    1.161895
11    1.161895
Name: value, dtype: float64
```

像 'mean' 或 'sum' 這種內建的彙總函式通常比一般的 apply 函式還要快很多，在使用 transform 時，它們也有「捷徑」。這可讓我們執行所謂的「開箱（*unwrapped*）」群組操作：

```
In [158]: g.transform('mean')
Out[158]:
0     4.5
1     5.5
2     6.5
```

```
3     4.5
4     5.5
5     6.5
6     4.5
7     5.5
8     6.5
9     4.5
10    5.5
11    6.5
Name: value, dtype: float64

In [159]: normalized = (df['value'] - g.transform('mean')) / g.transform('std')

In [160]: normalized
Out[160]:
0    -1.161895
1    -1.161895
2    -1.161895
3    -0.387298
4    -0.387298
5    -0.387298
6     0.387298
7     0.387298
8     0.387298
9     1.161895
10    1.161895
11    1.161895
Name: value, dtype: float64
```

在這裡，我們用多個 GroupBy 操作的輸出來做算術運算，而不是寫一個函式，然後將它傳給 `groupby(...).apply`，這就是「開箱（unwrapped）」的意思。

雖然開箱群組操作可能涉及多個群組彙總，但向量化操作的整體好處通常是值得的。

10.5 樞軸表與交叉表

樞軸表是一種資料總結工具，經常可在試算表程式和其他資料分析軟體中看到。它用一或多個鍵來彙總資料表，在一個矩形區域中排列資料，沿著列使用一些分組鍵，沿著欄使用一些分組鍵。在 Python 使用 pandas 時，你可以使用本章介紹過的 `groupby` 並利用分層索引進行重塑操作來製作樞軸表。DataFrame 也有個 `pivot_table` 方法，還有一個頂層的 `pandas.pivot_table` 函式。`pivot_table` 除了為 `groupby` 提供方便的介面之外，也可以將部分總和相加，部分總和也稱為 *margin*。

回到小費資料組，假設你想要計算一張分組平均值表格（預設的 pivot_table 彙總類型），按照 day 與 smoker 來排列資料：

```
In [161]: tips.head()
Out[161]:
   total_bill   tip smoker  day    time  size   tip_pct
0       16.99  1.01     No  Sun  Dinner     2  0.059447
1       10.34  1.66     No  Sun  Dinner     3  0.160542
2       21.01  3.50     No  Sun  Dinner     3  0.166587
3       23.68  3.31     No  Sun  Dinner     2  0.139780
4       24.59  3.61     No  Sun  Dinner     4  0.146808

In [162]: tips.pivot_table(index=["day", "smoker"])
Out[162]:
                 size       tip   tip_pct  total_bill
day  smoker
Fri  No      2.250000  2.812500  0.151650   18.420000
     Yes     2.066667  2.714000  0.174783   16.813333
Sat  No      2.555556  3.102889  0.158048   19.661778
     Yes     2.476190  2.875476  0.147906   21.276667
Sun  No      2.929825  3.167895  0.160113   20.506667
     Yes     2.578947  3.516842  0.187250   24.120000
Thur No      2.488889  2.673778  0.160298   17.113111
     Yes     2.352941  3.030000  0.163863   19.190588
```

你也可以直接使用 groupby 來產生這張表，執行 tips.groupby(["day", "smoker"]).mean()。假設我們只想要計算 tip_pct 與 size 的平均值，並且按照 time 來分組。我將 smoker 放在欄，將 time 與 day 放在列：

```
In [163]: tips.pivot_table(index=["time", "day"], columns="smoker",
   .....:                  values=["tip_pct", "size"])
Out[163]:
                 size             tip_pct
smoker             No       Yes        No       Yes
time   day
Dinner Fri   2.000000  2.222222  0.139622  0.165347
       Sat   2.555556  2.476190  0.158048  0.147906
       Sun   2.929825  2.578947  0.160113  0.187250
       Thur  2.000000       NaN  0.159744       NaN
Lunch  Fri   3.000000  1.833333  0.187735  0.188937
       Thur  2.500000  2.352941  0.160311  0.163863
```

我們可以擴增這張表，傳入 `margins=True` 來加入部分總和，這會加入 `All` 列與欄標籤，它們的值是一層裡的所有資料的分組統計值：

```
In [164]: tips.pivot_table(index=["time", "day"], columns="smoker",
   .....:                  values=["tip_pct", "size"], margins=True)
Out[164]:
                 size                          tip_pct
smoker             No       Yes       All       No       Yes       All
time   day
Dinner Fri   2.000000  2.222222  2.166667  0.139622  0.165347  0.158916
       Sat   2.555556  2.476190  2.517241  0.158048  0.147906  0.153152
       Sun   2.929825  2.578947  2.842105  0.160113  0.187250  0.166897
       Thur  2.000000       NaN  2.000000  0.159744       NaN  0.159744
Lunch  Fri   3.000000  1.833333  2.000000  0.187735  0.188937  0.188765
       Thur  2.500000  2.352941  2.459016  0.160311  0.163863  0.161301
All          2.668874  2.408602  2.569672  0.159328  0.163196  0.160803
```

在這裡，`All` 值是不考慮 smoker 與非 smoker 時的平均值（`All` 欄），和不考慮列的兩層群組的平均值（`All` 列）。

若要使用 `mean` 之外的彙總函式，你可以將它傳給 `aggfunc` 關鍵字引數。例如，`"count"` 或 `len` 可提供群組大小的交叉表（數量或頻率）（但是，在資料群組內計數時，`"count"` 會將 null 值排除在外，而 `len` 不會）：

```
In [165]: tips.pivot_table(index=["time", "smoker"], columns="day",
   .....:                  values="tip_pct", aggfunc=len, margins=True)
Out[165]:
day             Fri   Sat   Sun  Thur  All
time   smoker
Dinner No       3.0  45.0  57.0   1.0  106
       Yes      9.0  42.0  19.0   NaN   70
Lunch  No       1.0   NaN   NaN  44.0   45
       Yes      6.0   NaN   NaN  17.0   23
All            19.0  87.0  76.0  62.0  244
```

如果有一些組合是空的（或 NA），你可以傳入 `fill_value`：

```
In [166]: tips.pivot_table(index=["time", "size", "smoker"], columns="day",
   .....:                  values="tip_pct", fill_value=0)
Out[166]:
day                      Fri       Sat       Sun      Thur
time   size smoker
Dinner 1    No      0.000000  0.137931  0.000000  0.000000
            Yes     0.000000  0.325733  0.000000  0.000000
       2    No      0.139622  0.162705  0.168859  0.159744
            Yes     0.171297  0.148668  0.207893  0.000000
       3    No      0.000000  0.154661  0.152663  0.000000
```

```
...                       ...       ...       ...       ...
Lunch  3    Yes      0.000000  0.000000  0.000000  0.204952
       4    No       0.000000  0.000000  0.000000  0.138919
            Yes      0.000000  0.000000  0.000000  0.155410
       5    No       0.000000  0.000000  0.000000  0.121389
       6    No       0.000000  0.000000  0.000000  0.173706
[21 rows x 4 columns]
```

表 10-2 是 `pivot_table` 的選項的摘要。

表 10-2　`pivot_table` 的選項

引數	說明
`values`	要彙總的欄名，預設彙總所有數值欄
`index`	用來對結果樞軸表的列進行分組的欄名或其他分組鍵
`columns`	用來對結果樞軸表的欄進行分組的欄名或其他分組鍵
`aggfunc`	彙總函式或函式串列（預設為 `"mean"`），可以是可在 `groupby` 背景下使用的任何函式
`fill_value`	用來替換結果表中的缺失值
`dropna`	若 `True`，不加入項目全是 NA 的欄
`margins`	加入列 / 欄的小計與總計（預設為 `False`）
`margins_name`	傳入 `margins=True` 時，讓 margin 列 / 欄使用的名稱，預設為 `"All"`
`observed`	使用分類分組鍵，若 `True`，只在鍵中顯示觀測到的分類值，而不是所有分類

交叉表：Crosstab

交叉表（*cross-tabulation*）（簡稱 *crosstab*）是樞軸表的特例，它計算的是群組頻率。我們來看一個例子：

```
In [167]: from io import StringIO

In [168]: data = """Sample  Nationality  Handedness
   .....: 1   USA  Right-handed
   .....: 2   Japan    Left-handed
   .....: 3   USA  Right-handed
   .....: 4   Japan    Right-handed
   .....: 5   Japan    Left-handed
   .....: 6   Japan    Right-handed
   .....: 7   USA  Right-handed
   .....: 8   USA  Left-handed
   .....: 9   Japan    Right-handed
```

```
   .....: 10  USA  Right-handed"""
   .....:

In [169]: data = pd.read_table(StringIO(data), sep="\s+")

In [170]: data
Out[170]:
   Sample Nationality    Handedness
0       1         USA  Right-handed
1       2       Japan   Left-handed
2       3         USA  Right-handed
3       4       Japan  Right-handed
4       5       Japan   Left-handed
5       6       Japan  Right-handed
6       7         USA  Right-handed
7       8         USA   Left-handed
8       9       Japan  Right-handed
9      10         USA  Right-handed
```

在進行調查分析時，我們可能想按照國籍和慣用手來總結這些資料。雖然你可以使用 `pivot_table` 來做這件事，但 `pandas.crosstab` 函式更方便：

```
In [171]: pd.crosstab(data["Nationality"], data["Handedness"], margins=True)
Out[171]:
Handedness   Left-handed  Right-handed  All
Nationality
Japan                  2             3    5
USA                    1             4    5
All                    3             7   10
```

`crosstab` 的前兩個引數可以是陣列或 Series 或陣列組成的串列。以小費資料為例：

```
In [172]: pd.crosstab([tips["time"], tips["day"]], tips["smoker"], margins=True)
Out[172]:
smoker        No  Yes  All
time   day
Dinner Fri     3    9   12
       Sat    45   42   87
       Sun    57   19   76
       Thur    1    0    1
Lunch  Fri     1    6    7
       Thur   44   17   61
All          151   93  244
```

10.6 總結

精通 pandas 的資料分組工具可協助你進行資料清理與建模或統計分析。第 13 章會再展示幾個使用 `groupby` 來處理真實資料的例子。

下一章要把重心放在時間序列資料上。

第十一章

時間序列

在許多領域中，時間序列資料是一種重要的結構化資料，例如金融、經濟、生態學、神經科學，及物理學。在許多時間點不斷進行記錄的資料都是一種時間序列。很多時間序列有**固定頻率**，也就是資料點按照某條規則以固定的時間間隔出現，例如每 15 秒、每 5 分鐘，或每個月一次。時間序列也可能是**不規則的**，沒有固定的時間單位，或單位之間的偏移量不固定。如何標記和引用時間序列資料取決於你的應用，你的資料可能是以下之一：

時戳

特定時刻。

固定週期

例如整個 2017 年 1 月，或整個 2020 年。

一段時間

用開始與結束時戳來表示。週期可想成一段時間的特例。

實驗或經過時間

每一個時戳都是相對於一個特定開始時間的時間尺度（例如，將餅乾放入烤箱後，餅乾每秒的直徑），從 0 開始。

本章討論的時間序列主要是前三種，但很多技術都可以用於實驗性時間序列，其索引可能是整數或浮點數，指出從實驗開始之後經過多少時間。最簡單的時間序列是以時戳作為索引。

pandas 也支援 timedelta（時間間隔），很適合用來表示實驗時間或經過時間。本書不討論 timedelta 索引，但你可以從 pandas 文件瞭解詳情（*https://pandas.pydata.org*）。

pandas 提供許多內建的時間序列工具和演算法。你可以高效率地處理大型時間序列，對不規則和固定頻率的時間序列進行切片、切塊、彙總，和重新取樣（resample）。其中有些工具很適合在金融和經濟應用中使用，你當然也可以用它們來分析伺服器記錄（log）資料。

與其他章節一樣，首先，我們匯入 NumPy 與 pandas：

```
In [12]: import numpy as np

In [13]: import pandas as pd
```

11.1　日期和時間資料型態及工具

Python 標準程式庫有代表日期和時間資料的資料型態，以及與日曆有關的功能。`datetime`、`time` 和 `calendar` 模組是主要的起點。`datetime.datetime` 是受到廣泛使用的型態，簡稱 `datetime`：

```
In [14]: from datetime import datetime

In [15]: now = datetime.now()

In [16]: now
Out[16]: datetime.datetime(2022, 8, 12, 14, 9, 11, 337033)

In [17]: now.year, now.month, now.day
Out[17]: (2022, 8, 12)
```

`datetime` 儲存日期與時間，最小單位是微秒。`datetime.timedelta` 簡稱 `timedelta`，代表兩個 `datetime` 物件之間的時間差：

```
In [18]: delta = datetime(2011, 1, 7) - datetime(2008, 6, 24, 8, 15)

In [19]: delta
Out[19]: datetime.timedelta(days=926, seconds=56700)

In [20]: delta.days
Out[20]: 926
```

```
In [21]: delta.seconds
Out[21]: 56700
```

你可以對一個 datetime 物件加上（或減去）或乘上一個 timedelta，以產生一個移位的新物件：

```
In [22]: from datetime import timedelta

In [23]: start = datetime(2011, 1, 7)

In [24]: start + timedelta(12)
Out[24]: datetime.datetime(2011, 1, 19, 0, 0)

In [25]: start - 2 * timedelta(12)
Out[25]: datetime.datetime(2010, 12, 14, 0, 0)
```

表 11-1 是 datetime 模組的資料型態摘要。雖然本章主要討論 pandas 及更高階的時間序列操作中的資料型態，但你可能會在 Python 領域的許多其他地方遇到基於 datetime 的型態。

表 11-1　datetime 模組中的型態

型態	說明
date	使用公曆來儲存日曆日期（年、月、日）
time	將一天內的時間存為時、分、秒、微秒
datetime	同時儲存日期及時間
timedelta	兩個 datetime 值的差（格式為日、秒及微秒）
tzinfo	儲存時區資訊的基本型態

字串與 datetime 互相轉換

你可以呼叫 str 或 strftime 方法並傳入指定格式，來將 datetime 物件與 pandas Timestamp 物件（稍後介紹）轉換成字串：

```
In [26]: stamp = datetime(2011, 1, 3)

In [27]: str(stamp)
Out[27]: '2011-01-03 00:00:00'

In [28]: stamp.strftime("%Y-%m-%d")
Out[28]: '2011-01-03'
```

表 11-2 是格式碼的完整清單。

表 11-2　datetime 格式規格（與 ISO C89 相容）

型態	說明
%Y	4 位數年份
%y	2 位數年份
%m	2 位數月份 [01, 12]
%d	2 位數日期 [01, 31]
%H	小時（24 小時制）[00, 23]
%I	小時（12 小時制）[01, 12]
%M	2 位數分鐘 [00, 59]
%S	秒 [00, 61]（第 60、61 秒為潤秒）
%f	整數型態的微秒，補上零（從 000000 至 999999）
%j	使用補上零的整數來代表一年的第幾日（從 001 至 336）
%w	用整數來表示星期幾 [0（星期日）, 6]
%u	用整數來表示星期幾，從 1 開始，1 是星期一
%U	一年的第幾週 [00, 53]；將星期日當成一週的第一天，在一年的第一個星期日之前的日期屬於「第 0 週」
%W	一年的第幾週 [00, 53]；將星期一當成一週的第一天，在一年的第一個星期一之前的日期屬於「第 0 週」
%z	UTC 時區偏移值，為 +HHMM 或 -HHMM，若時區不明，則為空
%Z	時區名稱字串，若無時區則為空字串
%F	%Y-%m-%d 的簡寫（例如 2012-4-18）
%D	%m/%d/%y 的簡寫（例如 04/18/12）

你可以使用 datetime.strptime 和上表的大多數格式碼來將字串轉換成日期（但有些格式碼不能使用，例如 %F）：

```
In [29]: value = "2011-01-03"

In [30]: datetime.strptime(value, "%Y-%m-%d")
Out[30]: datetime.datetime(2011, 1, 3, 0, 0)

In [31]: datestrs = ["7/6/2011", "8/6/2011"]
```

```
In [32]: [datetime.strptime(x, "%m/%d/%Y") for x in datestrs]
Out[32]:
[datetime.datetime(2011, 7, 6, 0, 0),
 datetime.datetime(2011, 8, 6, 0, 0)]
```

datetime.strptime 是解析格式已知的日期的方法之一。

pandas 通常傾向處理日期陣列，無論它被當成 DataFrame 的軸索引還是欄。pandas.to_datetime 方法可解析很多不同的日期表示法。它可以快速地解析 ISO 8601 等標準日期格式：

```
In [33]: datestrs = ["2011-07-06 12:00:00", "2011-08-06 00:00:00"]

In [34]: pd.to_datetime(datestrs)
Out[34]: DatetimeIndex(['2011-07-06 12:00:00', '2011-08-06 00:00:00'], dtype='dat
etime64[ns]', freq=None)
```

它也可以處理應被視為缺失的值（None、空字串…等）：

```
In [35]: idx = pd.to_datetime(datestrs + [None])

In [36]: idx
Out[36]: DatetimeIndex(['2011-07-06 12:00:00', '2011-08-06 00:00:00', 'NaT'], dty
pe='datetime64[ns]', freq=None)

In [37]: idx[2]
Out[37]: NaT

In [38]: pd.isna(idx)
Out[38]: array([False, False,  True])
```

pandas 用 NaT（Not a Time）來表示時戳資料的 null 值。

dateutil.parser 是一種實用但不完美的工具。注意，有時它會將你不想要解讀成日期的字串視為日期，例如，"42" 會被解析成 2042 年加上今天的日期。

datetime 也有某些地區特有的格式化選項，供其他國家或語言裡的系統使用。例如，德語及法語系統的月名縮寫與英語系統不同。見表 11-3。

表 11-3 地區特有的日期格式

型態	說明
%a	縮寫的星期幾（weekday）名稱
%A	完整的星期幾名稱
%b	縮寫的月份名稱
%B	完整的月份名稱
%c	完整的日期與時間（例如 'Tue 01 May 2012 04:20:57 PM'）
%p	AM 或 PM 的當地寫法
%x	當地適用的日期格式（例如在美國，May 1, 2012 產生 '05/01/2012'）
%X	當地適用的時間（例如 '04:24:12 PM'）

11.2 時間序列入門

在 pandas 裡，基本的時間序列物件是以時戳為索引的 Series，在 pandas 之外的程式裡，時戳通常以 Python 字串或 datetime 物件來表示：

```
In [39]: dates = [datetime(2011, 1, 2), datetime(2011, 1, 5),
   ....:          datetime(2011, 1, 7), datetime(2011, 1, 8),
   ....:          datetime(2011, 1, 10), datetime(2011, 1, 12)]

In [40]: ts = pd.Series(np.random.standard_normal(6), index=dates)

In [41]: ts
Out[41]:
2011-01-02   -0.204708
2011-01-05    0.478943
2011-01-07   -0.519439
2011-01-08   -0.555730
2011-01-10    1.965781
2011-01-12    1.393406
dtype: float64
```

在底層，這些 datetime 物件被放在 DatetimeIndex 裡：

```
In [42]: ts.index
Out[42]:
DatetimeIndex(['2011-01-02', '2011-01-05', '2011-01-07', '2011-01-08',
               '2011-01-10', '2011-01-12'],
              dtype='datetime64[ns]', freq=None)
```

如同其他 Series，用兩個索引不同的時間序列來做計算會自動對齊日期：

```
In [43]: ts + ts[::2]
Out[43]:
2011-01-02   -0.409415
2011-01-05         NaN
2011-01-07   -1.038877
2011-01-08         NaN
2011-01-10    3.931561
2011-01-12         NaN
dtype: float64
```

複習一下，ts[::2] 會在 ts 裡每隔兩秒選取一個元素。

pandas 使用 NumPy 的 datetime64 資料型態，以奈秒的精度來儲存時戳：

```
In [44]: ts.index.dtype
Out[44]: dtype('<M8[ns]')
```

從 DatetimeIndex 取出來的純量值是 pandas 的 Timestamp 物件：

```
In [45]: stamp = ts.index[0]

In [46]: stamp
Out[46]: Timestamp('2011-01-02 00:00:00')
```

pandas.Timestamp 可以在你想使用 datetime 物件的多數地方使用，但反過來說並不成立，因為 pandas.Timestamp 可以儲存奈秒精度的資料，而 datetime 只能儲存到微秒。此外，pandas.Timestamp 可以儲存頻率資訊（有的話），並知道如何進行時區轉換和其他類型的操作。在第 390 頁，第 11.4 節的「處理時區」會進一步討論兩者。

檢索、選擇、分組

當你用標籤來檢索和選擇資料時，時間序列的行為就像任何其他 Series：

```
In [47]: stamp = ts.index[2]

In [48]: ts[stamp]
Out[48]: -0.5194387150567381
```

方便的是，你也可以傳入可解讀為日期的字串：

```
In [49]: ts["2011-01-10"]
Out[49]: 1.9657805725027142
```

如果時間序列比較長，你可以傳入年份，或年份及月份，來輕鬆地選擇一個資料 slice（pandas.date_range 會在第 382 頁的「產生日期範圍」詳細介紹）：

```
In [50]: longer_ts = pd.Series(np.random.standard_normal(1000),
   ....:                       index=pd.date_range("2000-01-01", periods=1000))

In [51]: longer_ts
Out[51]:
2000-01-01    0.092908
2000-01-02    0.281746
2000-01-03    0.769023
2000-01-04    1.246435
2000-01-05    1.007189
                ...
2002-09-22    0.930944
2002-09-23   -0.811676
2002-09-24   -1.830156
2002-09-25   -0.138730
2002-09-26    0.334088
Freq: D, Length: 1000, dtype: float64

In [52]: longer_ts["2001"]
Out[52]:
2001-01-01    1.599534
2001-01-02    0.474071
2001-01-03    0.151326
2001-01-04   -0.542173
2001-01-05   -0.475496
                ...
2001-12-27    0.057874
2001-12-28   -0.433739
2001-12-29    0.092698
2001-12-30   -1.397820
2001-12-31    1.457823
Freq: D, Length: 365, dtype: float64
```

在這裡，字串 "2001" 被解讀成年份，並選擇該時段。你也可以指定月份：

```
In [53]: longer_ts["2001-05"]
Out[53]:
2001-05-01   -0.622547
2001-05-02    0.936289
2001-05-03    0.750018
2001-05-04   -0.056715
2001-05-05    2.300675
                ...
2001-05-27    0.235477
2001-05-28    0.111835
```

```
2001-05-29   -1.251504
2001-05-30   -2.949343
2001-05-31    0.634634
Freq: D, Length: 31, dtype: float64
```

你也可以用 datetime 物件來做 slice：

```
In [54]: ts[datetime(2011, 1, 7):]
Out[54]:
2011-01-07   -0.519439
2011-01-08   -0.555730
2011-01-10    1.965781
2011-01-12    1.393406
dtype: float64

In [55]: ts[datetime(2011, 1, 7):datetime(2011, 1, 10)]
Out[55]:
2011-01-07   -0.519439
2011-01-08   -0.555730
2011-01-10    1.965781
dtype: float64
```

因為大多數的時間序列都是按時間順序排列的，你可以用不在時間序列裡的時戳來做 slice，以執行範圍查詢：

```
In [56]: ts
Out[56]:
2011-01-02   -0.204708
2011-01-05    0.478943
2011-01-07   -0.519439
2011-01-08   -0.555730
2011-01-10    1.965781
2011-01-12    1.393406
dtype: float64

In [57]: ts["2011-01-06":"2011-01-11"]
Out[57]:
2011-01-07   -0.519439
2011-01-08   -0.555730
2011-01-10    1.965781
dtype: float64
```

與之前一樣，你可以傳遞字串日期、datetime 或時戳。別忘了，以這種方式來做 slice 會產生原始時間序列的視域，就像 slice NumPy 陣列一樣。這意味著，你不會複製資料，而且修改 slice 將反映在原始資料中。

等效的實例方法 `truncate` 可以 slice 兩個日期之間的 Series：

```
In [58]: ts.truncate(after="2011-01-09")
Out[58]:
2011-01-02   -0.204708
2011-01-05    0.478943
2011-01-07   -0.519439
2011-01-08   -0.555730
dtype: float64
```

以上的技巧也可以用於 DataFrame，以檢索它的列：

```
In [59]: dates = pd.date_range("2000-01-01", periods=100, freq="W-WED")

In [60]: long_df = pd.DataFrame(np.random.standard_normal((100, 4)),
   ....:                        index=dates,
   ....:                        columns=["Colorado", "Texas",
   ....:                                 "New York", "Ohio"])

In [61]: long_df.loc["2001-05"]
Out[61]:
            Colorado     Texas  New York      Ohio
2001-05-02 -0.006045  0.490094 -0.277186 -0.707213
2001-05-09 -0.560107  2.735527  0.927335  1.513906
2001-05-16  0.538600  1.273768  0.667876 -0.969206
2001-05-23  1.676091 -0.817649  0.050188  1.951312
2001-05-30  3.260383  0.963301  1.201206 -1.852001
```

有重複索引的時間序列

有些應用可能會讓多個觀測值使用同一個時戳，我們來看一個例子：

```
In [62]: dates = pd.DatetimeIndex(["2000-01-01", "2000-01-02", "2000-01-02",
   ....:                           "2000-01-02", "2000-01-03"])

In [63]: dup_ts = pd.Series(np.arange(5), index=dates)

In [64]: dup_ts
Out[64]:
2000-01-01    0
2000-01-02    1
2000-01-02    2
2000-01-02    3
2000-01-03    4
dtype: int64
```

我們可以使用索引的 is_unique 屬性來確定它是不是不重複的：

```
In [65]: dup_ts.index.is_unique
Out[65]: False
```

所以檢索這個時間序列可能產生純量值或 slice，取決於時戳是否重複：

```
In [66]: dup_ts["2000-01-03"]  # 不重複
Out[66]: 4

In [67]: dup_ts["2000-01-02"]  # 重複
Out[67]:
2000-01-02    1
2000-01-02    2
2000-01-02    3
dtype: int64
```

假如你想要彙總具有重複時戳的資料，有一種做法是使用 groupby 並傳入 level=0（唯一的階層）：

```
In [68]: grouped = dup_ts.groupby(level=0)

In [69]: grouped.mean()
Out[69]:
2000-01-01    0.0
2000-01-02    2.0
2000-01-03    4.0
dtype: float64

In [70]: grouped.count()
Out[70]:
2000-01-01    1
2000-01-02    3
2000-01-03    1
dtype: int64
```

11.3 日期範圍、頻率，與移位

pandas 的通用時間序列被假定是不規則的，也就是說，它們沒有固定的頻率。對許多應用而言，這個假定沒問題，然而，使用相對固定的頻率通常是件好事，例如每日、每月，或每 15 分鐘，即使這意味著可能在時間序列中引入缺失值。幸運的是，pandas 有一整套標準的時間序列頻率和工具，可用來進行重新取樣（在第 403 頁，第 11.6 節的「重新取樣和頻率轉換」會詳細討論）、推斷頻率，以及產生固定頻率的日期範圍。例如，你可以呼叫 resample 來將時間序列轉換成固定的逐日頻率：

```
In [71]: ts
Out[71]:
2011-01-02   -0.204708
2011-01-05    0.478943
2011-01-07   -0.519439
2011-01-08   -0.555730
2011-01-10    1.965781
2011-01-12    1.393406
dtype: float64

In [72]: resampler = ts.resample("D")

In [73]: resampler
Out[73]: <pandas.core.resample.DatetimeIndexResampler object at 0x7febd896bc40>
```

字串 "D" 被解讀成逐日頻率。

在頻率之間進行轉換（或稱為*重新取樣*（*resampling*））是個大主題，必須使用獨立的一節來討論（在第 403 頁，第 11.6 節的「重新取樣和頻率轉換」）。在此，我要教你如何使用基礎頻率及其倍數。

產生日期範圍

我們之前未加解釋就使用了 pandas.date_range，它負責根據特定的頻率，產生一個指定長度的 DatetimeIndex：

```
In [74]: index = pd.date_range("2012-04-01", "2012-06-01")

In [75]: index
Out[75]:
DatetimeIndex(['2012-04-01', '2012-04-02', '2012-04-03', '2012-04-04',
               '2012-04-05', '2012-04-06', '2012-04-07', '2012-04-08',
               '2012-04-09', '2012-04-10', '2012-04-11', '2012-04-12',
               '2012-04-13', '2012-04-14', '2012-04-15', '2012-04-16',
               '2012-04-17', '2012-04-18', '2012-04-19', '2012-04-20',
               '2012-04-21', '2012-04-22', '2012-04-23', '2012-04-24',
               '2012-04-25', '2012-04-26', '2012-04-27', '2012-04-28',
               '2012-04-29', '2012-04-30', '2012-05-01', '2012-05-02',
               '2012-05-03', '2012-05-04', '2012-05-05', '2012-05-06',
               '2012-05-07', '2012-05-08', '2012-05-09', '2012-05-10',
               '2012-05-11', '2012-05-12', '2012-05-13', '2012-05-14',
               '2012-05-15', '2012-05-16', '2012-05-17', '2012-05-18',
               '2012-05-19', '2012-05-20', '2012-05-21', '2012-05-22',
               '2012-05-23', '2012-05-24', '2012-05-25', '2012-05-26',
               '2012-05-27', '2012-05-28', '2012-05-29', '2012-05-30',
               '2012-05-31', '2012-06-01'],
              dtype='datetime64[ns]', freq='D')
```

在預設情況下，pandas.date_range 會產生逐日時戳。如果你只傳入開始日期或結束日期之一，你必須傳入想要產生的週期數：

```
In [76]: pd.date_range(start="2012-04-01", periods=20)
Out[76]:
DatetimeIndex(['2012-04-01', '2012-04-02', '2012-04-03', '2012-04-04',
               '2012-04-05', '2012-04-06', '2012-04-07', '2012-04-08',
               '2012-04-09', '2012-04-10', '2012-04-11', '2012-04-12',
               '2012-04-13', '2012-04-14', '2012-04-15', '2012-04-16',
               '2012-04-17', '2012-04-18', '2012-04-19', '2012-04-20'],
              dtype='datetime64[ns]', freq='D')

In [77]: pd.date_range(end="2012-06-01", periods=20)
Out[77]:
DatetimeIndex(['2012-05-13', '2012-05-14', '2012-05-15', '2012-05-16',
               '2012-05-17', '2012-05-18', '2012-05-19', '2012-05-20',
               '2012-05-21', '2012-05-22', '2012-05-23', '2012-05-24',
               '2012-05-25', '2012-05-26', '2012-05-27', '2012-05-28',
               '2012-05-29', '2012-05-30', '2012-05-31', '2012-06-01'],
              dtype='datetime64[ns]', freq='D')
```

開始與結束日期定義了資料索引的嚴格邊界。例如，如果你想要讓日期索引包含每月的最後一個平日，你要傳入 "BM" 頻率（business end of month，詳情見表 11-4 的完整頻率清單），只有落在日期區間之上或之內的日期才會被納入：

```
In [78]: pd.date_range("2000-01-01", "2000-12-01", freq="BM")
Out[78]:
DatetimeIndex(['2000-01-31', '2000-02-29', '2000-03-31', '2000-04-28',
               '2000-05-31', '2000-06-30', '2000-07-31', '2000-08-31',
               '2000-09-29', '2000-10-31', '2000-11-30'],
              dtype='datetime64[ns]', freq='BM')
```

表 11-4　基本時間序列頻率（不詳盡）

別名	偏移型態	說明
D	Day	日曆日
B	BusinessDay	平日（business day）
H	Hour	小時
T 或 min	Minute	每分鐘一次
S	Second	每秒一次
L 或 ms	Milli	毫秒（1/1,000 秒）
U	Micro	微秒（1/1,000,000 秒）
M	MonthEnd	月的最後一個日曆日

別名	偏移型態	說明
BM	BusinessMonthEnd	月的最後一個平日
MS	MonthBegin	月的第一個日曆日
BMS	BusinessMonthBegin	月的第一個平日
W-MON, W-TUE, ...	Week	每週的星期幾（MON, TUE, WED, THU, FRI, SAT 或 SUN）
WOM-1MON, WOM-2MON, ...	WeekOfMonth	每月的第一週、第二週、第三週或第四週的星期幾（例如 WOM-3FRI 代表每月的第三個星期五）
Q-JAN, Q-FEB, ...	QuarterEnd	以每月的最後一個平日為季度日，指定一年於何月結束（JAN, FEB, MAR, APR, MAY, JUN, JUL, AUG, SEP, OCT, NOV 或 DEC）
BQ-JAN, BQ-FEB, ...	BusinessQuarterEnd	以每月的最後一個平日為季度日，指定一年於何月結束
QS-JAN, QS-FEB, ...	QuarterBegin	以每月的第一個平日為季度日，指定一年於何月結束
BQS-JAN, BQS-FEB, ...	BusinessQuarterBegin	以每月的第一個平日為季度日，指定一年於何月結束
A-JAN, A-FEB, ...	YearEnd	以指定月份 (JAN, FEB, MAR, APR, MAY, JUN, JUL, AUG, SEP, OCT, NOV 或 DEC) 的最後一個平日為年度日期
BA-JAN, BA-FEB, ...	BusinessYearEnd	以指定月份的最後一個平日為年度日期
AS-JAN, AS-FEB, ...	YearBegin	以指定月份的第一日為年度日期
BAS-JAN, BAS-FEB, ...	BusinessYearBegin	以指定月份的第一個平日為年度日期

pandas.date_range 在預設情況下會保留開始與結束時戳的時間（若有的話）：

```
In [79]: pd.date_range("2012-05-02 12:56:31", periods=5)
Out[79]:
DatetimeIndex(['2012-05-02 12:56:31', '2012-05-03 12:56:31',
               '2012-05-04 12:56:31', '2012-05-05 12:56:31',
               '2012-05-06 12:56:31'],
              dtype='datetime64[ns]', freq='D')
```

有時你的開始與結束日期有時間資訊，但你想遵循慣例，產生一組**標準化**為午夜的時戳。為此，你可以使用 `normalize` 選項：

```
In [80]: pd.date_range("2012-05-02 12:56:31", periods=5, normalize=True)
Out[80]:
DatetimeIndex(['2012-05-02', '2012-05-03', '2012-05-04', '2012-05-05',
               '2012-05-06'],
              dtype='datetime64[ns]', freq='D')
```

頻率與日期偏移量

在 pandas 裡，頻率是由**基礎頻率**與一個乘數組成的。基礎頻率通常用字串別名來稱呼，例如 `"M"` 代表每月，`"H"` 代表每小時。每一個基礎頻率都有一個稱為**日期偏移量**（*date offset*）的物件。例如，「每小時」這個頻率可以用 `Hour` 類別來表示：

```
In [81]: from pandas.tseries.offsets import Hour, Minute

In [82]: hour = Hour()

In [83]: hour
Out[83]: <Hour>
```

你可以傳入整數來定義偏移量的倍數：

```
In [84]: four_hours = Hour(4)

In [85]: four_hours
Out[85]: <4 * Hours>
```

在大多數的應用中，你不需要明確地建立這些物件，而是會使用別名字串，例如 `"H"` 或 `"4H"`。在基礎頻率前面加上一個整數即可建立它的倍數：

```
In [86]: pd.date_range("2000-01-01", "2000-01-03 23:59", freq="4H")
Out[86]:
DatetimeIndex(['2000-01-01 00:00:00', '2000-01-01 04:00:00',
               '2000-01-01 08:00:00', '2000-01-01 12:00:00',
               '2000-01-01 16:00:00', '2000-01-01 20:00:00',
               '2000-01-02 00:00:00', '2000-01-02 04:00:00',
               '2000-01-02 08:00:00', '2000-01-02 12:00:00',
               '2000-01-02 16:00:00', '2000-01-02 20:00:00',
               '2000-01-03 00:00:00', '2000-01-03 04:00:00',
               '2000-01-03 08:00:00', '2000-01-03 12:00:00',
               '2000-01-03 16:00:00', '2000-01-03 20:00:00'],
              dtype='datetime64[ns]', freq='4H')
```

你可以用加號來結合多個偏移量：

```
In [87]: Hour(2) + Minute(30)
Out[87]: <150 * Minutes>
```

類似地，你可以傳遞頻率字串，例如 "1h30min"，它會被解析成同一個表示法：

```
In [88]: pd.date_range("2000-01-01", periods=10, freq="1h30min")
Out[88]:
DatetimeIndex(['2000-01-01 00:00:00', '2000-01-01 01:30:00',
               '2000-01-01 03:00:00', '2000-01-01 04:30:00',
               '2000-01-01 06:00:00', '2000-01-01 07:30:00',
               '2000-01-01 09:00:00', '2000-01-01 10:30:00',
               '2000-01-01 12:00:00', '2000-01-01 13:30:00'],
              dtype='datetime64[ns]', freq='90T')
```

有一些描述時間點的頻率沒有相同的間隔。例如，"M"（日曆月底）與 "BM"（月的最後一個平日）取決於月的日數，以及（就後者而言）月底是不是週末。我們將它們稱為**錨定**（*anchored*）偏移量。

表 11-4 是 pandas 提供的頻率代號及日期偏移量類別。

使用者可以定義自己的頻率類別，產生 pandas 未提供的日期邏輯，但完整的細節不在本書的討論範圍內。

月日期的週數

有一種實用的頻率類別是「月的第幾週（week of month）」，以 WOM 開頭。這可讓你取得像「每月的第三個星期五」這種日期。

```
In [89]: monthly_dates = pd.date_range("2012-01-01", "2012-09-01", freq="WOM-3FRI
")

In [90]: list(monthly_dates)
Out[90]:
[Timestamp('2012-01-20 00:00:00', freq='WOM-3FRI'),
 Timestamp('2012-02-17 00:00:00', freq='WOM-3FRI'),
 Timestamp('2012-03-16 00:00:00', freq='WOM-3FRI'),
 Timestamp('2012-04-20 00:00:00', freq='WOM-3FRI'),
 Timestamp('2012-05-18 00:00:00', freq='WOM-3FRI'),
 Timestamp('2012-06-15 00:00:00', freq='WOM-3FRI'),
 Timestamp('2012-07-20 00:00:00', freq='WOM-3FRI'),
 Timestamp('2012-08-17 00:00:00', freq='WOM-3FRI')]
```

移位（往前與往後）資料

移位（*shift*）就是將資料往過去的時間與未來的時間移動。Series 與 DataFrame 有 shift 方法可進行原生的往前或往後移位，並維持索引不變：

```
In [91]: ts = pd.Series(np.random.standard_normal(4),
   ....:                index=pd.date_range("2000-01-01", periods=4, freq="M"))

In [92]: ts
Out[92]:
2000-01-31   -0.066748
2000-02-29    0.838639
2000-03-31   -0.117388
2000-04-30   -0.517795
Freq: M, dtype: float64

In [93]: ts.shift(2)
Out[93]:
2000-01-31         NaN
2000-02-29         NaN
2000-03-31   -0.066748
2000-04-30    0.838639
Freq: M, dtype: float64

In [94]: ts.shift(-2)
Out[94]:
2000-01-31   -0.117388
2000-02-29   -0.517795
2000-03-31         NaN
2000-04-30         NaN
Freq: M, dtype: float64
```

這樣子移位會在時間序列的開頭或結尾產生缺失資料。

shift 經常被用來計算一個時間序列（或本身是 DataFrame 欄位的多個時間序列）的連續變化百分比，我們可以這樣表示它：

```
ts / ts.shift(1) - 1
```

因為原生的 shift 會保留索引不變，所以有些資料會被捨棄。因此，如果你知道頻率，你可以將它傳給 shift 來移位時戳，而不是只移位資料：

```
In [95]: ts.shift(2, freq="M")
Out[95]:
2000-03-31   -0.066748
2000-04-30    0.838639
2000-05-31   -0.117388
```

```
2000-06-30   -0.517795
Freq: M, dtype: float64
```

你也可以傳入其他頻率，靈活地將資料前移與後移：

```
In [96]: ts.shift(3, freq="D")
Out[96]:
2000-02-03   -0.066748
2000-03-03    0.838639
2000-04-03   -0.117388
2000-05-03   -0.517795
dtype: float64

In [97]: ts.shift(1, freq="90T")
Out[97]:
2000-01-31 01:30:00   -0.066748
2000-02-29 01:30:00    0.838639
2000-03-31 01:30:00   -0.117388
2000-04-30 01:30:00   -0.517795
dtype: float64
```

這裡的 `T` 代表分鐘。注意，這裡的 `freq` 參數是要套用至時戳的偏移量，但它不會改變底下的資料頻率，若有的話。

用 offset 來移位資料

pandas 的日期移位也可以和 `datetime` 或 `Timestamp` 物件一起使用。

```
In [98]: from pandas.tseries.offsets import Day, MonthEnd

In [99]: now = datetime(2011, 11, 17)

In [100]: now + 3 * Day()
Out[100]: Timestamp('2011-11-20 00:00:00')
```

如果你加入 `MonthEnd` 之類的錨定偏移量，第一個增量會根據頻率規則，將日期「快進」至下一個日期：

```
In [101]: now + MonthEnd()
Out[101]: Timestamp('2011-11-30 00:00:00')

In [102]: now + MonthEnd(2)
Out[102]: Timestamp('2011-12-31 00:00:00')
```

錨定偏移量可以使用 `rollforward` 與 `rollback` 方法來分別「快進」或「倒帶」日期：

```
In [103]: offset = MonthEnd()

In [104]: offset.rollforward(now)
Out[104]: Timestamp('2011-11-30 00:00:00')

In [105]: offset.rollback(now)
Out[105]: Timestamp('2011-10-31 00:00:00')
```

結合 groupby 與這些方法可讓你有創意地使用日期偏移量：

```
In [106]: ts = pd.Series(np.random.standard_normal(20),
   .....:                 index=pd.date_range("2000-01-15", periods=20, freq="4D")
)

In [107]: ts
Out[107]:
2000-01-15   -0.116696
2000-01-19    2.389645
2000-01-23   -0.932454
2000-01-27   -0.229331
2000-01-31   -1.140330
2000-02-04    0.439920
2000-02-08   -0.823758
2000-02-12   -0.520930
2000-02-16    0.350282
2000-02-20    0.204395
2000-02-24    0.133445
2000-02-28    0.327905
2000-03-03    0.072153
2000-03-07    0.131678
2000-03-11   -1.297459
2000-03-15    0.997747
2000-03-19    0.870955
2000-03-23   -0.991253
2000-03-27    0.151699
2000-03-31    1.266151
Freq: 4D, dtype: float64

In [108]: ts.groupby(MonthEnd().rollforward).mean()
Out[108]:
2000-01-31   -0.005833
2000-02-29    0.015894
2000-03-31    0.150209
dtype: float64
```

當然，比較簡單且比較快速的做法是使用 resample（我們會在第 403 頁，第 11.6 節的「重新取樣和頻率轉換」深入討論這個主題）：

```
In [109]: ts.resample("M").mean()
Out[109]:
2000-01-31   -0.005833
2000-02-29    0.015894
2000-03-31    0.150209
Freq: M, dtype: float64
```

11.4 處理時區

在操作時間序列資料時，時區應該是處理起來最痛苦的部分之一。因此，很多時間序列使用者都使用**世界協調時間**（*Coordinated Universal Time*）或 *UTC* 時間序列，它是與地理位置無關的國際標準。時區是以 UTC 的偏移量來表示的，例如，紐約在 DST（日光節約時間）時，比 UTC 慢四個小時，在其餘的時間比 UTC 慢五個小時。

在 Python，時區資訊來自第三方的 `pytz` 程式庫（用 pip 或 conda 來安裝），這個程式庫公開了匯編世界時區資訊的 *Olson* **資料庫**，這一點對歷史資料特別重要，因為 DST 轉換期（甚至是 UTC 偏移量）曾經因為地區法律而多次改變。在美國，DST 轉換期自 1900 年以來已經改變很多次了！

關於 `pytz` 程式庫的詳情，請參考該程式庫的文件。就本書而言，pandas 包裝了 `pytz` 的功能，所以除了時區名稱之外，你可以忽略它的 API。因為 pandas 重度依賴 `pytz`，所以你不需要單獨安裝它。時區名稱可以用互動的方式找到，以及在文件裡找到：

```
In [110]: import pytz

In [111]: pytz.common_timezones[-5:]
Out[111]: ['US/Eastern', 'US/Hawaii', 'US/Mountain', 'US/Pacific', 'UTC']
```

你可以使用 `pytz.timezone` 從 `pytz` 取得時區名稱：

```
In [112]: tz = pytz.timezone("America/New_York")

In [113]: tz
Out[113]: <DstTzInfo 'America/New_York' LMT-1 day, 19:04:00 STD>
```

pandas 的方法可接收時區名稱或這些物件。

時區定位與轉換

在預設情況下，pandas 的時間序列是**無關時區的**。例如，考慮這個時間序列：

```
In [114]: dates = pd.date_range("2012-03-09 09:30", periods=6)

In [115]: ts = pd.Series(np.random.standard_normal(len(dates)), index=dates)

In [116]: ts
Out[116]:
2012-03-09 09:30:00   -0.202469
2012-03-10 09:30:00    0.050718
2012-03-11 09:30:00    0.639869
2012-03-12 09:30:00    0.597594
2012-03-13 09:30:00   -0.797246
2012-03-14 09:30:00    0.472879
Freq: D, dtype: float64
```

索引的 tz 的欄位是 None：

```
In [117]: print(ts.index.tz)
None
```

你可以用時區來產生日期範圍：

```
In [118]: pd.date_range("2012-03-09 09:30", periods=10, tz="UTC")
Out[118]:
DatetimeIndex(['2012-03-09 09:30:00+00:00', '2012-03-10 09:30:00+00:00',
               '2012-03-11 09:30:00+00:00', '2012-03-12 09:30:00+00:00',
               '2012-03-13 09:30:00+00:00', '2012-03-14 09:30:00+00:00',
               '2012-03-15 09:30:00+00:00', '2012-03-16 09:30:00+00:00',
               '2012-03-17 09:30:00+00:00', '2012-03-18 09:30:00+00:00'],
              dtype='datetime64[ns, UTC]', freq='D')
```

你可以用 tz_localize 方法來將無關時區轉換成**區域化**（重新解讀成在特定時區觀測到的）：

```
In [119]: ts
Out[119]:
2012-03-09 09:30:00   -0.202469
2012-03-10 09:30:00    0.050718
2012-03-11 09:30:00    0.639869
2012-03-12 09:30:00    0.597594
2012-03-13 09:30:00   -0.797246
2012-03-14 09:30:00    0.472879
Freq: D, dtype: float64

In [120]: ts_utc = ts.tz_localize("UTC")

In [121]: ts_utc
Out[121]:
2012-03-09 09:30:00+00:00   -0.202469
```

```
2012-03-10 09:30:00+00:00    0.050718
2012-03-11 09:30:00+00:00    0.639869
2012-03-12 09:30:00+00:00    0.597594
2012-03-13 09:30:00+00:00   -0.797246
2012-03-14 09:30:00+00:00    0.472879
Freq: D, dtype: float64

In [122]: ts_utc.index
Out[122]:
DatetimeIndex(['2012-03-09 09:30:00+00:00', '2012-03-10 09:30:00+00:00',
               '2012-03-11 09:30:00+00:00', '2012-03-12 09:30:00+00:00',
               '2012-03-13 09:30:00+00:00', '2012-03-14 09:30:00+00:00'],
              dtype='datetime64[ns, UTC]', freq='D')
```

將時間序列區域化，轉換成特定時區之後，你可以使用 `tz_convert` 來將它轉換成另一個時區：

```
In [123]: ts_utc.tz_convert("America/New_York")
Out[123]:
2012-03-09 04:30:00-05:00   -0.202469
2012-03-10 04:30:00-05:00    0.050718
2012-03-11 05:30:00-04:00    0.639869
2012-03-12 05:30:00-04:00    0.597594
2012-03-13 05:30:00-04:00   -0.797246
2012-03-14 05:30:00-04:00    0.472879
Freq: D, dtype: float64
```

上面的時間序列跨越 `America/New_York` 時區的 DST 轉換期，我們可以將它區域化成 US Eastern 時間，並轉換成 UTC 或 Berlin 時間：

```
In [124]: ts_eastern = ts.tz_localize("America/New_York")

In [125]: ts_eastern.tz_convert("UTC")
Out[125]:
2012-03-09 14:30:00+00:00   -0.202469
2012-03-10 14:30:00+00:00    0.050718
2012-03-11 13:30:00+00:00    0.639869
2012-03-12 13:30:00+00:00    0.597594
2012-03-13 13:30:00+00:00   -0.797246
2012-03-14 13:30:00+00:00    0.472879
dtype: float64

In [126]: ts_eastern.tz_convert("Europe/Berlin")
Out[126]:
2012-03-09 15:30:00+01:00   -0.202469
2012-03-10 15:30:00+01:00    0.050718
2012-03-11 14:30:00+01:00    0.639869
```

```
2012-03-12 14:30:00+01:00    0.597594
2012-03-13 14:30:00+01:00   -0.797246
2012-03-14 14:30:00+01:00    0.472879
dtype: float64
```

tz_localize 與 tz_convert 也是 DatetimeIndex 的實例方法：

```
In [127]: ts.index.tz_localize("Asia/Shanghai")
Out[127]:
DatetimeIndex(['2012-03-09 09:30:00+08:00', '2012-03-10 09:30:00+08:00',
               '2012-03-11 09:30:00+08:00', '2012-03-12 09:30:00+08:00',
               '2012-03-13 09:30:00+08:00', '2012-03-14 09:30:00+08:00'],
              dtype='datetime64[ns, Asia/Shanghai]', freq=None)
```

將無關時區的時戳區域化，也會檢查日光節約時間轉換產生的含糊或不存在的時間。

使用有時區的時戳物件

與時間序列和日期範圍類似的是，我們可以將無時區的 Timestamp 物件區域化，並從一個時區轉換成另一個時區：

```
In [128]: stamp = pd.Timestamp("2011-03-12 04:00")

In [129]: stamp_utc = stamp.tz_localize("utc")

In [130]: stamp_utc.tz_convert("America/New_York")
Out[130]: Timestamp('2011-03-11 23:00:00-0500', tz='America/New_York')
```

你也可以在建立 Timestamp 時傳入時區：

```
In [131]: stamp_moscow = pd.Timestamp("2011-03-12 04:00", tz="Europe/Moscow")

In [132]: stamp_moscow
Out[132]: Timestamp('2011-03-12 04:00:00+0300', tz='Europe/Moscow')
```

有時區的 Timestamp 物件在內部將 UTC 時戳值存為自 Unix epoch（1970 年 1 月 1 日）以來的奈秒，所以改變時區不會更改內部的 UTC 值：

```
In [133]: stamp_utc.value
Out[133]: 1299902400000000000

In [134]: stamp_utc.tz_convert("America/New_York").value
Out[134]: 1299902400000000000
```

在使用 pandas 的 DateOffset 物件來執行時間算術時，pandas 會在可能的情況下遵守日光節約時間轉換。我們來建構剛好在 DST 轉換之前的時戳（進入和離開 DST 兩種情況）。首先，轉換成 DST 前的 30 分鐘：

```
In [135]: stamp = pd.Timestamp("2012-03-11 01:30", tz="US/Eastern")

In [136]: stamp
Out[136]: Timestamp('2012-03-11 01:30:00-0500', tz='US/Eastern')

In [137]: stamp + Hour()
Out[137]: Timestamp('2012-03-11 03:30:00-0400', tz='US/Eastern')
```

然後是離開 DST 前的 90 分鐘：

```
In [138]: stamp = pd.Timestamp("2012-11-04 00:30", tz="US/Eastern")

In [139]: stamp
Out[139]: Timestamp('2012-11-04 00:30:00-0400', tz='US/Eastern')

In [140]: stamp + 2 * Hour()
Out[140]: Timestamp('2012-11-04 01:30:00-0500', tz='US/Eastern')
```

不同時區的操作

將兩個不同時區的時間序列合併會得到 UTC。因為時戳在底層被存為 UTC，所以這個動作可以直接執行，不需要進行轉換：

```
In [141]: dates = pd.date_range("2012-03-07 09:30", periods=10, freq="B")

In [142]: ts = pd.Series(np.random.standard_normal(len(dates)), index=dates)

In [143]: ts
Out[143]:
2012-03-07 09:30:00    0.522356
2012-03-08 09:30:00   -0.546348
2012-03-09 09:30:00   -0.733537
2012-03-12 09:30:00    1.302736
2012-03-13 09:30:00    0.022199
2012-03-14 09:30:00    0.364287
2012-03-15 09:30:00   -0.922839
2012-03-16 09:30:00    0.312656
2012-03-19 09:30:00   -1.128497
2012-03-20 09:30:00   -0.333488
Freq: B, dtype: float64

In [144]: ts1 = ts[:7].tz_localize("Europe/London")
```

```
In [145]: ts2 = ts1[2:].tz_convert("Europe/Moscow")

In [146]: result = ts1 + ts2

In [147]: result.index
Out[147]:
DatetimeIndex(['2012-03-07 09:30:00+00:00', '2012-03-08 09:30:00+00:00',
               '2012-03-09 09:30:00+00:00', '2012-03-12 09:30:00+00:00',
               '2012-03-13 09:30:00+00:00', '2012-03-14 09:30:00+00:00',
               '2012-03-15 09:30:00+00:00'],
              dtype='datetime64[ns, UTC]', freq=None)
```

pandas 不支援無時區和有時區的資料之間的操作，它會發出例外。

11.5 週期和週期運算

週期（*period*）是指一段時間，像是幾天、幾月、幾季或幾年。pandas.Period 類別代表這種資料，它接收一個字串或整數，以及表 11-4 的頻率：

```
In [148]: p = pd.Period("2011", freq="A-DEC")

In [149]: p
Out[149]: Period('2011', 'A-DEC')
```

在這個例子裡，Period 代表自 2011 年 1 月 1 日至 2011 年 12 月 31 日（含）的完整時段。方便的是，將 period 加上或減去一個數字會移動它們的頻率：

```
In [150]: p + 5
Out[150]: Period('2016', 'A-DEC')

In [151]: p - 2
Out[151]: Period('2009', 'A-DEC')
```

如果兩個週期有相同的頻率，它們的差就是兩者相差幾個頻率單位：

```
In [152]: pd.Period("2014", freq="A-DEC") - p
Out[152]: <3 * YearEnds: month=12>
```

你可以用 period_range 函式來產生有規律的時段：

```
In [153]: periods = pd.period_range("2000-01-01", "2000-06-30", freq="M")

In [154]: periods
Out[154]: PeriodIndex(['2000-01', '2000-02', '2000-03', '2000-04', '2000-05', '20
00-06'], dtype='period[M]')
```

PeriodIndex 類別儲存一系列的週期，可以當成任何 pandas 資料結構的軸索引：

```
In [155]: pd.Series(np.random.standard_normal(6), index=periods)
Out[155]:
2000-01   -0.514551
2000-02   -0.559782
2000-03   -0.783408
2000-04   -1.797685
2000-05   -0.172670
2000-06    0.680215
Freq: M, dtype: float64
```

如果你有一個字串陣列，你也可以使用 PeriodIndex 類別，此時陣列的所有值都是週期：

```
In [156]: values = ["2001Q3", "2002Q2", "2003Q1"]

In [157]: index = pd.PeriodIndex(values, freq="Q-DEC")

In [158]: index
Out[158]: PeriodIndex(['2001Q3', '2002Q2', '2003Q1'], dtype='period[Q-DEC]')
```

週期頻率轉換

你可以用 Period 與 PeriodIndex 的 asfreq 方法來將它們轉換成另一個頻率。例如，假設我們有一個年度週期，想要將它轉換成年初或年末的月度週期，我們可以這樣做：

```
In [159]: p = pd.Period("2011", freq="A-DEC")

In [160]: p
Out[160]: Period('2011', 'A-DEC')

In [161]: p.asfreq("M", how="start")
Out[161]: Period('2011-01', 'M')

In [162]: p.asfreq("M", how="end")
Out[162]: Period('2011-12', 'M')

In [163]: p.asfreq("M")
Out[163]: Period('2011-12', 'M')
```

你可以把 Period("2011", "A-DEC") 想成一種指向一段時間的指標，那段時間被分成以月為單位的時段。見圖 11-1，像**財政年度**這種結束日期不是十二月的時段，它的月度子週期（subperiod）是不同的：

```
In [164]: p = pd.Period("2011", freq="A-JUN")

In [165]: p
Out[165]: Period('2011', 'A-JUN')

In [166]: p.asfreq("M", how="start")
Out[166]: Period('2010-07', 'M')

In [167]: p.asfreq("M", how="end")
Out[167]: Period('2011-06', 'M')
```

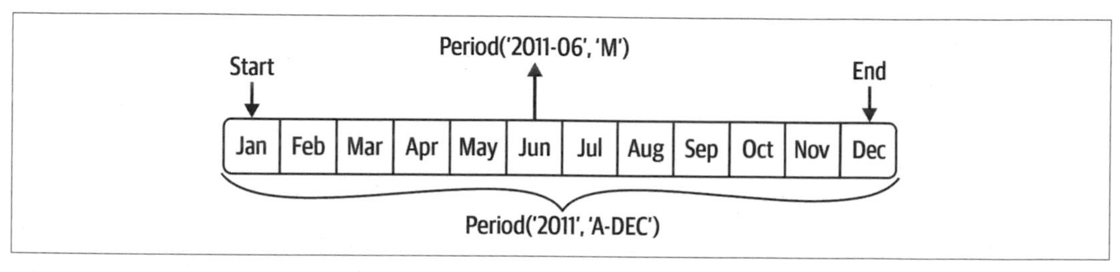

圖 11-1 週期頻率轉換說明

當你從高頻率轉換成低頻率時，pandas 會根據主週期「屬於」哪裡來決定子週期。舉例來說，在 A-JUN 頻率裡，Aug-2011 是 2012 週期的一部分：

```
In [168]: p = pd.Period("Aug-2011", "M")

In [169]: p.asfreq("A-JUN")
Out[169]: Period('2012', 'A-JUN')
```

我們也可以用相同的語法來轉換整個 PeriodIndex 物件或時間序列：

```
In [170]: periods = pd.period_range("2006", "2009", freq="A-DEC")

In [171]: ts = pd.Series(np.random.standard_normal(len(periods)), index=periods)

In [172]: ts
Out[172]:
2006    1.607578
2007    0.200381
2008   -0.834068
2009   -0.302988
Freq: A-DEC, dtype: float64

In [173]: ts.asfreq("M", how="start")
Out[173]:
2006-01    1.607578
```

```
2007-01    0.200381
2008-01   -0.834068
2009-01   -0.302988
Freq: M, dtype: float64
```

這段程式將年度週期換成對應至各個年度週期的第一個月的月度週期。如果要取得每年的最後一個工作日，我們可以使用 "B" 頻率，並指出我們想要週期的結尾：

```
In [174]: ts.asfreq("B", how="end")
Out[174]:
2006-12-29    1.607578
2007-12-31    0.200381
2008-12-31   -0.834068
2009-12-31   -0.302988
Freq: B, dtype: float64
```

季度週期頻率

使用季度資料是會計、金融和其他領域的標準做法。大多數的季度資料都是以**財政年度末**作為報告基準，財政年度通常是某月的最後一個日曆日或平日。因此，2012Q4 可能因財政年度末而有不同的意思。pandas 支援從 Q-JAN 到 Q-DEC 的全部 12 種可能的季度頻率：

```
In [175]: p = pd.Period("2012Q4", freq="Q-JAN")

In [176]: p
Out[176]: Period('2012Q4', 'Q-JAN')
```

如果財政年度在 1 月結束，2012Q4 是從 2011 年 11 月到 2012 年 1 月，你可以轉換成日頻率來確認：

```
In [177]: p.asfreq("D", how="start")
Out[177]: Period('2011-11-01', 'D')

In [178]: p.asfreq("D", how="end")
Out[178]: Period('2012-01-31', 'D')
```

見圖 11-2 的說明。

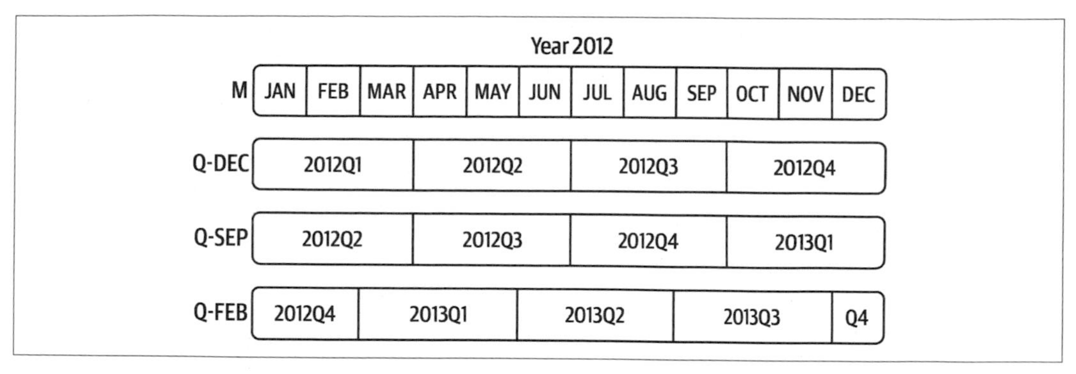

圖 11-2　不同季度頻率的轉換

因此，我們可以做方便的週期算術，例如，我們可以這樣子取得一季的倒數第二個平日下午 4 點的時戳：

```
In [179]: p4pm = (p.asfreq("B", how="end") - 1).asfreq("T", how="start") + 16 * 6
0

In [180]: p4pm
Out[180]: Period('2012-01-30 16:00', 'T')

In [181]: p4pm.to_timestamp()
Out[181]: Timestamp('2012-01-30 16:00:00')
```

在預設情況下，`to_timestamp` 方法會回傳週期開始時的 `Timestamp`。

我們可以使用 `pandas.period_range` 來產生季度範圍，計算的方法一樣：

```
In [182]: periods = pd.period_range("2011Q3", "2012Q4", freq="Q-JAN")

In [183]: ts = pd.Series(np.arange(len(periods)), index=periods)

In [184]: ts
Out[184]:
2011Q3    0
2011Q4    1
2012Q1    2
2012Q2    3
2012Q3    4
2012Q4    5
Freq: Q-JAN, dtype: int64

In [185]: new_periods = (periods.asfreq("B", "end") - 1).asfreq("H", "start") + 1
6
```

```
In [186]: ts.index = new_periods.to_timestamp()

In [187]: ts
Out[187]:
2010-10-28 16:00:00    0
2011-01-28 16:00:00    1
2011-04-28 16:00:00    2
2011-07-28 16:00:00    3
2011-10-28 16:00:00    4
2012-01-30 16:00:00    5
dtype: int64
```

將時戳轉換成週期（及轉換回去）

使用時戳索引的 Series 與 DataFrame 物件可以用 `to_period` 方法來轉換成週期：

```
In [188]: dates = pd.date_range("2000-01-01", periods=3, freq="M")

In [189]: ts = pd.Series(np.random.standard_normal(3), index=dates)

In [190]: ts
Out[190]:
2000-01-31    1.663261
2000-02-29   -0.996206
2000-03-31    1.521760
Freq: M, dtype: float64

In [191]: pts = ts.to_period()

In [192]: pts
Out[192]:
2000-01    1.663261
2000-02   -0.996206
2000-03    1.521760
Freq: M, dtype: float64
```

因為週期是指不重疊的時段，一個時戳只會屬於指定頻率的一個時期。在預設情況下，新的 `PeriodIndex` 的頻率是從時戳推導出來的，但你也可以指定可用的任何頻率（表 11-4 裡的頻率幾乎都可以用）。在結果裡有重複的週期也沒問題：

```
In [193]: dates = pd.date_range("2000-01-29", periods=6)

In [194]: ts2 = pd.Series(np.random.standard_normal(6), index=dates)

In [195]: ts2
```

```
Out[195]:
2000-01-29    0.244175
2000-01-30    0.423331
2000-01-31   -0.654040
2000-02-01    2.089154
2000-02-02   -0.060220
2000-02-03   -0.167933
Freq: D, dtype: float64

In [196]: ts2.to_period("M")
Out[196]:
2000-01    0.244175
2000-01    0.423331
2000-01   -0.654040
2000-02    2.089154
2000-02   -0.060220
2000-02   -0.167933
Freq: M, dtype: float64
```

若要轉換回去時戳，你可以使用 `to_timestamp` 方法，它會回傳一個 `DatetimeIndex`：

```
In [197]: pts = ts2.to_period()

In [198]: pts
Out[198]:
2000-01-29    0.244175
2000-01-30    0.423331
2000-01-31   -0.654040
2000-02-01    2.089154
2000-02-02   -0.060220
2000-02-03   -0.167933
Freq: D, dtype: float64

In [199]: pts.to_timestamp(how="end")
Out[199]:
2000-01-29 23:59:59.999999999    0.244175
2000-01-30 23:59:59.999999999    0.423331
2000-01-31 23:59:59.999999999   -0.654040
2000-02-01 23:59:59.999999999    2.089154
2000-02-02 23:59:59.999999999   -0.060220
2000-02-03 23:59:59.999999999   -0.167933
Freq: D, dtype: float64
```

用陣列來建立 PeriodIndex

固定頻率的資料組有時會在多個欄裡儲存時段資訊。例如，這個宏觀經濟資料組將年與季放在不同欄裡：

```
In [200]: data = pd.read_csv("examples/macrodata.csv")

In [201]: data.head(5)
Out[201]:
   year  quarter   realgdp  realcons  realinv  realgovt  realdpi    cpi  \
0  1959        1  2710.349    1707.4  286.898   470.045   1886.9  28.98
1  1959        2  2778.801    1733.7  310.859   481.301   1919.7  29.15
2  1959        3  2775.488    1751.8  289.226   491.260   1916.4  29.35
3  1959        4  2785.204    1753.7  299.356   484.052   1931.3  29.37
4  1960        1  2847.699    1770.5  331.722   462.199   1955.5  29.54
      m1  tbilrate  unemp      pop  infl  realint
0  139.7      2.82    5.8  177.146  0.00     0.00
1  141.7      3.08    5.1  177.830  2.34     0.74
2  140.5      3.82    5.3  178.657  2.74     1.09
3  140.0      4.33    5.6  179.386  0.27     4.06
4  139.6      3.50    5.2  180.007  2.31     1.19

In [202]: data["year"]
Out[202]:
0      1959
1      1959
2      1959
3      1959
4      1960
       ...
198    2008
199    2008
200    2009
201    2009
202    2009
Name: year, Length: 203, dtype: int64

In [203]: data["quarter"]
Out[203]:
0      1
1      2
2      3
3      4
4      1
      ..
198    3
199    4
```

```
200    1
201    2
202    3
Name: quarter, Length: 203, dtype: int64
```

將這些陣列連同一個頻率一起傳給 `PeriodIndex`，可以將它們合併，成為 DataFrame 的索引：

```
In [204]: index = pd.PeriodIndex(year=data["year"], quarter=data["quarter"],
   .....:                        freq="Q-DEC")

In [205]: index
Out[205]:
PeriodIndex(['1959Q1', '1959Q2', '1959Q3', '1959Q4', '1960Q1', '1960Q2',
             '1960Q3', '1960Q4', '1961Q1', '1961Q2',
             ...
             '2007Q2', '2007Q3', '2007Q4', '2008Q1', '2008Q2', '2008Q3',
             '2008Q4', '2009Q1', '2009Q2', '2009Q3'],
            dtype='period[Q-DEC]', length=203)

In [206]: data.index = index

In [207]: data["infl"]
Out[207]:
1959Q1    0.00
1959Q2    2.34
1959Q3    2.74
1959Q4    0.27
1960Q1    2.31
          ...
2008Q3   -3.16
2008Q4   -8.79
2009Q1    0.94
2009Q2    3.37
2009Q3    3.56
Freq: Q-DEC, Name: infl, Length: 203, dtype: float64
```

11.6 重新取樣和頻率轉換

重新取樣（*resampling*）就是將時間序列從一個頻率轉換成另一個頻率的程序。將高頻率的資料彙總成低頻率稱為**降取樣**（*downsampling*），將低頻率轉換成高頻率稱為**升取樣**（*upsampling*）。並非所有重新取樣都屬於這兩種類別，例如，將 `W-WED`（每週三）轉換成 `W-FRI` 既非降取樣，亦非升取樣。

pandas 物件的 resample 方法可以用來做所有的頻率轉換。resample 的 API 類似 groupby，你要呼叫 resample 來將資料分組，然後呼叫彙總函式：

```
In [208]: dates = pd.date_range("2000-01-01", periods=100)

In [209]: ts = pd.Series(np.random.standard_normal(len(dates)), index=dates)

In [210]: ts
Out[210]:
2000-01-01    0.631634
2000-01-02   -1.594313
2000-01-03   -1.519937
2000-01-04    1.108752
2000-01-05    1.255853
                 ...
2000-04-05   -0.423776
2000-04-06    0.789740
2000-04-07    0.937568
2000-04-08   -2.253294
2000-04-09   -1.772919
Freq: D, Length: 100, dtype: float64

In [211]: ts.resample("M").mean()
Out[211]:
2000-01-31   -0.165893
2000-02-29    0.078606
2000-03-31    0.223811
2000-04-30   -0.063643
Freq: M, dtype: float64

In [212]: ts.resample("M", kind="period").mean()
Out[212]:
2000-01   -0.165893
2000-02    0.078606
2000-03    0.223811
2000-04   -0.063643
Freq: M, dtype: float64
```

resample 是一種靈活的方法，可用來處理大型的時間序列。接下來幾節的例子將說明它的語法和用法。表 11-5 是它的一些選項。

表 11-5 resample 方法的引數

引數	說明
rule	指定 resample 頻率的字串、DateOffset 或 timedelta（例如 'M'、'5min' 或 Second(15)）
axis	要 resample 的軸，預設 axis="index"
closed	在降取樣時，包括哪一端，"right" 或 "left"
label	在降取樣時，如何標示彙總的結果，使用各組的 "right" 邊還是 "left" 邊（例如，9:30 至 9:35 的五分鐘間隔可能標成 9:30 或 9:35）
kind	彙總成週期（"period"）還是時戳（"timestamp"）；預設是時間序列的索引類型
convention	在 resample 週期時，將低頻率週期轉換成高頻率週期的規範（"start" 或 "end"），預設為 "start"
origin	用來決定 resample 後的各組邊界的「基礎」時戳，可以是 "epoch"、"start"、"start_day"、"end" 或 "end_day"；詳情見 resample 的 docstring
offset	增加多少偏移量 timedelta，預設為 None

降取樣

降取樣就是將資料彙總至較低的、有規律的頻率。被彙總的資料不必有固定頻率，pandas 會用「定義 *bin 邊界*的頻率」來將時間序列切段以進行彙總。例如，若要轉換成每月（"M" 或 "BM"），你要將資料切成單月時段。每一個時段都是**半開的**[譯註]，每個資料點只能屬於一個時段，而且時段的聯集必須能夠組成整個原本的時段。在使用 resample 來降取樣資料時必須考慮幾件事：

- 各個時段不包含哪一端
- 如何標注每一個彙總出來的組別：是要使用時段的開頭，還是時段的結尾

為了說明，我們來看一些一分鐘頻率的資料：

```
In [213]: dates = pd.date_range("2000-01-01", periods=12, freq="T")

In [214]: ts = pd.Series(np.arange(len(dates)), index=dates)

In [215]: ts
Out[215]:
2000-01-01 00:00:00     0
2000-01-01 00:01:00     1
2000-01-01 00:02:00     2
```

譯註 就是只包含兩端的一端。

```
2000-01-01 00:03:00     3
2000-01-01 00:04:00     4
2000-01-01 00:05:00     5
2000-01-01 00:06:00     6
2000-01-01 00:07:00     7
2000-01-01 00:08:00     8
2000-01-01 00:09:00     9
2000-01-01 00:10:00    10
2000-01-01 00:11:00    11
Freq: T, dtype: int64
```

假設你要計算每一組的總和，來將這個資料彙總成五分鐘的區塊或長條（*bar*）：

```
In [216]: ts.resample("5min").sum()
Out[216]:
2000-01-01 00:00:00    10
2000-01-01 00:05:00    35
2000-01-01 00:10:00    21
Freq: 5T, dtype: int64
```

你傳入的頻率定義了每五分鐘一個的組別界限，對此頻率而言，在預設情況下，各組的左端屬於該組，所以 `00:00` 屬於 `00:00` 至 `00:05` 時段，而 `00:05` 不屬於該時段[1]。

```
In [217]: ts.resample("5min", closed="right").sum()
Out[217]:
1999-12-31 23:55:00     0
2000-01-01 00:00:00    15
2000-01-01 00:05:00    40
2000-01-01 00:10:00    11
Freq: 5T, dtype: int64
```

產生的時間序列是以各組左端的時戳來標注的。傳入 `label="right"` 可用各組右端的時戳來標注它們：

```
In [218]: ts.resample("5min", closed="right", label="right").sum()
Out[218]:
2000-01-01 00:00:00     0
2000-01-01 00:05:00    15
2000-01-01 00:10:00    40
2000-01-01 00:15:00    11
Freq: 5T, dtype: int64
```

1 可能有人覺得 `closed` 與 `label` 的預設值是奇怪的選擇，雖然整體的預設值是 `closed="left"`，但特定集合的預設值是 `closed="right"`（`"M"`、`"A"`、`"Q"`、`"BM"`、`"BQ"` 與 `"W"`）。之所以選擇這些預設值是為了讓結果更直覺，但你也必須認識到，預設值並非總是非此即彼。

圖 11-3 是將一分鐘頻率 resample 至五分鐘頻率的說明。

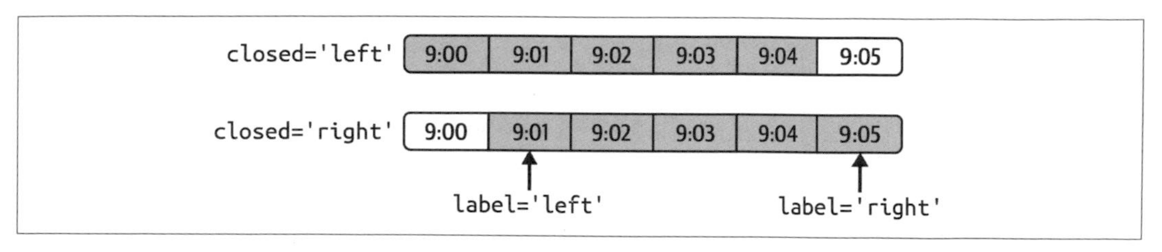

圖 11-3　以五分鐘的 resample 來說明 closed 和 label 轉換

最後，你可能想要將結果的索引位移一個距離，假設為了更清楚地表示時戳指的是哪個範圍，所以要將右端減去一秒。為此，你可以將產生的索引加上一個偏移量：

```
In [219]: from pandas.tseries.frequencies import to_offset

In [220]: result = ts.resample("5min", closed="right", label="right").sum()

In [221]: result.index = result.index + to_offset("-1s")

In [222]: result
Out[222]:
1999-12-31 23:59:59     0
2000-01-01 00:04:59    15
2000-01-01 00:09:59    40
2000-01-01 00:14:59    11
Freq: 5T, dtype: int64
```

開高低收（OHLC）重新取樣

金融界在彙總時間序列時，喜歡為每一組時間計算四個值：第一個值（開）、最後一個值（收）、最大值（高）、最小值（低）。ohlc 彙總函式可以產生一個以欄來儲存這四個彙總值的 DataFrame，只要呼叫一次函式就可以快速地算出它們：

```
In [223]: ts = pd.Series(np.random.permutation(np.arange(len(dates))), index=date
s)

In [224]: ts.resample("5min").ohlc()
Out[224]:
                     open  high  low  close
2000-01-01 00:00:00     8     8    1      5
2000-01-01 00:05:00     6    11    2      2
2000-01-01 00:10:00     0     7    0      7
```

升取樣與插值

升取樣就是將低頻率轉換成高頻率，此時不需要做彙總。我們來考慮一個具有各週資料的 DataFrame：

```
In [225]: frame = pd.DataFrame(np.random.standard_normal((2, 4)),
   .....:                      index=pd.date_range("2000-01-01", periods=2,
   .....:                                          freq="W-WED"),
   .....:                      columns=["Colorado", "Texas", "New York", "Ohio"])

In [226]: frame
Out[226]:
            Colorado     Texas  New York      Ohio
2000-01-05 -0.896431  0.927238  0.482284 -0.867130
2000-01-12  0.493841 -0.155434  1.397286  1.507055
```

當你使用彙總函式來處理這份資料時，每一組都只有一個值，缺失值會導致空缺。我們使用 `asfreq` 方法來轉換成更高頻率，而不做任何彙總：

```
In [227]: df_daily = frame.resample("D").asfreq()

In [228]: df_daily
Out[228]:
            Colorado     Texas  New York      Ohio
2000-01-05 -0.896431  0.927238  0.482284 -0.867130
2000-01-06       NaN       NaN       NaN       NaN
2000-01-07       NaN       NaN       NaN       NaN
2000-01-08       NaN       NaN       NaN       NaN
2000-01-09       NaN       NaN       NaN       NaN
2000-01-10       NaN       NaN       NaN       NaN
2000-01-11       NaN       NaN       NaN       NaN
2000-01-12  0.493841 -0.155434  1.397286  1.507055
```

假如你要將非星期三的值設成上一個星期三的值，在 `fillna` 與 `reindex` 方法裡可以使用的填補或插值方法也可以在 resample 時使用：

```
In [229]: frame.resample("D").ffill()
Out[229]:
            Colorado     Texas  New York      Ohio
2000-01-05 -0.896431  0.927238  0.482284 -0.867130
2000-01-06 -0.896431  0.927238  0.482284 -0.867130
2000-01-07 -0.896431  0.927238  0.482284 -0.867130
2000-01-08 -0.896431  0.927238  0.482284 -0.867130
2000-01-09 -0.896431  0.927238  0.482284 -0.867130
2000-01-10 -0.896431  0.927238  0.482284 -0.867130
2000-01-11 -0.896431  0.927238  0.482284 -0.867130
2000-01-12  0.493841 -0.155434  1.397286  1.507055
```

你同樣可以僅往前補上特定週期數，限制觀測值的使用範圍：

```
In [230]: frame.resample("D").ffill(limit=2)
Out[230]:
            Colorado     Texas  New York      Ohio
2000-01-05 -0.896431  0.927238  0.482284 -0.867130
2000-01-06 -0.896431  0.927238  0.482284 -0.867130
2000-01-07 -0.896431  0.927238  0.482284 -0.867130
2000-01-08       NaN       NaN       NaN       NaN
2000-01-09       NaN       NaN       NaN       NaN
2000-01-10       NaN       NaN       NaN       NaN
2000-01-11       NaN       NaN       NaN       NaN
2000-01-12  0.493841 -0.155434  1.397286  1.507055
```

值得一提的是，新的索引不一定與舊的相符：

```
In [231]: frame.resample("W-THU").ffill()
Out[231]:
            Colorado     Texas  New York      Ohio
2000-01-06 -0.896431  0.927238  0.482284 -0.867130
2000-01-13  0.493841 -0.155434  1.397286  1.507055
```

指定重新取樣期間

以週期（period）來檢索並重新取樣資料的寫法類似使用時戳：

```
In [232]: frame = pd.DataFrame(np.random.standard_normal((24, 4)),
   .....:                      index=pd.period_range("1-2000", "12-2001",
   .....:                                            freq="M"),
   .....:                      columns=["Colorado", "Texas", "New York", "Ohio"])

In [233]: frame.head()
Out[233]:
         Colorado     Texas  New York      Ohio
2000-01 -1.179442  0.443171  1.395676 -0.529658
2000-02  0.787358  0.248845  0.743239  1.267746
2000-03  1.302395 -0.272154 -0.051532 -0.467740
2000-04 -1.040816  0.426419  0.312945 -1.115689
2000-05  1.234297 -1.893094 -1.661605 -0.005477

In [234]: annual_frame = frame.resample("A-DEC").mean()

In [235]: annual_frame
Out[235]:
      Colorado     Texas  New York      Ohio
2000  0.487329  0.104466  0.020495 -0.273945
2001  0.203125  0.162429  0.056146 -0.103794
```

升取樣需要處理的事情比較多，因為在 resample 之前，你必須決定新頻率要將值放在時段的哪一端。convention 引數的預設值是 "start"，但也可以設成 "end"：

```
# Q-DEC：每季，每年在 12 月結束
In [236]: annual_frame.resample("Q-DEC").ffill()
Out[236]:
        Colorado     Texas  New York      Ohio
2000Q1  0.487329  0.104466  0.020495 -0.273945
2000Q2  0.487329  0.104466  0.020495 -0.273945
2000Q3  0.487329  0.104466  0.020495 -0.273945
2000Q4  0.487329  0.104466  0.020495 -0.273945
2001Q1  0.203125  0.162429  0.056146 -0.103794
2001Q2  0.203125  0.162429  0.056146 -0.103794
2001Q3  0.203125  0.162429  0.056146 -0.103794
2001Q4  0.203125  0.162429  0.056146 -0.103794

In [237]: annual_frame.resample("Q-DEC", convention="end").asfreq()
Out[237]:
        Colorado     Texas  New York      Ohio
2000Q4  0.487329  0.104466  0.020495 -0.273945
2001Q1       NaN       NaN       NaN       NaN
2001Q2       NaN       NaN       NaN       NaN
2001Q3       NaN       NaN       NaN       NaN
2001Q4  0.203125  0.162429  0.056146 -0.103794
```

因為週期（period）是指一段時間，所以關於升取樣與降取樣的規則比較嚴格：

- 在降取樣時，目標頻率必須是原始頻率的*次週期*（*subperiod*）
- 在升取樣時，目標頻率必須是原始頻率的*超週期*（*superperiod*）

如果你沒有滿足這些規則，Python 會發出例外。這主要影響每季、每年與每週頻率，例如，用 Q-MAR 來定義的時段只能與 A-MAR、A-JUN、A-SEP 和 A-DEC 對齊：

```
In [238]: annual_frame.resample("Q-MAR").ffill()
Out[238]:
        Colorado     Texas  New York      Ohio
2000Q4  0.487329  0.104466  0.020495 -0.273945
2001Q1  0.487329  0.104466  0.020495 -0.273945
2001Q2  0.487329  0.104466  0.020495 -0.273945
2001Q3  0.487329  0.104466  0.020495 -0.273945
2001Q4  0.203125  0.162429  0.056146 -0.103794
2002Q1  0.203125  0.162429  0.056146 -0.103794
2002Q2  0.203125  0.162429  0.056146 -0.103794
2002Q3  0.203125  0.162429  0.056146 -0.103794
```

群組時間重新取樣

對時間序列資料而言，resample 方法在語義上是在時間區間化之上進行的群組操作。我們來看一個小表格範例：

```
In [239]: N = 15

In [240]: times = pd.date_range("2017-05-20 00:00", freq="1min", periods=N)

In [241]: df = pd.DataFrame({"time": times,
   .....:                    "value": np.arange(N)})

In [242]: df
Out[242]:
                  time  value
0  2017-05-20 00:00:00      0
1  2017-05-20 00:01:00      1
2  2017-05-20 00:02:00      2
3  2017-05-20 00:03:00      3
4  2017-05-20 00:04:00      4
5  2017-05-20 00:05:00      5
6  2017-05-20 00:06:00      6
7  2017-05-20 00:07:00      7
8  2017-05-20 00:08:00      8
9  2017-05-20 00:09:00      9
10 2017-05-20 00:10:00     10
11 2017-05-20 00:11:00     11
12 2017-05-20 00:12:00     12
13 2017-05-20 00:13:00     13
14 2017-05-20 00:14:00     14
```

我們可以將 "time" 當成索引來執行 resample：

```
In [243]: df.set_index("time").resample("5min").count()
Out[243]:
                     value
time
2017-05-20 00:00:00      5
2017-05-20 00:05:00      5
2017-05-20 00:10:00      5
```

假設有個 DataFrame 裡面有多個時間序列，那些時間序列用額外的分組鍵（key）欄來標記：

```
In [244]: df2 = pd.DataFrame({"time": times.repeat(3),
   .....:                     "key": np.tile(["a", "b", "c"], N),
   .....:                     "value": np.arange(N * 3.)})
```

```
In [245]: df2.head(7)
Out[245]:
                 time key  value
0 2017-05-20 00:00:00   a    0.0
1 2017-05-20 00:00:00   b    1.0
2 2017-05-20 00:00:00   c    2.0
3 2017-05-20 00:01:00   a    3.0
4 2017-05-20 00:01:00   b    4.0
5 2017-05-20 00:01:00   c    5.0
6 2017-05-20 00:02:00   a    6.0
```

若要為 "key" 的每個值做相同的 resample，我們要使用 pandas.Grouper 物件：

```
In [246]: time_key = pd.Grouper(freq="5min")
```

然後設定時間索引，用 "key" 與 time_key 來分組，並進行彙總：

```
In [247]: resampled = (df2.set_index("time")
   .....:              .groupby(["key", time_key])
   .....:              .sum())

In [248]: resampled
Out[248]:
                         value
key time
a   2017-05-20 00:00:00   30.0
    2017-05-20 00:05:00  105.0
    2017-05-20 00:10:00  180.0
b   2017-05-20 00:00:00   35.0
    2017-05-20 00:05:00  110.0
    2017-05-20 00:10:00  185.0
c   2017-05-20 00:00:00   40.0
    2017-05-20 00:05:00  115.0
    2017-05-20 00:10:00  190.0

In [249]: resampled.reset_index()
Out[249]:
  key                time  value
0   a 2017-05-20 00:00:00   30.0
1   a 2017-05-20 00:05:00  105.0
2   a 2017-05-20 00:10:00  180.0
3   b 2017-05-20 00:00:00   35.0
4   b 2017-05-20 00:05:00  110.0
5   b 2017-05-20 00:10:00  185.0
6   c 2017-05-20 00:00:00   40.0
7   c 2017-05-20 00:05:00  115.0
8   c 2017-05-20 00:10:00  190.0
```

使用 pandas.Grouper 有一個限制在於，Series 或 DataFrame 的索引必須是時間。

11.7 移動窗口函式

在處理時間序列時，有一種重要的陣列轉換是在一個滑動的窗口內進行統計或計算其他函數，或使用指數衰減的權重來計算它們。這種做法很適合用來將雜訊或缺值的資料平滑化。我將它們稱為**移動窗口函式**（*moving window function*），但它們也包含一些沒有固定長度窗口的函式，例如指數加權（exponentially weighted）移動平均。如同其他的統計函式，它們會自動排除缺失資料。

在開始討論之前，我們來載入一些時間序列資料，並將它重新取樣成平日頻率：

```
In [250]: close_px_all = pd.read_csv("examples/stock_px.csv",
   .....:                            parse_dates=True, index_col=0)

In [251]: close_px = close_px_all[["AAPL", "MSFT", "XOM"]]

In [252]: close_px = close_px.resample("B").ffill()
```

我將使用 `rolling` 運算子，它的行為類似 `resample` 與 `groupby`。你可以對著 Series 或 DataFrame 呼叫它，並傳入一個 `window`（用週期數字的表示，圖 11-4 是畫出來的圖）：

```
In [253]: close_px["AAPL"].plot()
Out[253]: <AxesSubplot:>

In [254]: close_px["AAPL"].rolling(250).mean().plot()
```

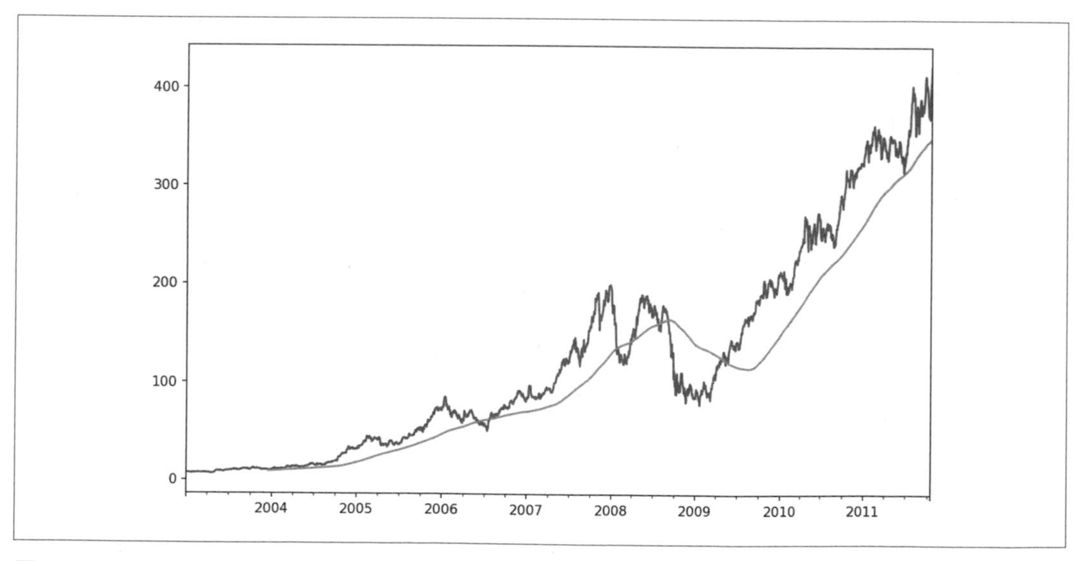

圖 11-4　Apple 股價的 250 日移動平均線

rolling(250) 的行為類似 groupby，但它不做分組，而是建立一個物件，讓我們可以在一個 250 日的滑動窗口裡進行分組。所以，這個例子提供 Apple 股價的 250 日移動平均。

在預設情況下，rolling 函式要求窗口裡的值都不能是 NA，你可以改變這個行為來考慮缺失資料，要注意的是，在時間序列的開頭，資料的數量一定少於 window 長度（見圖 11-5）：

```
In [255]: plt.figure()
Out[255]: <Figure size 1000x600 with 0 Axes>

In [256]: std250 = close_px["AAPL"].pct_change().rolling(250, min_periods=10).std
()

In [257]: std250[5:12]
Out[257]:
2003-01-09         NaN
2003-01-10         NaN
2003-01-13         NaN
2003-01-14         NaN
2003-01-15         NaN
2003-01-16    0.009628
2003-01-17    0.013818
Freq: B, Name: AAPL, dtype: float64

In [258]: std250.plot()
```

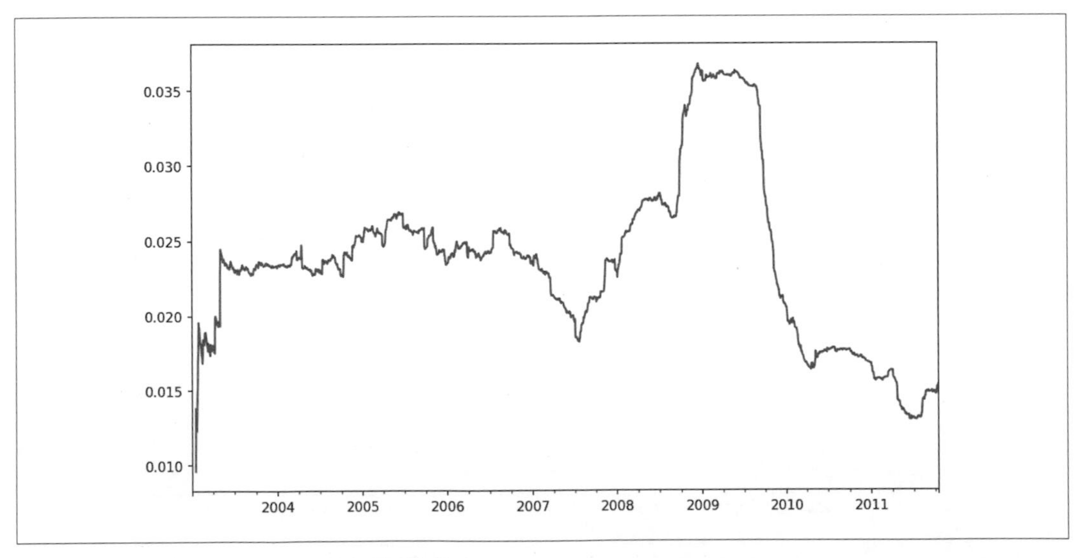

圖 11-5　Apple 的 250 日逐日收益標準差

計算擴展窗口平均值（*expanding window mean*）必須使用 `expanding` 運算子，而非 `rolling`。計算擴展窗口平均值時，時間窗口的起點與 rolling 窗口一樣，但會增加大小，直到包含整個序列為止。為 `std250` 時間序列計算擴展窗口平均值的寫法是：

```
In [259]: expanding_mean = std250.expanding().mean()
```

對著 DataFrame 呼叫移動窗口函式會對每一欄執行轉換（見圖 11-6）：

```
In [261]: plt.style.use('grayscale')

In [262]: close_px.rolling(60).mean().plot(logy=True)
```

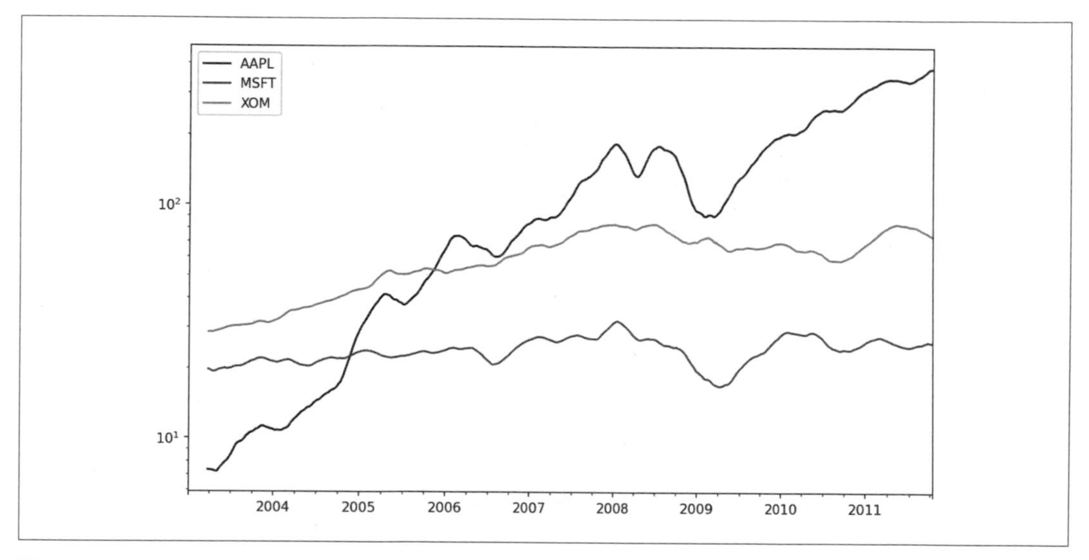

圖 11-6　股價的 60 日移動平均線（log y 軸）

這個 rolling 也接收一個字串，表示固定大小的時間偏移，而不是一組週期。這種寫法可以用來處理不規律的時間序列，它可以接收的字串與 resample 可以接收的字串相同。例如，我們可以這樣計算 20 日移動平均：

```
In [263]: close_px.rolling("20D").mean()
Out[263]:
                  AAPL       MSFT        XOM
2003-01-02    7.400000  21.110000  29.220000
2003-01-03    7.425000  21.125000  29.230000
2003-01-06    7.433333  21.256667  29.473333
2003-01-07    7.432500  21.425000  29.342500
2003-01-08    7.402000  21.402000  29.240000
...                ...        ...        ...
2011-10-10  389.351429  25.602143  72.527857
2011-10-11  388.505000  25.674286  72.835000
2011-10-12  388.531429  25.810000  73.400714
2011-10-13  388.826429  25.961429  73.905000
2011-10-14  391.038000  26.048667  74.185333
[2292 rows x 3 columns]
```

指數加權函式

除了使用固定大小的窗口與權重相同的觀測值之外，你也可以指定一個固定的**衰減因子**，來讓最近的觀測值有更大的權重。指定衰退因子的做法不只一種，比較流行的做法是使用**跨度**（*span*），它的結果可以媲美長度和 span 一樣的簡單移動窗口函式。

因為指數加權統計法會讓最近的觀測值有較多權重，所以它「適應」變化的速度比權重相同的版本更快。

pandas 的 ewm 運算子（exponentially weighted moving 的縮寫）可以搭配 rolling 與 expanding 使用。接下來的例子比較 Apple 股價的 30 日移動平均、與 span=30 的指數加權（EW）移動平均（見圖 11-7）：

```
In [265]: aapl_px = close_px["AAPL"]["2006":"2007"]

In [266]: ma30 = aapl_px.rolling(30, min_periods=20).mean()

In [267]: ewma30 = aapl_px.ewm(span=30).mean()

In [268]: aapl_px.plot(style="k-", label="Price")
Out[268]: <AxesSubplot:>

In [269]: ma30.plot(style="k--", label="Simple Moving Avg")
Out[269]: <AxesSubplot:>
```

```
In [270]: ewma30.plot(style="k-", label="EW MA")
Out[270]: <AxesSubplot:>

In [271]: plt.legend()
```

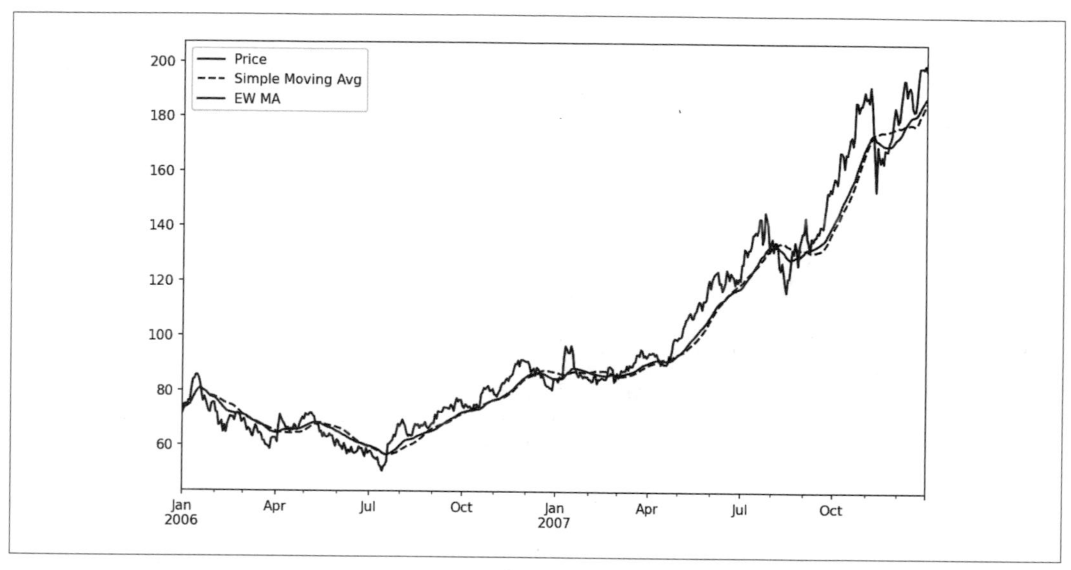

圖 11-7　簡單移動平均 vs. 指數加權

二元移動窗口函式

有些統計運算需要處理兩個時間序列，例如相關性（correlation）與共變異數（covariance）。舉個例子，金融分析經常分析一檔股票與 S&P 500 等標竿指數之間的相關性。為了瞭解這件事，我們先計算感興趣的時間序列的變化百分比：

```
In [273]: spx_px = close_px_all["SPX"]

In [274]: spx_rets = spx_px.pct_change()

In [275]: returns = close_px.pct_change()
```

呼叫 rolling 之後，corr 彙總函式可以計算一檔股票與 spx_ret 之間的移動相關性（圖 11-8 是結果）：

```
In [276]: corr = returns["AAPL"].rolling(125, min_periods=100).corr(spx_rets)

In [277]: corr.plot()
```

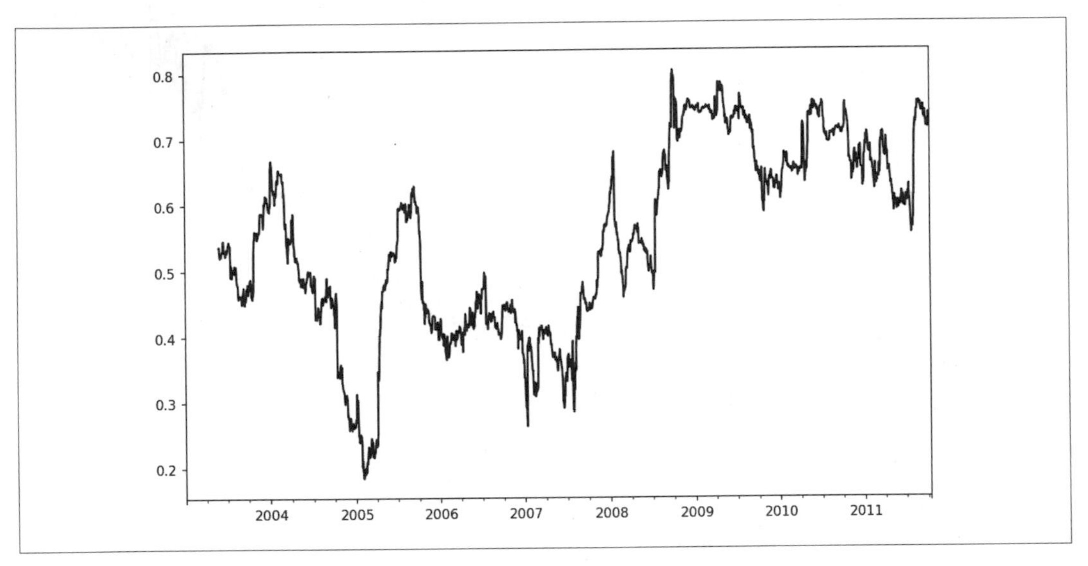

圖 11-8　AAPL 與 S&P 500 在六個月期間的收益相關性

假如你想要同時計算 S&P 500 指數與許多股票之間的移動相關性，你可以寫一個迴圈來計算每一檔股票，就像我們之前計算 Apple 那樣，但如果每一檔股票都是 DataFrame 的一欄，我們可以一次計算所有移動相關性，只要對著 DataFrame 呼叫 rolling，並傳入 spx_rets Series 即可。

圖 11-9 是畫出來的結果：

```
In [279]: corr = returns.rolling(125, min_periods=100).corr(spx_rets)

In [280]: corr.plot()
```

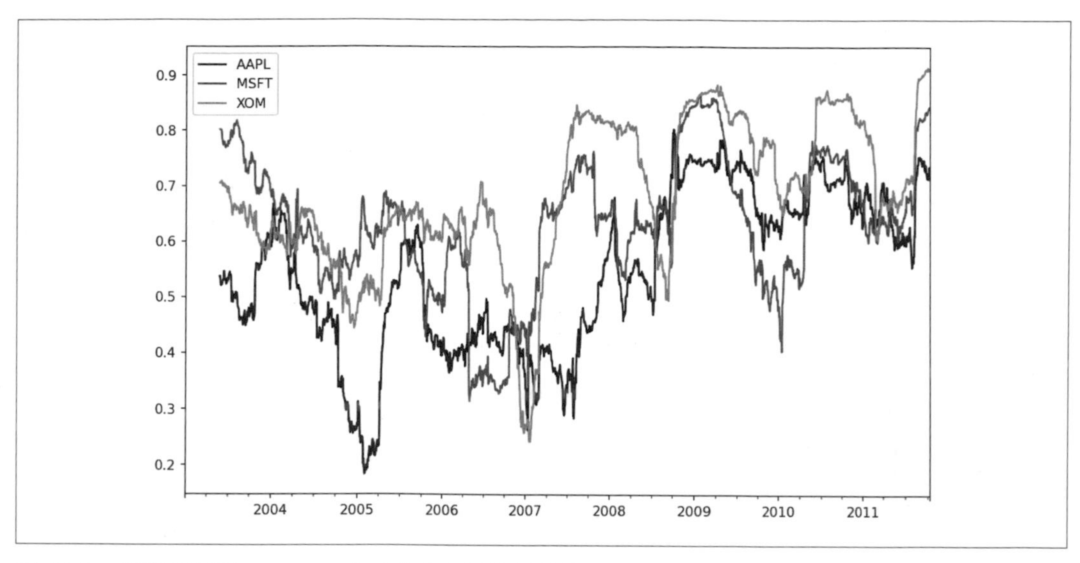

圖 11-9　多檔股票與 S&P 500 之間的六個月的相關性

使用者定義的移動窗口函式

對著 `rolling` 及相關的方法呼叫 `apply` 方法，可在移動窗口裡執行你自製的陣列函式。唯一的需求是，你的函式必須用陣列的每一筆資料來產生一個值（歸約）。例如，雖然我們可以使用 `rolling(...).quantile(q)` 來計算樣本的分位數，但我們感興趣的可能是特定值在樣本中的分位數排名。`scipy.stats.percentileofscore` 函式可以做這件事（圖 11-10 是執行結果）：

```
In [282]: from scipy.stats import percentileofscore

In [283]: def score_at_2percent(x):
   .....:     return percentileofscore(x, 0.02)

In [284]: result = returns["AAPL"].rolling(250).apply(score_at_2percent)

In [285]: result.plot()
```

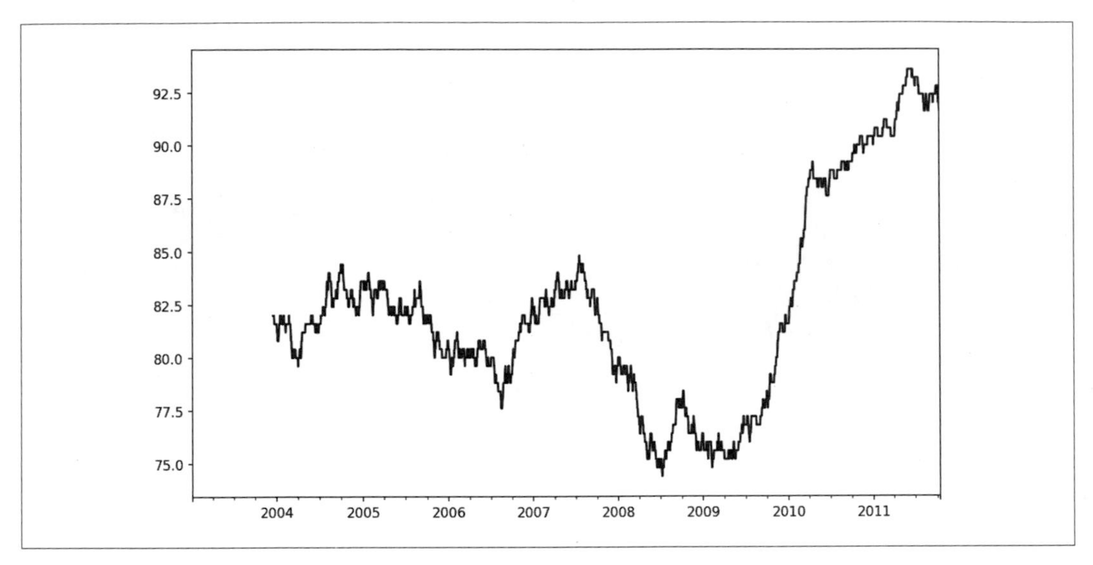

圖 11-10　在一年窗口期間，AAPL 2% 收益率的百分位排名

如果你還沒有安裝 SciPy，你可以用 conda 或 pip 來安裝它：

```
conda install scipy
```

11.8　總結

相較於前幾章探討的其他資料類型，時間序列資料需要使用不同的分析和資料轉換工具。

在接下來幾章，我們將介紹如何使用 statsmodels 與 scikit-learn 等建模程式庫。

第十二章

Python 建模程式庫簡介

本書的重點是為你打下以 Python 程式來分析資料的基礎。由於資料分析師和科學家經常回報他們花了太多時間在處理和準備資料上，所以本書的結構也反映了掌握這些技術的重要性。

用來開發模型的程式庫將取決於應用領域。很多統計問題都可以用比較簡單的技術來解決，例如普通最小平方回歸，而其他問題可能需要更先進的機器學習方法來解決。幸運的是，Python 已經成為實作分析方法的首選語言之一，因此，在你看完這本書之後，有很多工具等著你探索。

在本章中，我將回顧 pandas 的一些功能，當你使用 pandas 來處理資料，以及擬合及評分模型時，這些功能應該很有幫助。然後，我會簡介兩種流行的建模工具組，即 statsmodels（*http://statsmodels.org*）和 scikit-learn（*http://scikit-learn.org*）。因為這兩個專案的規模都很大，足以用專門的書籍來介紹，所以我不打算全面介紹它們，而是引導你去閱讀這兩個專案的網路文件，以及其他一些採用 Python 的資料科學、統計學和機器學習書籍。

12.1 在 pandas 與模型程式之間的介面

在開發模型時，常見的工作流程是使用 pandas 來進行資料載入和清理，然後使用建模程式庫來建構模型本身。在機器學習中，模型開發程序有一個很重要部分，稱為**特徵工程**，它是當你從原始資料組提取建立模型所需的資訊時，所做的任何資料轉換或分析。我們討論過的資料彙總與 GroupBy 工具經常在特徵工程背景下使用。

雖然「優秀」的特徵工程的細節不在本書討論的範圍之內，但我將介紹一些方法，盡量幫助你在「使用 pandas 來處理資料」和「建立模型」之間輕鬆地來回切換。

pandas 和其他分析程式庫之間的聯繫手段通常是 NumPy 陣列。將 DataFrame 轉換成 NumPy 陣列的方法是 `to_numpy`：

```
In [12]: data = pd.DataFrame({
   ....:     'x0': [1, 2, 3, 4, 5],
   ....:     'x1': [0.01, -0.01, 0.25, -4.1, 0.],
   ....:     'y': [-1.5, 0., 3.6, 1.3, -2.]})

In [13]: data
Out[13]:
   x0    x1    y
0   1  0.01 -1.5
1   2 -0.01  0.0
2   3  0.25  3.6
3   4 -4.10  1.3
4   5  0.00 -2.0

In [14]: data.columns
Out[14]: Index(['x0', 'x1', 'y'], dtype='object')

In [15]: data.to_numpy()
Out[15]:
array([[ 1.  ,  0.01, -1.5 ],
       [ 2.  , -0.01,  0.  ],
       [ 3.  ,  0.25,  3.6 ],
       [ 4.  , -4.1 ,  1.3 ],
       [ 5.  ,  0.  , -2.  ]])
```

若要轉換回去 DataFrame，你應該還記得前面的章節展示過，你可以傳入二維的 ndarray 及選用的欄名：

```
In [16]: df2 = pd.DataFrame(data.to_numpy(), columns=['one', 'two', 'three'])

In [17]: df2
Out[17]:
   one   two  three
0  1.0  0.01   -1.5
1  2.0 -0.01    0.0
2  3.0  0.25    3.6
3  4.0 -4.10    1.3
4  5.0  0.00   -2.0
```

to_numpy 方法是資料同質時使用的，例如全都是數值型態。如果資料是異質的，結果將是 Python 物件的 ndarray：

```
In [18]: df3 = data.copy()

In [19]: df3['strings'] = ['a', 'b', 'c', 'd', 'e']

In [20]: df3
Out[20]:
   x0    x1    y strings
0   1  0.01 -1.5       a
1   2 -0.01  0.0       b
2   3  0.25  3.6       c
3   4 -4.10  1.3       d
4   5  0.00 -2.0       e

In [21]: df3.to_numpy()
Out[21]:
array([[1, 0.01, -1.5, 'a'],
       [2, -0.01, 0.0, 'b'],
       [3, 0.25, 3.6, 'c'],
       [4, -4.1, 1.3, 'd'],
       [5, 0.0, -2.0, 'e']], dtype=object)
```

在建立模型時，你可能只想使用一部分的欄。此時建議使用 loc 檢索及 to_numpy：

```
In [22]: model_cols = ['x0', 'x1']

In [23]: data.loc[:, model_cols].to_numpy()
Out[23]:
array([[ 1.  ,  0.01],
       [ 2.  , -0.01],
       [ 3.  ,  0.25],
       [ 4.  , -4.1 ],
       [ 5.  ,  0.  ]])
```

有些程式庫原生支援 pandas，並且可以自動幫你做這件事，它們可以將 DataFrame 轉換成 NumPy，並將模型參數名稱附加至輸出表格的欄或 Series。如果程式庫不支援，你就要親自進行這種「詮釋資料管理」。

我們曾經在第 249 頁，第 7.5 節的「分類（categorical）資料」裡看過 pandas 的 Categorical 型態與 pandas.get_dummies 函式。假設在範例資料組裡有一個非數值的欄：

```
In [24]: data['category'] = pd.Categorical(['a', 'b', 'a', 'a', 'b'],
   ....:                                   categories=['a', 'b'])

In [25]: data
```

```
Out[25]:
   x0    x1    y category
0   1  0.01 -1.5        a
1   2 -0.01  0.0        b
2   3  0.25  3.6        a
3   4 -4.10  1.3        a
4   5  0.00 -2.0        b
```

如果我們想要將 `'category'` 欄換成 dummy 變數，我們要建立 dummy 變數，移除 `'category'` 欄，然後連接結果：

```
In [26]: dummies = pd.get_dummies(data.category, prefix='category')

In [27]: data_with_dummies = data.drop('category', axis=1).join(dummies)

In [28]: data_with_dummies
Out[28]:
   x0    x1    y  category_a  category_b
0   1  0.01 -1.5           1           0
1   2 -0.01  0.0           0           1
2   3  0.25  3.6           1           0
3   4 -4.10  1.3           1           0
4   5  0.00 -2.0           0           1
```

用 dummy 變數來擬合統計模型可能需要處理一些細節。當你的資料不是只有簡單的數值欄時，使用 Patsy（這是下一節的主題）應該比較簡單且不容易出錯。

12.2 使用 Patsy 來描述模型

Patsy（*https://patsy.readthedocs.io*）是使用「公式語法」字串來描述統計模型的 Python 程式庫（尤其是線性模型），它的靈感來自 R 與 S 統計程式語言所使用的公式語法（但並非完全相同）。安裝 statsmodels 會自動安裝 Patsy：

```
conda install statsmodels
```

Patsy 支援在 statsmodels 中指定線性模型，所以我會重點介紹一些主要的功能，以協助你快速上手。Patsy 的公式（*formula*）是長這樣的特殊字串語法：

```
y ~ x0 + x1
```

語法 `a + b` 不是 `a` 加 `b`，它們是為模型建立的設計矩陣（*design matrix*）內的項（*term*）。`patsy.dmatrices` 函式接收一個公式字串以及一個資料組（DataFrame 或陣列組成的字典），並為線性模型產生設計矩陣：

```
In [29]: data = pd.DataFrame({
   ....:     'x0': [1, 2, 3, 4, 5],
   ....:     'x1': [0.01, -0.01, 0.25, -4.1, 0.],
   ....:     'y': [-1.5, 0., 3.6, 1.3, -2.]})

In [30]: data
Out[30]:
   x0    x1    y
0   1  0.01 -1.5
1   2 -0.01  0.0
2   3  0.25  3.6
3   4 -4.10  1.3
4   5  0.00 -2.0

In [31]: import patsy

In [32]: y, X = patsy.dmatrices('y ~ x0 + x1', data)
```

我們得到：

```
In [33]: y
Out[33]:
DesignMatrix with shape (5, 1)
     y
  -1.5
   0.0
   3.6
   1.3
  -2.0
  Terms:
    'y' (column 0)

In [34]: X
Out[34]:
DesignMatrix with shape (5, 3)
  Intercept  x0     x1
          1   1   0.01
          1   2  -0.01
          1   3   0.25
          1   4  -4.10
          1   5   0.00
  Terms:
    'Intercept' (column 0)
    'x0' (column 1)
    'x1' (column 2)
```

這些 Patsy `DesignMatrix` 實例是 NumPy ndarrays 及額外的詮釋資料：

```
In [35]: np.asarray(y)
Out[35]:
array([[-1.5],
       [ 0. ],
       [ 3.6],
       [ 1.3],
       [-2. ]])

In [36]: np.asarray(X)
Out[36]:
array([[ 1.  ,  1.  ,  0.01],
       [ 1.  ,  2.  , -0.01],
       [ 1.  ,  3.  ,  0.25],
       [ 1.  ,  4.  , -4.1 ],
       [ 1.  ,  5.  ,  0.  ]])
```

為什麼會有 `Intercept` 項？它是線性模型的規範（例如普通最小平方（OLS）回歸），你可以在模型加入 `+ 0` 項來隱藏它。

```
In [37]: patsy.dmatrices('y ~ x0 + x1 + 0', data)[1]
Out[37]:
DesignMatrix with shape (5, 2)
  x0     x1
   1   0.01
   2  -0.01
   3   0.25
   4  -4.10
   5   0.00
  Terms:
    'x0' (column 0)
    'x1' (column 1)
```

你可以將 Patsy 物件直接傳給 `numpy.linalg.lstsq` 等演算法，它可執行普通最小平方回歸：

```
In [38]: coef, resid, _, _ = np.linalg.lstsq(X, y)
```

模型的詮釋資料位於 `design_info` 屬性內，所以你可以將模型欄名和擬合係數合併，產生一個 Series，例如：

```
In [39]: coef
Out[39]:
array([[ 0.3129],
       [-0.0791],
       [-0.2655]])
```

```
In [40]: coef = pd.Series(coef.squeeze(), index=X.design_info.column_names)

In [41]: coef
Out[41]:
Intercept    0.312910
x0          -0.079106
x1          -0.265464
dtype: float64
```

在 Patsy 公式裡的資料轉換

你可以在 Patsy 公式裡面使用 Python 程式碼，在計算公式時，程式庫會試著找出你在封閉範圍（enclosing scope）內使用的函式：

```
In [42]: y, X = patsy.dmatrices('y ~ x0 + np.log(np.abs(x1) + 1)', data)

In [43]: X
Out[43]:
DesignMatrix with shape (5, 3)
  Intercept  x0  np.log(np.abs(x1) + 1)
          1   1                 0.00995
          1   2                 0.00995
          1   3                 0.22314
          1   4                 1.62924
          1   5                 0.00000
  Terms:
    'Intercept' (column 0)
    'x0' (column 1)
    'np.log(np.abs(x1) + 1)' (column 2)
```

常用的變數轉換有 *standardizing*（標準化，讓平均值為 0，變異數為 1）和 *centering*（置中，減去平均值），Patsy 有內建的函式可執行它們：

```
In [44]: y, X = patsy.dmatrices('y ~ standardize(x0) + center(x1)', data)

In [45]: X
Out[45]:
DesignMatrix with shape (5, 3)
  Intercept  standardize(x0)  center(x1)
          1         -1.41421        0.78
          1         -0.70711        0.76
          1          0.00000        1.02
          1          0.70711       -3.33
          1          1.41421        0.77
  Terms:
```

```
    'Intercept' (column 0)
    'standardize(x0)' (column 1)
    'center(x1)' (column 2)
```

在建模的過程中，你可能用一個資料組來擬合模型，然後用另一個資料組來評估模型，後者可能是**保留下來的**部分，或是後來觀測到的新資料。在執行置中與標準化等轉換時，使用模型與新資料來進行預測必須很小心。它們稱為**有狀態**的轉換（*stateful* transformation），因為在轉換新資料組時，必須使用原始資料組的平均值或標準差等統計數據。

`patsy.build_design_matrices` 函式可以使用存起來的原始**樣本內**（*in-sample*）資料組資訊對新的**樣本外**（*out-of-sample*）資料執行轉換：

```
In [46]: new_data = pd.DataFrame({
   ....:     'x0': [6, 7, 8, 9],
   ....:     'x1': [3.1, -0.5, 0, 2.3],
   ....:     'y': [1, 2, 3, 4]})

In [47]: new_X = patsy.build_design_matrices([X.design_info], new_data)

In [48]: new_X
Out[48]:
[DesignMatrix with shape (4, 3)
   Intercept  standardize(x0)  center(x1)
           1          2.12132        3.87
           1          2.82843        0.27
           1          3.53553        0.77
           1          4.24264        3.07
   Terms:
     'Intercept' (column 0)
     'standardize(x0)' (column 1)
     'center(x1)' (column 2)]
```

因為在 Patsy 公式的背景下，加號（+）不是加法，當你想要用名稱來將資料組的欄相加時，你必須將它們包在特殊的 `I` 函式裡：

```
In [49]: y, X = patsy.dmatrices('y ~ I(x0 + x1)', data)

In [50]: X
Out[50]:
DesignMatrix with shape (5, 2)
  Intercept  I(x0 + x1)
          1        1.01
          1        1.99
          1        3.25
          1       -0.10
```

```
            1        5.00
  Terms:
    'Intercept' (column 0)
    'I(x0 + x1)' (column 1)
```

Patsy 的 patsy.builtins 模組還有幾個其他的內建轉換，詳情見網路文件。

分類資料有特殊的轉換類別，我們接著來看。

分類資料與 Patsy

非數值資料可以用很多不同的方式來轉換，供模型設計矩陣使用。關於這個主題的完整介紹不在本書的範圍內，而且這個主題最好可以和統計學一起學習。

當你在 Patsy 公式中使用非數值項時，在預設情況下，它們會被轉換成 dummy 變數。如果有一個 intercept，其中一層會被排除，以避免共線性（collinearity）：

```
In [51]: data = pd.DataFrame({
   ....:     'key1': ['a', 'a', 'b', 'b', 'a', 'b', 'a', 'b'],
   ....:     'key2': [0, 1, 0, 1, 0, 1, 0, 0],
   ....:     'v1': [1, 2, 3, 4, 5, 6, 7, 8],
   ....:     'v2': [-1, 0, 2.5, -0.5, 4.0, -1.2, 0.2, -1.7]
   ....: })

In [52]: y, X = patsy.dmatrices('v2 ~ key1', data)

In [53]: X
Out[53]:
DesignMatrix with shape (8, 2)
  Intercept  key1[T.b]
          1          0
          1          0
          1          1
          1          1
          1          0
          1          1
          1          0
          1          1
  Terms:
    'Intercept' (column 0)
    'key1' (column 1)
```

如果你省略模型的 intercept，那麼各個分類值的欄將被納入模型設計矩陣裡：

```
In [54]: y, X = patsy.dmatrices('v2 ~ key1 + 0', data)

In [55]: X
```

```
Out[55]:
DesignMatrix with shape (8, 2)
  key1[a]  key1[b]
        1        0
        1        0
        0        1
        0        1
        1        0
        0        1
        1        0
        0        1
  Terms:
    'key1' (columns 0:2)
```

你可以用 C 函式來將數值欄解讀成分類（categorical）欄：

```
In [56]: y, X = patsy.dmatrices('v2 ~ C(key2)', data)

In [57]: X
Out[57]:
DesignMatrix with shape (8, 2)
  Intercept  C(key2)[T.1]
          1             0
          1             1
          1             0
          1             1
          1             0
          1             1
          1             0
          1             0
  Terms:
    'Intercept' (column 0)
    'C(key2)' (column 1)
```

模型有多個分類項的情況比較複雜，因為你可以納入 key1:key2 這種形式的互動項，舉例來說，它可以在變異數分析（ANOVA）模型中使用：

```
In [58]: data['key2'] = data['key2'].map({0: 'zero', 1: 'one'})

In [59]: data
Out[59]:
  key1  key2  v1   v2
0    a  zero   1 -1.0
1    a   one   2  0.0
2    b  zero   3  2.5
3    b   one   4 -0.5
4    a  zero   5  4.0
```

```
5    b   one   6 -1.2
6    a  zero   7  0.2
7    b  zero   8 -1.7

In [60]: y, X = patsy.dmatrices('v2 ~ key1 + key2', data)

In [61]: X
Out[61]:
DesignMatrix with shape (8, 3)
  Intercept  key1[T.b]  key2[T.zero]
          1          0             1
          1          0             0
          1          1             1
          1          1             0
          1          0             1
          1          1             0
          1          0             1
          1          1             1
  Terms:
    'Intercept' (column 0)
    'key1' (column 1)
    'key2' (column 2)

In [62]: y, X = patsy.dmatrices('v2 ~ key1 + key2 + key1:key2', data)

In [63]: X
Out[63]:
DesignMatrix with shape (8, 4)
  Intercept  key1[T.b]  key2[T.zero]  key1[T.b]:key2[T.zero]
          1          0             1                       0
          1          0             0                       0
          1          1             1                       1
          1          1             0                       0
          1          0             1                       0
          1          1             0                       0
          1          0             1                       0
          1          1             1                       1
  Terms:
    'Intercept' (column 0)
    'key1' (column 1)
    'key2' (column 2)
    'key1:key2' (column 3)
```

Patsy 也有其他轉換分類資料的方式，包括轉換具有特定排序的項。詳情見網路文件。

12.3 statsmodels 簡介

statsmodels（*http://www.statsmodels.org*）是一種擬合多種統計模型的 Python 程式庫，它可以執行統計測試、資料探索和視覺化。statsmodels 提供較多「古典」統計方法，若要使用 Bayesian 方法與機器學習模型則必須使用其他的程式庫。

可在 statsmodels 裡找到的模型種類有：

- 線性模型、廣義線性模型、穩健線性模型
- 線性混合效應模型
- 變異數分析（ANOVA）模型
- 時間序列處理與狀態空間模型
- 廣義動差法

在接下來幾頁，我們將使用 statsmodels 的一些基本工具，並探索如何同時使用建模介面與 Patsy 公式及 pandas DataFrame 物件。如果你還沒有在討論 Patsy 時安裝 statsmodels，你可以用下面的命令來安裝它：

```
conda install statsmodels
```

估計線性模型

statsmodels 裡有幾種線性回歸模型，從比較基本的（例如普通最小平方）到比較複雜的（例如迭代重新加權最小平方）。

在 statsmodels 裡的線性模型有兩大類：使用陣列的，與使用公式的。它們要透過這些 API 模組 import 來取得：

```
import statsmodels.api as sm
import statsmodels.formula.api as smf
```

為了展示如何使用它們，我們用一些隨機資料來產生一個線性模型。在 Jupyter cell 裡執行下面的程式：

```
# 為了讓範例可重現
rng = np.random.default_rng(seed=12345)

def dnorm(mean, variance, size=1):
    if isinstance(size, int):
        size = size,
    return mean + np.sqrt(variance) * rng.standard_normal(*size)
```

```
N = 100
X = np.c_[dnorm(0, 0.4, size=N),
          dnorm(0, 0.6, size=N),
          dnorm(0, 0.2, size=N)]
eps = dnorm(0, 0.1, size=N)
beta = [0.1, 0.3, 0.5]

y = np.dot(X, beta) + eps
```

我使用已知參數 `beta` 來寫下「真（true）」模型。這個例子使用輔助函式 `dnorm` 來產生具有指定的平均值與變異數的常態分布資料。我們得到：

```
In [66]: X[:5]
Out[66]:
array([[-0.9005, -0.1894, -1.0279],
       [ 0.7993, -1.546 , -0.3274],
       [-0.5507, -0.1203,  0.3294],
       [-0.1639,  0.824 ,  0.2083],
       [-0.0477, -0.2131, -0.0482]])

In [67]: y[:5]
Out[67]: array([-0.5995, -0.5885,  0.1856, -0.0075, -0.0154])
```

就像之前討論 Patsy 時看到的那樣，線性模型通常是用 intercept 項來擬合的。`sm.add_constant` 函式可以在既有的矩陣裡加上一個 intercept 欄：

```
In [68]: X_model = sm.add_constant(X)

In [69]: X_model[:5]
Out[69]:
array([[ 1.    , -0.9005, -0.1894, -1.0279],
       [ 1.    ,  0.7993, -1.546 , -0.3274],
       [ 1.    , -0.5507, -0.1203,  0.3294],
       [ 1.    , -0.1639,  0.824 ,  0.2083],
       [ 1.    , -0.0477, -0.2131, -0.0482]])
```

`sm.OLS` 類別可擬合普通最小平方線性回歸：

```
In [70]: model = sm.OLS(y, X)
```

模型的 `fit` 方法回傳一個回歸結果物件，裡面有估計出來的模型參數與其他判斷值：

```
In [71]: results = model.fit()

In [72]: results.params
Out[72]: array([0.0668, 0.268 , 0.4505])
```

results 的 summary 方法可以印出模型的詳細判斷輸出：

```
In [73]: print(results.summary())
OLS Regression Results
==============================================================================
======
Dep. Variable:                      y   R-squared (uncentered):
 0.469
Model:                            OLS   Adj. R-squared (uncentered):
 0.452
Method:                 Least Squares   F-statistic:
 28.51
Date:                Fri, 12 Aug 2022   Prob (F-statistic):                 2.
66e-13
Time:                        14:09:18   Log-Likelihood:                     -
25.611
No. Observations:                 100   AIC:
 57.22
Df Residuals:                      97   BIC:
 65.04
Df Model:                           3

Covariance Type:            nonrobust

==============================================================================
                 coef    std err          t      P>|t|      [0.025      0.975]
------------------------------------------------------------------------------
x1             0.0668      0.054      1.243      0.217      -0.040      0.174
x2             0.2680      0.042      6.313      0.000       0.184      0.352
x3             0.4505      0.068      6.605      0.000       0.315      0.586
==============================================================================
Omnibus:                        0.435   Durbin-Watson:                   1.869
Prob(Omnibus):                  0.805   Jarque-Bera (JB):                0.301
Skew:                           0.134   Prob(JB):                        0.860
Kurtosis:                       2.995   Cond. No.                         1.64
==============================================================================
Notes:
[1] R² is computed without centering (uncentered) since the model does not contai
n a constant.
[2] Standard Errors assume that the covariance matrix of the errors is correctly
specified.
```

這裡的參數名稱使用通用名稱 x1、x2…等。假設模型參數都存放在 DataFrame 裡：

```
In [74]: data = pd.DataFrame(X, columns=['col0', 'col1', 'col2'])

In [75]: data['y'] = y
```

```
In [76]: data[:5]
Out[76]:
       col0      col1      col2         y
0 -0.900506 -0.189430 -1.027870 -0.599527
1  0.799252 -1.545984 -0.327397 -0.588454
2 -0.550655 -0.120254  0.329359  0.185634
3 -0.163916  0.824040  0.208275 -0.007477
4 -0.047651 -0.213147 -0.048244 -0.015374
```

接下來，我們可以使用 statsmodels 公式 API 與 Patsy 公式字串：

```
In [77]: results = smf.ols('y ~ col0 + col1 + col2', data=data).fit()

In [78]: results.params
Out[78]:
Intercept   -0.020799
col0         0.065813
col1         0.268970
col2         0.449419
dtype: float64

In [79]: results.tvalues
Out[79]:
Intercept   -0.652501
col0         1.219768
col1         6.312369
col2         6.567428
dtype: float64
```

statsmodels 使用 Series 來回傳結果，並附上 DataFrame 欄位名稱。我們使用公式與 pandas 物件時，也不需要使用 `add_constant`。

如果你有樣本外資料，你可以用估計出來的模型參數來計算預測值：

```
In [80]: results.predict(data[:5])
Out[80]:
0   -0.592959
1   -0.531160
2    0.058636
3    0.283658
4   -0.102947
dtype: float64
```

statsmodels 模型還有很多線性模型結果分析、診斷、視覺化工具可供你探索。除了普通最小平方之外，也有其他的線性模型。

時間序列估計程序

statsmodels 的另一種模型是分析時間序列的模型，包括自回歸（autoregressive）過程、Kalman 過濾及其他狀態空間模型，和多變量自回歸模型。

我們來模擬一些具有自回歸結構和雜訊的時間序列資料。在 Jupyter 裡執行下面的程式：

```
init_x = 4

values = [init_x, init_x]
N = 1000

b0 = 0.8
b1 = -0.4
noise = dnorm(0, 0.1, N)
for i in range(N):
    new_x = values[-1] * b0 + values[-2] * b1 + noise[i]
    values.append(new_x)
```

這筆資料有 AR(2) 結構（雙遲滯（*lag*）），參數為 `0.8` 與 `-0.4`。在擬合 AR 模型時，你可能不知道應納入幾個遲滯項，所以你可以用較多遲滯來擬合模型：

```
In [82]: from statsmodels.tsa.ar_model import AutoReg

In [83]: MAXLAGS = 5

In [84]: model = AutoReg(values, MAXLAGS)

In [85]: results = model.fit()
```

在結果裡，第一個估計出來的參數是 intercept，然後是前兩個遲滯的估計：

```
In [86]: results.params
Out[86]: array([ 0.0235,  0.8097, -0.4287, -0.0334,  0.0427, -0.0567])
```

關於這些模型的細節以及如何解讀它們的結果不在本書的討論範圍，但 statsmodels 文件有很多內容可供探索。

12.4 scikit-learn 簡介

scikit-learn（*http://scikit-learn.org*）是最多人使用且最有公信力的通用 Python 機器學習工具組。它有廣泛的標準監督和無監督機器學習方法，以及用來選擇及評估模型、轉換資料、載入資料和保存模型的工具。這些模型可以用來執行分類、聚類、預測和其他常見任務。你可以用 conda 來安裝 scikit-learn 如下：

```
conda install scikit-learn
```

目前有很多很棒的網路資源和書籍可學習機器學習及如何使用 scikit-learn 等程式庫來解決實際問題。本節將簡單介紹 scikit-learn 的 API 風格。

scikit-learn 與 pandas 的整合近年來已經有很大的改善，在你閱讀本書時，可能還會進一步改善。鼓勵你閱讀最新的專案文件。

在本章的例子中，我將使用來自 Kaggle competition（*https://www.kaggle.com/c/titanic*）的經典資料組，它是關於 1912 年鐵達尼號事件的乘客生存率。我們使用 pandas 來載入訓練與測試資料組：

```
In [87]: train = pd.read_csv('datasets/titanic/train.csv')

In [88]: test = pd.read_csv('datasets/titanic/test.csv')

In [89]: train.head(4)
Out[89]:
   PassengerId  Survived  Pclass  \
0            1         0       3
1            2         1       1
2            3         1       3
3            4         1       1
                                                Name     Sex   Age  SibSp  \
0                            Braund, Mr. Owen Harris    male  22.0      1
1  Cumings, Mrs. John Bradley (Florence Briggs Thayer)  female  38.0      1
2                             Heikkinen, Miss. Laina  female  26.0      0
3       Futrelle, Mrs. Jacques Heath (Lily May Peel)  female  35.0      1
   Parch            Ticket     Fare Cabin Embarked
0      0         A/5 21171   7.2500   NaN        S
1      0          PC 17599  71.2833   C85        C
2      0  STON/O2. 3101282   7.9250   NaN        S
3      0            113803  53.1000  C123        S
```

statsmodels 與 scikit-learn 通常不接受缺失資料，所以我們檢查各欄，看看是否有任何缺失資料：

```
In [90]: train.isna().sum()
Out[90]:
PassengerId      0
Survived         0
Pclass           0
Name             0
Sex              0
Age            177
SibSp            0
Parch            0
Ticket           0
Fare             0
Cabin          687
Embarked         2
dtype: int64

In [91]: test.isna().sum()
Out[91]:
PassengerId      0
Pclass           0
Name             0
Sex              0
Age             86
SibSp            0
Parch            0
Ticket           0
Fare             1
Cabin          327
Embarked         0
dtype: int64
```

在類似這個例子的統計和機器學習案例中，有一個典型的工作是根據資料中的特徵來預測乘客是否生還。我們用訓練資料組來擬合模型，然後用樣本外的測試資料組來評估它。

我喜歡使用 `Age`（年齡）來預測，但它有缺失資料。估算缺失資料的方法不只一種，我採取簡單的方法，使用訓練資料組的中位數來填補兩張表的 null：

```
In [92]: impute_value = train['Age'].median()

In [93]: train['Age'] = train['Age'].fillna(impute_value)

In [94]: test['Age'] = test['Age'].fillna(impute_value)
```

現在我們要指定模型。我加入 `IsFemale` 欄，當成編碼版的 `'Sex'` 欄：

```
In [95]: train['IsFemale'] = (train['Sex'] == 'female').astype(int)

In [96]: test['IsFemale'] = (test['Sex'] == 'female').astype(int)
```

接下來要決定一些模型變數，並建立 NumPy 陣列：

```
In [97]: predictors = ['Pclass', 'IsFemale', 'Age']

In [98]: X_train = train[predictors].to_numpy()

In [99]: X_test = test[predictors].to_numpy()

In [100]: y_train = train['Survived'].to_numpy()

In [101]: X_train[:5]
Out[101]:
array([[ 3.,  0., 22.],
       [ 1.,  1., 38.],
       [ 3.,  1., 26.],
       [ 1.,  1., 35.],
       [ 3.,  0., 35.]])

In [102]: y_train[:5]
Out[102]: array([0, 1, 1, 1, 0])
```

我不保證這是一個好模型，以及這些特徵經過妥善地設計。我們使用 scikit-learn 的 `LogisticRegression` 模型，並建立一個模型實例：

```
In [103]: from sklearn.linear_model import LogisticRegression

In [104]: model = LogisticRegression()
```

我們可以使用模型的 `fit` 方法，來將這個模型擬合至訓練資料：

```
In [105]: model.fit(X_train, y_train)
Out[105]: LogisticRegression()
```

接著使用 `model.predict` 和測試資料組進行預測：

```
In [106]: y_predict = model.predict(X_test)

In [107]: y_predict[:10]
Out[107]: array([0, 0, 0, 0, 1, 0, 1, 0, 1, 0])
```

如果你有測試資料組的實際值，你可以計算準確率，或其他的誤差指標：

```
(y_true == y_predict).mean()
```

實際訓練模型時通常會使用更多額外的階層或複雜度。許多模型都有可供調整的參數，也有交叉驗證等技術，可用來調整參數，以避免過擬訓練資料，通常可以在處理新資料時，產生更好的預測效果或穩健性。

交叉驗證的做法是將訓練資料拆開，以模擬樣本外的預測。你可以根據均方誤差等模型準確度分數對著模型參數執行網格搜尋。有一些模型（例如 logistic 回歸）內建交叉驗證的估計類別，例如，LogisticRegressionCV 類別可以用一個參數來設定要對模型正規化參數 C 執行多細的網格搜尋：

```
In [108]: from sklearn.linear_model import LogisticRegressionCV

In [109]: model_cv = LogisticRegressionCV(Cs=10)

In [110]: model_cv.fit(X_train, y_train)
Out[110]: LogisticRegressionCV()
```

你可以使用 cross_val_score 輔助函式來親手做交叉驗證，這個函式可以處理資料拆分程序。例如，若要將訓練資料拆成不重疊的四組來進行交叉驗證，我們可以：

```
In [111]: from sklearn.model_selection import cross_val_score

In [112]: model = LogisticRegression(C=10)

In [113]: scores = cross_val_score(model, X_train, y_train, cv=4)

In [114]: scores
Out[114]: array([0.7758, 0.7982, 0.7758, 0.7883])
```

預設的分數指標依模型而異，但你可以明確地指定評分函數。使用交叉驗證來訓練模型需要更長的時間，但通常可以獲得更好的模型性能。

12.5 總結

雖然我只粗略地介紹了一些 Python 建模程式庫，但有越來越多的框架可用來進行各種統計和機器學習，它們有的用 Python 來實作，有的具備 Python 使用者介面。

本書的重點是資料整理，但有許多其他書籍專門討論模型建立和資料科學工具，優秀的書籍有：

- 《*Introduction to Machine Learning with Python*》，Andreas Müller 和 Sarah Guido 合著（O'Reilly）（繁體中文版是《精通機器學習｜使用 *Python*》，李宜修譯，碁峰資訊出版）
- 《*Python Data Science Handbook*》，Jake VanderPlas 著（O'Reilly）（繁體中文版是《*Python* 資料科學學習手冊》，何敏煌譯，碁峰資訊出版）
- 《*Data Science from Scratch: First Principles with Python*》，Joel Grus 著（O'Reilly）（繁體中文版是《*Data Science from Scratch* 中文版，藍子軒譯，碁峰資訊出版）
- 《*Python Machine Learning*》，Sebastian Raschka 和 Vahid Mirjalili 合 著（Packt Publishing）
- 《*Hands-On Machine Learning with Scikit-Learn, Keras, and TensorFlow*》，Aurélien Géron 著（O'Reilly）（繁體中文版是《精通機器學習｜使用 *Scikit-Learn, Keras* 與 *TensorFlow*》，賴屹民譯，碁峰資訊出版）

雖然書籍是寶貴的學習資源，但它們可能在開源軟體發生變化時逐漸過期。你應該熟悉各種統計或機器學習框架的文件，以持續掌握最新的功能和 API。

資料分析範例

我們終於來到本書的最後一章了，接下來，我們要來看幾個真實的資料組。我們將使用本書介紹過的技巧，從每一個資料組的原始資料中取出它的含義。本書介紹的技巧可以用於各種其他的資料組。本章有五花八門的示範資料組，你可以用它們來練習本書介紹過的工具。

你可以在本書的 GitHub 版本庫（*http://github.com/wesm/pydata-book*）裡找到示範資料組。如果你無法使用 GitHub，你也可以從 Gitee 的鏡像版本庫取得它們（*https://gitee.com/wesmckinn/pydata-book*）。

13.1 來自 1.USA.gov 的 Bitly 資料

在 2011 年，網址縮短服務 Bitly（*https://bitly.com*）與美國政府網站 USA.gov（*https://www.usa.gov*）合作，從縮址服務使用者那裡收集網址結尾為 *.gov* 和 *.mil* 的匿名數據並提供資料源。在 2011 年，我們可以使用即時的資料源，並且以文字檔來下載每小時的快照。這項服務在我著作本書時關閉了（2022 年），但我們保留了資料檔，當成本書的範例。

在每小時的快照中，每個檔案的每一行都使用網路資料的常見格式，稱為 JSON，即 JavaScript Object Notation 的縮寫。例如，當我們僅讀取檔案的第一行時，我們可能會看到：

```
In [5]: path = "datasets/bitly_usagov/example.txt"

In [6]: with open(path) as f:
   ...:     print(f.readline())
   ...:
```

```
{ "a": "Mozilla\\/5.0 (Windows NT 6.1; WOW64) AppleWebKit\\/535.11
(KHTML, like Gecko) Chrome\\/17.0.963.78 Safari\\/535.11", "c": "US", "nk": 1,
"tz": "America\\/New_York", "gr": "MA", "g": "A6qOVH", "h": "wfLQtf", "l":
"orofrog", "al": "en-US,en;q=0.8", "hh": "1.usa.gov", "r":
"http:\\/\\/www.facebook.com\\/l\\/7AQEFzjSi\\/1.usa.gov\\/wfLQtf", "u":
"http:\\/\\/www.ncbi.nlm.nih.gov\\/pubmed\\/22415991", "t": 1331923247, "hc":
1331822918, "cy": "Danvers", "ll": [ 42.576698, -70.954903 ] }
```

Python 有內建的功能和第三方程式庫可將 JSON 字串轉換成 Python 字典。我們將使用 json 模組和它的 loads 函式來處理範例檔裡的每一行：

```
import json
with open(path) as f:
    records = [json.loads(line) for line in f]
```

我們得到的物件 records 是 Python 字典組成的串列：

```
In [18]: records[0]
Out[18]:
{'a': 'Mozilla/5.0 (Windows NT 6.1; WOW64) AppleWebKit/535.11 (KHTML, like Gecko)
Chrome/17.0.963.78 Safari/535.11',
 'al': 'en-US,en;q=0.8',
 'c': 'US',
 'cy': 'Danvers',
 'g': 'A6qOVH',
 'gr': 'MA',
 'h': 'wfLQtf',
 'hc': 1331822918,
 'hh': '1.usa.gov',
 'l': 'orofrog',
 'll': [42.576698, -70.954903],
 'nk': 1,
 'r': 'http://www.facebook.com/l/7AQEFzjSi/1.usa.gov/wfLQtf',
 't': 1331923247,
 'tz': 'America/New_York',
 'u': 'http://www.ncbi.nlm.nih.gov/pubmed/22415991'}
```

用純 Python 來計算時區

假如我們想要找出最常出現在資料組裡的時區（tz 欄），可行的方法有很多種，首先，我們使用串列生成式來提取時區串列：

```
In [15]: time_zones = [rec["tz"] for rec in records]
---------------------------------------------------------------------------
KeyError                                  Traceback (most recent call last)
<ipython-input-15-abdeba901c13> in <module>
----> 1 time_zones = [rec["tz"] for rec in records]
```

```
<ipython-input-15-abdeba901c13> in <listcomp>(.0)
----> 1 time_zones = [rec["tz"] for rec in records]
KeyError: 'tz'
```

哎呀！看來有些紀錄沒有時區欄位。我們可以在串列生成式的結尾加上檢查式 `if "tz" in rec` 來處理這個情況：

```
In [16]: time_zones = [rec["tz"] for rec in records if "tz" in rec]

In [17]: time_zones[:10]
Out[17]:
['America/New_York',
 'America/Denver',
 'America/New_York',
 'America/Sao_Paulo',
 'America/New_York',
 'America/New_York',
 'Europe/Warsaw',
 '',
 '',
 '']
```

從前 10 個時區就可以看到，它們有一些是空字串。你也可以將它們篩選出來，但現在我先保留它們。接下來，為了取得各時區的數量，我要展示兩種做法：一種比較難的做法（僅使用 Python 標準程式庫）和一種比較簡單的做法（使用 pandas）。為了計數，我們可以迭代時區並使用一個字典來儲存數量：

```
def get_counts(sequence):
    counts = {}
    for x in sequence:
        if x in counts:
            counts[x] += 1
        else:
            counts[x] = 1
    return counts
```

你可以使用 Python 標準程式庫的進階工具來簡潔地寫出相同的東西：

```
from collections import defaultdict

def get_counts2(sequence):
    counts = defaultdict(int) # 值的初始值被設為 0
    for x in sequence:
        counts[x] += 1
    return counts
```

將邏輯放在函式裡是為了讓它更容易重複使用。只要傳入 `time_zones` 串列即可用它來處理時區：

```
In [20]: counts = get_counts(time_zones)

In [21]: counts["America/New_York"]
Out[21]: 1251

In [22]: len(time_zones)
Out[22]: 3440
```

如果我們想要知道前 10 名的時區，和它們的數量，我們可以用 `(count, timezone)` 來製作 tuple 串列，並排序它：

```
def top_counts(count_dict, n=10):
    value_key_pairs = [(count, tz) for tz, count in count_dict.items()]
    value_key_pairs.sort()
    return value_key_pairs[-n:]
```

我們得到：

```
In [24]: top_counts(counts)
Out[24]:
[(33, 'America/Sao_Paulo'),
 (35, 'Europe/Madrid'),
 (36, 'Pacific/Honolulu'),
 (37, 'Asia/Tokyo'),
 (74, 'Europe/London'),
 (191, 'America/Denver'),
 (382, 'America/Los_Angeles'),
 (400, 'America/Chicago'),
 (521, ''),
 (1251, 'America/New_York')]
```

你可以在 Python 標準程式庫裡找到 `collections.Counter` 類別，它可以簡化這項工作：

```
In [25]: from collections import Counter

In [26]: counts = Counter(time_zones)

In [27]: counts.most_common(10)
Out[27]:
[('America/New_York', 1251),
 ('', 521),
 ('America/Chicago', 400),
 ('America/Los_Angeles', 382),
 ('America/Denver', 191),
 ('Europe/London', 74),
```

```
('Asia/Tokyo', 37),
('Pacific/Honolulu', 36),
('Europe/Madrid', 35),
('America/Sao_Paulo', 33)]
```

使用 pandas 來計算時區數量

你可以將紀錄串列傳給 `pandas.DataFrame` 來用原始的紀錄組做出一個 DataFrame：

```
In [28]: frame = pd.DataFrame(records)
```

我們使用 `frame.info()` 來看一下這個新 DataFrame 的基本資訊，例如欄名、從資料推導出來的欄型態，及缺失值的數量：

```
In [29]: frame.info()
<class 'pandas.core.frame.DataFrame'>
RangeIndex: 3560 entries, 0 to 3559
Data columns (total 18 columns):
 #   Column       Non-Null Count  Dtype
---  ------       --------------  -----
 0   a            3440 non-null   object
 1   c            2919 non-null   object
 2   nk           3440 non-null   float64
 3   tz           3440 non-null   object
 4   gr           2919 non-null   object
 5   g            3440 non-null   object
 6   h            3440 non-null   object
 7   l            3440 non-null   object
 8   al           3094 non-null   object
 9   hh           3440 non-null   object
 10  r            3440 non-null   object
 11  u            3440 non-null   object
 12  t            3440 non-null   float64
 13  hc           3440 non-null   float64
 14  cy           2919 non-null   object
 15  ll           2919 non-null   object
 16  _heartbeat_  120 non-null    float64
 17  kw           93 non-null     object
dtypes: float64(4), object(14)
memory usage: 500.8+ KB

In [30]: frame["tz"].head()
Out[30]:
0     America/New_York
1       America/Denver
2     America/New_York
3    America/Sao_Paulo
```

```
4     America/New_York
Name: tz, dtype: object
```

上面為 frame 輸出的是 *summary view*，它是為大型的 DataFrame 物件顯示的。接著可以使用 Series 的 value_counts 方法：

```
In [31]: tz_counts = frame["tz"].value_counts()

In [32]: tz_counts.head()
Out[32]:
America/New_York       1251
                        521
America/Chicago         400
America/Los_Angeles     382
America/Denver          191
Name: tz, dtype: int64
```

我們用 matplotlib 來將資料視覺化。我們可以將紀錄裡不明的或缺失的時區資料換成替代值來讓圖表更漂亮一些。我們使用 fillna 方法來替換缺失資料值，並讓空字串使用布林陣列索引：

```
In [33]: clean_tz = frame["tz"].fillna("Missing")

In [34]: clean_tz[clean_tz == ""] = "Unknown"

In [35]: tz_counts = clean_tz.value_counts()

In [36]: tz_counts.head()
Out[36]:
America/New_York       1251
Unknown                 521
America/Chicago         400
America/Los_Angeles     382
America/Denver          191
Name: tz, dtype: int64
```

然後使用 seaborn 程式包（*http://seaborn.pydata.org*）來製作水平長條圖（圖 13-1）：

```
In [38]: import seaborn as sns

In [39]: subset = tz_counts.head()

In [40]: sns.barplot(y=subset.index, x=subset.to_numpy())
```

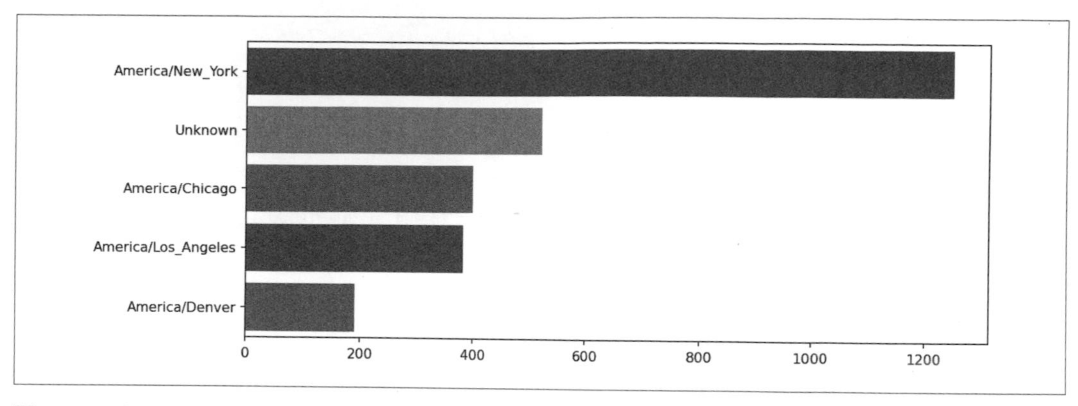

圖 13-1　在 1.usa.gov 樣本資料裡的前幾名時區

a 欄儲存用來執行縮址的瀏覽器、設備或應用程式的資訊：

```
In [41]: frame["a"][1]
Out[41]: 'GoogleMaps/RochesterNY'

In [42]: frame["a"][50]
Out[42]: 'Mozilla/5.0 (Windows NT 5.1; rv:10.0.2) Gecko/20100101 Firefox/10.0.2'

In [43]: frame["a"][51][:50]  # 長行
Out[43]: 'Mozilla/5.0 (Linux; U; Android 2.2.2; en-us; LG-P9'
```

解析這些「代理」字串中的資訊似乎不太容易，有一種可行的策略是將字串中的第一個標記（大致對應瀏覽器）拿出來，並製作另一份使用者行為的總結：

```
In [44]: results = pd.Series([x.split()[0] for x in frame["a"].dropna()])

In [45]: results.head(5)
Out[45]:
0               Mozilla/5.0
1    GoogleMaps/RochesterNY
2               Mozilla/4.0
3               Mozilla/5.0
4               Mozilla/5.0
dtype: object

In [46]: results.value_counts().head(8)
Out[46]:
Mozilla/5.0                 2594
Mozilla/4.0                  601
GoogleMaps/RochesterNY       121
Opera/9.80                    34
TEST_INTERNET_AGENT           24
```

```
GoogleProducer                21
Mozilla/6.0                    5
BlackBerry8520/5.0.0.681       4
dtype: int64
```

假設你想要將最多的前幾個時區分成 Windows 和非 Windows 使用者。為了簡化，當字串 "Windows" 出現在代理字串裡時，我們就認定那位使用者使用 Windows。因為有一些代理資訊是空缺的，我們將它們移出資料：

```
In [47]: cframe = frame[frame["a"].notna()].copy()
```

我們計算指示每一列是不是 Windows 的值：

```
In [48]: cframe["os"] = np.where(cframe["a"].str.contains("Windows"),
   ....:                         "Windows", "Not Windows")

In [49]: cframe["os"].head(5)
Out[49]:
0        Windows
1    Not Windows
2        Windows
3    Not Windows
4        Windows
Name: os, dtype: object
```

然後根據時區欄和新的作業系統串列來將資料分組：

```
In [50]: by_tz_os = cframe.groupby(["tz", "os"])
```

群組數量可以用 `size` 來計算，它與 `value_counts` 函式類似。我們用 `unstack` 來將這個結果重塑成一張表：

```
In [51]: agg_counts = by_tz_os.size().unstack().fillna(0)

In [52]: agg_counts.head()
Out[52]:
os                   Not Windows  Windows
tz
                           245.0    276.0
Africa/Cairo                 0.0      3.0
Africa/Casablanca            0.0      1.0
Africa/Ceuta                 0.0      2.0
Africa/Johannesburg          0.0      1.0
```

最後，我們來選出數量最多的前幾個時區。為此，我用 agg_counts 裡面的列數來製作一個間接索引陣列。用 agg_counts.sum("columns") 來計算列數之後，我呼叫 argsort() 來取得索引陣列，它可以用來進行升序排序：

```
In [53]: indexer = agg_counts.sum("columns").argsort()

In [54]: indexer.values[:10]
Out[54]: array([24, 20, 21, 92, 87, 53, 54, 57, 26, 55])
```

我使用 take 來依序選出列，然後切出最後 10 列（最大值）：

```
In [55]: count_subset = agg_counts.take(indexer[-10:])

In [56]: count_subset
Out[56]:
os                   Not Windows  Windows
tz
America/Sao_Paulo           13.0     20.0
Europe/Madrid               16.0     19.0
Pacific/Honolulu             0.0     36.0
Asia/Tokyo                   2.0     35.0
Europe/London               43.0     31.0
America/Denver             132.0     59.0
America/Los_Angeles        130.0    252.0
America/Chicago            115.0    285.0
                           245.0    276.0
America/New_York           339.0    912.0
```

pandas 的 nlargest 方法可以輕鬆地做同一件事：

```
In [57]: agg_counts.sum(axis="columns").nlargest(10)
Out[57]:
tz
America/New_York       1251.0
                        521.0
America/Chicago         400.0
America/Los_Angeles     382.0
America/Denver          191.0
Europe/London            74.0
Asia/Tokyo               37.0
Pacific/Honolulu         36.0
Europe/Madrid            35.0
America/Sao_Paulo        33.0
dtype: float64
```

然後使用 seaborn 的 barplot 函式來畫出分組長條圖，以比較 Windows 使用者與非 Windows 使用者的數量（圖 13-2）：為了與 seaborn 相容，我先呼叫 count_subset.stack() 並重設索引，以重新排列資料：

```
In [59]: count_subset = count_subset.stack()

In [60]: count_subset.name = "total"

In [61]: count_subset = count_subset.reset_index()

In [62]: count_subset.head(10)
Out[62]:
                  tz           os  total
0  America/Sao_Paulo  Not Windows   13.0
1  America/Sao_Paulo      Windows   20.0
2      Europe/Madrid  Not Windows   16.0
3      Europe/Madrid      Windows   19.0
4   Pacific/Honolulu  Not Windows    0.0
5   Pacific/Honolulu      Windows   36.0
6         Asia/Tokyo  Not Windows    2.0
7         Asia/Tokyo      Windows   35.0
8      Europe/London  Not Windows   43.0
9      Europe/London      Windows   31.0

In [63]: sns.barplot(x="total", y="tz", hue="os",  data=count_subset)
```

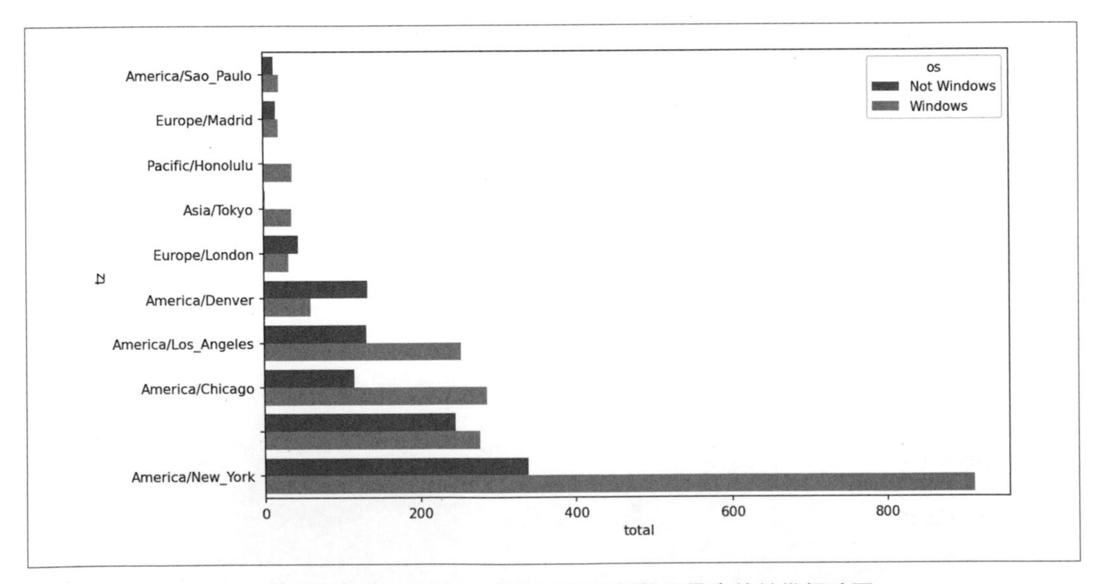

圖 13-2　按 Windows 使用者和非 Windows 使用者來顯示數量最多的前幾個時區

在數量較少的群組裡比較難看出 Windows 使用者的相對百分比，所以我們將群組百分比正規化為總和為 1：

```
def norm_total(group):
    group["normed_total"] = group["total"] / group["total"].sum()
    return group

results = count_subset.groupby("tz").apply(norm_total)
```

然後畫出圖 13-3：

```
In [66]: sns.barplot(x="normed_total", y="tz", hue="os",  data=results)
```

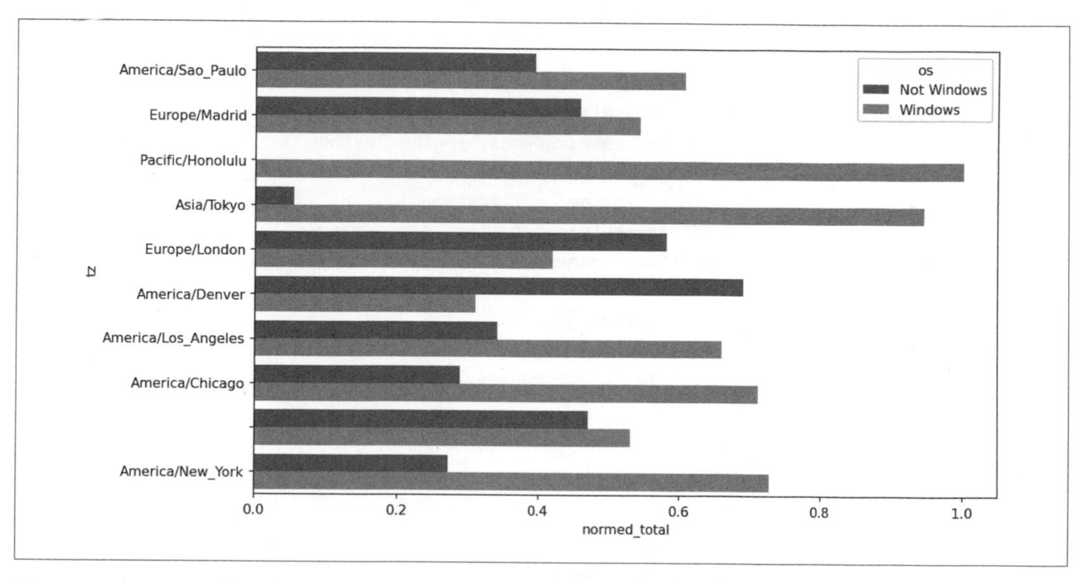

圖 13-3　Windows 使用者和非 Windows 使用者在最常見的前幾個時區裡的百分比

我們可以使用 `transform` 方法與 `groupby` 來更有效率地計算正規化總和：

```
In [67]: g = count_subset.groupby("tz")

In [68]: results2 = count_subset["total"] / g["total"].transform("sum")
```

13.2 MovieLens 1M 資料組

GroupLens Research（*https://grouplens.org/datasets/movielens*）提供一些來自 1990 年代末和 2000 年代初 MovieLens 使用者的電影評分資料。這些資料提供了電影評分、電影詮釋資料（類型和年份）以及使用者的人口統計數據（年齡、郵遞區號、性別和職業）。用機器學習演算法來開發推薦系統的人通常對這樣的資料感興趣。雖然本書不詳細探討機器學習技術，但我將展示如何將這種資料整理成你需要的格式。

MovieLens 1M 資料組有 6,000 位使用者對 4,000 部電影的評分，評分共計一百萬個。它有三張表：評分、使用者資訊、電影資訊。我們可以使用 `pandas.read_table` 來將每張表載入至一個 pandas DataFrame 物件中。在 Jupyter cell 裡執行下面的程式：

```
unames = ["user_id", "gender", "age", "occupation", "zip"]
users = pd.read_table("datasets/movielens/users.dat", sep="::",
                      header=None, names=unames, engine="python")

rnames = ["user_id", "movie_id", "rating", "timestamp"]
ratings = pd.read_table("datasets/movielens/ratings.dat", sep="::",
                        header=None, names=rnames, engine="python")

mnames = ["movie_id", "title", "genres"]
movies = pd.read_table("datasets/movielens/movies.dat", sep="::",
                       header=None, names=mnames, engine="python")
```

你可以檢查每一個 DataFrame 來確認上面的程式有成功執行：

```
In [70]: users.head(5)
Out[70]:
   user_id gender  age  occupation    zip
0        1      F    1          10  48067
1        2      M   56          16  70072
2        3      M   25          15  55117
3        4      M   45           7  02460
4        5      M   25          20  55455

In [71]: ratings.head(5)
Out[71]:
   user_id  movie_id  rating  timestamp
0        1      1193       5  978300760
1        1       661       3  978302109
2        1       914       3  978301968
3        1      3408       4  978300275
4        1      2355       5  978824291

In [72]: movies.head(5)
```

```
Out[72]:
   movie_id                               title                        genres
0         1                    Toy Story (1995)   Animation|Children's|Comedy
1         2                      Jumanji (1995)  Adventure|Children's|Fantasy
2         3             Grumpier Old Men (1995)                Comedy|Romance
3         4            Waiting to Exhale (1995)                  Comedy|Drama
4         5  Father of the Bride Part II (1995)                        Comedy

In [73]: ratings
Out[73]:
         user_id  movie_id  rating  timestamp
0              1      1193       5  978300760
1              1       661       3  978302109
2              1       914       3  978301968
3              1      3408       4  978300275
4              1      2355       5  978824291
...          ...       ...     ...        ...
1000204     6040      1091       1  956716541
1000205     6040      1094       5  956704887
1000206     6040       562       5  956704746
1000207     6040      1096       4  956715648
1000208     6040      1097       4  956715569
[1000209 rows x 4 columns]
```

注意，年齡（age）與職業（occupation）被編碼成整數，這些數字代表資料組的 *README* 檔描述的群體。分析分成三張表的資料不是簡單的工作，例如，計算不同的性別和年齡給特定電影打的平均分數。你將看到，將所有資料合併成一張表處理起來比較方便。我們先使用 pandas 的 `merge` 函式來將 `ratings` 與 `users` 合併，然後將結果與 `movies` 資料合併。pandas 會根據重疊的名稱來推斷哪些欄可當成合併（或稱**連接**）鍵來使用。

```
In [74]: data = pd.merge(pd.merge(ratings, users), movies)

In [75]: data
Out[75]:
         user_id  movie_id  rating  timestamp gender  age  occupation    zip  \
0              1      1193       5  978300760      F    1          10  48067
1              2      1193       5  978298413      M   56          16  70072
2             12      1193       4  978220179      M   25          12  32793
3             15      1193       4  978199279      M   25           7  22903
4             17      1193       5  978158471      M   50           1  95350
...          ...       ...     ...        ...    ...  ...         ...    ...
1000204     5949      2198       5  958846401      M   18          17  47901
1000205     5675      2703       3  976029116      M   35          14  30030
1000206     5780      2845       1  958153068      M   18          17  92886
1000207     5851      3607       5  957756608      F   18          20  55410
1000208     5938      2909       4  957273353      M   25           1  35401
```

```
                                            title               genres
0             One Flew Over the Cuckoo's Nest (1975)               Drama
1             One Flew Over the Cuckoo's Nest (1975)               Drama
2             One Flew Over the Cuckoo's Nest (1975)               Drama
3             One Flew Over the Cuckoo's Nest (1975)               Drama
4             One Flew Over the Cuckoo's Nest (1975)               Drama
...                                              ...                 ...
1000204                           Modulations (1998)         Documentary
1000205                        Broken Vessels (1998)               Drama
1000206                            White Boys (1999)               Drama
1000207                     One Little Indian (1973)  Comedy|Drama|Western
1000208  Five Wives, Three Secretaries and Me (1998)         Documentary
[1000209 rows x 10 columns]

In [76]: data.iloc[0]
Out[76]:
user_id                                            1
movie_id                                        1193
rating                                             5
timestamp                                  978300760
gender                                             F
age                                                1
occupation                                        10
zip                                            48067
title         One Flew Over the Cuckoo's Nest (1975)
genres                                         Drama
Name: 0, dtype: object
```

我們可以使用 **pivot_table** 方法來按性別分組，並取得每部電影的平均分數：

```
In [77]: mean_ratings = data.pivot_table("rating", index="title",
   ....:                                 columns="gender", aggfunc="mean")

In [78]: mean_ratings.head(5)
Out[78]:
gender                                F         M
title
$1,000,000 Duck (1971)         3.375000  2.761905
'Night Mother (1986)           3.388889  3.352941
'Til There Was You (1997)      2.675676  2.733333
'burbs, The (1989)             2.793478  2.962085
...And Justice for All (1979)  3.828571  3.689024
```

這會產生另一個 DataFrame，它以片名作為列標籤（索引），以性別作為欄標籤，裡面有電影的評分。我先篩選出至少獲得 250 個（這是隨便選出來的數字）評分的電影，為此，我用片名來將資料分組，並使用 **size()** 來取得每個片名的群組大小的 Series：

```
In [79]: ratings_by_title = data.groupby("title").size()

In [80]: ratings_by_title.head()
Out[80]:
title
$1,000,000 Duck (1971)            37
'Night Mother (1986)              70
'Til There Was You (1997)         52
'burbs, The (1989)               303
...And Justice for All (1979)    199
dtype: int64

In [81]: active_titles = ratings_by_title.index[ratings_by_title >= 250]

In [82]: active_titles
Out[82]:
Index([''burbs, The (1989)', '10 Things I Hate About You (1999)',
       '101 Dalmatians (1961)', '101 Dalmatians (1996)', '12 Angry Men (1957)',
       '13th Warrior, The (1999)', '2 Days in the Valley (1996)',
       '20,000 Leagues Under the Sea (1954)', '2001: A Space Odyssey (1968)',
       '2010 (1984)',
       ...
       'X-Men (2000)', 'Year of Living Dangerously (1982)',
       'Yellow Submarine (1968)', 'You've Got Mail (1998)',
       'Young Frankenstein (1974)', 'Young Guns (1988)',
       'Young Guns II (1990)', 'Young Sherlock Holmes (1985)',
       'Zero Effect (1998)', 'eXistenZ (1999)'],
      dtype='object', name='title', length=1216)
```

然後使用至少獲得 250 次評分的電影名稱的索引和 `.loc`，從 `mean_ratings` 選出各列：

```
In [83]: mean_ratings = mean_ratings.loc[active_titles]

In [84]: mean_ratings
Out[84]:
gender                                    F         M
title
'burbs, The (1989)                 2.793478  2.962085
10 Things I Hate About You (1999)  3.646552  3.311966
101 Dalmatians (1961)              3.791444  3.500000
101 Dalmatians (1996)              3.240000  2.911215
12 Angry Men (1957)                4.184397  4.328421
...                                     ...       ...
Young Guns (1988)                  3.371795  3.425620
Young Guns II (1990)               2.934783  2.904025
Young Sherlock Holmes (1985)       3.514706  3.363344
```

```
Zero Effect (1998)                      3.864407  3.723140
eXistenZ (1999)                         3.098592  3.289086
[1216 rows x 2 columns]
```

為了知道女性觀眾最喜歡的電影，我們將 F 欄降序排序：

```
In [86]: top_female_ratings = mean_ratings.sort_values("F", ascending=False)

In [87]: top_female_ratings.head()
Out[87]:
gender                                                         F         M
title
Close Shave, A (1995)                                   4.644444  4.473795
Wrong Trousers, The (1993)                              4.588235  4.478261
Sunset Blvd. (a.k.a. Sunset Boulevard) (1950)           4.572650  4.464589
Wallace & Gromit: The Best of Aardman Animation (1996)  4.563107  4.385075
Schindler's List (1993)                                 4.562602  4.491415
```

衡量評分分歧的情況

假如你想要知道男性和女性的評分最兩極化的電影有哪些，有一種做法是在 `mean_ratings` 裡加入一欄，儲存平均值的差，然後排序它：

```
In [88]: mean_ratings["diff"] = mean_ratings["M"] - mean_ratings["F"]
```

用 'diff' 欄來排序電影可以找到差異最大的電影是哪些，如此一來，我們就可以知道女性偏好的電影有哪些：

```
In [89]: sorted_by_diff = mean_ratings.sort_values("diff")

In [90]: sorted_by_diff.head()
Out[90]:
gender                            F         M      diff
title
Dirty Dancing (1987)       3.790378  2.959596 -0.830782
Jumpin' Jack Flash (1986)  3.254717  2.578358 -0.676359
Grease (1978)              3.975265  3.367041 -0.608224
Little Women (1994)        3.870588  3.321739 -0.548849
Steel Magnolias (1989)     3.901734  3.365957 -0.535777
```

將資料列反向排序並切出前 10 列可以得到男性比較喜歡，但女性評價不高的電影：

```
In [91]: sorted_by_diff[::-1].head()
Out[91]:
gender                                         F         M      diff
title
Good, The Bad and The Ugly, The (1966)  3.494949  4.221300  0.726351
```

```
Kentucky Fried Movie, The (1977)        2.878788  3.555147  0.676359
Dumb & Dumber (1994)                    2.697987  3.336595  0.638608
Longest Day, The (1962)                 3.411765  4.031447  0.619682
Cable Guy, The (1996)                   2.250000  2.863787  0.613787
```

如果你不考慮性別，只想找出觀眾評分最兩極的電影，你可以使用評分的變異數或標準差來衡量分歧程度。為此，我們先用片名來計算分數的標準差，然後選出 active title：

```
In [92]: rating_std_by_title = data.groupby("title")["rating"].std()

In [93]: rating_std_by_title = rating_std_by_title.loc[active_titles]

In [94]: rating_std_by_title.head()
Out[94]:
title
'burbs, The (1989)                   1.107760
10 Things I Hate About You (1999)    0.989815
101 Dalmatians (1961)                0.982103
101 Dalmatians (1996)                1.098717
12 Angry Men (1957)                  0.812731
Name: rating, dtype: float64
```

接著降序排序並選出前 10 列，它們大致上是前 10 部評價最兩極的電影：

```
In [95]: rating_std_by_title.sort_values(ascending=False)[:10]
Out[95]:
title
Dumb & Dumber (1994)                     1.321333
Blair Witch Project, The (1999)          1.316368
Natural Born Killers (1994)              1.307198
Tank Girl (1995)                         1.277695
Rocky Horror Picture Show, The (1975)    1.260177
Eyes Wide Shut (1999)                    1.259624
Evita (1996)                             1.253631
Billy Madison (1995)                     1.249970
Fear and Loathing in Las Vegas (1998)    1.246408
Bicentennial Man (1999)                  1.245533
Name: rating, dtype: float64
```

電影類型（genres）是用 | 來分隔的字串，因為一部電影可能屬於多種類型。若要按照 genres 來將評分資料分組，可以利用 DataFrame 的 `explode` 方法。我們來看看它的效果。首先，對著 Series 使用 `str.split` 方法，將 genres 字串分成 genres 串列：

```
In [96]: movies["genres"].head()
Out[96]:
0     Animation|Children's|Comedy
1    Adventure|Children's|Fantasy
```

```
2                   Comedy|Romance
3                     Comedy|Drama
4                           Comedy
Name: genres, dtype: object

In [97]: movies["genres"].head().str.split("|")
Out[97]:
0     [Animation, Children's, Comedy]
1    [Adventure, Children's, Fantasy]
2                   [Comedy, Romance]
3                     [Comedy, Drama]
4                            [Comedy]
Name: genres, dtype: object

In [98]: movies["genre"] = movies.pop("genres").str.split("|")

In [99]: movies.head()
Out[99]:
   movie_id                               title  \
0         1                    Toy Story (1995)
1         2                      Jumanji (1995)
2         3             Grumpier Old Men (1995)
3         4            Waiting to Exhale (1995)
4         5  Father of the Bride Part II (1995)
                              genre
0   [Animation, Children's, Comedy]
1  [Adventure, Children's, Fantasy]
2                 [Comedy, Romance]
3                   [Comedy, Drama]
4                          [Comedy]
```

然後呼叫 movies.explode("genre") 會產生一個新 DataFrame，每一個 genre 串列裡的每個「內部」元素在新 DataFrame 都有一列。例如，如果電影被分類為 comedy 與 romance，結果裡會有兩列，其中一列只有 "Comedy"，另一列只有 "Romance"：

```
In [100]: movies_exploded = movies.explode("genre")

In [101]: movies_exploded[:10]
Out[101]:
   movie_id                    title       genre
0         1         Toy Story (1995)   Animation
0         1         Toy Story (1995)  Children's
0         1         Toy Story (1995)      Comedy
1         2           Jumanji (1995)   Adventure
1         2           Jumanji (1995)  Children's
1         2           Jumanji (1995)     Fantasy
2         3  Grumpier Old Men (1995)      Comedy
```

```
2         3   Grumpier Old Men (1995)     Romance
3         4  Waiting to Exhale (1995)      Comedy
3         4  Waiting to Exhale (1995)       Drama
```

現在可以將全部的三張表合併在一起，並用 genre 來分組：

```
In [102]: ratings_with_genre = pd.merge(pd.merge(movies_exploded, ratings), users
)

In [103]: ratings_with_genre.iloc[0]
Out[103]:
movie_id                     1
title         Toy Story (1995)
genre                Animation
user_id                      1
rating                       5
timestamp            978824268
gender                       F
age                          1
occupation                  10
zip                      48067
Name: 0, dtype: object

In [104]: genre_ratings = (ratings_with_genre.groupby(["genre", "age"])
   .....:                  ["rating"].mean()
   .....:                  .unstack("age"))

In [105]: genre_ratings[:10]
Out[105]:
age                 1        18        25        35        45        50  \
genre
Action       3.506385  3.447097  3.453358  3.538107  3.528543  3.611333
Adventure    3.449975  3.408525  3.443163  3.515291  3.528963  3.628163
Animation    3.476113  3.624014  3.701228  3.740545  3.734856  3.780020
Children's   3.241642  3.294257  3.426873  3.518423  3.527593  3.556555
Comedy       3.497491  3.460417  3.490385  3.561984  3.591789  3.646868
Crime        3.710170  3.668054  3.680321  3.733736  3.750661  3.810688
Documentary  3.730769  3.865865  3.946690  3.953747  3.966521  3.908108
Drama        3.794735  3.721930  3.726428  3.782512  3.784356  3.878415
Fantasy      3.317647  3.353778  3.452484  3.482301  3.532468  3.581570
Film-Noir    4.145455  3.997368  4.058725  4.064910  4.105376  4.175401
age                56
genre
Action       3.610709
Adventure    3.649064
Animation    3.756233
Children's   3.621822
Comedy       3.650949
```

```
Crime          3.832549
Documentary 3.961538
Drama          3.933465
Fantasy        3.532700
Film-Noir      4.125932
```

13.3 1880-2010 年美國新生兒名字

美國社會保障管理局（The United States Social Security Administration，SSA）有一份從 1880 年統計迄今的新生兒名字頻率資料。許多 R 語言程式包的作者 Hadley Wickham 經常用這個資料組來展示 R 語言的資料處理功能。

我們在載入這個資料組時，必須做一些資料處理，完成之後可獲得一個長這樣的 DataFrame：

```
In [4]: names.head(10)
Out[4]:
        name sex  births  year
0       Mary   F    7065  1880
1       Anna   F    2604  1880
2       Emma   F    2003  1880
3  Elizabeth   F    1939  1880
4     Minnie   F    1746  1880
5   Margaret   F    1578  1880
6        Ida   F    1472  1880
7      Alice   F    1414  1880
8     Bertha   F    1320  1880
9      Sarah   F    1288  1880
```

你可以使用這個資料組來做的事情有：

- 用視覺化的方式來展示新生兒被取特定名字隨著時間的比例變化
- 列出一個名字的相對排名
- 列出每年最流行的名字，或上升速度最快或下降速度最快的名字
- 分析名字的各種趨勢：母音、子音、長度、整體多樣性、拼寫變化、第一個或最後一個字母
- 分析外界趨勢的影響：聖經名字、名人、人口結構變化

使用本書介紹的工具可以做到上述的多種分析，接下來要介紹如何進行其中的一些分析。

我在寫書的此時，美國社會保障管理局每年都會提供一份資料檔，裡面有所有新生兒的性別和名字的總數，你可以到 *http://www.ssa.gov/oact/babynames/limits.html* 下載這些原始檔案。

如果這個網頁在你看到這裡時被移除了，你依然可以在網路上搜尋並找到新位置。下載「National data」檔 *names.zip* 並將它解壓縮之後，你會得到一個目錄，裡面有一堆名稱類似 *yob1880.txt* 的檔案。我使用 Unix 的 `head` 命令來查看檔案的前 10 行（在 Windows 上，你可以改用 `more` 命令，或是用文字編輯器來打開檔案）：

```
In [106]: !head -n 10 datasets/babynames/yob1880.txt
Mary,F,7065
Anna,F,2604
Emma,F,2003
Elizabeth,F,1939
Minnie,F,1746
Margaret,F,1578
Ida,F,1472
Alice,F,1414
Bertha,F,1320
Sarah,F,1288
```

因為這個檔案已經是逗號分隔格式了，所以我們可以用 `pandas.read_csv` 來將它讀成 DataFrame：

```
In [107]: names1880 = pd.read_csv("datasets/babynames/yob1880.txt",
   .....:                          names=["name", "sex", "births"])

In [108]: names1880
Out[108]:
           name sex  births
0          Mary   F    7065
1          Anna   F    2604
2          Emma   F    2003
3     Elizabeth   F    1939
4        Minnie   F    1746
...         ...  ..     ...
1995     Woodie   M       5
1996     Worthy   M       5
1997     Wright   M       5
1998       York   M       5
1999  Zachariah   M       5
[2000 rows x 3 columns]
```

這些檔案只有當年出現 5 次以上的名字，為了簡化，我們按性別計算 births 欄總量，以算出該年度的出生人口：

```
In [109]: names1880.groupby("sex")["births"].sum()
Out[109]:
sex
F     90993
M    110493
Name: births, dtype: int64
```

由於資料組按年度分成不同的檔案，所以我們要先將多個檔案中的資料合併成一個 DataFrame，並加入一個 year 欄位，你可以用 pandas.concat 來做這件事。在 Jupyter cell 裡執行下面的程式：

```
pieces = []
for year in range(1880, 2011):
    path = f"datasets/babynames/yob{year}.txt"
    frame = pd.read_csv(path, names=["name", "sex", "births"])

    # 加入一個年度欄
    frame["year"] = year
    pieces.append(frame)

# 將所有資料都合併成一個 DataFrame
names = pd.concat(pieces, ignore_index=True)
```

這裡有幾件需要注意的事情，第一，別忘了，concat 在預設情況下以列來結合資料。第二，我們不想要保留 pandas.read_csv 回傳的原始列號，所以必須傳入 ignore_index=True。現在我們得到一個 DataFrame，裡面有所有年度的所有名字：

```
In [111]: names
Out[111]:
              name sex  births  year
0             Mary   F    7065  1880
1             Anna   F    2604  1880
2             Emma   F    2003  1880
3        Elizabeth   F    1939  1880
4           Minnie   F    1746  1880
...            ...  ..     ...   ...
1690779    Zymaire   M       5  2010
1690780     Zyonne   M       5  2010
1690781  Zyquarius   M       5  2010
1690782      Zyran   M       5  2010
1690783      Zzyzx   M       5  2010
[1690784 rows x 4 columns]
```

有了這些資料以後，我們可以開始利用 groupby 或 pivot_table，依年度或性別來彙總資料（見圖 13-4）：

```
In [112]: total_births = names.pivot_table("births", index="year",
   .....:                                  columns="sex", aggfunc=sum)

In [113]: total_births.tail()
Out[113]:
sex         F        M
year
2006  1896468  2050234
2007  1916888  2069242
2008  1883645  2032310
2009  1827643  1973359
2010  1759010  1898382

In [114]: total_births.plot(title="Total births by sex and year")
```

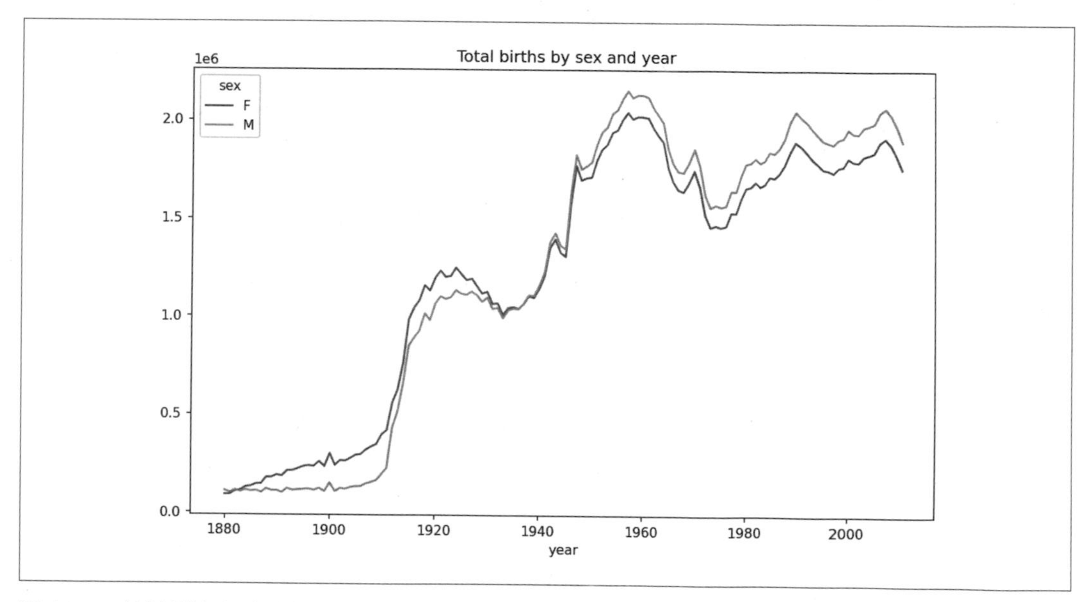

圖 13-4 依性別和年度計算的出生總數

接下來，我們插入 prop 欄，內含各個名字占總出生數的比例。若 prop 的值為 0.02，代表在 100 位新生兒中，有 2 位取了該名字。所以我們用年度和性別來分組資料，並為每一組計算新欄的值：

```
def add_prop(group):
    group["prop"] = group["births"] / group["births"].sum()
```

```
    return group
names = names.groupby(["year", "sex"]).apply(add_prop)
```

現在整個資料組有以下的欄位：

```
In [116]: names
Out[116]:
              name sex  births  year      prop
0             Mary   F    7065  1880  0.077643
1             Anna   F    2604  1880  0.028618
2             Emma   F    2003  1880  0.022013
3        Elizabeth   F    1939  1880  0.021309
4           Minnie   F    1746  1880  0.019188
...            ...  ..     ...   ...       ...
1690779    Zymaire   M       5  2010  0.000003
1690780     Zyonne   M       5  2010  0.000003
1690781  Zyquarius   M       5  2010  0.000003
1690782      Zyran   M       5  2010  0.000003
1690783      Zzyzx   M       5  2010  0.000003
[1690784 rows x 5 columns]
```

在執行這種分組操作時，我們應該做一些檢查，例如驗算所有群組的 prop 欄的總和是否等於 1：

```
In [117]: names.groupby(["year", "sex"])["prop"].sum()
Out[117]:
year  sex
1880  F      1.0
      M      1.0
1881  F      1.0
      M      1.0
1882  F      1.0
            ...
2008  M      1.0
2009  F      1.0
      M      1.0
2010  F      1.0
      M      1.0
Name: prop, Length: 262, dtype: float64
```

完成檢查後，我要提取部分的資料來分析各性別和年度最多的 1,000 種名字。這需要再做一次分組：

```
In [118]: def get_top1000(group):
   .....:     return group.sort_values("births", ascending=False)[:1000]

In [119]: grouped = names.groupby(["year", "sex"])
```

```
In [120]: top1000 = grouped.apply(get_top1000)

In [121]: top1000.head()
Out[121]:
                 name sex  births  year      prop
year sex
1880 F   0       Mary   F    7065  1880  0.077643
         1       Anna   F    2604  1880  0.028618
         2       Emma   F    2003  1880  0.022013
         3  Elizabeth   F    1939  1880  0.021309
         4     Minnie   F    1746  1880  0.019188
```

因為我們不需要用群組索引來分析，所以可以移除它：

```
In [122]: top1000 = top1000.reset_index(drop=True)
```

現在資料組小很多：

```
In [123]: top1000.head()
Out[123]:
        name sex  births  year      prop
0       Mary   F    7065  1880  0.077643
1       Anna   F    2604  1880  0.028618
2       Emma   F    2003  1880  0.022013
3  Elizabeth   F    1939  1880  0.021309
4     Minnie   F    1746  1880  0.019188
```

我們接下來要使用這個存有最多的 1,000 種名字的資料組來調查它。

分析名字趨勢

有了完整的資料組，以及最多的 1,000 種名字的資料組後，我們要開始分析各種名字趨勢，首先，我們將最多的 1,000 種名字分成男孩和女孩兩部分：

```
In [124]: boys = top1000[top1000["sex"] == "M"]

In [125]: girls = top1000[top1000["sex"] == "F"]
```

雖然我們可以畫出簡單的時間序列，例如 John 和 Mary 的逐年數量，但是做一些處理比較實用。我們來製作每年每個名字的總量的樞軸分析表：

```
In [126]: total_births = top1000.pivot_table("births", index="year",
   .....:                                    columns="name",
   .....:                                    aggfunc=sum)
```

現在使用 DataFrame 的 `plot` 方法來畫出幾個名字（圖 13-5）：

```
In [127]: total_births.info()
<class 'pandas.core.frame.DataFrame'>
Int64Index: 131 entries, 1880 to 2010
Columns: 6868 entries, Aaden to Zuri
dtypes: float64(6868)
memory usage: 6.9 MB

In [128]: subset = total_births[["John", "Harry", "Mary", "Marilyn"]]

In [129]: subset.plot(subplots=True, figsize=(12, 10),
   .....:             title="Number of births per year")
```

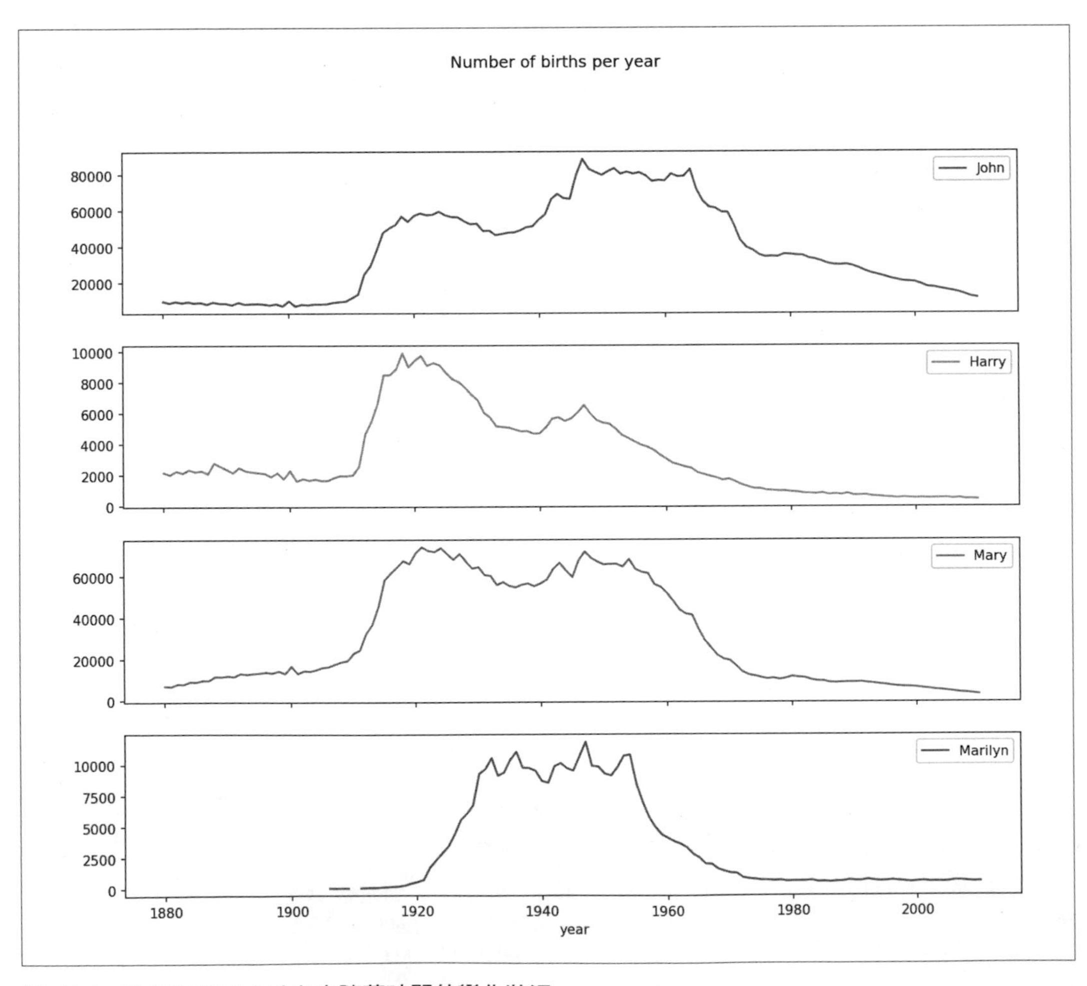

圖 13-5　幾個男孩和女孩名字隨著時間的變化狀況

你可能會從這張圖得出一個結論：美國人已經不喜歡這些名字了，但事實沒有這麼簡單，我們會在下一節解釋。

測量名字多樣化的上升趨勢

對於圖中的下降趨勢，有一個說法是現在沒有那麼多父母為小孩取「菜市場名」了。我們可以在資料中檢驗這個假設。有一個指標是取前 1,000 名流行名字的新生兒比例，我接下來要用年份和性別來彙總和繪圖（見圖 13-6）：

```
In [131]: table = top1000.pivot_table("prop", index="year",
   .....:                             columns="sex", aggfunc=sum)

In [132]: table.plot(title="Sum of table1000.prop by year and sex",
   .....:            yticks=np.linspace(0, 1.2, 13))
```

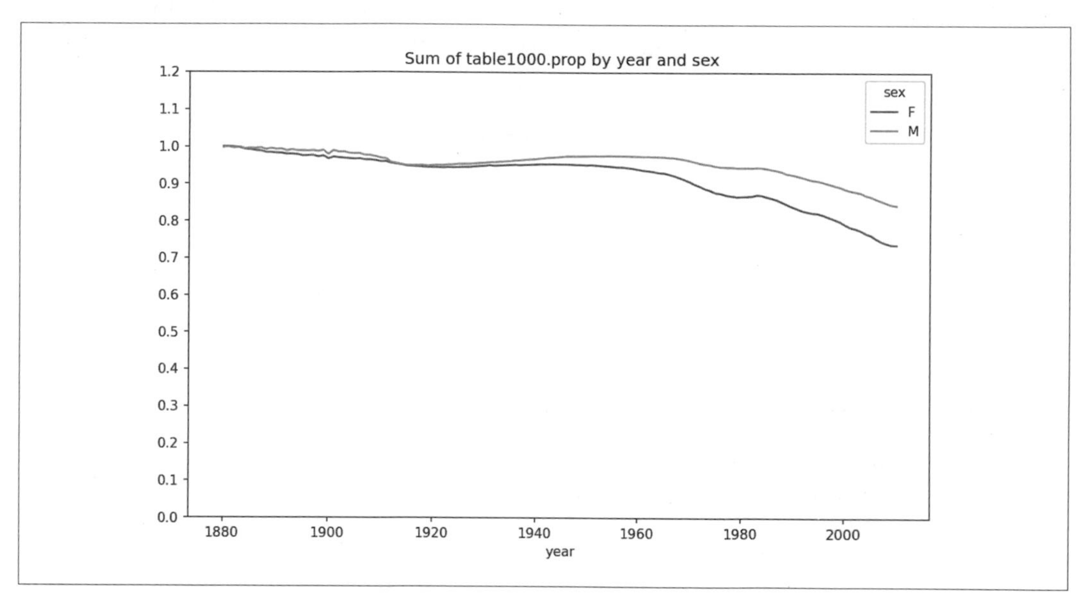

圖 13-6　取前 1,000 名的名字的新生兒所占的比例，分成不同性別

如你所見，名字的多樣性確實增加了（因為前 1,000 名所占的比例變少了）。另外一個有趣的指標是排序前 50% 的名字數量，由最多排到最少，這個數字比較難算，所以我們只看 2010 年度的男孩名字：

```
In [133]: df = boys[boys["year"] == 2010]

In [134]: df
Out[134]:
```

```
           name sex  births  year      prop
260877    Jacob   M   21875  2010  0.011523
260878    Ethan   M   17866  2010  0.009411
260879  Michael   M   17133  2010  0.009025
260880   Jayden   M   17030  2010  0.008971
260881  William   M   16870  2010  0.008887
...         ...  ..     ...   ...       ...
261872   Camilo   M     194  2010  0.000102
261873   Destin   M     194  2010  0.000102
261874   Jaquan   M     194  2010  0.000102
261875   Jaydan   M     194  2010  0.000102
261876   Maxton   M     193  2010  0.000102
[1000 rows x 5 columns]
```

將 `prop` 降序排序之後，我們想要知道需要累加多少最流行的名字才能到達 50%。雖然你可以寫一個 `for` 迴圈來計算這件事，但向量化的 NumPy 風格更有效率。我們計算 `prop` 的累計總和（`cumsum`），然後呼叫 `searchsorted` 方法，算出應將 `0.5` 插入累計總和排序的哪裡，才能維持正確排序：

```
In [135]: prop_cumsum = df["prop"].sort_values(ascending=False).cumsum()

In [136]: prop_cumsum[:10]
Out[136]:
260877    0.011523
260878    0.020934
260879    0.029959
260880    0.038930
260881    0.047817
260882    0.056579
260883    0.065155
260884    0.073414
260885    0.081528
260886    0.089621
Name: prop, dtype: float64

In [137]: prop_cumsum.searchsorted(0.5)
Out[137]: 116
```

因為陣列是從零算起的，將結果加 1 可得到 117。相較之下，在 1900 年，這個數字小很多：

```
In [138]: df = boys[boys.year == 1900]

In [139]: in1900 = df.sort_values("prop", ascending=False).prop.cumsum()

In [140]: in1900.searchsorted(0.5) + 1
Out[140]: 25
```

你可以對每個年度和性別的組合執行這項操作，groupby 這些欄位，然後 apply 一個回傳各個群組的數量的函式：

```
def get_quantile_count(group, q=0.5):
    group = group.sort_values("prop", ascending=False)
    return group.prop.cumsum().searchsorted(q) + 1

diversity = top1000.groupby(["year", "sex"]).apply(get_quantile_count)
diversity = diversity.unstack()
```

我們得到的 diversity DataFrame 有兩個時間序列，一個是性別，索引為年。我們可以像之前一樣檢查與畫出它（圖 13-7）：

```
In [143]: diversity.head()
Out[143]:
sex    F   M
year
1880  38  14
1881  38  14
1882  38  15
1883  39  15
1884  39  16

In [144]: diversity.plot(title="Number of popular names in top 50%")
```

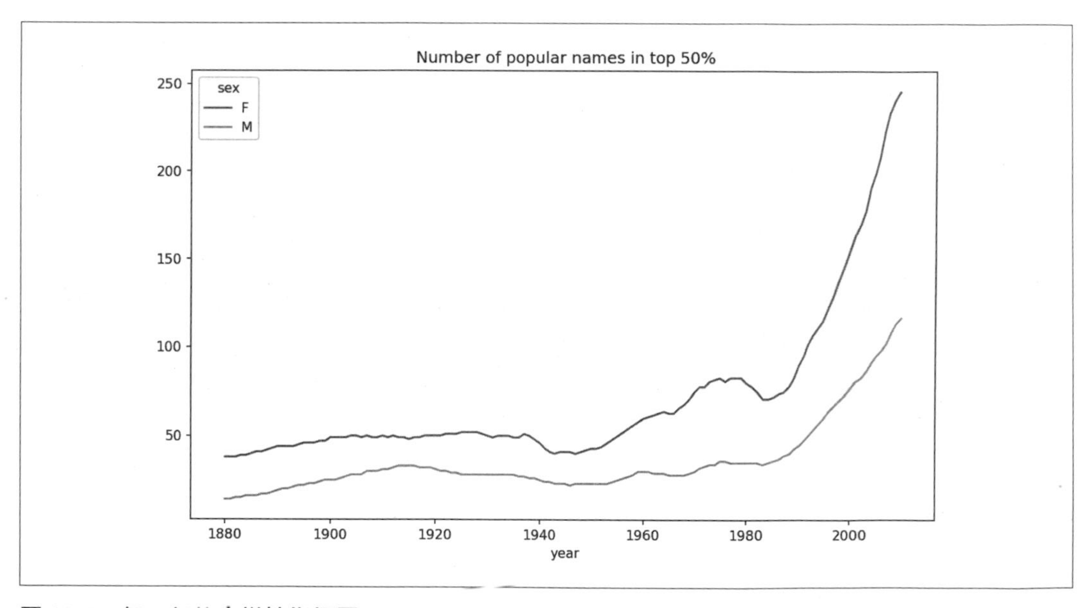

圖 13-7　每一年的多樣性指標圖

你可以看到，女孩的名字始終比男孩更富多樣性，而且她們只會越來越多樣化。至於趨動多樣性的原因到底是什麼（例如出現其他的拼寫方法）就留給讀者進一步分析。

「結尾字母」的演變

在 2007 年，研究嬰兒名字的學者 Laura Wattenberg 指出，男孩名字的結尾字母在過去 100 年發生了巨大的變化，為了觀察這個變化，我們要先依年度、性別和結尾字母來彙總整個資料組的所有新生兒資料：

```
def get_last_letter(x):
    return x[-1]

last_letters = names["name"].map(get_last_letter)
last_letters.name = "last_letter"

table = names.pivot_table("births", index=last_letters,
                          columns=["sex", "year"], aggfunc=sum)
```

然後選出代表歷史的三個年度，並將開頭的幾個印出來：

```
In [146]: subtable = table.reindex(columns=[1910, 1960, 2010], level="year")

In [147]: subtable.head()
Out[147]:
sex                 F                            M
year             1910      1960      2010     1910      1960      2010
last_letter
a            108376.0  691247.0  670605.0    977.0    5204.0   28438.0
b                 NaN     694.0     450.0    411.0    3912.0   38859.0
c                 5.0      49.0     946.0    482.0   15476.0   23125.0
d              6750.0    3729.0    2607.0  22111.0  262112.0   44398.0
e            133569.0  435013.0  313833.0  28655.0  178823.0  129012.0
```

然後用新生兒總量來正規化這張表，以計算一張新表，裡面有名字結尾為各個字母的新生兒比例，分成不同性別：

```
In [148]: subtable.sum()
Out[148]:
sex  year
F    1910     396416.0
     1960    2022062.0
     2010    1759010.0
M    1910     194198.0
     1960    2132588.0
     2010    1898382.0
dtype: float64
```

```
In [149]: letter_prop = subtable / subtable.sum()

In [150]: letter_prop
Out[150]:
sex                 F                             M
year             1910      1960      2010      1910      1960      2010
last_letter
a            0.273390  0.341853  0.381240  0.005031  0.002440  0.014980
b                 NaN  0.000343  0.000256  0.002116  0.001834  0.020470
c            0.000013  0.000024  0.000538  0.002482  0.007257  0.012181
d            0.017028  0.001844  0.001482  0.113858  0.122908  0.023387
e            0.336941  0.215133  0.178415  0.147556  0.083853  0.067959
...               ...       ...       ...       ...       ...       ...
v                 NaN  0.000060  0.000117  0.000113  0.000037  0.001434
w            0.000020  0.000031  0.001182  0.006329  0.007711  0.016148
x            0.000015  0.000037  0.000727  0.003965  0.001851  0.008614
y            0.110972  0.152569  0.116828  0.077349  0.160987  0.058168
z            0.002439  0.000659  0.000704  0.000170  0.000184  0.001831
[26 rows x 6 columns]
```

有了字母比例之後，我們畫出各年各性別的長條圖（圖 13-8）：

```
import matplotlib.pyplot as plt

fig, axes = plt.subplots(2, 1, figsize=(10, 8))
letter_prop["M"].plot(kind="bar", rot=0, ax=axes[0], title="Male")
letter_prop["F"].plot(kind="bar", rot=0, ax=axes[1], title="Female",
                      legend=False)
```

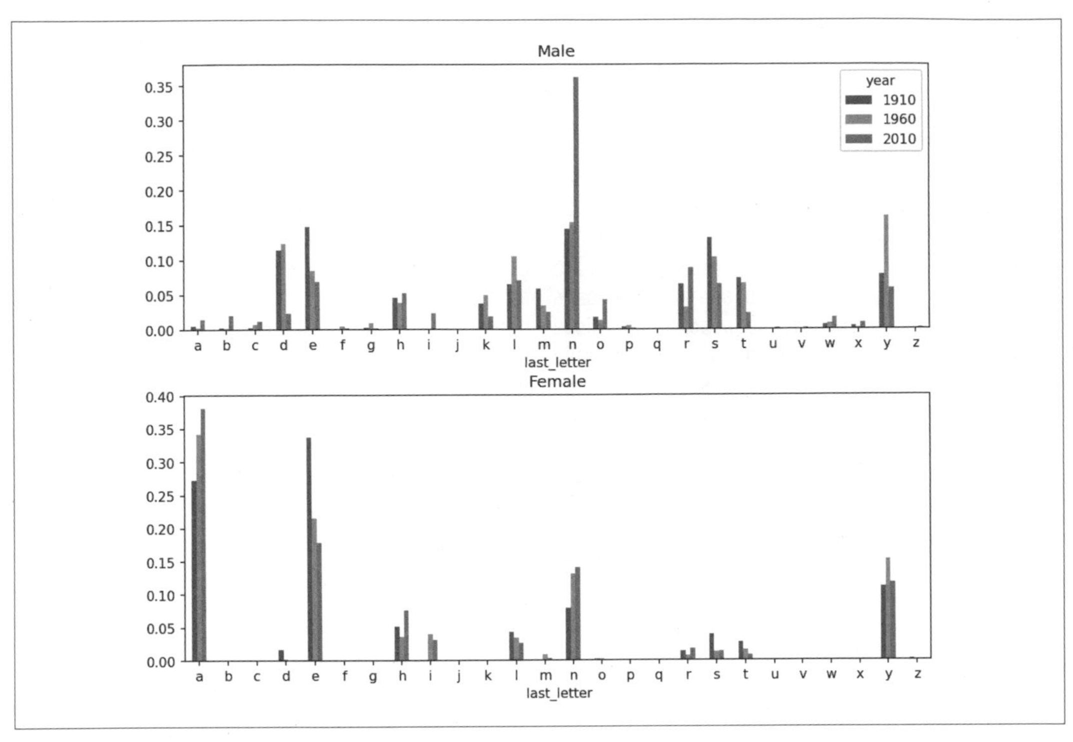

圖 13-8　結尾為各個字母的男孩名字和女孩名字分布圖

如你所見，結尾為 *n* 的男孩名字自 1960 年代開始有顯著的增長。使用之前製作的完整表格，我再次使用年度和性別來做正規化，並從男孩名字中選出一組字母，最後將資料轉置，讓每一欄都是時間序列：

```
In [153]: letter_prop = table / table.sum()

In [154]: dny_ts = letter_prop.loc[["d", "n", "y"], "M"].T

In [155]: dny_ts.head()
Out[155]:
last_letter         d         n         y
year
1880         0.083055  0.153213  0.075760
1881         0.083247  0.153214  0.077451
1882         0.085340  0.149560  0.077537
1883         0.084066  0.151646  0.079144
1884         0.086120  0.149915  0.080405
```

有了時間序列的 DataFrame 後，我們用它的 `plot` 方法來繪製趨勢圖（圖 13-9）：

```
In [158]: dny_ts.plot()
```

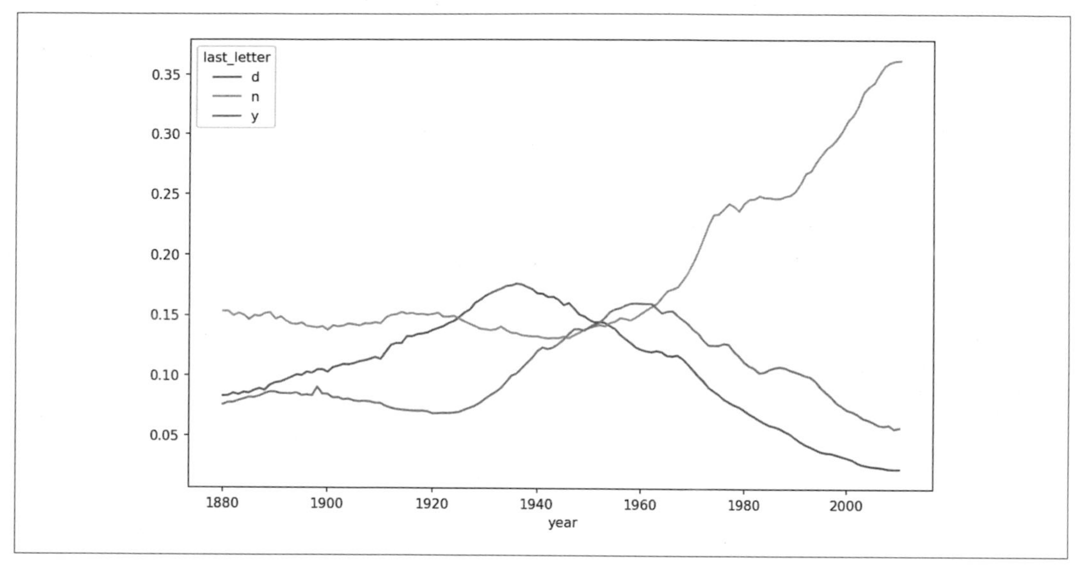

圖 13-9　新生男孩名字結尾是 d/n/y 的比例

變成女孩名字的男孩名字（及反過來）

另一種有趣的趨勢是，在樣本資料中，有些早年某性別愛用的名字，經過一段時間後變成另一個性別愛用的名字，例如 Lesley（或 Leslie）。我們回去使用 `top1000` DataFrame，算出在資料組裡開頭為「Lesl」的名字串列：

```
In [159]: all_names = pd.Series(top1000["name"].unique())

In [160]: lesley_like = all_names[all_names.str.contains("Lesl")]

In [161]: lesley_like
Out[161]:
632     Leslie
2294    Lesley
4262    Leslee
4728     Lesli
6103     Lesly
dtype: object
```

接下來，我們從資料組濾出這些名字，並計算使用這些名字的新生兒總數，看看相對頻率：

```
In [162]: filtered = top1000[top1000["name"].isin(lesley_like)]

In [163]: filtered.groupby("name")["births"].sum()
Out[163]:
name
Leslee      1082
Lesley     35022
Lesli        929
Leslie    370429
Lesly      10067
Name: births, dtype: int64
```

然後用性別和年度來彙總，並將一個年度裡的資料正規化：

```
In [164]: table = filtered.pivot_table("births", index="year",
   .....:                              columns="sex", aggfunc="sum")

In [165]: table = table.div(table.sum(axis="columns"), axis="index")

In [166]: table.tail()
Out[166]:
sex     F   M
year
2006  1.0 NaN
2007  1.0 NaN
2008  1.0 NaN
2009  1.0 NaN
2010  1.0 NaN
```

最後畫出不同性別的趨勢圖（圖 13-10）：

```
In [168]: table.plot(style={"M": "k-", "F": "k--"})
```

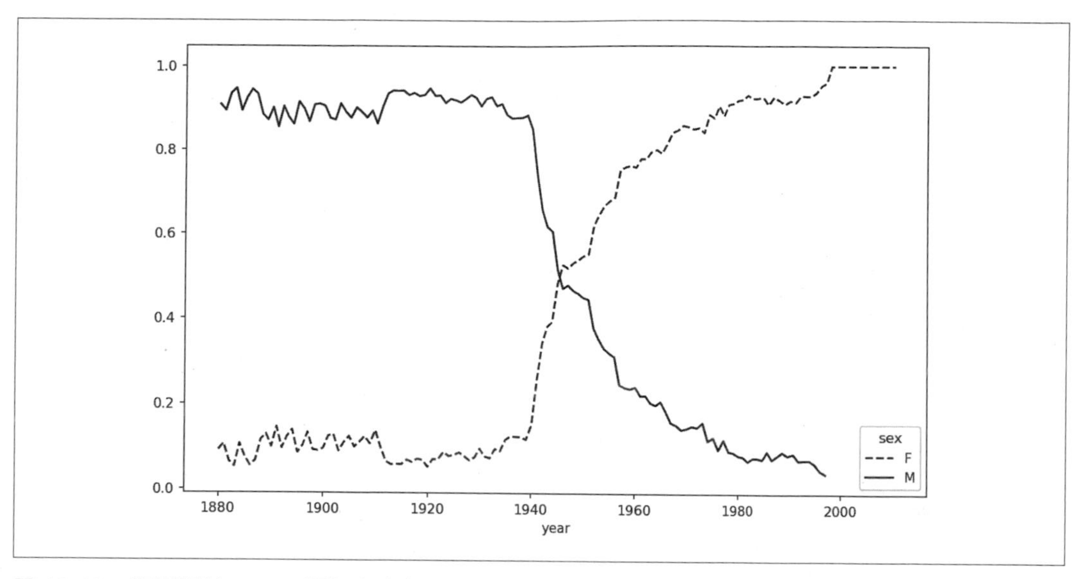

圖 13-10　使用類似 Lesley 這個名字的男孩和女孩的逐年比例

13.4　美國農業部食物資料庫

美國農業部（US Department of Agriculture，USDA）提供了一個食品營養資訊資料庫。程式設計師 Ashley Williams 把這個資料庫做成 JSON 格式，它的紀錄長這樣：

```
{
  "id": 21441,
  "description": "KENTUCKY FRIED CHICKEN, Fried Chicken, EXTRA CRISPY,
Wing, meat and skin with breading",
  "tags": ["KFC"],
  "manufacturer": "Kentucky Fried Chicken",
  "group": "Fast Foods",
  "portions": [
    {
      "amount": 1,
      "unit": "wing, with skin",
      "grams": 68.0
    },

    ...
  ],
  "nutrients": [
    {
      "value": 20.8,
```

```
        "units": "g",
        "description": "Protein",
        "group": "Composition"
      },

      ...
    ]
  }
```

每一種食物都有幾個識別屬性，以及兩個記錄營養素（nutrient）與份量（portion）的串列。這種形式的資料不太適合用來分析，所以我們要做一些處理，將資料轉換成更好的形式。

你可以選擇任何 JSON 程式庫來將這個檔案載入 Python。我使用內建的 Python `json` 模組：

```
In [169]: import json

In [170]: db = json.load(open("datasets/usda_food/database.json"))

In [171]: len(db)
Out[171]: 6636
```

在 `db` 裡的每個項目都是一個字典，包含一項食品的所有資料。`"nutrients"`（營養素）欄位是一個字典串列，每個營養素有一個字典：

```
In [172]: db[0].keys()
Out[172]: dict_keys(['id', 'description', 'tags', 'manufacturer', 'group', 'porti
ons', 'nutrients'])

In [173]: db[0]["nutrients"][0]
Out[173]:
{'value': 25.18,
 'units': 'g',
 'description': 'Protein',
 'group': 'Composition'}

In [174]: nutrients = pd.DataFrame(db[0]["nutrients"])

In [175]: nutrients.head(7)
Out[175]:
     value units                    description        group
0    25.18     g                        Protein  Composition
1    29.20     g              Total lipid (fat)  Composition
2     3.06     g  Carbohydrate, by difference  Composition
3     3.28     g                            Ash        Other
```

```
4   376.00  kcal                            Energy       Energy
5    39.28     g                             Water  Composition
6  1573.00    kJ                            Energy       Energy
```

在將字典串列轉換成 DataFrame 時，我們可以指定想要提取的欄位串列。我們想取得食品名稱、組別、ID 與製造商：

```
In [176]: info_keys = ["description", "group", "id", "manufacturer"]

In [177]: info = pd.DataFrame(db, columns=info_keys)

In [178]: info.head()
Out[178]:
                          description                   group    id  \
0                     Cheese, caraway  Dairy and Egg Products  1008
1                     Cheese, cheddar  Dairy and Egg Products  1009
2                        Cheese, edam  Dairy and Egg Products  1018
3                        Cheese, feta  Dairy and Egg Products  1019
4  Cheese, mozzarella, part skim milk  Dairy and Egg Products  1028
  manufacturer
0
1
2
3
4

In [179]: info.info()
<class 'pandas.core.frame.DataFrame'>
RangeIndex: 6636 entries, 0 to 6635
Data columns (total 4 columns):
 #   Column        Non-Null Count  Dtype
---  ------        --------------  -----
 0   description   6636 non-null   object
 1   group         6636 non-null   object
 2   id            6636 non-null   int64
 3   manufacturer  5195 non-null   object
dtypes: int64(1), object(3)
memory usage: 207.5+ KB
```

從 `info.info()` 的輸出可以看到 `manufacturer` 欄有缺失資料。

我們可以使用 `value_counts` 來查看食品組別的分布情況：

```
In [180]: pd.value_counts(info["group"])[:10]
Out[180]:
Vegetables and Vegetable Products    812
Beef Products                        618
Baked Products                       496
```

```
Breakfast Cereals                     403
Legumes and Legume Products           365
Fast Foods                            365
Lamb, Veal, and Game Products         345
Sweets                                341
Fruits and Fruit Juices               328
Pork Products                         328
Name: group, dtype: int64
```

接下來，為了分析所有的營養素資料，最方便的做法是將所有食物的營養素組合成一個大型表格。我們分幾個步驟來做這件事。首先，我將每種食品的營養素轉換成一個 DataFrame，並加入一個食品 id 欄，再將這個 DataFrame 附加到一個串列，然後使用 concat 來串接它們。請在 Jupyter cell 裡執行下面的程式：

```
nutrients = []

for rec in db:
    fnuts = pd.DataFrame(rec["nutrients"])
    fnuts["id"] = rec["id"]
    nutrients.append(fnuts)

nutrients = pd.concat(nutrients, ignore_index=True)
```

順利的話，nutrients 會是這樣：

```
In [182]: nutrients
Out[182]:
          value units                         description        group     id
0        25.180     g                             Protein  Composition   1008
1        29.200     g                   Total lipid (fat)  Composition   1008
2         3.060     g         Carbohydrate, by difference  Composition   1008
3         3.280     g                                 Ash        Other   1008
4       376.000  kcal                              Energy       Energy   1008
...         ...   ...                                 ...          ...    ...
389350    0.000   mcg                 Vitamin B-12, added     Vitamins  43546
389351    0.000    mg                         Cholesterol        Other  43546
389352    0.072     g        Fatty acids, total saturated        Other  43546
389353    0.028     g  Fatty acids, total monounsaturated        Other  43546
389354    0.041     g  Fatty acids, total polyunsaturated        Other  43546
[389355 rows x 5 columns]
```

我發現這個 DataFrame 裡有重複的項目，將它們移除可以避免麻煩：

```
In [183]: nutrients.duplicated().sum()  # 重複的數量
Out[183]: 14179

In [184]: nutrients = nutrients.drop_duplicates()
```

因為兩個 DataFrame 物件裡都有 "group" 與 "description"，為了清楚起見，我們將它們改一下名字：

```
In [185]: col_mapping = {"description" : "food",
   .....:                "group"       : "fgroup"}

In [186]: info = info.rename(columns=col_mapping, copy=False)

In [187]: info.info()
<class 'pandas.core.frame.DataFrame'>
RangeIndex: 6636 entries, 0 to 6635
Data columns (total 4 columns):
 #   Column        Non-Null Count  Dtype 
---  ------        --------------  ----- 
 0   food          6636 non-null   object
 1   fgroup        6636 non-null   object
 2   id            6636 non-null   int64 
 3   manufacturer  5195 non-null   object
dtypes: int64(1), object(3)
memory usage: 207.5+ KB

In [188]: col_mapping = {"description" : "nutrient",
   .....:                "group" : "nutgroup"}

In [189]: nutrients = nutrients.rename(columns=col_mapping, copy=False)

In [190]: nutrients
Out[190]: 
          value units                            nutrient     nutgroup     id
0        25.180     g                             Protein  Composition   1008
1        29.200     g                   Total lipid (fat)  Composition   1008
2         3.060     g         Carbohydrate, by difference  Composition   1008
3         3.280     g                                 Ash        Other   1008
4       376.000  kcal                              Energy       Energy   1008
...         ...   ...                                 ...          ...    ...
389350    0.000   mcg                 Vitamin B-12, added     Vitamins  43546
389351    0.000    mg                         Cholesterol        Other  43546
389352    0.072     g        Fatty acids, total saturated        Other  43546
389353    0.028     g  Fatty acids, total monounsaturated        Other  43546
389354    0.041     g  Fatty acids, total polyunsaturated        Other  43546
[375176 rows x 5 columns]
```

完成這些事情後，就可以將 info 與 nutrients 合併起來了：

```
In [191]: ndata = pd.merge(nutrients, info, on="id")

In [192]: ndata.info()
<class 'pandas.core.frame.DataFrame'>
```

```
Int64Index: 375176 entries, 0 to 375175
Data columns (total 8 columns):
 #   Column        Non-Null Count   Dtype
---  ------        --------------   -----
 0   value         375176 non-null  float64
 1   units         375176 non-null  object
 2   nutrient      375176 non-null  object
 3   nutgroup      375176 non-null  object
 4   id            375176 non-null  int64
 5   food          375176 non-null  object
 6   fgroup        375176 non-null  object
 7   manufacturer  293054 non-null  object
dtypes: float64(1), int64(1), object(6)
memory usage: 25.8+ MB

In [193]: ndata.iloc[30000]
Out[193]:
value                                             0.04
units                                                g
nutrient                                       Glycine
nutgroup                                   Amino Acids
id                                                6158
food            Soup, tomato bisque, canned, condensed
fgroup                      Soups, Sauces, and Gravies
manufacturer
Name: 30000, dtype: object
```

我們用食品組別和營養素類別來分組，並畫出中位數圖（圖 13-11）：

```
In [195]: result = ndata.groupby(["nutrient", "fgroup"])["value"].quantile(0.5)

In [196]: result["Zinc, Zn"].sort_values().plot(kind="barh")
```

使用 Series 方法 `idxmax` 或 `argmax`，可以找出每一種營養素在哪一種食品裡含量最高。在 Jupyter cell 裡執行下面的程式：

```
by_nutrient = ndata.groupby(["nutgroup", "nutrient"])

def get_maximum(x):
    return x.loc[x.value.idxmax()]

max_foods = by_nutrient.apply(get_maximum)[["value", "food"]]

# 讓 food 小一些
max_foods["food"] = max_foods["food"].str[:50]
```

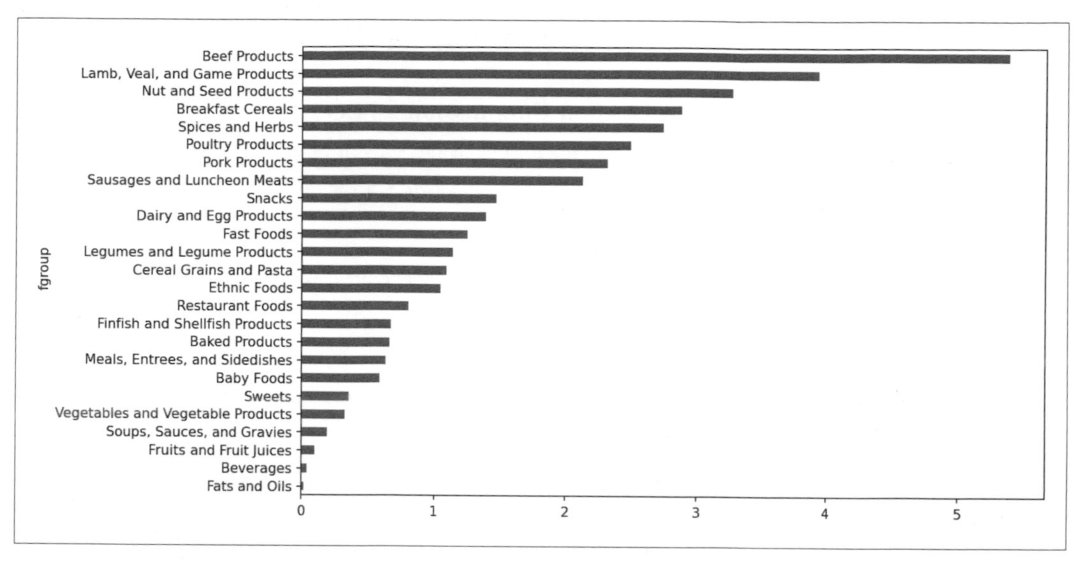

圖 13-11　各食品組別含鋅量中位數

因為我們的 DataFrame 太大了，無法在書中展示，所以在此只展示 "Amino Acids" 營養素：

```
In [198]: max_foods.loc["Amino Acids"]["food"]
Out[198]:
nutrient
Alanine                           Gelatins, dry powder, unsweetened
Arginine                               Seeds, sesame flour, low-fat
Aspartic acid                                   Soy protein isolate
Cystine                Seeds, cottonseed flour, low fat (glandless)
Glutamic acid                                   Soy protein isolate
Glycine                           Gelatins, dry powder, unsweetened
Histidine                Whale, beluga, meat, dried (Alaska Native)
Hydroxyproline    KENTUCKY FRIED CHICKEN, Fried Chicken, ORIGINAL RE
Isoleucine        Soy protein isolate, PROTEIN TECHNOLOGIES INTERNAT
Leucine           Soy protein isolate, PROTEIN TECHNOLOGIES INTERNAT
Lysine            Seal, bearded (Oogruk), meat, dried (Alaska Native
Methionine                    Fish, cod, Atlantic, dried and salted
Phenylalanine     Soy protein isolate, PROTEIN TECHNOLOGIES INTERNAT
Proline                           Gelatins, dry powder, unsweetened
Serine            Soy protein isolate, PROTEIN TECHNOLOGIES INTERNAT
Threonine         Soy protein isolate, PROTEIN TECHNOLOGIES INTERNAT
Tryptophan          Sea lion, Steller, meat with fat (Alaska Native)
Tyrosine          Soy protein isolate, PROTEIN TECHNOLOGIES INTERNAT
Valine            Soy protein isolate, PROTEIN TECHNOLOGIES INTERNAT
Name: food, dtype: object
```

13.5 2012 年聯邦選舉委員會資料庫

美國聯邦選舉委員會（US Federal Election Commission，FEC）會公布政治活動的捐款資料，這份資料包括捐款人的名字、職業和服務機構、地址和捐款金額。我們有一個 150 MG 的 CSV 檔 *P00000001-ALL.csv*（見本書的資料版本庫），裡面有 2012 年美國總統大選的捐款資料，可用 pandas.read_csv 來載入：

```
In [199]: fec = pd.read_csv("datasets/fec/P00000001-ALL.csv", low_memory=False)

In [200]: fec.info()
<class 'pandas.core.frame.DataFrame'>
RangeIndex: 1001731 entries, 0 to 1001730
Data columns (total 16 columns):
 #   Column             Non-Null Count    Dtype
---  ------             --------------    -----
 0   cmte_id            1001731 non-null  object
 1   cand_id            1001731 non-null  object
 2   cand_nm            1001731 non-null  object
 3   contbr_nm          1001731 non-null  object
 4   contbr_city        1001712 non-null  object
 5   contbr_st          1001727 non-null  object
 6   contbr_zip         1001620 non-null  object
 7   contbr_employer    988002 non-null   object
 8   contbr_occupation  993301 non-null   object
 9   contb_receipt_amt  1001731 non-null  float64
 10  contb_receipt_dt   1001731 non-null  object
 11  receipt_desc       14166 non-null    object
 12  memo_cd            92482 non-null    object
 13  memo_text          97770 non-null    object
 14  form_tp            1001731 non-null  object
 15  file_num           1001731 non-null  int64
dtypes: float64(1), int64(1), object(14)
memory usage: 122.3+ MB
```

有人建議我將 2012 年選舉的資料組更新成 2016 年或 2020 年選舉的，不幸的是，FEC 近來提供的資料組更大且更複雜，我認為處理它們會分散讀者的注意力，無法專注在我想介紹的分析技術上。

這是 DataFrame 的一筆紀錄：

```
In [201]: fec.iloc[123456]
Out[201]:
cmte_id                          C00431445
cand_id                          P80003338
```

```
cand_nm                           Obama, Barack
contbr_nm                           ELLMAN, IRA
contbr_city                               TEMPE
contbr_st                                    AZ
contbr_zip                            852816719
contbr_employer      ARIZONA STATE UNIVERSITY
contbr_occupation                     PROFESSOR
contb_receipt_amt                          50.0
contb_receipt_dt                      01-DEC-11
receipt_desc                                NaN
memo_cd                                     NaN
memo_text                                   NaN
form_tp                                   SA17A
file_num                                 772372
Name: 123456, dtype: object
```

你可能已經想到可用哪些方法來切片或切塊這些資料，以取出一些關於捐款者和捐款模式的統計數據。接下來我會用本書介紹過的技術來展示幾種不同的分析方法。

資料中沒有政黨資料，加入政黨資料可能有幫助。你可以使用 `unique` 來取出所有候選人的名字串列，裡面沒有重複的名字：

```
In [202]: unique_cands = fec["cand_nm"].unique()

In [203]: unique_cands
Out[203]:
array(['Bachmann, Michelle', 'Romney, Mitt', 'Obama, Barack',
       "Roemer, Charles E. 'Buddy' III", 'Pawlenty, Timothy',
       'Johnson, Gary Earl', 'Paul, Ron', 'Santorum, Rick',
       'Cain, Herman', 'Gingrich, Newt', 'McCotter, Thaddeus G',
       'Huntsman, Jon', 'Perry, Rick'], dtype=object)

In [204]: unique_cands[2]
Out[204]: 'Obama, Barack'
```

我們可以使用字典來標示黨派[1]：

```
parties = {"Bachmann, Michelle": "Republican",
           "Cain, Herman": "Republican",
           "Gingrich, Newt": "Republican",
           "Huntsman, Jon": "Republican",
           "Johnson, Gary Earl": "Republican",
           "McCotter, Thaddeus G": "Republican",
           "Obama, Barack": "Democrat",
           "Paul, Ron": "Republican",
```

1 為了簡化問題，我們假設 Gary Johnson 是共和黨人，雖然他後來成為自由意志黨的候選人。

```
           "Pawlenty, Timothy": "Republican",
           "Perry, Rick": "Republican",
           "Roemer, Charles E. 'Buddy' III": "Republican",
           "Romney, Mitt": "Republican",
           "Santorum, Rick": "Republican"}
```

然後對著 Series 物件使用這個字典與 map 方法，即可用候選人名字來算出政黨陣列：

```
In [206]: fec["cand_nm"][123456:123461]
Out[206]:
123456    Obama, Barack
123457    Obama, Barack
123458    Obama, Barack
123459    Obama, Barack
123460    Obama, Barack
Name: cand_nm, dtype: object

In [207]: fec["cand_nm"][123456:123461].map(parties)
Out[207]:
123456    Democrat
123457    Democrat
123458    Democrat
123459    Democrat
123460    Democrat
Name: cand_nm, dtype: object

# 將它加入，成為一欄
In [208]: fec["party"] = fec["cand_nm"].map(parties)

In [209]: fec["party"].value_counts()
Out[209]:
Democrat      593746
Republican    407985
Name: party, dtype: int64
```

我們要做幾項資料準備工作，首先，這個資料有捐款和退款（負的捐款）：

```
In [210]: (fec["contb_receipt_amt"] > 0).value_counts()
Out[210]:
True     991475
False     10256
Name: contb_receipt_amt, dtype: int64
```

為了簡化分析工作，我將負捐款移出資料組：

```
In [211]: fec = fec[fec["contb_receipt_amt"] > 0]
```

由於 Barack Obama 和 Mitt Romney 是主要的兩位候選人，所以我準備一個子集合，裡面只儲存他們兩位的競選活動捐款：

```
In [212]: fec_mrbo = fec[fec["cand_nm"].isin(["Obama, Barack", "Romney, Mitt"])]
```

按照職業和服務機構來做捐款統計

職業和捐款之間的關係是很多人研究的統計數據，舉例來說，律師比較喜歡捐給民主黨，而企業高管比較喜歡捐給共和黨，你可以不相信我說的，用資料來自行查證。首先，我們可以用 value_counts 來計算各職業的捐款總數：

```
In [213]: fec["contbr_occupation"].value_counts()[:10]
Out[213]:
RETIRED                                   233990
INFORMATION REQUESTED                      35107
ATTORNEY                                   34286
HOMEMAKER                                  29931
PHYSICIAN                                  23432
INFORMATION REQUESTED PER BEST EFFORTS     21138
ENGINEER                                   14334
TEACHER                                    13990
CONSULTANT                                 13273
PROFESSOR                                  12555
Name: contbr_occupation, dtype: int64
```

你可以看到，很多職業屬於相同的工作類型，或是同一個職業的幾個不同說法。下面的程式示範如何將一個職業對映至另一個，以清除幾個職業。特別注意使用 dict.get 來讓沒有對映職業的項目「無害通過」的「小技巧」：

```
occ_mapping = {
   "INFORMATION REQUESTED PER BEST EFFORTS" : "NOT PROVIDED",
   "INFORMATION REQUESTED" : "NOT PROVIDED",
   "INFORMATION REQUESTED (BEST EFFORTS)" : "NOT PROVIDED",
   "C.E.O.": "CEO"
}

def get_occ(x):
    # 如果沒有對映關係，回傳 x
    return occ_mapping.get(x, x)

fec["contbr_occupation"] = fec["contbr_occupation"].map(get_occ)
```

我們也為僱員做同一件事：

```
emp_mapping = {
   "INFORMATION REQUESTED PER BEST EFFORTS" : "NOT PROVIDED",
```

```
    "INFORMATION REQUESTED" : "NOT PROVIDED",
    "SELF" : "SELF-EMPLOYED",
    "SELF EMPLOYED" : "SELF-EMPLOYED",
}

def get_emp(x):
    # 如果沒有對映關係，回傳 x
    return emp_mapping.get(x, x)

fec["contbr_employer"] = fec["contbr_employer"].map(f)
```

接著使用 pivot_table 按照政黨與職業來彙總資料，然後，篩出至少捐了 200 萬美元的職業子集合：

```
In [216]: by_occupation = fec.pivot_table("contb_receipt_amt",
   .....:                                 index="contbr_occupation",
   .....:                                 columns="party", aggfunc="sum")

In [217]: over_2mm = by_occupation[by_occupation.sum(axis="columns") > 2000000]

In [218]: over_2mm
Out[218]:
party                 Democrat   Republican
contbr_occupation
ATTORNEY           11141982.97   7477194.43
CEO                 2074974.79   4211040.52
CONSULTANT          2459912.71   2544725.45
ENGINEER             951525.55   1818373.70
EXECUTIVE           1355161.05   4138850.09
HOMEMAKER           4248875.80  13634275.78
INVESTOR             884133.00   2431768.92
LAWYER              3160478.87    391224.32
MANAGER              762883.22   1444532.37
NOT PROVIDED        4866973.96  20565473.01
OWNER               1001567.36   2408286.92
PHYSICIAN           3735124.94   3594320.24
PRESIDENT           1878509.95   4720923.76
PROFESSOR           2165071.08    296702.73
REAL ESTATE          528902.09   1625902.25
RETIRED            25305116.38  23561244.49
SELF-EMPLOYED        672393.40   1640252.54
```

用長條圖來觀察這些資料比較方便（"barh" 是指水平長條圖，見圖 13-12）：

```
In [220]: over_2mm.plot(kind="barh")
```

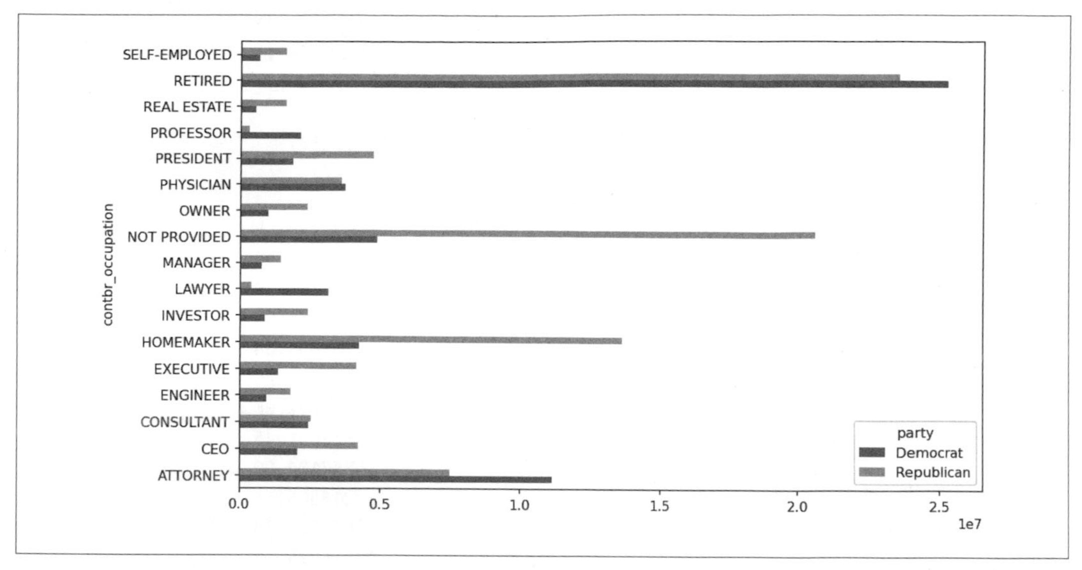

圖 13-12　捐款額前幾名的職業捐給各政黨的總捐款數

你可能想知道哪些職業與公司捐給 Obama 和 Romney 最多錢。你可以用候選人名字來分組，並使用本章介紹過的 `top` 方法的變體：

```
def get_top_amounts(group, key, n=5):
    totals = group.groupby(key)["contb_receipt_amt"].sum()
    return totals.nlargest(n)
```

然後依職業和服務單位進行彙總：

```
In [222]: grouped = fec_mrbo.groupby("cand_nm")

In [223]: grouped.apply(get_top_amounts, "contbr_occupation", n=7)
Out[223]:
cand_nm        contbr_occupation
Obama, Barack  RETIRED                                   25305116.38
               ATTORNEY                                  11141982.97
               INFORMATION REQUESTED                      4866973.96
               HOMEMAKER                                  4248875.80
               PHYSICIAN                                  3735124.94
               LAWYER                                     3160478.87
               CONSULTANT                                 2459912.71
Romney, Mitt   RETIRED                                   11508473.59
               INFORMATION REQUESTED PER BEST EFFORTS    11396894.84
               HOMEMAKER                                  8147446.22
               ATTORNEY                                   5364718.82
               PRESIDENT                                  2491244.89
```

```
                EXECUTIVE                                   2300947.03
                C.E.O.                                      1968386.11
Name: contb_receipt_amt, dtype: float64

In [224]: grouped.apply(get_top_amounts, "contbr_employer", n=10)
Out[224]:
cand_nm         contbr_employer
Obama, Barack   RETIRED                                    22694358.85
                SELF-EMPLOYED                              17080985.96
                NOT EMPLOYED                                8586308.70
                INFORMATION REQUESTED                       5053480.37
                HOMEMAKER                                   2605408.54
                SELF                                        1076531.20
                SELF EMPLOYED                                469290.00
                STUDENT                                      318831.45
                VOLUNTEER                                    257104.00
                MICROSOFT                                    215585.36
Romney, Mitt    INFORMATION REQUESTED PER BEST EFFORTS     12059527.24
                RETIRED                                    11506225.71
                HOMEMAKER                                   8147196.22
                SELF-EMPLOYED                               7409860.98
                STUDENT                                      496490.94
                CREDIT SUISSE                                281150.00
                MORGAN STANLEY                               267266.00
                GOLDMAN SACH & CO.                           238250.00
                BARCLAYS CAPITAL                             162750.00
                H.I.G. CAPITAL                               139500.00
Name: contb_receipt_amt, dtype: float64
```

按捐款金額分組

使用 cut 函式來將捐款金額按多寡分組有助於分析這份資料：

```
In [225]: bins = np.array([0, 1, 10, 100, 1000, 10000,
   .....:                  100_000, 1_000_000, 10_000_000])

In [226]: labels = pd.cut(fec_mrbo["contb_receipt_amt"], bins)

In [227]: labels
Out[227]:
411         (10, 100]
412       (100, 1000]
413       (100, 1000]
414         (10, 100]
415         (10, 100]
              ...
701381      (10, 100]
```

```
701382    (100, 1000]
701383        (1, 10]
701384      (10, 100]
701385    (100, 1000]
Name: contb_receipt_amt, Length: 694282, dtype: category
Categories (8, interval[int64, right]): [(0, 1] < (1, 10] < (10, 100] < (100, 100
0] <
                                         (1000, 10000] < (10000, 100000] < (10000
0, 1000000] <
                                         (1000000, 10000000]]
```

然後用 Obama 和 Romney 名字（cand_nm）和小組標籤（labels）來為他們列出每一組金額的捐款人數：

```
In [228]: grouped = fec_mrbo.groupby(["cand_nm", labels])

In [229]: grouped.size().unstack(level=0)
Out[229]:
cand_nm              Obama, Barack  Romney, Mitt
contb_receipt_amt
(0, 1]                         493            77
(1, 10]                      40070          3681
(10, 100]                   372280         31853
(100, 1000]                 153991         43357
(1000, 10000]                22284         26186
(10000, 100000]                  2             1
(100000, 1000000]                3             0
(1000000, 10000000]              4             0
```

從這個結果可以看出，Obama 收到的小額捐款比 Romney 多得多。你也可以將捐款金額加總，並將每組金額正規化，畫出兩位候選人各種規模的捐款占總捐款的百分比（圖 13-13）：

```
In [231]: bucket_sums = grouped["contb_receipt_amt"].sum().unstack(level=0)

In [232]: normed_sums = bucket_sums.div(bucket_sums.sum(axis="columns"),
   .....:                               axis="index")

In [233]: normed_sums
Out[233]:
cand_nm              Obama, Barack  Romney, Mitt
contb_receipt_amt
(0, 1]                    0.805182      0.194818
(1, 10]                   0.918767      0.081233
(10, 100]                 0.910769      0.089231
(100, 1000]               0.710176      0.289824
(1000, 10000]             0.447326      0.552674
```

```
(10000, 100000]           0.823120      0.176880
(100000, 1000000]         1.000000      0.000000
(1000000, 10000000]       1.000000      0.000000

In [234]: normed_sums[:-2].plot(kind="barh")
```

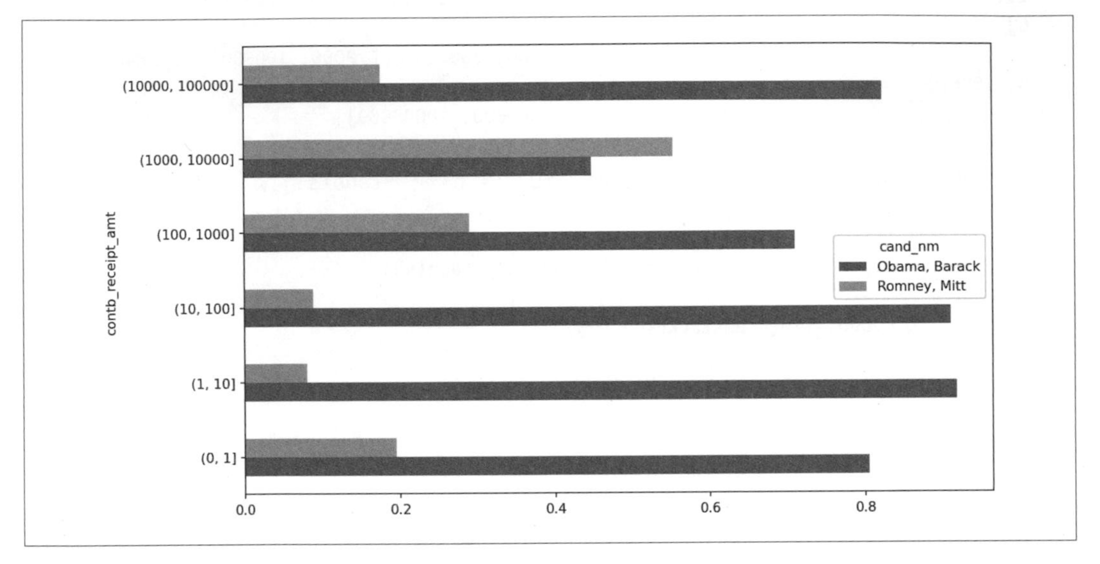

圖 13-13　兩位候選人收到的各種捐款規模所占比例

我排除最多的兩組，因為它們不是個人捐款。

這個分析可以改善的地方還有很多，例如，你可以按捐款者名字或郵遞區號來彙總捐款，找出做出多次小額捐款，而不是一次捐出一筆的人。鼓勵你自行下載和探索這個資料組。

以州為單位進行捐款統計

我們可以先按候選人與州來彙總資料：

```
In [235]: grouped = fec_mrbo.groupby(["cand_nm", "contbr_st"])

In [236]: totals = grouped["contb_receipt_amt"].sum().unstack(level=0).fillna(0)

In [237]: totals = totals[totals.sum(axis="columns") > 100000]

In [238]: totals.head(10)
Out[238]:
cand_nm    Obama, Barack  Romney, Mitt
```

```
contbr_st
AK             281840.15     86204.24
AL             543123.48    527303.51
AR             359247.28    105556.00
AZ            1506476.98   1888436.23
CA           23824984.24  11237636.60
CO            2132429.49   1506714.12
CT            2068291.26   3499475.45
DC            4373538.80   1025137.50
DE             336669.14     82712.00
FL            7318178.58   8338458.81
```

將每一列除以捐款總額可得出每州捐給每位候選人的金額占總捐款多少百分比：

```
In [239]: percent = totals.div(totals.sum(axis="columns"), axis="index")

In [240]: percent.head(10)
Out[240]:
cand_nm    Obama, Barack  Romney, Mitt
contbr_st
AK              0.765778      0.234222
AL              0.507390      0.492610
AR              0.772902      0.227098
AZ              0.443745      0.556255
CA              0.679498      0.320502
CO              0.585970      0.414030
CT              0.371476      0.628524
DC              0.810113      0.189887
DE              0.802776      0.197224
FL              0.467417      0.532583
```

13.6 總結

本書主要章節的最後一章結束了，我將可能對你有幫助的一些補充內容放在附錄中。

在本書第一版出版後的第十年，Python 已經成為一種流行且常見的資料分析語言。你在這裡學到的程式設計技巧可以使用很長的一段時間，希望我們介紹的程式設計工具和程式庫能夠滿足你的需求。

附錄 A

NumPy 進階功能

在這個附錄裡，我要更深入地介紹計算陣列的 NumPy 程式庫。本章包含比較內部的細節，它們與 ndarray 型態和更進階的陣列操作及演算法有關。

這個附錄包含五花八門的主題，可不按順序閱讀。在這一章，我會幫許多範例製作隨機資料，所以會使用 `numpy.random` 模組預設的亂數產生器：

```
In [11]: rng = np.random.default_rng(seed=12345)
```

A.1 ndarray 物件的內容

NumPy ndarray 可讓你將一塊同質型態的資料（連續的或使用 strided（分步幅）的）解讀成多維陣列物件。資料型態（*dtype*）決定了資料將被解讀成浮點數、整數、布林或我們看過的任何其他型態。

ndarray 如此靈活的部分原因在於，每一個陣列物件都是一塊資料的 *strided*（步幅）視域。例如，你可能會納悶，陣列視域 `arr[::2, ::-1]` 為何不會複製任何資料？原因在於，ndarray 不僅僅是一塊記憶體與一個資料型態，它也有**分段**資訊，讓陣列能夠以不同的步幅在記憶體裡移動。更準確地說，ndarray 內部有這些東西：

- 一個**指向資料的指標**，資料就是在 RAM 裡或被對映到記憶體的檔案裡的一塊資料。
- 描述陣列裡的每一個固定大小值的**資料型態**或 dtype。
- 一個指出陣列的**外形**（*shape*）的 tuple。
- 一個以 *strides* 組成的 tuple，指出一「步」要跨多少 bytes 才能到達某一維度的下一個元素。

圖 A-1 是 ndarray 內容的簡單示意圖。

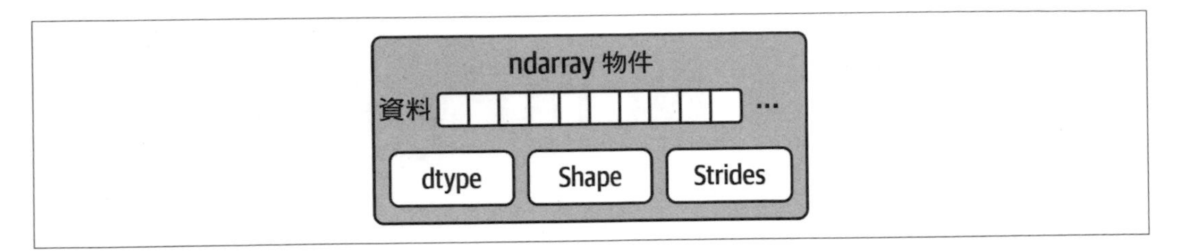

圖 A-1　NumPy ndarray 物件

例如，一個 10×5 陣列的 shape 是 (10, 5)：

```
In [12]: np.ones((10, 5)).shape
Out[12]: (10, 5)
```

型態為 float64（8-byte）的 3×4×5 典型陣列（C 順序）的 stride 是 (160, 40, 8)（瞭解 stride 很有用，因為一般來說，在特定軸上的 stride 越大，沿著該軸執行計算的成本越高）：

```
In [13]: np.ones((3, 4, 5), dtype=np.float64).strides
Out[13]: (160, 40, 8)
```

雖然普通的 NumPy 使用者不太可能對陣列的 stride 感興趣，但是在建構「零複本」陣列視域時需要使用它們。stride 甚至可以是負的，可讓陣列在記憶體中「後退」（例如，在 obj[::-1] 或 obj[:, ::-1] 等 slice 裡）。

NumPy 資料型態階層

有時你的程式需要檢查陣列裡面的東西究竟是整數、浮點數、字串或 Python 物件，因為浮點數有多種型態（從 float16 到 float128），檢查一系列的型態裡有沒有某個資料型態可能很麻煩，幸好資料型態有超類別，例如 np.integer 與 np.floating，可以和 np.issubdtype 函式一起使用：

```
In [14]: ints = np.ones(10, dtype=np.uint16)

In [15]: floats = np.ones(10, dtype=np.float32)

In [16]: np.issubdtype(ints.dtype, np.integer)
Out[16]: True

In [17]: np.issubdtype(floats.dtype, np.floating)
Out[17]: True
```

你可以呼叫特定資料型態的 mro 方法來查看它的所有父類別：

```
In [18]: np.float64.mro()
Out[18]:
[numpy.float64,
 numpy.floating,
 numpy.inexact,
 numpy.number,
 numpy.generic,
 float,
 object]
```

你也可以執行：

```
In [19]: np.issubdtype(ints.dtype, np.number)
Out[19]: True
```

大多數的 NumPy 使用者完全不需要知道這個功能，但有時它很有用。圖 A-2 是資料型態階層圖，及它們的父子關係[1]。

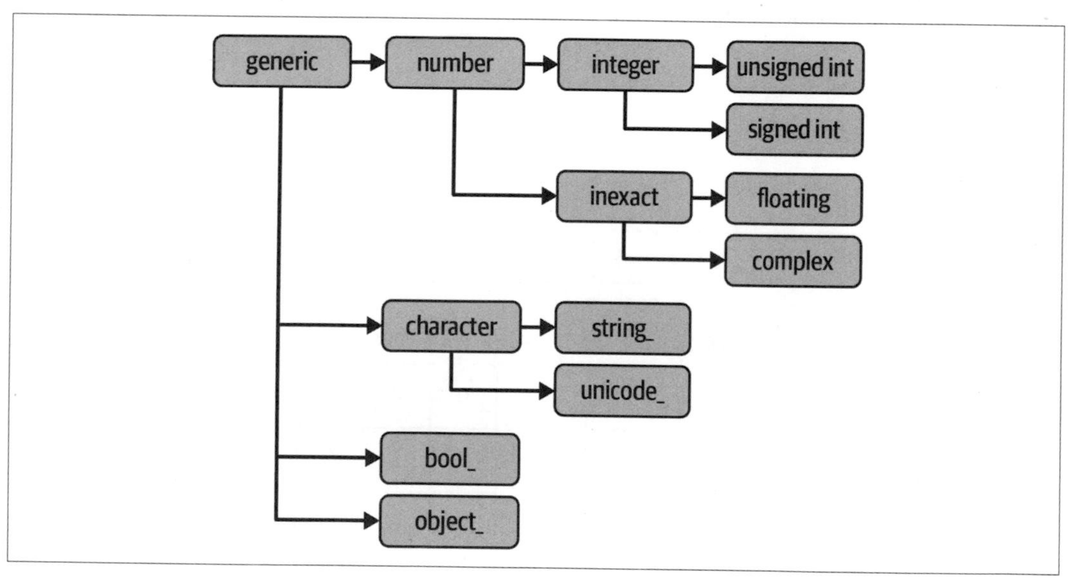

圖 A-2 NumPy 資料型態類別階層

1 有一些資料型態的名稱結尾有底線，這是為了避免 NumPy 專屬型態的名稱與 Python 內建型態的名稱發生衝突。

A.2 進階陣列處理

除了花式檢索、slice、布林 subset 之外，陣列還有很多種處理方式。雖然資料分析應用的絕大多數繁重工作都是由 pandas 的高階函式處理的，但有時你需要撰寫現有程式庫未提供的資料演算法。

重塑陣列

在很多情況下，你可以將陣列從一個 shape 轉換成另一個，而不需要複製任何資料，做法是將一個指定新 shape 的 tuple 傳給 `reshape` 陣列實例方法。例如，假設我們想要將一個一維陣列重新排列成矩陣（如圖 A-3 所示）：

```
In [20]: arr = np.arange(8)

In [21]: arr
Out[21]: array([0, 1, 2, 3, 4, 5, 6, 7])

In [22]: arr.reshape((4, 2))
Out[22]:
array([[0, 1],
       [2, 3],
       [4, 5],
       [6, 7]])
```

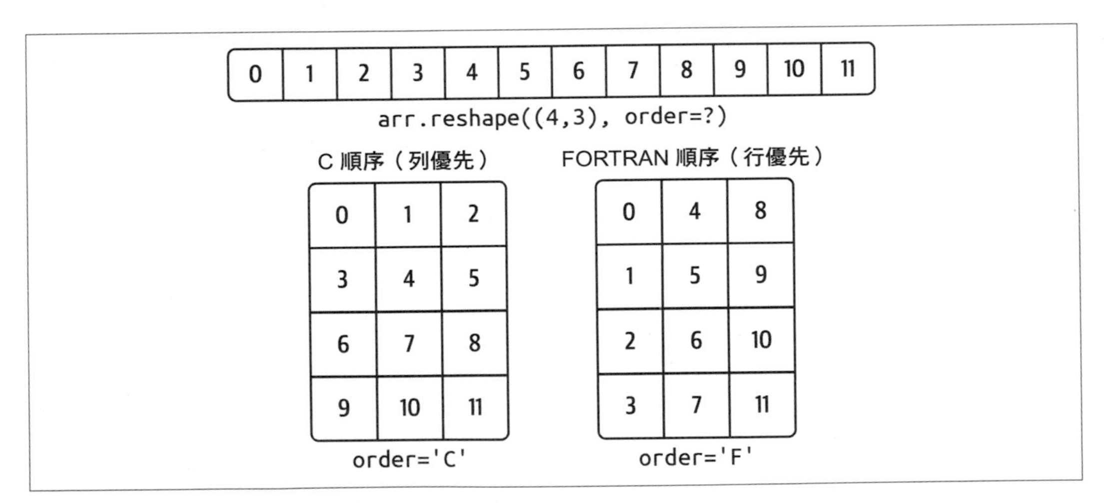

圖 A-3 重塑成 C（列優先）或 FORTRAN（行優先）順序

你也可以重塑多維陣列：

```
In [23]: arr.reshape((4, 2)).reshape((2, 4))
Out[23]:
array([[0, 1, 2, 3],
       [4, 5, 6, 7]])
```

你可以將其中一個 shape 維度設為 `-1`，此時該維度使用的值將從資料中推斷：

```
In [24]: arr = np.arange(15)

In [25]: arr.reshape((5, -1))
Out[25]:
array([[ 0,  1,  2],
       [ 3,  4,  5],
       [ 6,  7,  8],
       [ 9, 10, 11],
       [12, 13, 14]])
```

因為陣列的 `shape` 屬性是 tuple，它也可以傳給 `reshape`：

```
In [26]: other_arr = np.ones((3, 5))

In [27]: other_arr.shape
Out[27]: (3, 5)

In [28]: arr.reshape(other_arr.shape)
Out[28]:
array([[ 0,  1,  2,  3,  4],
       [ 5,  6,  7,  8,  9],
       [10, 11, 12, 13, 14]])
```

從一維 `reshape` 至更高維度的逆操作通常稱為 *flattening* 或 *raveling*。

```
In [29]: arr = np.arange(15).reshape((5, 3))

In [30]: arr
Out[30]:
array([[ 0,  1,  2],
       [ 3,  4,  5],
       [ 6,  7,  8],
       [ 9, 10, 11],
       [12, 13, 14]])

In [31]: arr.ravel()
Out[31]: array([ 0,  1,  2,  3,  4,  5,  6,  7,  8,  9, 10, 11, 12, 13, 14])
```

如果執行 `ravel` 得到的結果裡的值在原始陣列中是連續的，它不會產生底下的值的複本。

`flatten` 方法的行為類似 `ravel`，但它始終回傳資料的複本：

```
In [32]: arr.flatten()
Out[32]: array([ 0,  1,  2,  3,  4,  5,  6,  7,  8,  9, 10, 11, 12, 13, 14])
```

資料可以用不同的順序來重塑（reshape）或 ravel。對 NumPy 新手來說，這個主題有點細，所以在下一節說明。

C vs. FORTRAN 順序

NumPy 能夠在記憶體裡面配合資料的各種佈局。在預設情況下，NumPy 陣列是按照**列優先**順序來建立的。在空間上，這意味著，如果你有一個二維的資料陣列，那麼陣列的每一列的項目都會被放在相鄰的記憶體位置裡。除了**列優先**之外，另一種順序是**行優先**，意思是每一行資料都會被存放在相鄰的記憶體位置裡。

由於歷史因素，列優先和行優先也分別稱為 C 和 FORTRAN 順序。在 FORTRAN 77 語言裡，矩陣都是行優先。

`reshape` 與 `ravel` 等函式接收一個 `order` 引數，用來指定陣列資料的使用順序。在多數情況下，它通常被設為 `'C'` 或 `'F'`（此外也有不太常用的選項 `'A'` 與 `'K'`，見 NumPy 文件，且之前的圖 A-3 有這些選項的說明）：

```
In [33]: arr = np.arange(12).reshape((3, 4))

In [34]: arr
Out[34]:
array([[ 0,  1,  2,  3],
       [ 4,  5,  6,  7],
       [ 8,  9, 10, 11]])

In [35]: arr.ravel()
Out[35]: array([ 0,  1,  2,  3,  4,  5,  6,  7,  8,  9, 10, 11])

In [36]: arr.ravel('F')
Out[36]: array([ 0,  4,  8,  1,  5,  9,  2,  6, 10,  3,  7, 11])
```

重塑維度大於二的陣列比較不容易理解（見圖 A-3）。C 與 FORTRAN 順序的主要差異在於維度的遍歷方式：

C / 列優先順序

先遍歷較高維度（例如先軸 1 再軸 0）。

FORTRAN / 行優先順序

先遍歷較低維度（例如先軸 0，再軸 1）。

串接與拆開陣列

`numpy.concatenate` 接收一個陣列序列（tuple、串列…等），並沿著輸入軸依序串接它們：

```
In [37]: arr1 = np.array([[1, 2, 3], [4, 5, 6]])

In [38]: arr2 = np.array([[7, 8, 9], [10, 11, 12]])

In [39]: np.concatenate([arr1, arr2], axis=0)
Out[39]:
array([[ 1,  2,  3],
       [ 4,  5,  6],
       [ 7,  8,  9],
       [10, 11, 12]])

In [40]: np.concatenate([arr1, arr2], axis=1)
Out[40]:
array([[ 1,  2,  3,  7,  8,  9],
       [ 4,  5,  6, 10, 11, 12]])
```

有一些方便的函式可進行常見的串接，例如 `vstack` 與 `hstack`。上面的操作可以寫成：

```
In [41]: np.vstack((arr1, arr2))
Out[41]:
array([[ 1,  2,  3],
       [ 4,  5,  6],
       [ 7,  8,  9],
       [10, 11, 12]])

In [42]: np.hstack((arr1, arr2))
Out[42]:
array([[ 1,  2,  3,  7,  8,  9],
       [ 4,  5,  6, 10, 11, 12]])
```

另一方面，`split` 可沿著一軸將陣列切成多個陣列：

```
In [43]: arr = rng.standard_normal((5, 2))

In [44]: arr
Out[44]:
```

```
array([[-1.4238,  1.2637],
       [-0.8707, -0.2592],
       [-0.0753, -0.7409],
       [-1.3678,  0.6489],
       [ 0.3611, -1.9529]])

In [45]: first, second, third = np.split(arr, [1, 3])

In [46]: first
Out[46]: array([[-1.4238,  1.2637]])

In [47]: second
Out[47]:
array([[-0.8707, -0.2592],
       [-0.0753, -0.7409]])

In [48]: third
Out[48]:
array([[-1.3678,  0.6489],
       [ 0.3611, -1.9529]])
```

傳給 np.split 的 [1, 3] 是指：要在哪些索引將陣列切段。

表 A-1 是所有相關的串接和拆解函式，有些只是為了方便執行非常通用的串接操作而提供的。

表 A-1　陣列串接函式

函式	說明
concatenate	最通用的函式，沿著一軸串接多個陣列
vstack, row_stack	按列（沿著軸 0）堆疊（stack）陣列
hstack	按行（沿著軸 1）堆疊（stack）陣列
column_stack	與 hstack 類似，但先將 1D 陣列轉換成 2D 行向量
dstack	沿著「深度」方向堆疊陣列（沿著軸 2）
split	沿著指定的軸，在你傳入的位置將陣列切開
hsplit/vsplit	分別沿著軸 0 或軸 1 切開陣列

堆疊幫手：r_ 與 c_

NumPy 名稱空間裡有兩個特殊物件可幫助我們用更簡潔的方式堆疊陣列，r_ 與 c_：

```
In [49]: arr = np.arange(6)

In [50]: arr1 = arr.reshape((3, 2))

In [51]: arr2 = rng.standard_normal((3, 2))

In [52]: np.r_[arr1, arr2]
Out[52]:
array([[ 0.    ,  1.    ],
       [ 2.    ,  3.    ],
       [ 4.    ,  5.    ],
       [ 2.3474,  0.9685],
       [-0.7594,  0.9022],
       [-0.467 , -0.0607]])

In [53]: np.c_[np.r_[arr1, arr2], arr]
Out[53]:
array([[ 0.    ,  1.    ,  0.    ],
       [ 2.    ,  3.    ,  1.    ],
       [ 4.    ,  5.    ,  2.    ],
       [ 2.3474,  0.9685,  3.    ],
       [-0.7594,  0.9022,  4.    ],
       [-0.467 , -0.0607,  5.    ]])
```

它們也可以將 slice 轉換成陣列：

```
In [54]: np.c_[1:6, -10:-5]
Out[54]:
array([[  1, -10],
       [  2,  -9],
       [  3,  -8],
       [  4,  -7],
       [  5,  -6]])
```

你可以參考 docstring 來瞭解 c_ 和 r_ 還可以用來做什麼。

製作重複的元素：tile 與 repeat

在重複加入或複製陣列以產生更大的陣列時，repeat 與 tile 函式是很實用的工具，repeat 會重複加入陣列內的每個元素指定的次數，產生更大的陣列：

```
In [55]: arr = np.arange(3)

In [56]: arr
Out[56]: array([0, 1, 2])

In [57]: arr.repeat(3)
Out[57]: array([0, 0, 0, 1, 1, 1, 2, 2, 2])
```

在 Python 裡，複製陣列或重複加入的需求應該沒有像 MATLAB 等其他陣列程式設計框架那樣常見，其中一個理由是廣播通常更能夠滿足這個需求，它是下一節的主題。

在預設情況下，如果你傳入一個整數，每一個元素都會重複那個次數，傳入整數陣列可讓每一個元素重複不同的次數：

```
In [58]: arr.repeat([2, 3, 4])
Out[58]: array([0, 0, 1, 1, 1, 2, 2, 2, 2])
```

多維陣列可以沿著特定軸重複其元素：

```
In [59]: arr = rng.standard_normal((2, 2))

In [60]: arr
Out[60]:
array([[ 0.7888, -1.2567],
       [ 0.5759,  1.399 ]])

In [61]: arr.repeat(2, axis=0)
Out[61]:
array([[ 0.7888, -1.2567],
       [ 0.7888, -1.2567],
       [ 0.5759,  1.399 ],
       [ 0.5759,  1.399 ]])
```

如果沒有傳入軸，陣列會先被壓平（flattened），但你可能不想看到這樣。類似地，在重複多維陣列時，你可以傳入整數陣列來重複加入特定的 slice 不同次數：

```
In [62]: arr.repeat([2, 3], axis=0)
Out[62]:
array([[ 0.7888, -1.2567],
       [ 0.7888, -1.2567],
       [ 0.5759,  1.399 ],
       [ 0.5759,  1.399 ],
       [ 0.5759,  1.399 ]])
```

```
In [63]: arr.repeat([2, 3], axis=1)
Out[63]:
array([[ 0.7888,  0.7888, -1.2567, -1.2567, -1.2567],
       [ 0.5759,  0.5759,  1.399 ,  1.399 ,  1.399 ]])
```

另一方面，**tile** 可以沿著某一軸堆疊陣列複本。在視覺上，你可以把它想成類似「鋪設瓷磚」：

```
In [64]: arr
Out[64]:
array([[ 0.7888, -1.2567],
       [ 0.5759,  1.399 ]])

In [65]: np.tile(arr, 2)
Out[65]:
array([[ 0.7888, -1.2567,  0.7888, -1.2567],
       [ 0.5759,  1.399 ,  0.5759,  1.399 ]])
```

第二個引數是瓷磚（tile）數量，使用純量時，它會逐列鋪設，而不是逐行。**tile** 的第二個引數可以設成指定「鋪設佈局」的 tuple：

```
In [66]: arr
Out[66]:
array([[ 0.7888, -1.2567],
       [ 0.5759,  1.399 ]])

In [67]: np.tile(arr, (2, 1))
Out[67]:
array([[ 0.7888, -1.2567],
       [ 0.5759,  1.399 ],
       [ 0.7888, -1.2567],
       [ 0.5759,  1.399 ]])

In [68]: np.tile(arr, (3, 2))
Out[68]:
array([[ 0.7888, -1.2567,  0.7888, -1.2567],
       [ 0.5759,  1.399 ,  0.5759,  1.399 ],
       [ 0.7888, -1.2567,  0.7888, -1.2567],
       [ 0.5759,  1.399 ,  0.5759,  1.399 ],
       [ 0.7888, -1.2567,  0.7888, -1.2567],
       [ 0.5759,  1.399 ,  0.5759,  1.399 ]])
```

花式檢索的等效方法：take 與 put

第 4 章說過，取得與設定陣列子集合的做法之一是使用整數陣列來做花式檢索：

```
In [69]: arr = np.arange(10) * 100

In [70]: inds = [7, 1, 2, 6]

In [71]: arr[inds]
Out[71]: array([700, 100, 200, 600])
```

如果只在一軸上進行選擇，我們也可以使用其他的 ndarray 方法：

```
In [72]: arr.take(inds)
Out[72]: array([700, 100, 200, 600])

In [73]: arr.put(inds, 42)

In [74]: arr
Out[74]: array([  0,  42,  42, 300, 400, 500,  42,  42, 800, 900])

In [75]: arr.put(inds, [40, 41, 42, 43])

In [76]: arr
Out[76]: array([  0,  41,  42, 300, 400, 500,  43,  40, 800, 900])
```

若要在其他軸使用 `take`，你必須傳入 `axis` 關鍵字：

```
In [77]: inds = [2, 0, 2, 1]

In [78]: arr = rng.standard_normal((2, 4))

In [79]: arr
Out[79]:
array([[ 1.3223, -0.2997,  0.9029, -1.6216],
       [-0.1582,  0.4495, -1.3436, -0.0817]])

In [80]: arr.take(inds, axis=1)
Out[80]:
array([[ 0.9029,  1.3223,  0.9029, -0.2997],
       [-1.3436, -0.1582, -1.3436,  0.4495]])
```

`put` 不接收 `axis` 引數，而是陣列的壓平版本（一維的、C 順序）的索引。因此，當你需要使用其他軸的索引陣列來設定元素時，最好使用 `[]` 來檢索。

A.3 廣播

廣播（*broadcasting*）規範了不同 shape 的陣列之間的操作方式。它是強大的功能，但即使是老練的使用者也可能一時無法理解。最簡單的廣播例子就是純量值與陣列的結合：

```
In [81]: arr = np.arange(5)

In [82]: arr
Out[82]: array([0, 1, 2, 3, 4])

In [83]: arr * 4
Out[83]: array([ 0,  4,  8, 12, 16])
```

在這個例子中，我們說純量值 4 在乘法運算中被**廣播**到所有其他元素。

例如，我們可以將陣列的每一欄減去欄的平均值（這個計算稱為 demean），此時，只要減去一個包含各欄平均值的陣列即可：

```
In [84]: arr = rng.standard_normal((4, 3))

In [85]: arr.mean(0)
Out[85]: array([0.1206, 0.243 , 0.1444])

In [86]: demeaned = arr - arr.mean(0)

In [87]: demeaned
Out[87]:
array([[ 1.6042,  2.3751,  0.633 ],
       [ 0.7081, -1.202 , -1.3538],
       [-1.5329,  0.2985,  0.6076],
       [-0.7793, -1.4717,  0.1132]])

In [88]: demeaned.mean(0)
Out[88]: array([ 0., -0.,  0.])
```

圖 A-4 是這項操作的說明。以廣播來 demean 列需要更謹慎。幸運的是，只要你遵守規則，你就可以將較低維的值廣播至陣列的任何維度（例如將二維陣列的每一行減去列的平均值）。

我們來看一下廣播規則。

廣播規則

如果兩個陣列的最後一個維度（倒數第一個維度）一樣長、或其中一個長度是 1 就符合廣播的條件，廣播是在缺少的維度或長度為 1 的維度上執行的。

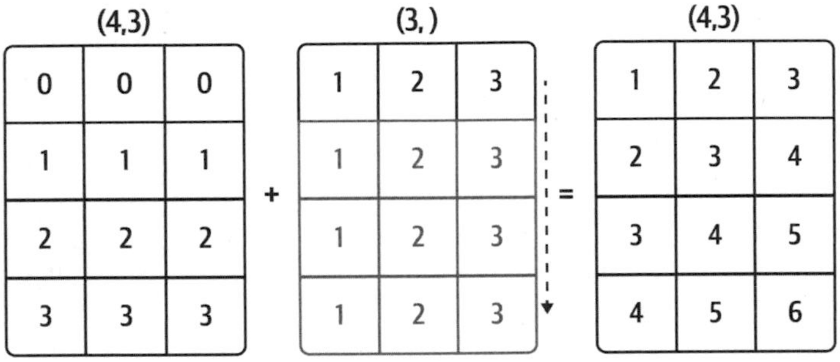

圖 A-4　用 1D 陣列在軸 0 上廣播

就算我是經驗豐富的 NumPy 使用者，當我思考廣播規則時，往往必須停下來畫圖。考慮上一個例子，假設我們想要從每一列減去平均值。因為 `arr.mean(0)` 的長度是 3，它可以在軸 0 上廣播，因為 `arr` 的最後一個維度是 3，兩者相等。根據規則，若要在軸 1 上進行減法（也就是讓每一列減去該列的平均值），那麼較小的陣列的 shape 必須是 `(4, 1)`：

```
In [89]: arr
Out[89]:
array([[ 1.7247,  2.6182,  0.7774],
       [ 0.8286, -0.959 , -1.2094],
       [-1.4123,  0.5415,  0.7519],
       [-0.6588, -1.2287,  0.2576]])

In [90]: row_means = arr.mean(1)

In [91]: row_means.shape
Out[91]: (4,)

In [92]: row_means.reshape((4, 1))
Out[92]:
array([[ 1.7068],
       [-0.4466],
       [-0.0396],
```

```
       [-0.5433]])

In [93]: demeaned = arr - row_means.reshape((4, 1))

In [94]: demeaned.mean(1)
Out[94]: array([-0.,  0.,  0.,  0.])
```

圖 A-5 是這項操作的說明。

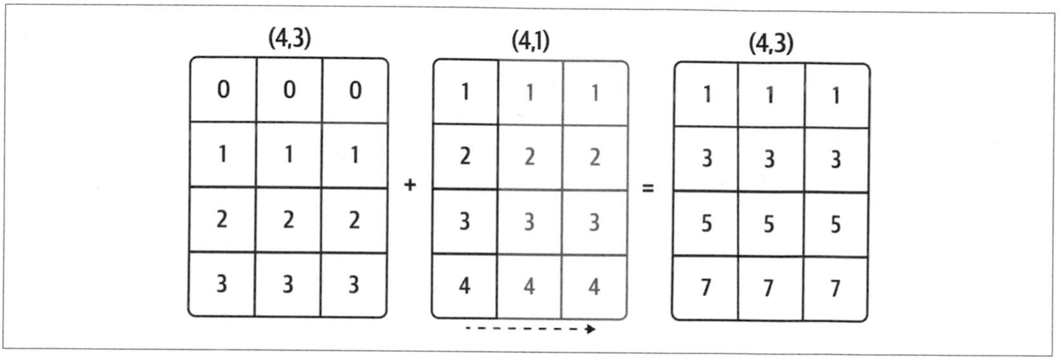

圖 A-5　在 2D 陣列的軸 1 上廣播

圖 A-6 是另一個說明，這一次是在軸 0 上，將一個二維陣列加上一個三維陣列。

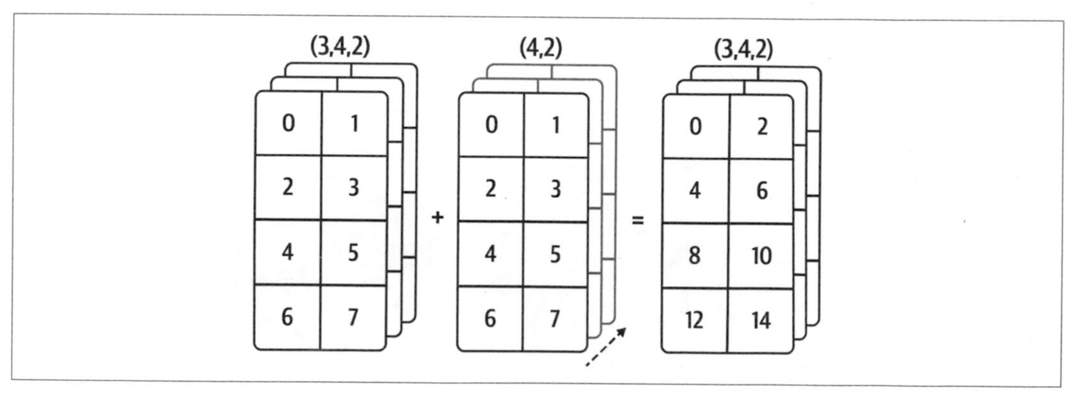

圖 A-6　在 3D 陣列的軸 0 上廣播

在其他軸上廣播

在更高維度陣列上廣播更令人費解，但只要遵守規則就沒問題。不遵守規則會看到這種錯誤訊息：

```
In [95]: arr - arr.mean(1)
---------------------------------------------------------------------------
ValueError                                Traceback (most recent call last)
<ipython-input-95-8b8ada26fac0> in <module>
----> 1 arr - arr.mean(1)
ValueError: operands could not be broadcast together with shapes (4,3) (4,)
```

我們經常用維數較低的陣列在非軸 0 的軸上執行算數運算。根據廣播規則，較小陣列的「廣播維度」必須是 1。在這個列 demean 範例中，這意味著我們要將列重塑成 shape `(4, 1)`，而不是 `(4,)`：

```
In [96]: arr - arr.mean(1).reshape((4, 1))
Out[96]:
array([[ 0.018 ,  0.9114, -0.9294],
       [ 1.2752, -0.5124, -0.7628],
       [-1.3727,  0.5811,  0.7915],
       [-0.1155, -0.6854,  0.8009]])
```

在三維案例中，若要在三個維度的任何一個進行廣播，你只要將資料重塑成相容的 shape 即可。圖 A-7 清楚地展示在三維陣列的每一軸執行廣播所需的 shape。

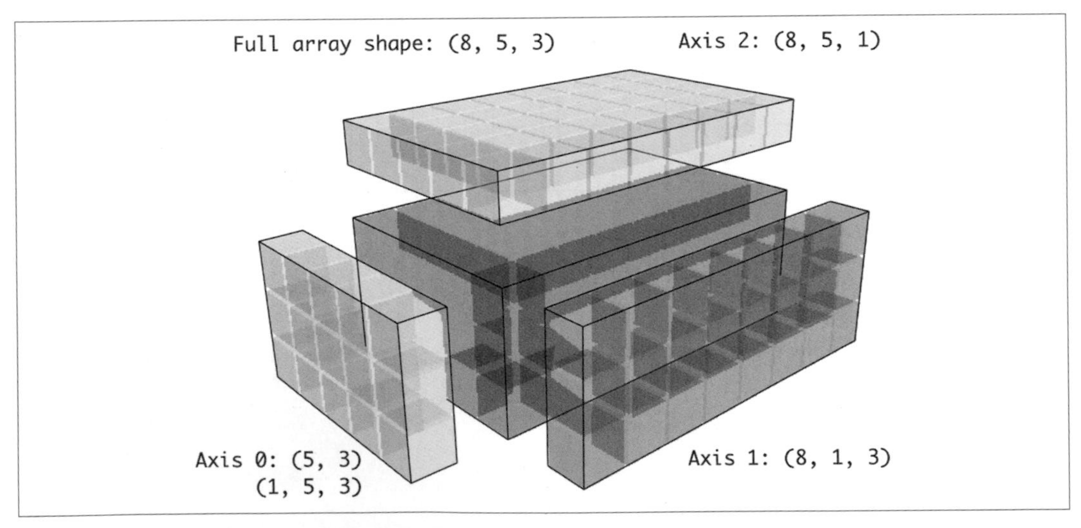

圖 A-7　可在 3D 陣列上進行廣播的 2D 陣列 shape

所以，為了廣播，我們經常需要加入一個長度為 1 的新軸，你可以使用 `reshape`，但插入一軸需要製作一個 tuple 來指示新 shape，這個工作很枯燥。因此，NumPy 陣列提供一個特殊的語法，讓你用索引來插入新軸。我們使用特殊的 `np.newaxis` 屬性以及「滿（full）」slice 來插入新軸：

```
In [97]: arr = np.zeros((4, 4))

In [98]: arr_3d = arr[:, np.newaxis, :]

In [99]: arr_3d.shape
Out[99]: (4, 1, 4)

In [100]: arr_1d = rng.standard_normal(3)

In [101]: arr_1d[:, np.newaxis]
Out[101]:
array([[ 0.3129],
       [-0.1308],
       [ 1.27  ]])

In [102]: arr_1d[np.newaxis, :]
Out[102]: array([[ 0.3129, -0.1308,  1.27  ]])
```

因此，如果我們有個三維陣列，想要 demean 軸 2，寫法是：

```
In [103]: arr = rng.standard_normal((3, 4, 5))

In [104]: depth_means = arr.mean(2)

In [105]: depth_means
Out[105]:
array([[ 0.0431,  0.2747, -0.1885, -0.2014],
       [-0.5732, -0.5467,  0.1183, -0.6301],
       [ 0.0972,  0.5954,  0.0331, -0.6002]])

In [106]: depth_means.shape
Out[106]: (3, 4)

In [107]: demeaned = arr - depth_means[:, :, np.newaxis]

In [108]: demeaned.mean(2)
Out[108]:
array([[ 0., -0.,  0., -0.],
       [ 0., -0., -0., -0.],
       [ 0.,  0.,  0.,  0.]])
```

你可能想知道，能不能在不犧牲性能的情況下，將 demean 推廣至一軸？可以，但需要做一些檢索：

```
def demean_axis(arr, axis=0):
    means = arr.mean(axis)

    # 可將 [:, :, np.newaxis] 之類的東西推廣至 N 維
    indexer = [slice(None)] * arr.ndim
    indexer[axis] = np.newaxis
    return arr - means[indexer]
```

用廣播來設定陣列值

算術運算的廣播規則也適用於「使用陣列索引來設定值」的情況。舉一個簡單的例子，我們可以這樣做：

```
In [109]: arr = np.zeros((4, 3))

In [110]: arr[:] = 5

In [111]: arr
Out[111]:
array([[5., 5., 5.],
       [5., 5., 5.],
       [5., 5., 5.],
       [5., 5., 5.]])
```

但是，如果有一個儲存值的一維陣列，我們想要將一個陣列的欄設成它的值，只要 shape 相容，我們就可以做這件事：

```
In [112]: col = np.array([1.28, -0.42, 0.44, 1.6])

In [113]: arr[:] = col[:, np.newaxis]

In [114]: arr
Out[114]:
array([[ 1.28,  1.28,  1.28],
       [-0.42, -0.42, -0.42],
       [ 0.44,  0.44,  0.44],
       [ 1.6 ,  1.6 ,  1.6 ]])

In [115]: arr[:2] = [[-1.37], [0.509]]

In [116]: arr
Out[116]:
array([[-1.37 , -1.37 , -1.37 ],
```

```
       [ 0.509,  0.509,  0.509],
       [ 0.44 ,  0.44 ,  0.44 ],
       [ 1.6  ,  1.6  ,  1.6  ]])
```

A.4 ufunc 的進階用法

雖然很多 NumPy 使用者僅使用通用函式提供的逐元素快速操作，但有一些額外的功能有時可以幫你寫出簡潔的程式，而不需要使用迴圈。

ufunc 實例方法

NumPy 的二進制 ufunc 有一些特殊的方法可執行一些特定的向量化操作，見表 A-2 的摘要，接下來，我們用幾個具體的範例來說明它們如何運作。

`reduce` 接收一個陣列並彙總它的值，你可以選擇沿著一軸執行一系列的二進制操作。例如，使用 `np.add.reduce` 也可以將一個陣列的元素全部相加：

```
In [117]: arr = np.arange(10)

In [118]: np.add.reduce(arr)
Out[118]: 45

In [119]: arr.sum()
Out[119]: 45
```

起始值（例如 add 的 0）依 ufunc 而定。如果你傳入軸，歸約將沿著該軸執行，這可讓你用簡潔的方式回答某些問題。舉一個比較特別的例子，我們可以使用 `np.logical_and` 來檢查陣列的每一列的值是否經過排序：

```
In [120]: my_rng = np.random.default_rng(12346)  # 為了能夠重現

In [121]: arr = my_rng.standard_normal((5, 5))

In [122]: arr
Out[122]:
array([[-0.9039,  0.1571,  0.8976, -0.7622, -0.1763],
       [ 0.053 , -1.6284, -0.1775,  1.9636,  1.7813],
       [-0.8797, -1.6985, -1.8189,  0.119 , -0.4441],
       [ 0.7691, -0.0343,  0.3925,  0.7589, -0.0705],
       [ 1.0498,  1.0297, -0.4201,  0.7863,  0.9612]])

In [123]: arr[::2].sort(1) # 排序幾列
```

```
In [124]: arr[:, :-1] < arr[:, 1:]
Out[124]:
array([[ True,  True,  True,  True],
       [False,  True,  True, False],
       [ True,  True,  True,  True],
       [False,  True,  True, False],
       [ True,  True,  True,  True]])

In [125]: np.logical_and.reduce(arr[:, :-1] < arr[:, 1:], axis=1)
Out[125]: array([ True, False,  True, False,  True])
```

注意，logical_and.reduce 相當於 all 方法。

accumulate ufunc 方法與 reduce 有關，它們的關係類似 cumsum 與 sum，accumulate 會產生與中間的「累計」值一樣大小的陣列：

```
In [126]: arr = np.arange(15).reshape((3, 5))

In [127]: np.add.accumulate(arr, axis=1)
Out[127]:
array([[ 0,  1,  3,  6, 10],
       [ 5, 11, 18, 26, 35],
       [10, 21, 33, 46, 60]])
```

outer 可執行兩個陣列之間的兩兩外積：

```
In [128]: arr = np.arange(3).repeat([1, 2, 2])

In [129]: arr
Out[129]: array([0, 1, 1, 2, 2])

In [130]: np.multiply.outer(arr, np.arange(5))
Out[130]:
array([[0, 0, 0, 0, 0],
       [0, 1, 2, 3, 4],
       [0, 1, 2, 3, 4],
       [0, 2, 4, 6, 8],
       [0, 2, 4, 6, 8]])
```

outer 產生的維度是輸入維度的串接：

```
In [131]: x, y = rng.standard_normal((3, 4)), rng.standard_normal(5)

In [132]: result = np.subtract.outer(x, y)

In [133]: result.shape
Out[133]: (3, 4, 5)
```

最後一個方法 reduceat 可執行「局部歸約」，它實際上是將陣列的 slice 彙總在一起的陣列「group by」操作。它接收一系列的「分組界限」，指出如何將值拆開與彙總：

```
In [134]: arr = np.arange(10)

In [135]: np.add.reduceat(arr, [0, 5, 8])
Out[135]: array([10, 18, 17])
```

執行這段程式就是對 arr[0:5]、arr[5:8] 與 arr[8:] 執行歸約（在此是總和）。如同其他方法，你可以傳入 axis 引數：

```
In [136]: arr = np.multiply.outer(np.arange(4), np.arange(5))

In [137]: arr
Out[137]:
array([[ 0,  0,  0,  0,  0],
       [ 0,  1,  2,  3,  4],
       [ 0,  2,  4,  6,  8],
       [ 0,  3,  6,  9, 12]])

In [138]: np.add.reduceat(arr, [0, 2, 4], axis=1)
Out[138]:
array([[ 0,  0,  0],
       [ 1,  5,  4],
       [ 2, 10,  8],
       [ 3, 15, 12]])
```

表 A-2 是部分的 ufunc 方法。

表 A-2　ufunc 方法

方法	說明
accumulate(x)	彙總值，保留所有的部分彙總值。
at(x, indices, b=None)	在指定的索引處對 x 執行原地操作。若 ufunc 需要兩個陣列，引數 b 是第二個輸入。
reduce(x)	藉著執行連續的操作來彙總值。
reduceat(x, bins)	「局部」歸約或「group by」，歸約資料的連續 slice，以產生一個彙總的陣列。
outer(x, y)	對 x 與 y 裡的每一對元素進行運算，結果的 shape 是 x.shape + y.shape。

用 Python 來撰寫新 ufunc

設計自己的 ufunc 的方法不只一種，最普遍的方法是使用 NumPy C API，但它不在本書的討論範圍內。這一節要介紹純 Python ufunc。

`numpy.frompyfunc` 接收一個 Python 函式以及一個關於輸入和輸出數量的規格。例如，將元素相加的函式可以這樣指定：

```
In [139]: def add_elements(x, y):
   .....:     return x + y

In [140]: add_them = np.frompyfunc(add_elements, 2, 1)

In [141]: add_them(np.arange(8), np.arange(8))
Out[141]: array([0, 2, 4, 6, 8, 10, 12, 14], dtype=object)
```

使用 `frompyfunc` 來建立的函式始終回傳 Python 物件組成的陣列，這有時很不方便。幸好有一個替代函式（但功能沒那麼多）可讓你指定輸出型態，`numpy.vectoriz`：

```
In [142]: add_them = np.vectorize(add_elements, otypes=[np.float64])

In [143]: add_them(np.arange(8), np.arange(8))
Out[143]: array([ 0.,  2.,  4.,  6.,  8., 10., 12., 14.])
```

這些函式提供了創造類 ufunc 函式的方法，但它們很慢，因為它們需要呼叫 Python 函式來計算各個元素，比 NumPy 的 ufunc 使用的 C 迴圈慢很多：

```
In [144]: arr = rng.standard_normal(10000)

In [145]: %timeit add_them(arr, arr)
2.43 ms +- 30.5 us per loop (mean +- std. dev. of 7 runs, 100 loops each)

In [146]: %timeit np.add(arr, arr)
2.88 us +- 47.9 ns per loop (mean +- std. dev. of 7 runs, 100000 loops each)
```

等一下這個附錄會介紹如何使用 Numba 程式庫（*http://numba.pydata.org*）來製作快速的 Python ufunc。

A.5 結構化陣列與紀錄陣列

你可能已經注意到，到目前為止，ndarray 是個同質的資料容器，也就是說，它代表一個記憶體區塊，裡面的每個元素都占用一樣多 bytes，其數量由資料型態決定。表面上看，這個特性似乎讓你不能表示異質或表格資料。結構化（*structured*）陣列是一種

ndarray，裡面的每個元素都可以視為 C 的一個 *struct*（所以叫做「structured」），或具有多個具名欄位的 SQL 表之中的一列：

```
In [147]: dtype = [('x', np.float64), ('y', np.int32)]

In [148]: sarr = np.array([(1.5, 6), (np.pi, -2)], dtype=dtype)

In [149]: sarr
Out[149]: array([(1.5   , 6), (3.1416, -2)], dtype=[('x', '<f8'), ('y', '<i4')])
```

指定結構化資料型態的方法不只一種（參考 NumPy 的網路文件）。典型的方法是使用 `(field_name, field_data_type)` tuple 串列。現在，陣列的元素是類 tuple 物件，它們的元素可以像字典一樣存取：

```
In [150]: sarr[0]
Out[150]: (1.5, 6)

In [151]: sarr[0]['y']
Out[151]: 6
```

欄位名稱被存放在 `dtype.names` 屬性裡，讀取結構化陣列的欄位會得到資料的步幅（strided）視域，所以不複製任何東西：

```
In [152]: sarr['x']
Out[152]: array([1.5   , 3.1416])
```

嵌套資料型態與多維欄位

在指定結構化資料型態時，你可以額外傳入一個 shape（使用一個整數或 tuple）：

```
In [153]: dtype = [('x', np.int64, 3), ('y', np.int32)]

In [154]: arr = np.zeros(4, dtype=dtype)

In [155]: arr
Out[155]:
array([([0, 0, 0], 0), ([0, 0, 0], 0), ([0, 0, 0], 0), ([0, 0, 0], 0)],
      dtype=[('x', '<i8', (3,)), ('y', '<i4')])
```

在這個例子中，`x` 欄位是指每一筆紀錄的陣列，長度為 3：

```
In [156]: arr[0]['x']
Out[156]: array([0, 0, 0])
```

方便的是，讀取 `arr['x']` 會得到一個二維陣列，而不是像之前的例子一樣的一維陣列：

```
In [157]: arr['x']
Out[157]:
array([[0, 0, 0],
       [0, 0, 0],
       [0, 0, 0],
       [0, 0, 0]])
```

這可以讓你在一個陣列裡用單一記憶體區塊來表達更複雜的嵌套結構。你也可以嵌套資料型態，來製作更複雜的結構。我們來看一個例子：

```
In [158]: dtype = [('x', [('a', 'f8'), ('b', 'f4')]), ('y', np.int32)]

In [159]: data = np.array([((1, 2), 5), ((3, 4), 6)], dtype=dtype)

In [160]: data['x']
Out[160]: array([(1., 2.), (3., 4.)], dtype=[('a', '<f8'), ('b', '<f4')])

In [161]: data['y']
Out[161]: array([5, 6], dtype=int32)

In [162]: data['x']['a']
Out[162]: array([1., 3.])
```

pandas DataFrame 用不一樣的方式來支援這個功能，儘管它類似分層索引。

為什麼要使用結構化陣列？

相較於 pandas 的 DataFrame，NumPy 的結構化陣列是較低階的工具。它們提供一個手段來將一塊記憶體解讀成具備嵌套欄的表格結構。因為在陣列裡的每一個元素在記憶體裡都用固定數量的 bytes 來表示，所以結構化陣列可讓你對著磁碟高效地寫入和讀取資料（包括記憶體映像）、在網路上傳遞它，以及以其他類似的方式來應用。在結構化陣列裡的每一個值的記憶體佈局，都是根據 C 語言的 struct 資料型態的二進制表示法。

作為結構化陣列的另一種常見的用法，C 和 C++ 程式經常將資料檔寫成固定長度的紀錄 bytes 串流，來將資料序列化，這種做法有時可在業界的舊系統中發現。只要你知道檔案的格式（每個紀錄的大小，以及每個元素的順序、byte 大小和資料型態），你就可以用 `np.fromfile` 來將資料讀入記憶體，具體用法超出本書的範圍，但你必須知道這種事情是可以做到的。

A.6 關於排序的其他功能

與 Python 內建的串列（list）一樣，ndarray 的 `sort` 實例方法是**就地**排序，意思是陣列的內容會被重新排列，而不會產生新陣列：

```
In [163]: arr = rng.standard_normal(6)

In [164]: arr.sort()

In [165]: arr
Out[165]: array([-1.1553, -0.9319, -0.5218, -0.4745, -0.1649,  0.03  ])
```

在就地排序陣列時，別忘了，當陣列是不同 ndarray 的視域時，原始的陣列將被修改：

```
In [166]: arr = rng.standard_normal((3, 5))

In [167]: arr
Out[167]:
array([[-1.1956,  0.4691, -0.3598,  1.0359,  0.2267],
       [-0.7448, -0.5931, -1.055 , -0.0683,  0.458 ],
       [-0.07  ,  0.1462, -0.9944,  1.1436,  0.5026]])

In [168]: arr[:, 0].sort()  # 就地排序第一欄的值

In [169]: arr
Out[169]:
array([[-1.1956,  0.4691, -0.3598,  1.0359,  0.2267],
       [-0.7448, -0.5931, -1.055 , -0.0683,  0.458 ],
       [-0.07  ,  0.1462, -0.9944,  1.1436,  0.5026]])
```

另一方面，`numpy.sort` 會建立一個新的、排序後的陣列複本。它也可以接收與 ndarray 的 `sort` 方法相同的引數（例如 `kind`）：

```
In [170]: arr = rng.standard_normal(5)

In [171]: arr
Out[171]: array([ 0.8981, -1.1704, -0.2686, -0.796 ,  1.4522])

In [172]: np.sort(arr)
Out[172]: array([-1.1704, -0.796 , -0.2686,  0.8981,  1.4522])

In [173]: arr
Out[173]: array([ 0.8981, -1.1704, -0.2686, -0.796 ,  1.4522])
```

這些排序方法都接收一個軸引數，可沿著你傳入的軸來獨立地排序部分的資料：

```
In [174]: arr = rng.standard_normal((3, 5))

In [175]: arr
Out[175]:
array([[-0.2535,  2.1183,  0.3634, -0.6245,  1.1279],
       [ 1.6164, -0.2287, -0.6201, -0.1143, -1.2067],
       [-1.0872, -2.1518, -0.6287, -1.3199,  0.083 ]])

In [176]: arr.sort(axis=1)

In [177]: arr
Out[177]:
array([[-0.6245, -0.2535,  0.3634,  1.1279,  2.1183],
       [-1.2067, -0.6201, -0.2287, -0.1143,  1.6164],
       [-2.1518, -1.3199, -1.0872, -0.6287,  0.083 ]])
```

你應該已經發現，排序方法都沒有降序排序的選項，在實務上這是個問題，因為陣列 slicing 產生視域，因為不產生複本，也不需要任何計算工作。很多 Python 使用者都知道一個「小撇步」：對一個 `values` 串列而言，`values[::-1]` 會回傳反向順序的串列。對 ndarray 而言也是如此：

```
In [178]: arr[:, ::-1]
Out[178]:
array([[ 2.1183,  1.1279,  0.3634, -0.2535, -0.6245],
       [ 1.6164, -0.1143, -0.2287, -0.6201, -1.2067],
       [ 0.083 , -0.6287, -1.0872, -1.3199, -2.1518]])
```

間接排序：argsort 與 lexsort

在分析資料時，你可能需要用一個或多個鍵來重新排序資料組。例如，你可能想先按姓再按名來排序一份關於學生的資料表，這就是一個**間接**排序的例子，與 pandas 有關的章節有很多更高階的範例。有了一個鍵或一組鍵（值組成的一個或多個陣列）之後，你想取得一個整數**索引**的陣列（我通俗地稱它們為 *indexer*），告訴你如何將資料重新排序，以按排序順序排列。`argsort` 與 `numpy.lexsort` 是執行這項任務的方法。舉個例子：

```
In [179]: values = np.array([5, 0, 1, 3, 2])

In [180]: indexer = values.argsort()

In [181]: indexer
Out[181]: array([1, 2, 4, 3, 0])

In [182]: values[indexer]
```

```
Out[182]: array([0, 1, 2, 3, 5])
```

舉一個比較複雜的例子，這段程式用一個二維陣列的第一列來重新排序它：

```
In [183]: arr = rng.standard_normal((3, 5))

In [184]: arr[0] = values

In [185]: arr
Out[185]:
array([[ 5.    ,  0.    ,  1.    ,  3.    ,  2.    ],
       [-0.7503, -2.1268, -1.391 , -0.4922,  0.4505],
       [ 0.8926, -1.0479,  0.9553,  0.2936,  0.5379]])

In [186]: arr[:, arr[0].argsort()]
Out[186]:
array([[ 0.    ,  1.    ,  2.    ,  3.    ,  5.    ],
       [-2.1268, -1.391 ,  0.4505, -0.4922, -0.7503],
       [-1.0479,  0.9553,  0.5379,  0.2936,  0.8926]])
```

`lexsort` 類似 `argsort`，但它對著多鍵陣列執行間接的詞典排序。假設我們想要用姓和名來排序一些資料：

```
In [187]: first_name = np.array(['Bob', 'Jane', 'Steve', 'Bill', 'Barbara'])

In [188]: last_name = np.array(['Jones', 'Arnold', 'Arnold', 'Jones', 'Walters'])

In [189]: sorter = np.lexsort((first_name, last_name))

In [190]: sorter
Out[190]: array([1, 2, 3, 0, 4])

In [191]: list(zip(last_name[sorter], first_name[sorter]))
Out[191]:
[('Arnold', 'Jane'),
 ('Arnold', 'Steve'),
 ('Jones', 'Bill'),
 ('Jones', 'Bob'),
 ('Walters', 'Barbara')]
```

第一次使用 `lexsort` 的人可能會覺得很奇怪，因為它會先使用你最後一個傳入的陣列來進行排序，這個例子先使用 `last_name` 再使用 `first_name`。

其他的排序演算法

穩定的排序演算法可保留相同元素的相對位置。在相對順序有意義的間接排序中，這一點特別重要：

```
In [192]: values = np.array(['2:first', '2:second', '1:first', '1:second',
   .....:                    '1:third'])

In [193]: key = np.array([2, 2, 1, 1, 1])

In [194]: indexer = key.argsort(kind='mergesort')

In [195]: indexer
Out[195]: array([2, 3, 4, 0, 1])

In [196]: values.take(indexer)
Out[196]:
array(['1:first', '1:second', '1:third', '2:first', '2:second'],
      dtype='<U8')
```

mergesort 是唯一的穩定排序，它保證有 `O(n log n)` 性能，但它的平均性能劣於預設的 quicksort 方法。

表 A-3 是可用的方法和它們的相對性能（與保證性能），大多數的使用者不需要考慮這件事，但知道這件事可能有幫助。

表 A-3 陣列排序方法

種類	速度	是否穩定	工作空間	最壞情況
'quicksort'	1	否	0	O(n^2)
'mergesort'	2	是	n / 2	O(n log n)
'heapsort'	3	否	0	O(n log n)

部分排序陣列

找出陣列的最大和最小元素是排序的目標之一。NumPy 有快速的方法 `numpy.partition` 與 `np.argpartition` 可以根據第 k 小的元素來進行劃分：

```
In [197]: rng = np.random.default_rng(12345)

In [198]: arr = rng.standard_normal(20)

In [199]: arr
```

```
Out[199]:
array([-1.4238,  1.2637, -0.8707, -0.2592, -0.0753, -0.7409, -1.3678,
        0.6489,  0.3611, -1.9529,  2.3474,  0.9685, -0.7594,  0.9022,
       -0.467 , -0.0607,  0.7888, -1.2567,  0.5759,  1.399 ])

In [200]: np.partition(arr, 3)
Out[200]:
array([-1.9529, -1.4238, -1.3678, -1.2567, -0.8707, -0.7594, -0.7409,
       -0.0607,  0.3611, -0.0753, -0.2592, -0.467 ,  0.5759,  0.9022,
        0.9685,  0.6489,  0.7888,  1.2637,  1.399 ,  2.3474])
```

呼叫 partition(arr, 3) 之後，在結果裡的前三個元素是最小的三個值，不按照特定順序排列。numpy.argpartition 類似 numpy.argsort，但它回傳可將資料重新排列成等效順序的索引：

```
In [201]: indices = np.argpartition(arr, 3)

In [202]: indices
Out[202]:
array([ 9,  0,  6, 17,  2, 12,  5, 15,  8,  4,  3, 14, 18, 13, 11,  7, 16,
        1, 19, 10])

In [203]: arr.take(indices)
Out[203]:
array([-1.9529, -1.4238, -1.3678, -1.2567, -0.8707, -0.7594, -0.7409,
       -0.0607,  0.3611, -0.0753, -0.2592, -0.467 ,  0.5759,  0.9022,
        0.9685,  0.6489,  0.7888,  1.2637,  1.399 ,  2.3474])
```

numpy.searchsorted：在已排序的陣列裡尋找元素

陣列方法 searchsorted 可對已排序的陣列執行二分搜尋，回傳某個值應該插在陣列的哪裡才能讓它維持正確排序：

```
In [204]: arr = np.array([0, 1, 7, 12, 15])

In [205]: arr.searchsorted(9)
Out[205]: 3
```

你也可以傳入值組成的陣列來取回索引陣列：

```
In [206]: arr.searchsorted([0, 8, 11, 16])
Out[206]: array([0, 3, 3, 5])
```

searchsorted 為元素 0 回傳 0，因為有一組相等的值時，它的預設行為是回傳該組左邊的索引：

```
In [207]: arr = np.array([0, 0, 0, 1, 1, 1, 1])

In [208]: arr.searchsorted([0, 1])
Out[208]: array([0, 3])

In [209]: arr.searchsorted([0, 1], side='right')
Out[209]: array([3, 7])
```

searchsorted 的另一種應用是，假設我們有一個陣列，裡面的值介於 0 和 10,000 之間，我們還有一個「bucket 邊界」陣列，我們想用後者來將資料分組：

```
In [210]: data = np.floor(rng.uniform(0, 10000, size=50))

In [211]: bins = np.array([0, 100, 1000, 5000, 10000])

In [212]: data
Out[212]:
array([ 815., 1598., 3401., 4651., 2664., 8157., 1932., 1294.,  916.,
       5985., 8547., 6016., 9319., 7247., 8605., 9293., 5461., 9376.,
       4949., 2737., 4517., 6650., 3308., 9034., 2570., 3398., 2588.,
       3554.,   50., 6286., 2823.,  680., 6168., 1763., 3043., 4408.,
       1502., 2179., 4743., 4763., 2552., 2975., 2790., 2605., 4827.,
       2119., 4956., 2462., 8384., 1801.])
```

使用 searchsorted 可取得各個資料點屬於哪個區間（1 代表 [0, 100) 小組）：

```
In [213]: labels = bins.searchsorted(data)

In [214]: labels
Out[214]:
array([2, 3, 3, 3, 3, 4, 3, 3, 2, 4, 4, 4, 4, 4, 4, 4, 4, 4, 3, 3, 3, 4,
       3, 4, 3, 3, 3, 3, 1, 4, 3, 2, 4, 3, 3, 3, 3, 3, 3, 3, 3, 3, 3, 3,
       3, 3, 3, 3, 4, 3])
```

將它傳入 pandas 的 groupby 可將資料分組：

```
In [215]: pd.Series(data).groupby(labels).mean()
Out[215]:
1      50.000000
2     803.666667
3    3079.741935
4    7635.200000
dtype: float64
```

A.7 使用 Numba 來撰寫快速的 NumPy 函式

Numba（*http://numba.pydata.org*）是開放原始碼專案，可用來設計快速的函式，使用 CPU、GPU 或其他硬體來處理類 NumPy 資料。它使用 LLVM Project（*http://llvm.org/*）來將 Python 程式碼轉換成已編譯的機器碼。

為了介紹 Numba，我們來考慮一個純 Python 函式，它使用 `for` 迴圈來計算運算式 `(x - y).mean()`：

```
import numpy as np

def mean_distance(x, y):
    nx = len(x)
    result = 0.0
    count = 0
    for i in range(nx):
        result += x[i] - y[i]
        count += 1
    return result / count
```

這個函式很慢：

```
In [209]: x = rng.standard_normal(10_000_000)

In [210]: y = rng.standard_normal(10_000_000)

In [211]: %timeit mean_distance(x, y)
1 loop, best of 3: 2 s per loop

In [212]: %timeit (x - y).mean()
100 loops, best of 3: 14.7 ms per loop
```

NumPy 版本快超過 100 倍。我們可以使用 `numba.jit` 函式來將這個函式轉換成編譯好的 Numba 函式：

```
In [213]: import numba as nb

In [214]: numba_mean_distance = nb.jit(mean_distance)
```

我們也可以將它寫成裝飾器（decorator）：

```
@nb.jit
def numba_mean_distance(x, y):
    nx = len(x)
    result = 0.0
    count = 0
```

```
    for i in range(nx):
        result += x[i] - y[i]
        count += 1
    return result / count
```

產生的函式實際上比向量化的 NumPy 版本還要快：

```
In [215]: %timeit numba_mean_distance(x, y)
100 loops, best of 3: 10.3 ms per loop
```

Numba 無法編譯所有純 Python 程式碼，但它支援 Python 最適合用來編寫數值演算法的重要部分。

Numba 是一種深程式庫（deep library），支援各種硬體、編譯模式，及使用者擴充。它也可以編譯大多數的 NumPy Python API，且不使用 `for` 迴圈。Numba 能夠識別可編譯成機器碼的結構，如果它遇到不知道如何編譯的函式，它可以改成呼叫 CPython API。當 Numba 的 `jit` 函式使用 `nopython=True` 選項時，它只允許不需要呼叫任何 Python C API 即可編譯成 LLVM 的 Python 程式。`jit(nopython=True)` 有一個簡寫，`numba.njit`。

在上一個範例中，我們可以這樣寫：

```
from numba import float64, njit

@njit(float64(float64[:], float64[:]))
def mean_distance(x, y):
    return (x - y).mean()
```

鼓勵你閱讀 Numba 的網路文件來進一步學習（*http://numba.pydata.org/*）。下一節將展示一個製作自訂 NumPy ufunc 物件的例子。

使用 Numba 來建立自訂的 numpy.ufunc 物件

`numba.vectorize` 函式可建立已編譯的 NumPy ufunc，而且它的行為類似內建的 ufunc。我們來考慮 `numpy.add` 的 Python 實作：

```
from numba import vectorize

@vectorize
def nb_add(x, y):
    return x + y
```

我們可以執行：

```
In [13]: x = np.arange(10)

In [14]: nb_add(x, x)
Out[14]: array([  0.,   2.,   4.,   6.,   8.,  10.,  12.,  14.,  16.,  18.])

In [15]: nb_add.accumulate(x, 0)
Out[15]: array([  0.,   1.,   3.,   6.,  10.,  15.,  21.,  28.,  36.,  45.])
```

A.8 進階的陣列輸入與輸出

我們在第 4 章學會使用 np.save 與 np.load 來將陣列以二進制格式存入磁碟。對於比較複雜的應用，我們還有幾個選項可以考慮，特別要注意的是，記憶體映像檔有額外的好處，可讓你操作無法放入 RAM 的資料組。

記憶體映像檔

記憶體映像檔是與磁碟上的二進制資料互動的方法，在互動時，彷彿它被放在記憶體中的陣列內一般。NumPy 有一個類似 ndarray 的 memmap 物件，可讓你讀取大型檔案的一小段，而不需要將整個陣列讀入記憶體。此外，memmap 有一些方法與記憶體陣列一樣，所以可在使用 ndarray 的許多演算法裡使用。

建立新記憶體映像的方法是使用 np.memmap 函式並傳入檔案路徑、資料型態、shape 與檔案模式：

```
In [217]: mmap = np.memmap('mymmap', dtype='float64', mode='w+',
   .....:                  shape=(10000, 10000))

In [218]: mmap
Out[218]:
memmap([[0., 0., 0., ..., 0., 0., 0.],
        [0., 0., 0., ..., 0., 0., 0.],
        [0., 0., 0., ..., 0., 0., 0.],
        ...,
        [0., 0., 0., ..., 0., 0., 0.],
        [0., 0., 0., ..., 0., 0., 0.],
        [0., 0., 0., ..., 0., 0., 0.]])
```

slice memmap 會得到磁碟上的資料的視域：

```
In [219]: section = mmap[:5]
```

如果你對它們指派資料，它會被暫時放在記憶體內，這意味著，如果你在一個不同的應用程式中讀取檔案並改變它，那些改變不會立刻反映在磁碟的檔案裡。你可以呼叫 flush 來將任何改變同步至磁碟：

```
In [220]: section[:] = rng.standard_normal((5, 10000))

In [221]: mmap.flush()

In [222]: mmap
Out[222]:
memmap([[-0.9074, -1.0954,  0.0071, ...,  0.2753, -1.1641,  0.8521],
        [-0.0103, -0.0646, -1.0615, ..., -1.1003,  0.2505,  0.5832],
        [ 0.4583,  1.2992,  1.7137, ...,  0.8691, -0.7889, -0.2431],
        ...,
        [ 0.    ,  0.    ,  0.    , ...,  0.    ,  0.    ,  0.    ],
        [ 0.    ,  0.    ,  0.    , ...,  0.    ,  0.    ,  0.    ],
        [ 0.    ,  0.    ,  0.    , ...,  0.    ,  0.    ,  0.    ]])

In [223]: del mmap
```

當記憶體映像離開作用域，並且被回收時，所有改變也會被 flush 至磁碟。當你打開既有的記憶體映像時，你仍然必須指定資料型態與 shape，因為檔案只是一塊二進制資料，沒有任何資料型態資訊、shape 或 stride：

```
In [224]: mmap = np.memmap('mymmap', dtype='float64', shape=(10000, 10000))

In [225]: mmap
Out[225]:
memmap([[-0.9074, -1.0954,  0.0071, ...,  0.2753, -1.1641,  0.8521],
        [-0.0103, -0.0646, -1.0615, ..., -1.1003,  0.2505,  0.5832],
        [ 0.4583,  1.2992,  1.7137, ...,  0.8691, -0.7889, -0.2431],
        ...,
        [ 0.    ,  0.    ,  0.    , ...,  0.    ,  0.    ,  0.    ],
        [ 0.    ,  0.    ,  0.    , ...,  0.    ,  0.    ,  0.    ],
        [ 0.    ,  0.    ,  0.    , ...,  0.    ,  0.    ,  0.    ]])
```

記憶體映像也可以配合結構化或嵌套資料型態，第 516 頁，第 A.5 節的「結構化陣列與紀錄陣列」曾經介紹它們。

如果你在電腦上執行這個範例，務必記得刪除之前建立的大型檔案：

```
In [226]: %xdel mmap

In [227]: !rm mymmap
```

HDF5 與其他陣列儲存選項

PyTables 與 h5py 這兩項 Python 專案提供 NumPy 友善的介面，可用高效率且可壓縮的 HDF5 格式來儲存陣列資料（HDF 是 *hierarchical data format*（**階層式資料格式**）的縮寫）。你可以用 HDF5 格式來安全地儲存幾百 GB 甚至幾 TB 的資料。若要進一步瞭解如何在 Python 中使用 HDF5，推薦你閱讀 pandas 網路文件（*http://pandas.pydata.org*）。

A.9 性能小撇步

改寫資料處理程式來使用 NumPy 通常可以大幅提升速度，因為陣列操作通常可以取代原本相對極度緩慢的純 Python 迴圈。接下來有幾個小撇步可協助你發揮程式庫的最佳性能：

- 將 Python 迴圈轉換成條件邏輯，進行陣列操作與布林陣列操作
- 盡可能使用廣播
- 使用陣列視域（slice）來避免複製資料
- 善用 ufuncs 與 ufunc 方法

如果你用盡 NumPy 單獨提供的功能仍然無法獲得期望的性能，你可以考慮使用 C、FORTRAN 或 Cython 來寫程式。我在自己的工作中經常使用 Cython（*http://cython.org*）來獲得近似 C 的性能，通常可讓開發時間短得多。

連續記憶體的重要性

雖然這個主題的完整內容有點超出本書的範圍，但是在一些應用中，陣列的記憶體佈局可能會嚴重影響計算的速度，部分的原因是 CPU 的快取階層造成的性能差異；存取連續記憶體（例如將 C 順序陣列的資料列加總）通常比較快，因為記憶體子系統會將適當的記憶體區塊暫存至低延遲的 L1 或 L2 CPU 快取。此外，NumPy 的 C 基礎程式有一些程式路徑針對連續記憶體的情況進行優化，可避免一般的固定步幅記憶體存取（strided memory access）。

「陣列的記憶體佈局是**連續的**」意味著元素在記憶體裡的順序和它們在陣列裡的順序一樣，遵守 FORTRAN（行優先）或 C（列優先）順序。在預設情況下，NumPy 陣列會被做成 C 連續，或單純連續。所以行優先陣列（例如 C 連續陣列的轉置）稱為 FORTRAN 連續。你可以用 ndarray 的 `flags` 屬性來檢查這些特性：

```
In [228]: arr_c = np.ones((100, 10000), order='C')

In [229]: arr_f = np.ones((100, 10000), order='F')

In [230]: arr_c.flags
Out[230]:
  C_CONTIGUOUS : True
  F_CONTIGUOUS : False
  OWNDATA : True
  WRITEABLE : True
  ALIGNED : True
  WRITEBACKIFCOPY : False
  UPDATEIFCOPY : False

In [231]: arr_f.flags
Out[231]:
  C_CONTIGUOUS : False
  F_CONTIGUOUS : True
  OWNDATA : True
  WRITEABLE : True
  ALIGNED : True
  WRITEBACKIFCOPY : False
  UPDATEIFCOPY : False

In [232]: arr_f.flags.f_contiguous
Out[232]: True
```

在這個範例裡，理論上，使用 `arr_c` 來加總這些陣列的列（row）的速度應該比使用 `arr_f` 更快，因為列在記憶體裡是連續的。我在 IPython 裡使用 `%timeit` 來檢查速度（在你的電腦上，結果可能不同）：

```
In [233]: %timeit arr_c.sum(1)
444 us +- 60.5 us per loop (mean +- std. dev. of 7 runs, 1000 loops each)

In [234]: %timeit arr_f.sum(1)
581 us +- 8.16 us per loop (mean +- std. dev. of 7 runs, 1000 loops each)
```

如果你想從 NumPy 榨出更多性能，你可以把更多精力放在這裡。如果你的陣列沒有滿意的記憶體順序，你可以使用 `copy` 並傳入 `'C'` 或 `'F'`：

```
In [235]: arr_f.copy('C').flags
Out[235]:
  C_CONTIGUOUS : True
  F_CONTIGUOUS : False
  OWNDATA : True
  WRITEABLE : True
  ALIGNED : True
```

```
  WRITEBACKIFCOPY : False
  UPDATEIFCOPY : False
```

在建構陣列視域時，別忘了，結果不一定是連續的：

```
In [236]: arr_c[:50].flags.contiguous
Out[236]: True

In [237]: arr_c[:, :50].flags
Out[237]:
  C_CONTIGUOUS : False
  F_CONTIGUOUS : False
  OWNDATA : False
  WRITEABLE : True
  ALIGNED : True
  WRITEBACKIFCOPY : False
  UPDATEIFCOPY : False
```

附錄 B

IPython 系統的進階功能

第 2 章介紹過 IPython shell 與 Jupyter notebook 的基本用法。在這個附錄中，我們要探索 IPython 系統的進階功能，它們可在主控台裡使用，也可以在 Jupyter 裡使用。

B.1 終端快捷鍵

IPython 有很多快捷鍵可在提示符號（prompt）下進行巡覽（Emacs 文字編譯器或 Unix bash shell 的使用者會很熟悉它們），以及和 shell 的命令紀錄互動。表 B-1 是最常用的快捷鍵。圖 B-1 是其中幾個快捷鍵的說明，例如游標移動。

表 B-1 標準 IPython 快捷鍵

快捷鍵	說明
Ctrl-P 或 up-arrow	在命令紀錄中向後搜尋開頭為當前文字的命令
Ctrl-N 或 down-arrow	在命令紀錄中向前搜尋開頭為當前文字的命令
Ctrl-R	readline 風格的反向紀錄搜尋（部分比對）
Ctrl-Shift-V	貼上剪貼簿的文字
Ctrl-C	中斷當前執行的程式
Ctrl-A	將游標移到行首
Ctrl-E	將游標移到行末
Ctrl-K	將游標處到行末之間的文字刪除
Ctrl-U	移除當前這一行的所有文字
Ctrl-F	將游標前移一個字元

快捷鍵	說明
Ctrl-B	將游標後移一個字元
Ctrl-L	清除螢幕

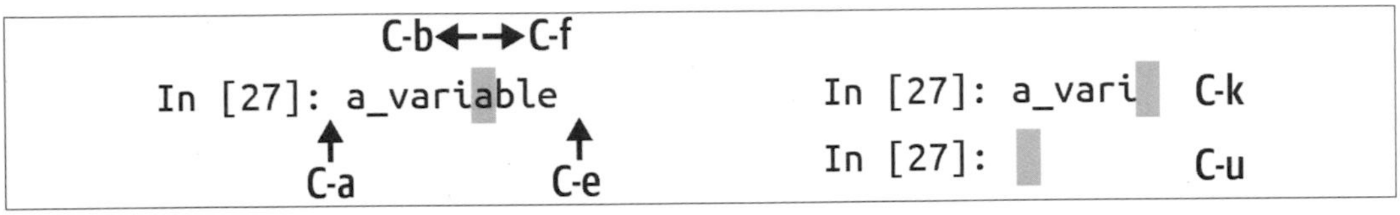

圖 B-1　IPython shell 的一些快捷鍵的示意圖

注意，Jupyter notebook 使用大部分不相同的巡覽和編輯快捷鍵。因為那些快捷鍵的演變速度比 IPython 的還要快，所以鼓勵你探索 Jupyter notebook 選單裡的整合輔助系統。

B.2　關於魔術命令

IPython 的特殊命令（它們不屬於 Python 本身）稱為魔術命令。它們都是為了進行常見的任務而設計的，可讓你輕鬆地控制 IPython 系統的行為。魔術命令就是以 % 開頭的任何命令。例如，%timeit 魔術命令可用來檢查任何 Python 敘述句的執行時間，例如矩陣乘法：

```
In [20]: a = np.random.standard_normal((100, 100))

    In [20]: %timeit np.dot(a, a)
    92.5 µs ± 3.43 µs per loop (mean ± std. dev. of 7 runs, 10000 loops each)
```

魔術命令可視為在 IPython 系統內執行的命令列程式。它們很多都有額外的「命令列」選項，你可以使用 ? 來查看它們：

```
In [21]: %debug?
    Docstring:
    ::

    %debug [--breakpoint FILE:LINE] [statement [statement ...]]

    Activate the interactive debugger.

    This magic command support two ways of activating debugger.
    One is to activate debugger before executing code.  This way, you
    can set a break point, to step through the code from the point.
```

```
You can use this mode by giving statements to execute and optionally
a breakpoint.

The other one is to activate debugger in post-mortem mode.  You can
activate this mode simply running %debug without any argument.
If an exception has just occurred, this lets you inspect its stack
frames interactively.  Note that this will always work only on the last
traceback that occurred, so you must call this quickly after an
exception that you wish to inspect has fired, because if another one
occurs, it clobbers the previous one.

If you want IPython to automatically do this on every exception, see
the %pdb magic for more details.

.. versionchanged:: 7.3
When running code, user variables are no longer expanded,
the magic line is always left unmodified.

positional arguments:
statement             Code to run in debugger. You can omit this in cell
magic mode.

optional arguments:
--breakpoint <FILE:LINE>, -b <FILE:LINE>
Set break point at LINE in FILE.
```

在預設情況下，不必打 `%` 符號就可以使用魔術函式，只要沒有變數的名稱與那個魔術函式一樣即可。這個功能稱為 *automagic*，可用 `%automagic` 來啟用或停用。

有一些魔術函式的行為類似 Python 函式，而且它們的輸出可以指派給變數：

```
In [22]: %pwd
Out[22]: '/home/wesm/code/pydata-book'

In [23]: foo = %pwd

In [24]: foo
Out[24]: '/home/wesm/code/pydata-book'
```

既然我們可以在 IPython 的系統裡讀取它的文件，鼓勵你使用 `%quickref` 或 `%magic` 來瞭解所有的特殊命令。這個資訊是在主控台 pager 裡展示的，退出 pager 的方法是按下 `q`。表 B-2 是在 IPython 中進行互動式計算和 Python 開發時，可以幫助提升工作效率的重要命令。

表 B-2　常用的 IPython 魔術命令

命令	說明
`%quickref`	顯示 IPython Quick Reference Card
`%magic`	顯示所有魔術命令的詳細文件
`%debug`	在最後一個例外 traceback 底下進入互動式偵錯器
`%hist`	印出命令輸入（也可以選擇輸出）歷史紀錄
`%pdb`	在發生任何例外之後自動進入偵錯器
`%paste`	執行剪貼簿裡預先寫好的 Python 程式碼
`%cpaste`	打開特殊的提示符號，以手動貼上打算執行的 Python 程式碼
`%reset`	刪除在互動名稱空間裡定義的所有變數與名稱
`%page` *`OBJECT`*	整齊地印出物件並用 pager 來顯示它
`%run` *`script.py`*	在 IPython 裡執行 Python 腳本
`%prun` *`statement`*	使用 `cProfile` 來執行 *`statement`*，並回報剖析器輸出
`%time` *`statement`*	回報一個敘述句的執行時間
`%timeit` *`statement`*	執行一個敘述句多次，以計算平均執行時間，適合用來測量執行時間很短的程式碼
`%who, %who_ls, %whos`	顯示在互動名稱空間裡定義的變數，分別提供各種等級的資訊 / 文字量
`%xdel` *`variable`*	在 IPython 內部刪除一個變數，並試著清除該物件的任何參考

%run 命令

你可以在 IPython 對話環境裡，使用 `%run` 命令來將任何檔案當成 Python 程式來執行。假如你在 *script.py* 裡儲存下面的簡單腳本：

```
def f(x, y, z):
    return (x + y) / z

a = 5
b = 6
c = 7.5

result = f(a, b, c)
```

你可以將檔名傳給 `%run` 來執行它：

```
In [14]: %run script.py
```

這個腳本是在**空的名稱空間**裡執行的（沒有 import 或定義其他變數），所以它的行為應該和在命令列以 `python script.py` 來執行時一樣。在檔案內定義的所有變數（import、函式、全域變數）都可在 IPython shell 裡使用：

```
In [15]: c
Out [15]: 7.5

In [16]: result
Out[16]: 1.4666666666666666
```

如果 Python 腳本期望收到命令列引數（可在 `sys.argv` 裡找到），你可以在檔案路徑後面傳遞它們，就像在命令列上執行一樣。

如果你想要讓腳本使用已在 IPython 互動名稱空間裡定義的變數，你可以使用 `%run -i` 而非一般的 `%run`。

在 Jupyter notebook 裡，你也可以使用相關的 `%load` 魔術命令，它會將腳本匯至程式碼 cell 裡：

```
In [16]: %load script.py

    def f(x, y, z):
        return (x + y) / z

    a = 5
    b = 6
    c = 7.5

    result = f(a, b, c)
```

中斷正在執行的程式碼

如果你在執行程式碼時按下 Ctrl-C，無論它是用 `%run` 來執行的腳本還是長期執行的命令，你都會看到 `KeyboardInterrupt`，會造成幾乎所有 Python 程式立刻停止，除非遇到一些不尋常的情況。

當 Python 程式已經呼叫某些已編譯的擴展模組時，按下 Ctrl-C 不會讓程式立刻停止執行，在這種情況下，你必須等待控制權回到 Python 解譯器，或是在更嚴重的情況下，你要在作業系統裡強制終止 Python 程序（例如使用 Windows 的工作管理員，或 Linux 的 `kill` 命令）。

執行剪貼簿的程式碼

如果你使用 Jupyter notebook，你可以將程式碼複製並貼到任何程式碼 cell 並執行它。你也可以在 IPython shell 裡執行剪貼簿的程式碼。假如其他的應用程式裡有下面的程式碼：

```
x = 5
y = 7
if x > 5:
    x += 1
    y = 8
```

最萬無一失的方法是使用 `%paste` 與 `%cpaste` 魔術函式（注意，它們無法在 Jupyter 裡使用，因為你可以複製和貼入 Jupyter 程式碼 cell）。`%paste` 會取得剪貼簿裡的文字，並在 shell 裡將它當成一個區塊來執行它：

```
In [17]: %paste
x = 5
y = 7
if x > 5:
    x += 1

    y = 8
## -- 結束貼上文字 --
```

`%cpaste` 方法有類似的功能，但它會給你特殊的提示符號，來貼入程式碼：

```
In [18]: %cpaste
Pasting code; enter '--' alone on the line to stop or use Ctrl-D.
:x = 5
:y = 7
:if x > 5:
:    x += 1
:
:    y = 8
:--
```

`%cpaste` 區塊可讓你先自由地貼入任意數量的程式碼再執行它。你可以先使用 `%cpaste` 來檢查貼上的程式碼再執行它。如果你不小心貼上錯誤的程式碼，你可以按下 Ctrl-C 來退出 `%cpaste` 提示符號。

B.3 使用命令歷史紀錄

IPython 在磁碟裡保存一個小型的資料庫來儲存你執行的每一個命令的文字。它有幾種用途：

- 用最少的打字次數來執行搜尋、完成命令，以及執行之前執行過的命令
- 在不同的對話（session）之間保存命令
- 將輸入 / 輸出紀錄保存在檔案內

這些功能在 shell 裡的實用程度比在 notebook 裡還要高，因為 notebook 在設計上可在每一個程式碼 cell 裡保存輸入和輸出紀錄。

搜尋與重複使用命令歷史紀錄

IPython shell 可讓你搜尋和執行之前的程式碼或其他命令。這是很好用的功能，因為你可能經常執行相同的命令，例如 `%run` 命令，或其他的程式片段。假設你曾經執行：

```
In[7]: %run first/second/third/data_script.py
```

然後查看腳本的結果（假設它成功執行了），後來發現你做了一次錯誤的計算，找出原因並修改 *data_script.py* 之後，你可以輸入 `%run` 命令的幾個字母，然後按下 Ctrl-P 或向上箭頭按鍵，這會在命令歷史紀錄中搜尋第一個符合你輸入的字母的命令。按下 Ctrl-P 或向上箭頭按鍵多次可繼續在歷史紀錄中搜尋。如果你不小心跳過你想執行的命令，別擔心，你可以使用 Ctrl-N 或向下箭頭按鍵在命令歷史紀錄中**向前**移動。多做幾次之後，你應該可以下意識地操作這幾個按鍵！

使用 Ctrl-R 可以執行 Unix 風格的 shell（例如 bash shell）的 `readline` 所提供的部分漸進搜尋功能。在 Windows 上，`readline` 功能是由 IPython 模擬的。若要使用它，可按下 Ctrl-R，然後輸入你想尋找的命令裡的幾個字元：

```
In [1]: a_command = foo(x, y, z)

(reverse-i-search)`com': a_command = foo(x, y, z)
```

按下 Ctrl-R 可循環查看每一行的歷史紀錄，比對你輸入的字元。

輸入與輸出變數

忘了將呼叫函式得到的結果指派給變數是很困擾的事情。IPython 對話會將輸入命令與 Python 輸出物件的參考都存放在特殊的變數裡。上兩個輸出會被分別存放在 _（一個底線）與 __（兩個底線）變數裡：

```
In [18]: 'input1'
Out[18]: 'input1'

In [19]: 'input2'
Out[19]: 'input2'

In [20]: __
Out[20]: 'input1'

In [21]: 'input3'
Out[21]: 'input3'

In [22]: _
Out[22]: 'input3'
```

輸入變數會被存放在名為 _iX 的變數裡，其中的 X 是輸入的行數。

每個輸入變數都有一個對應的輸出變數 _X。所以在輸入的第 27 行之後會有兩個新變數，_27（輸出的）與輸入的 _i27：

```
In [26]: foo = 'bar'

In [27]: foo
Out[27]: 'bar'

In [28]: _i27
Out[28]: u'foo'

In [29]: _27
Out[29]: 'bar'
```

因為輸入變數是字串，所以你可以用 Python 的 eval 關鍵字來再次執行它們：

```
In [30]: eval(_i27)
Out[30]: 'bar'
```

在此，_i27 是指在 In [27] 裡輸入的程式碼。

有一些魔術命令可讓你使用輸入與輸出歷史紀錄。%hist 可印出所有或部分的輸入歷史紀錄，可顯示或不顯示行數。%reset 會清除互動名稱空間，並且可選擇清除輸入與輸出快取。%xdel 魔術命令可將特定物件的所有參考從 IPython 系統中移除。你可以參考文件以瞭解這些魔術命令的細節。

在處理龐大的資料組時，別忘了，IPython 的輸入與輸出歷史紀錄，可能導致它們參考的物件不會被回收記憶體（釋出記憶體），即使你使用 del 關鍵字將變數從互動名稱空間中刪除。在這種情況下，謹慎地使用 %xdel 與 %reset 可協助你避免遇到記憶體問題。

B.4 與作業系統互動

IPython 的另一個特性是它可讓你操作檔案系統與作業系統 shell。這意味著，你可以像在 Windows 或 Unix（Linux、macOS）shell 裡面一樣執行最標準的命令列動作，而不需要離開 IPython。可做的事情包括執行 shell 命令、改變目錄、將命令的結果存入 Python 物件（串列或字串）。此外也有命令別名和目錄書籤功能。

表 B-3 是魔術命令與呼叫 shell 命令的語法。我會在接下來幾節簡介這些功能。

表 B-3 IPython 系統相關命令

命令	說明
`!cmd`	在系統 shell 裡執行 `cmd`
`output = !cmd args`	執行 `cmd` 並將結果存入 `output`
`%alias` *`alias_name cmd`*	定義系統（shell）命令的別名
`%bookmark`	利用 IPython 的目錄書籤系統
`%cd` *`directory`*	將系統工作目錄切換至你傳入的目錄
`%pwd`	回傳當前系統的工作目錄
`%pushd` *`directory`*	將當前目錄放在堆疊上，並切換至目標目錄
`%popd`	切換至從堆疊 pop 出來的目錄
`%dirs`	以串列回傳當前目錄堆疊
`%dhist`	印出造訪過的目錄紀錄
`%env`	以字典回傳系統環境變數
`%matplotlib`	設置 matplotlib 整合選項

shell 命令與別名

在 IPython 裡用驚嘆號！開始編寫一行程式就是告訴 IPython 在系統 shell 中執行驚嘆號後面的所有東西。這意味著你可以刪除檔案（使用 rm 或 del，取決於你的 OS）、改變目錄，或執行任何其他程序。

你可以將 shell 命令的主控台輸出存入一個變數，做法是將一個加上！的運算式指派給變數。例如，我的 Linux 電腦用 Ethernet 來連接網際網路，我可以取得我的 IP 位址並指派給 Python 變數：

```
In [1]: ip_info = !ifconfig wlan0 | grep "inet "

In [2]: ip_info[0].strip()
Out[2]: 'inet addr:10.0.0.11  Bcast:10.0.0.255  Mask:255.255.255.0'
```

回傳的 Python 物件 ip_info 實際上是一個自訂的串列型態，裡面有主控台輸出的各種版本。

使用！時，IPython 也可以替換在當前環境中定義的 Python 值，做法是在變數名稱的前面加上 $：

```
In [3]: foo = 'test*'

In [4]: !ls $foo
test4.py  test.py  test.xml
```

%alias 魔術命令可以為 shell 命令定義自訂的捷徑。舉個例子：

```
In [1]: %alias ll ls -l

In [2]: ll /usr
total 332
drwxr-xr-x   2 root root  69632 2012-01-29 20:36 bin/
drwxr-xr-x   2 root root   4096 2010-08-23 12:05 games/
drwxr-xr-x 123 root root  20480 2011-12-26 18:08 include/
drwxr-xr-x 265 root root 126976 2012-01-29 20:36 lib/
drwxr-xr-x  44 root root  69632 2011-12-26 18:08 lib32/
lrwxrwxrwx   1 root root      3 2010-08-23 16:02 lib64 -> lib/
drwxr-xr-x  15 root root   4096 2011-10-13 19:03 local/
drwxr-xr-x   2 root root  12288 2012-01-12 09:32 sbin/
drwxr-xr-x 387 root root  12288 2011-11-04 22:53 share/
drwxrwsr-x  24 root src    4096 2011-07-17 18:38 src/
```

你可以用分號來將多個命令分開，然後像在命令列環境一樣執行它們：

```
In [558]: %alias test_alias (cd examples; ls; cd ..)

In [559]: test_alias
macrodata.csv  spx.csv  tips.csv
```

只要你關閉執行期，IPython 就會「忘記」你用互動的方式定義的任何別名。若要建立永久別名，你要使用組態系統。

目錄書籤系統

IPython 有目錄書籤系統，可讓你儲存常用目錄的別名，以便輕鬆地切換。例如，假設你想要建立一個書籤，並讓它指向本書的支援教材：

```
In [6]: %bookmark py4da /home/wesm/code/pydata-book
```

當你執行它之後，使用 `%cd` 魔術命令即可使用你定義的任何書籤：

```
In [7]: cd py4da
(bookmark:py4da) -> /home/wesm/code/pydata-book
/home/wesm/code/pydata-book
```

如果書籤名稱與你當前的工作目錄裡的目錄名稱衝突，你可以使用 `-b` 旗標來覆寫，並使用書籤的位置。使用 `%bookmark` 的 `-l` 選項可列出所有書籤：

```
In [8]: %bookmark -l
Current bookmarks:
py4da -> /home/wesm/code/pydata-book-source
```

與別名不同的是，書籤會在 IPython 執行期之間自動保存。

B.5 軟體開發工具

IPython 除了是一種進行互動式計算與資料探索的舒適環境之外，也是開發一般 Python 軟體的好伙伴。在資料分析應用中，先寫出**正確**的程式很重要。幸運的是，IPython 緊密地整合並加強了內建的 Python `pdb` 偵錯器。而且，你也想讓程式**跑得飛快**，為此，IPython 整合了方便的程式碼計時和剖析工具。我將詳細地介紹這些工具。

互動式偵錯器

IPython 的偵錯器幫 pdb 加強了 tab 補全、語法突顯功能，並改善例外 traceback 裡的每一行的上下文（context）。偵錯的最佳時機是在錯誤發生時。當你在發生例外之後立刻輸入 `%debug` 命令時，它會呼叫「解剖」偵錯器，並把你移到發出例外的堆疊框（stack frame）裡：

```
In [2]: run examples/ipython_bug.py
---------------------------------------------------------------------------
AssertionError                            Traceback (most recent call last)
/home/wesm/code/pydata-book/examples/ipython_bug.py in <module>()
     13     throws_an_exception()
     14
---> 15 calling_things()

/home/wesm/code/pydata-book/examples/ipython_bug.py in calling_things()
     11 def calling_things():
     12     works_fine()
---> 13     throws_an_exception()
     14
     15 calling_things()

/home/wesm/code/pydata-book/examples/ipython_bug.py in throws_an_exception()
      7     a = 5
      8     b = 6
----> 9     assert(a + b == 10)
     10
     11 def calling_things():

AssertionError:

In [3]: %debug
> /home/wesm/code/pydata-book/examples/ipython_bug.py(9)throws_an_exception()
      8     b = 6
----> 9     assert(a + b == 10)
     10

ipdb>
```

進入偵錯器之後，你可以執行任意的 Python 程式碼，並探索每一個堆疊框裡的所有物件與資料（解譯器會幫它們「續命」）。在預設情況下，你會先在最底層發生錯誤的地方。輸入 **u**（up）與 **d**（down）可以在 stack trace 的各層之間切換：

```
ipdb> u
> /home/wesm/code/pydata-book/examples/ipython_bug.py(13)calling_things()
     12     works_fine()
```

```
---> 13     throws_an_exception()
     14
```

執行 %pdb 命令會讓 IPython 在任何例外發生之後自動呼叫偵錯器，很多使用者都覺得這個模式很好用。

在開發程式時使用偵錯器也有幫助，尤其是當你需要設定斷點或步進執行函式或腳本，來確定每一步的行為時。你可以採取幾種做法。第一種是使用 %run 與 -d 旗標，它會在執行你傳入的腳本裡的任何程式碼之前呼叫偵錯器。你必須立刻輸入 **s**（step）來進入腳本：

```
In [5]: run -d examples/ipython_bug.py
Breakpoint 1 at /home/wesm/code/pydata-book/examples/ipython_bug.py:1
NOTE: Enter 'c' at the ipdb>  prompt to start your script.
> <string>(1)<module>()

ipdb> s
--Call--
> /home/wesm/code/pydata-book/examples/ipython_bug.py(1)<module>()
1---> 1 def works_fine():
      2     a = 5
      3     b = 6
```

接下來，你可以自己決定該如何處理這個檔案。例如，在之前的例外中，我們可以在呼叫 works_fine 函式的程式前面設定斷點，並輸入 **c**（continue）來執行腳本，直到到達斷點為止：

```
ipdb> b 12
ipdb> c
> /home/wesm/code/pydata-book/examples/ipython_bug.py(12)calling_things()
     11 def calling_things():
2--> 12     works_fine()
     13     throws_an_exception()
```

此時，你可以 step 進入 works_fine()，或輸入 **n**（next）來進入下一行，以執行 works_fine()：

```
ipdb> n
> /home/wesm/code/pydata-book/examples/ipython_bug.py(13)calling_things()
2    12     works_fine()
---> 13     throws_an_exception()
     14
```

接下來，我們可以 step 進入 throws_an_exception 並前往發生錯誤的那一行，以及查看作用域裡的變數。注意，偵錯器命令的優先順序高於變數名稱，在這種情況下，你可以在變數前加上 ! 來檢查它的內容：

```
ipdb> s
--Call--
> /home/wesm/code/pydata-book/examples/ipython_bug.py(6)throws_an_exception()
      5
----> 6 def throws_an_exception():
      7     a = 5

ipdb> n
> /home/wesm/code/pydata-book/examples/ipython_bug.py(7)throws_an_exception()
      6 def throws_an_exception():
----> 7     a = 5
      8     b = 6

ipdb> n
> /home/wesm/code/pydata-book/examples/ipython_bug.py(8)throws_an_exception()
      7     a = 5
----> 8     b = 6
      9     assert(a + b == 10)

ipdb> n
> /home/wesm/code/pydata-book/examples/ipython_bug.py(9)throws_an_exception()
      8     b = 6
----> 9     assert(a + b == 10)
     10

ipdb> !a
5
ipdb> !b
6
```

根據我的經驗，熟練互動式偵錯器需要時間與實際操作。表 B-4 是完整的偵錯器命令。如果你習慣使用 IDE，最初你可能不太喜歡終端驅動的偵錯器，但久而久之情況會有所改善。有些 Python IDE 有優秀的 GUI 偵錯器，所以大多數的使用者都可以找到適合的選項。

表 B-4 Python 偵錯器命令

命令	動作
`h(elp)`	顯示命令清單
`help` *command*	顯示 *command* 的文件

命令	動作
`c(ontinue)`	恢復程式執行
`q(uit)`	退出偵錯器，不執行任何其他程式碼
`b(reak)` *`number`*	在當前檔案的 *`number`* 處設定斷點
`b` *`path/to/file.py:number`*	在指定檔案的 *`number`* 處設定斷點
`s(tep)`	進入函式呼叫
`n(ext)`	執行當前這一行，並進入當前階層的下一行
`u(p)/d(own)`	在函式呼叫堆疊中上移 / 下移
`a(rgs)`	顯示當前函式的引數
`debug` *`statement`*	在新（遞迴）偵錯器裡呼叫敘述句 *`statement`*
`l(ist)` *`statement`*	顯示當前的位置，以及當前堆疊階層的上下文
`w(here)`	印出完整的 stack trace 以及當前位置的上下文

偵錯器的其他用法

偵錯器也可以用其他幾種方便的方式來呼叫。第一種是使用特殊的 `set_trace` 函式（名稱來自 `pdb.set_trace`），它基本上是「窮人版的斷點」。你可以將下面的兩個配方放在可隨時使用的地方（可以放在你的 IPython profile，跟我一樣）：

```
from IPython.core.debugger import Pdb

def set_trace():
    Pdb(.set_trace(sys._getframe().f_back)

def debug(f, *args, **kwargs):
    pdb = Pdb()
    return pdb.runcall(f, *args, **kwargs)
```

第一個函式 `set_trace` 可讓你輕鬆地將斷點放在程式碼的某處。你可以在你想要暫停並且仔細檢查的任何地方（例如在發生例外的地方之前）使用 `set_trace`：

```
In [7]: run examples/ipython_bug.py
> /home/wesm/code/pydata-book/examples/ipython_bug.py(16)calling_things()
     15     set_trace()
---> 16     throws_an_exception()
     17
```

輸入 **c**（continue）會讓程式碼正常恢復，不會造成任何傷害。

剛才介紹的 debug 函式可讓你輕鬆地對著任何「函式呼叫」調用互動式偵錯器。假設我們寫了下面的函式，並且想要步進執行它的邏輯：

```
def f(x, y, z=1):
    tmp = x + y
    return tmp / z
```

f 的用法類似 f(1, 2, z=3)。若要步進執行 f，你要將 f 當成第一個引數傳給 debug，然後傳入想傳給 f 的位置引數和關鍵字引數：

```
In [6]: debug(f, 1, 2, z=3)
> <ipython-input>(2)f()
      1 def f(x, y, z):
----> 2     tmp = x + y
      3     return tmp / z

ipdb>
```

這兩個配方多年來為我省下不少時間。

最後，偵錯器可以和 %run 一起使用。使用 %run -d 來執行腳本的話，你會進入偵錯器，可以立刻設定任何斷點並開始執行腳本：

```
In [1]: %run -d examples/ipython_bug.py
Breakpoint 1 at /home/wesm/code/pydata-book/examples/ipython_bug.py:1
NOTE: Enter 'c' at the ipdb>  prompt to start your script.
> <string>(1)<module>()

ipdb>
```

加入 -b 與行號會啟動偵錯器並設好斷點：

```
In [2]: %run -d -b2 examples/ipython_bug.py
Breakpoint 1 at /home/wesm/code/pydata-book/examples/ipython_bug.py:2
NOTE: Enter 'c' at the ipdb>  prompt to start your script.
> <string>(1)<module>()

ipdb> c
> /home/wesm/code/pydata-book/examples/ipython_bug.py(2)works_fine()
      1 def works_fine():
1---> 2     a = 5
      3     b = 6

ipdb>
```

測量程式執行時間：%time 與 %timeit

對於規模較大或執行時間較長的資料分析程式，你可能想要測量各種組件或一個敘述句的執行時間，或呼叫函式的時間。你可能想要一份報告，指出在一個複雜的程序中，哪些函式占用最多時間。幸運的是，IPython 可以讓你在開發和測試程式碼的時候，輕鬆地獲得這些資訊。

使用內建的 `time` 模組及其函式 `time.clock` 和 `time.time` 來手動編寫計時程式通常很枯燥，而且必須反覆編寫同樣的樣板程式：

```
import time
start = time.time()
for i in range(iterations):
    # 想在這裡執行的程式碼
elapsed_per = (time.time() - start) / iterations
```

因為這是常見的操作，所以 IPython 有兩個魔術函式 `%time` 與 `%timeit` 可為你將這個程序自動化。

`%time` 一次執行一個敘述句，回報總執行時間。假如有一個大型的字串串列，我們想要比較「選出特定字首的所有字串」的各種方法，我們有 600,000 字串與兩個一樣的方法，它們都只選出開頭為 `'foo'` 的字串：

```
# 龐大的字串串列
In [11]: strings = ['foo', 'foobar', 'baz', 'qux',
   ....:            'python', 'Guido Van Rossum'] * 100000

In [12]: method1 = [x for x in strings if x.startswith('foo')]

In [13]: method2 = [x for x in strings if x[:3] == 'foo']
```

它們看起來性能差不多，對不對？我們可以使用 `%time` 確認：

```
In [14]: %time method1 = [x for x in strings if x.startswith('foo')]
CPU times: user 52.5 ms, sys: 0 ns, total: 52.5 ms
Wall time: 52.1 ms

In [15]: %time method2 = [x for x in strings if x[:3] == 'foo']
CPU times: user 65.3 ms, sys: 0 ns, total: 65.3 ms
Wall time: 64.8 ms
```

`Wall time`（「wall-clock time」的簡寫）是我們在乎的數字。從這些時間來看，我們可以判斷它們的性能有一些差異，但是這些測量不太精準，如果你使用 `%time` 來測量這些敘述句多次，你會發現結果不太一致。若要得到精準的時間，請使用 `%timeit` 魔術函式。

對於任意敘述句，它可以執行敘述句多次，以產生更準確的平均執行時間（這些結果在你的系統上可能不同）：

```
In [563]: %timeit [x for x in strings if x.startswith('foo')]
10 loops, best of 3: 159 ms per loop

In [564]: %timeit [x for x in strings if x[:3] == 'foo']
10 loops, best of 3: 59.3 ms per loop
```

這個看似無關緊要的例子說明，瞭解 Python 標準程式庫、NumPy、pandas 和本書用過的其他程式庫的性能特性是有幫助的。在大規模的資料分析應用程式中，這微不足道的幾毫秒可能積沙成塔！

`%timeit` 特別適合用來分析執行時間極短的敘述句與函式，即使是微秒或奈秒等級。它們看起來是微不足道的時間，但呼叫一個 20 微秒的函數 100 萬次，會比呼叫 5 微秒的函數多花 15 秒。在前面的例子裡，我們可以非常直接地比較兩個字串操作，以瞭解它們的性能特性：

```
In [565]: x = 'foobar'

In [566]: y = 'foo'

In [567]: %timeit x.startswith(y)
1000000 loops, best of 3: 267 ns per loop

In [568]: %timeit x[:3] == y
10000000 loops, best of 3: 147 ns per loop
```

基本剖析：%prun 與 %run -p

對程式進行剖析與對它進行計時密切相關，但剖析的目的是確定時間花在**哪裡**。`cProfile` 模組是主要的 Python 剖析工具，它不是 IPython 專屬的。`cProfile` 可以執行一個程式或任何程式區塊，同時追蹤每一個函式花了多少時間。

我們經常在命令列上使用 `cProfile`，執行整個程式，並輸出每個函式的彙總時間。假設我們有個腳本在迴圈裡執行一些線性代數（計算一系列的 100×100 矩陣的最大絕對特徵值）：

```
import numpy as np
from numpy.linalg import eigvals

def run_experiment(niter=100):
    K = 100
```

```
    results = []
    for _ in range(niter):
        mat = np.random.standard_normal((K, K))
        max_eigenvalue = np.abs(eigvals(mat)).max()
        results.append(max_eigenvalue)
    return results
some_results = run_experiment()
print('Largest one we saw: {0}'.format(np.max(some_results)))
```

你可以使用下面的命令列，用 cProfile 來執行這個腳本：

```
python -m cProfile cprof_example.py
```

當你試著執行它時，你會看到輸出是按照函式名稱來排序的，讓人不太容易看出時間大都花在哪裡，所以我們可以使用 -s 旗標來指定排序順序：

```
$ python -m cProfile -s cumulative cprof_example.py
Largest one we saw: 11.923204422
    15116 function calls (14927 primitive calls) in 0.720 seconds

Ordered by: cumulative time

ncalls  tottime  percall  cumtime  percall filename:lineno(function)
     1    0.001    0.001    0.721    0.721 cprof_example.py:1(<module>)
   100    0.003    0.000    0.586    0.006 linalg.py:702(eigvals)
   200    0.572    0.003    0.572    0.003 {numpy.linalg.lapack_lite.dgeev}
     1    0.002    0.002    0.075    0.075 __init__.py:106(<module>)
   100    0.059    0.001    0.059    0.001 {method 'randn')
     1    0.000    0.000    0.044    0.044 add_newdocs.py:9(<module>)
     2    0.001    0.001    0.037    0.019 __init__.py:1(<module>)
     2    0.003    0.002    0.030    0.015 __init__.py:2(<module>)
     1    0.000    0.000    0.030    0.030 type_check.py:3(<module>)
     1    0.001    0.001    0.021    0.021 __init__.py:15(<module>)
     1    0.013    0.013    0.013    0.013 numeric.py:1(<module>)
     1    0.000    0.000    0.009    0.009 __init__.py:6(<module>)
     1    0.001    0.001    0.008    0.008 __init__.py:45(<module>)
   262    0.005    0.000    0.007    0.000 function_base.py:3178(add_newdoc)
   100    0.003    0.000    0.005    0.000 linalg.py:162(_assertFinite)
   ...
```

結果只顯示前 15 列。最簡單的閱讀方法是順著 cumtime 欄往下看，以瞭解每個函式的內容總共花了多少時間。注意，如果有函式呼叫其他函式，時鐘不會停止執行。cProfile 會記錄每個函式呼叫的開始與結束時間，並用它來產生計時。

除了在命令列使用之外，cProfile 也可以在程式裡使用，以剖析任意程式碼區塊，而不需要執行新程序。IPython 提供一個方便的介面來使用這個功能，你可以使用 %prun 命令與 -p 選項來執行。%prun 接收與 cProfile 一樣的「命令列選項」，但它會剖析任意的 Python 敘述句，而不是整個 *.py* 檔：

```
In [4]: %prun -l 7 -s cumulative run_experiment()
        4203 function calls in 0.643 seconds

Ordered by: cumulative time
List reduced from 32 to 7 due to restriction <7>

ncalls  tottime  percall  cumtime  percall filename:lineno(function)
     1    0.000    0.000    0.643    0.643 <string>:1(<module>)
     1    0.001    0.001    0.643    0.643 cprof_example.py:4(run_experiment)
   100    0.003    0.000    0.583    0.006 linalg.py:702(eigvals)
   200    0.569    0.003    0.569    0.003 {numpy.linalg.lapack_lite.dgeev}
   100    0.058    0.001    0.058    0.001 {method 'randn'}
   100    0.003    0.000    0.005    0.000 linalg.py:162(_assertFinite)
   200    0.002    0.000    0.002    0.000 {method 'all' of 'numpy.ndarray'}
```

呼叫 %run -p -s cumulative cprof_example.py 的效果也與命令列方法一樣，但你不需要離開 IPython。

在 Jupyter notebook 裡，你可以使用 %%prun（兩個 % 符號）來剖析整個程式碼區塊，它會彈出一個視窗來顯示剖析結果。它很適合用來快速瞭解「為何那段程式跑這麼久？」之類的問題。

在使用 IPython 或 Jupyter 時，你也可以使用其他的工具來讓剖析結果更容易理解，例如 SnakeViz（*https://github.com/jiffyclub/snakeviz/*），它可以使用 D3.js 來產生互動式的視覺化剖析結果。

逐行剖析函式

有時 %prun 提供的資訊（或其他基於 cProfile 的剖析方法）不會告訴你關於函式執行時間的全貌，有時它非常複雜，以致於用函式名稱來彙總的結果難以解讀。在遇到這種情況時，你可以使用一種小型程式庫，line_profiler（可透過 PyPI 或程式包管理工具獲得）。它有 IPython 擴展版本，可讓你使用新的魔術命令 %lprun 來計算一個或多個函式的逐行剖析。你可以修改 IPython 組態設定，加入下面這一行，來啟用這個擴展版本（見 IPython 文件，或本附錄稍後介紹組態設定的小節）：

```
# 要載入的 IPython 擴展模組名稱串列
c.InteractiveShellApp.extensions = ['line_profiler']
```

你也可以執行這個命令：

```
%load_ext line_profiler
```

`line_profiler` 可在程式中使用（見完整文件），但是在 IPython 裡以互動的方式使用可以充分發揮它的效用。假如你有個模組 `prof_mod`，裡面有下面的程式碼，做一些 NumPy 陣列操作（如果你想要重現這個範例，可將這段程式放入新檔案 *prof_mod.py* 裡）：

```
from numpy.random import randn

def add_and_sum(x, y):
    added = x + y
    summed = added.sum(axis=1)
    return summed

def call_function():
    x = randn(1000, 1000)
    y = randn(1000, 1000)
    return add_and_sum(x, y)
```

如果我們想要瞭解 `add_and_sum` 函式的性能，`%prun` 會顯示下面的訊息：

```
In [569]: %run prof_mod

In [570]: x = randn(3000, 3000)

In [571]: y = randn(3000, 3000)

In [572]: %prun add_and_sum(x, y)
         4 function calls in 0.049 seconds
   Ordered by: internal time
   ncalls  tottime  percall  cumtime  percall filename:lineno(function)
        1    0.036    0.036    0.046    0.046 prof_mod.py:3(add_and_sum)
        1    0.009    0.009    0.009    0.009 {method 'sum' of 'numpy.ndarray'}
        1    0.003    0.003    0.049    0.049 <string>:1(<module>)
```

這些資訊幫助不大。啟動 `line_profiler` IPython 擴展之後，你就可以使用新命令 `%lprun` 了。在使用上，兩者唯一的差異在於，我們必須指示 `%lprun` 我們想剖析哪個函式或哪些函式。寫法通常是：

```
%lprun -f func1 -f func2 statement_to_profile
```

在這個例子中，我們想要剖析 `add_and_sum`，所以執行：

```
In [573]: %lprun -f add_and_sum add_and_sum(x, y)
Timer unit: 1e-06 s
File: prof_mod.py
```

```
Function: add_and_sum at line 3
Total time: 0.045936 s
Line #      Hits         Time  Per Hit   % Time  Line Contents
==============================================================
     3                                           def add_and_sum(x, y):
     4         1        36510  36510.0     79.5      added = x + y
     5         1         9425   9425.0     20.5      summed = added.sum(axis=1)
     6         1            1      1.0      0.0      return summed
```

這些資訊比較容易解讀。在這個例子裡，我們剖析了我們在敘述句裡使用的同一個函式。看一下前面的模組程式，我們可以呼叫 `call_function` 並剖析它與 `add_and_sum`，從而全面瞭解程式碼的性能：

```
In [574]: %lprun -f add_and_sum -f call_function call_function()
Timer unit: 1e-06 s
File: prof_mod.py
Function: add_and_sum at line 3
Total time: 0.005526 s
Line #      Hits         Time  Per Hit   % Time  Line Contents
==============================================================
     3                                           def add_and_sum(x, y):
     4         1         4375   4375.0     79.2      added = x + y
     5         1         1149   1149.0     20.8      summed = added.sum(axis=1)
     6         1            2      2.0      0.0      return summed
File: prof_mod.py
Function: call_function at line 8
Total time: 0.121016 s
Line #      Hits         Time  Per Hit   % Time  Line Contents
==============================================================
     8                                           def call_function():
     9         1        57169  57169.0     47.2      x = randn(1000, 1000)
    10         1        58304  58304.0     48.2      y = randn(1000, 1000)
    11         1         5543   5543.0      4.6      return add_and_sum(x, y)
```

根據經驗，我傾向使用 `%prun`（`cProfile`）來進行「宏觀」剖析，使用 `%lprun`（`line_profiler`）來進行「微觀」剖析。充分瞭解這兩種工具是值得的。

使用 `%lprun` 來明確地指定想剖析的函式名稱的原因在於，「追蹤」每一行程式的執行時間有很高的成本，追蹤不感興趣的函式可能會大大地影響剖析的結果。

B.6 小秘訣：如何使用 IPython 富生產力地開發程式碼

對許多使用者來說，寫出方便開發、偵錯、具互動性的程式碼需要改變習慣。他們可能需要改變一些程序性的細節，例如程式碼重載（code reloading）和撰寫風格。

因此，實踐本節介紹的策略比較像一門藝術，而不是一門科學，你必須做一些實驗，以找出比較適合你的 Python 程式編寫方式。說到底，你應該把程式寫得方便迭代使用，而且讓你可以毫不費力地探索程式或函式的執行結果。我發現，在設計時有考慮到 IPython 的軟體，比只想當成獨立的命令列應用程式來執行的程式更容易使用。當程式出了問題，使得你不得不診斷你或別人在幾個月或幾年前寫的程式裡的錯誤時，這一點特別重要。

重新載入模組依賴項目

在 Python，當你輸入 `import some_lib` 時，在 `some_lib` 裡的程式碼會被執行，而且在裡面定義的所有變數、函式與 import 都會被存放在新建立的 `some_lib` 模組名稱空間裡。下一次你使用 `import some_lib` 時，你會取得既有模組名稱空間的參考。在開發互動式 IPython 程式時，當你（舉例）`%run` 一個腳本，但它依賴另一個你已經做出改變的模組時可能會出問題。假設在 *test_script.py* 裡有這段程式：

```
import some_lib

x = 5
y = [1, 2, 3, 4]
result = some_lib.get_answer(x, y)
```

如果你執行 `%run test_script.py` 然後修改 *some_lib.py*，下一次你執行 `%run test_script.py` 時，因為 Python 的「一次性載入」模組系統，你會得到**舊**版的 *some_lib.py*。這個行為與一些其他的資料分析環境不同，例如 MATLAB，它們會自動傳播程式碼的改變[1]。處理這個問題的方法有幾種，第一種方法是使用標準程式庫的 `importlib` 模組的 `reload` 函式：

```
import some_lib
import importlib

importlib.reload(some_lib)
```

1 由於模組或程式包可能在同一程式裡的許多不同地方匯入，Python 會在第一次匯入模組時，快取模組的程式碼，而不是每次都執行模組內的程式碼。否則，模組化和優良的程式組織可能會讓應用程式沒有效率。

它會在你每次執行 *test_script.py* 時，試著給你一個全新的 *some_lib.py*（但是在某些情況下它不會）。顯然，如果依賴關係比較深，到處插入 `reload` 可能有點麻煩。為了處理這個問題，IPython 有一個特殊的 `dreload` 函式（不是魔術函式）可「深度」（遞迴地）重新載入模組。如果我執行 *some_lib.py* 然後使用 `dreload(some_lib)`，它會試著重新載入 `some_lib` 及其所有依賴項目。不幸的是，它不能用來處理所有情況，但如果它有效的話，總比重新啟動 IPython 還要好。

程式設計小技巧

雖然程式設計沒有簡單的秘訣，但接下來要介紹我在工作中發現的一些有效的高階原則。

讓相關的物件和資料保持活躍（alive）

我們經常看到針對命令列編寫的程式具有這樣子的結構：

```
from my_functions import g

def f(x, y):
    return g(x + y)

def main():
    x = 6
    y = 7.5
    result = x + y

if __name__ == '__main__':
    main()
```

你知道在 IPython 中執行這段程式時，可能發生什麼問題嗎？在它執行完畢之後，在 `main` 函式裡定義的結果或物件都無法在 IPython shell 裡使用。比較好的方法是直接在模組的全域名稱空間裡（或是在 `if __name__ == '__main__':` 區塊內，如果你也想讓模組可匯入）執行在 `main` 裡面的程式碼。如此一來，當你 `%run` 程式碼時，你就能夠查看你在 `main` 裡定義的所有變數。這相當於在 Jupyter notebook 的 cell 裡定義頂層變數。

扁平比嵌套好

深度嵌套的程式碼讓我想起多層的洋蔥。在測試或偵錯函式時，你必須剝開洋蔥的多少層，才能到達感興趣的程式碼？「扁平比嵌套好」這個想法是 Zen of Python 的一部分，它也普遍適用於開發互動式程式碼。讓函式與類別盡可能地解耦合與模組化可讓它們更容易測試（當你編寫單元測試時）、偵錯，與互動使用。

克服對較長檔案的恐懼

如果你有 Java（或其他這類語言）背景，你應該聽過「保持檔案簡短」。在許多語言裡，這是合理的建議，太長通常是不好的「程式異味」，意味著它可能需要重構或重新組織。然而，在使用 IPython 來開發程式時，處理 10 個簡短但互相關聯的檔案（比如說，每一個檔案都不到 100 行），可能比處理 2 到 3 個較長的檔案更令人頭痛。較少檔案意味著需要重新載入的模組更少，在編輯時，也比較不需要在不同的檔案之間跳來跳去。我發現維護較大的模組，並讓每一個模組都有更高的內聚力（程式碼都與處理同類問題有關）是更有用，而且更 Python 的做法。當然，迭代出解決方案之後，有時需要將較大的檔案重構成較小的。

我當然不贊成激進的做法，也就是把所有的程式碼都放在一個巨型檔案中。為大型的基礎程式找出合理且直觀的模組和程式包結構，通常需要花一些工夫，但是對團隊而言，把這件事做好特別重要。你要讓每一個模組都是內聚的，並且盡量讓大家清楚地知道，哪裡可以找到各種功能領域的函式與類別。

B.7 進階的 IPython 功能

充分利用 IPython 系統可能會導致你用稍微不同的方式編寫程式，或深入瞭解組態設定。

剖析與組態設定

IPython 與 Jupyter 環境的外觀（顏色、提示、行間距…等）和行為，大都可以透過廣泛的組態系統來設置。以下是可以透過組態設定做到的事情：

- 改變配色
- 改變輸入與輸出提示的外觀，或移除 `Out` 之後、下一個 `In` 提示之前的空行
- 執行任意的 Python 敘述句（例如，你不斷使用的 import，或當你每次啟動 IPython 時想要看到的任何其他事情）

- 啟用 IPython 擴展並持續開啟，例如 `line_profiler` 的 `%lprun`
- 使用 Jupyter 擴展
- 定義你自己的魔術方法或系統別名

IPython shell 的組態是在特殊的 *ipython_config.py* 檔裡設定的，這個檔案通常可以在你的使用者主目錄下的 *.ipython/* 目錄裡找到。組態是根據特定的 *profile* 來執行的，正常啟動 IPython 時，在預設情況下，它會載入位於 *profile_default* 的預設 *profile*，因此，在我的 Linux OS 上，我的預設 IPython 組態檔的完整路徑是：

```
/home/wesm/.ipython/profile_default/ipython_config.py
```

若要在你的系統上初始化這個檔案，你要在終端機裡執行：

```
ipython profile create default
```

在此不說明這個檔案裡的所有細節，幸運的是，它有註釋說明每一個組態選項的目的，所以讀者可以自己去調整。另外有一個實用的功能是，你可以擁有*多個 profile*。假設你想要為特定應用程式或專案量身打造另一個 IPython 組態，輸入下面的指令即可建立一個新 profile：

```
ipython profile create secret_project
```

執行後，在新建立的 *profile_secret_project* 目錄裡編輯組態檔，然後啟動 IPython：

```
$ ipython --profile=secret_project
Python 3.8.0 | packaged by conda-forge | (default, Nov 22 2019, 19:11:19)
Type 'copyright', 'credits' or 'license' for more information
IPython 7.22.0 -- An enhanced Interactive Python. Type '?' for help.

IPython profile: secret_project
```

網路上的 IPython 文件是進一步瞭解 profile 與組態的好資源。

為 Jupyter 設定組態的方法有些不同，因為你可以在它的 notebook 裡使用 Python 之外的語言。若要建立相似的 Jupyter 組態檔，可執行：

```
jupyter notebook --generate-config
```

這會將一個預設的組態檔寫至主目錄裡的 *.jupyter/jupyter_notebook_config.py* 目錄。視需求編譯它之後，你可以將它重新命名為不同的檔案，例如：

```
$ mv ~/.jupyter/jupyter_notebook_config.py ~/.jupyter/my_custom_config.py
```

在啟動 Jupyter 時，你可以加入 `--config` 引數：

```
jupyter notebook --config=~/.jupyter/my_custom_config.py
```

B.8 總結

鼓勵你透過本書的範例程式來練習並提升技能，成為 Python 程式設計師之後，繼續學習 IPython 和 Jupyter 生態系統。由於這些專案是為了幫助使用者提高生產力而設計的，相較於單獨使用 Python 語言和它的計算程式庫，也許你會發現有些工具可讓你更輕鬆地完成工作。

你也可以在 nbviewer 網站（*https://nbviewer.jupyter.org*）找到豐富有趣的 Jupyter notebook。

索引

※ 提醒您： 由於翻譯書排版的關係，部分索引名詞的對應頁碼會和實際頁碼有一頁之差。

符號

A

B

C

D

E

F

G

H

I

M

N

O

P

Q

R

S

T

U

V

W

X

Y

Z

作者簡介

Wes McKinney 是住在納什維爾的軟體開發者和企業家。他在 2007 年於麻省理工學院完成數學大學學位，然後繼續在康涅狄格州格林威治的 AQR Capital Management 從事量化金融工作。當時他對繁瑣的資料分析工具感到失望，於是學習了 Python，並開始創造後來的 pandas 專案。現在他是 Python 資料社群的活躍成員，提倡在資料分析、金融和統計計算領域中使用 Python。

Wes 後來成為 DataPad 的聯合創始人和 CEO，他的技術資產和團隊在 2014 年被 Cloudera 收購。此後，他開始涉獵大數據技術，加入 Apache Software Foundation 的 Apache Arrow 和 Apache Parquet 專案的專案管理委員會。他在 2018 年與 RStudio 和 Two Sigma Investments 合作成立了 Ursa Labs，這是一家專門開發 Apache Arrow 的非營利組織。於 2021 年，他共同創立了科技初創公司 Voltron Data，目前擔任首席技術官。

出版記事

本書封面動物是金尾樹鼩，亦名筆尾樹鼩（*Ptilocercus lowii*）。金尾樹鼩是 *Ptilocercidae* 科 *Ptilocercus* 屬的唯一物種，所有其他樹鼩都是 *Tupaiidae* 屬。樹鼩的特徵是長長的尾巴和柔軟的紅褐色皮毛。顧名思義，金尾樹鼩的尾巴很像羽毛筆上的羽毛。樹鼩是雜食動物，主要以昆蟲、水果、種子和小型脊椎動物為食。

這些野生哺乳動物的主要棲息地是印尼、馬來西亞和泰國，牠們以長期飲用酒精聞名。研究發現，馬來西亞樹鼩每天花好幾個小時飲用自然發酵的貝塔姆棕櫚花蜜，其份量大約相當於 10 到 12 杯酒精含量 3.8% 的葡萄酒。儘管如此，金尾樹鼩不會喝醉，主要是因為牠們令人驚訝的乙醇分解能力，可以用一種人類不會的方式代謝酒精。同樣比其他哺乳動物（包括人類）還要令人印象深刻的是牠們的大腦與身體的質量比。

儘管牠們的名字叫做金尾樹鼩，但牠們不是真正的樹鼩，反而與靈長類的關係比較密切，由於這個密切的關係，在近視、社會心理壓力和肝炎等醫學實驗中，樹鼩已取代靈長類動物。

封片圖片來自 *Cassell's Natural History*。